普通高等学校
电类规划教材

电路与
模拟电子技术

慕课版

◎李广明 曾令琴 李建辉 黄锦旺 闫曾 编著

人 民 邮 电 出 版 社
北 京

图书在版编目（CIP）数据

电路与模拟电子技术 ：幕课版 / 李广明等编著. -- 北京 ：人民邮电出版社，2018.2
普通高等学校电类规划教材
ISBN 978-7-115-47093-5

Ⅰ. ①电… Ⅱ. ①李… Ⅲ. ①电路理论－高等学校－教材②模拟电路－电子技术－高等学校－教材 Ⅳ. ①TM13②TN710

中国版本图书馆CIP数据核字(2018)第009855号

内 容 提 要

“电路与模拟电子技术”是计算机类各专业的一门理论性、实践性都比较强的基础课程。本书按照“应用型”人才培养目标的要求组织内容，从理论上较为系统地阐述了电路的基本概念、基本定理和基本分析方法。例题、思考题、应用能力培养课题等环节有助于将理论与实践相结合，从而立足于应用。

全书内容包括：电路的基本概念、基本定律，电路的基本分析方法，正弦稳态电路分析，电路的暂态分析，常用半导体器件与二极管电路，小信号放大电路基础，集成运算放大器，集成运算放大器的应用，直流稳压电源共 9 章。

本书注重学生的素质培养以及能力培养，兼顾了内容的广度和深度，重点突出，要点明确，真正体现了“应用型”人才培养的教学模式，适合作为高等院校计算机类各专业教学用书和学生用书，也适合用作信息、电子、自动控制等专业的教材和相关成人教育的教材，同时可供相关科技人员学习参考。

◆ 编　　著　李广明　曾令琴　李建辉　黄锦旺　闫　曾
责任编辑　李　召
责任印制　沈　蓉　彭志环

◆ 人民邮电出版社出版发行　　北京市丰台区成寿寺路 11 号
邮编　100164　　电子邮件　315@ptpress.com.cn
网址　http://www.ptpress.com.cn
北京捷迅佳彩印刷有限公司印刷

◆ 开本：787×1092　1/16
印张：17.75　　　　2018 年 2 月第 1 版
字数：431 千字　　　2025 年 1 月北京第 10 次印刷

定价：54.00 元

读者服务热线：(010)81055256　印装质量热线：(010)81055316
反盗版热线：(010)81055315

前言

“电路与模拟电子技术”课程是高等院校计算机类各专业的一门重要的专业基础课程，也是电子信息类、自动控制类专业学生知识结构的重要组成部分,在人才培养中起着十分重要的作用，具有较强的实践性。通过对“电路与模拟电子技术”课程的学习，可使学生掌握专业技术人员必须具备的电路基本原理、基本概念以及电路基本分析方法，初步掌握模拟电子技术常用器件的相关理论与实际应用，为后续专业课的学习奠定基础，同时能够提高自身理论联系实际的能力。

本书围绕“应用型”人才培养目标，立足于“加强基础、注重应用、精选内容、贴近实际”的原则，注意对先修课程及后续课程的合理分工与衔接、配合问题；同时兼顾对学生的素质培养，采用科学的方法对广泛而复杂的课程内容进行了合理的整合。在阐述课程中诸多重要知识点及重要概念时，作者逐字逐句进行推敲，力求做到文字方面的通俗易懂；同时就各个知识点及概念定律，精心选编了相关的例题与习题，以达到对学生的学习真正起到引路作用。本书还增加了实验和实践教学内容，真正把立足点移到了工程实际应用上，做到既为学生后续课程服务，又能直接服务于工程技术应用能力的培养，具有很强的实践性。另外，为了给教师和学生提供教学和学习上的方便，我们对教材进行了立体化建设，在纸质主教材内增加了所有相关知识点的动感微课视频，用手机扫描二维码即可观看。为方便教师的教和学生的学，我们精心制作了品质较高、操作性较强的教学课件，并提供与教材相配套的章后习题详细解析、节后思考题解答等。

全书共分 9 章。其中电路基础部分包括 1~4 章，是课程的重要理论基础，建议多选，并保证足够的学时进行重点介绍，为后面模拟电子技术的学习打下扎实的理论基础。模拟电子技术部分建议把器件及其特性作为重点介绍，在此基础上讲应用。简化定量计算，突出定性分析。建议全课程理论总学时不低于 80 学时。

本书由郑州工商学院曾令琴、东莞理工学院李广明、东莞理工学院黄锦旺、东莞理工学院城市学院李建辉、黄河水利职业技术学院闫曾共同编著，曾令琴负责并完成对本书内容的全部审核工作；闫曾承担了本书的全部文字输入及绘图工作。为了更好地使用本书，敬请使用本书的教师和工程技术人员对书中存在的错漏和不足之处，能及时给予批评指正。作者联系方式：Email：zlingqin@163.com

编　者

2017 年 12 月

目录

第1章 电路的基本概念、基本定律

随着科学技术的飞速发展，现代电工电子设备种类日益繁多，规模和结构更是日新月异，但无论怎样设计和制造，这些设备绝大多数仍是由各式各样的电路所组成。电路的结构不论多么复杂，它们和最简单的电路之间还是具有许多基本的共性，遵循着相同的规律。本章的重点就是要阐明这些共性及其分析电路的基本规律。

本章内容可划分为三个部分：电路的基本概念及电路物理量，基尔霍夫定律及电源模型，电路等效。在“电路与模拟电子技术”课程中，本章内容既是贯穿全书的重要理论基础，也是实用电工电子技术中通用的理论依据，读者应在学习中予以足够的重视。

1.1 电路和电路模型

电流所经过的路径称为电路。

电路的组成和功能

1.1.1 电路的组成和功能

实际电路通常由各种电路实体部件（如电源、电阻器、电感线圈、电容器、变压器、仪表、二极管、三极管等）组成。每一种电路实体部件具有各自不同的电磁特性和功能，按照人们的需要，把相关电路实体部件按一定方式进行组合，即构成一个个电路。如果某个电路元器件数量很多且电路结构较为复杂时，通常又称其为电网络。

实际应用电路中，手电筒电路、单个照明灯电路是最为简单的电路实例，而电动机电路、雷达导航设备电路、计算机电路、电视机电路则是较为复杂的电路。无论应用电路简单还是复杂，其基本组成都离不开三个基本环节：电源、负载和中间环节。

电源：向电路提供电能的装置，如发电机、电池等。电源可以将其他形式的能量转换成电能。例如，发电机将热能、机械能或原子能等转换为电能，电池将化学能转换为电能。在电路中，电源是激励，是激发和产生电流的因素。

负载：在电路中接收电能的装置，如电动机、电灯等。负载把从电源接收到的电能转换为人们需要的能量形式。例如，电动机将电能转换为机械能带动生产机械运转，电灯将电能转变成光能和热能照明，充电的蓄电池将电能转换为化学能等，在电路中，负载是响应，是吸收电能和转换电能的各种用电器。

中间环节：电源和负载之间的连通导线，控制电路通、断的各种开关设备，保护和监控实际电路的设备（如熔断器、热继电器、空气开关等）统称为电路的中间环节。中间环节在电路中起着传输和分配能量、控制和保护电气设备的作用。

工程实际中的应用电路，按照功能的不同可概括为两大类。

① 电力系统中的电路：特点是大功率、大电流。其主要功能是对发电厂发出的电能进行传输、分配和转换。

② 电子技术中的电路：特点是小功率、小电流。其主要功能是实现对电信号的传输、变换、储存和处理。

1.1.2 电路模型

电路模型

电路理论是一门建立在理想化模型基础上的公共基础性工程学科，电路理论研究的对象并不是工程实际电路，而是与工程实际电路相对应的、由理想电路元件按一定方式连接组成的电路模型。对实际电路进行模型化处理，就是要在工程允许的范围内，用一些理想电路元件表征实际电路器件的主要电磁特性，忽略其次要因素，从而简化对实际问题的分析和计算。实践证明，这种抽象出实际电路器件的“电路模型”，是简化电路分析和计算的最行之有效的方法。

电路模型中的理想电路元件，是用数学关系式严格定义的假想电路元件，每一种理想电路元件的电特性都是单一、确切的，可用来精确地表示实际电路器件上具有的某种特定电磁性能。如理想电阻元件可用来表征实际电路器件上耗能的电特性；理想电感元件可用来表征实际电路器件储存或释放磁场能量的电特性；理想电容元件则用来表征实际电路器件上储存或释放电场能量的电特性。

例如，电炉的主要电磁特性是将电能转换成热能，且这种能量转换过程不可逆，属于**耗能**。电路理论中研究电炉电路时，根据其主要电磁特性可将电炉抽象为一个理想电阻元件，并且根据电炉耗能的多少赋予相应的阻值；实际电容器的主要工作方式是充、放电，充放电过程中表现的主要电磁特性是储存和释放电场能量，次要因素漏电现象可忽略时，在电路理论中可抽象为一个理想电容元件。显然，理想电路元件是在一定条件下实际电路器件的理想化和近似，其数学关系均对应实际电路器件的基本物理规律。

工程实际中的电感线圈，其主要电磁特性是吸收电能建立磁场，以达到机电能量转换目的。这种电磁特性可用一个理想的“电感元件”来表征。但是，实际电感线圈通常是在一个骨架上用漆包线绕制而成，根据热效应原理，漆包线通电后必定发热而产生能量损耗，即实际电感线圈“耗能”的电特性也往往不能忽视。这种情况下，电路中可用一个表征其建立磁场特性的电感元件和一个表征其耗能特性的电阻元件相串联作为这个实际电感线圈的电路模型。另外，用漆包线绕制而成的电感线圈，由于匝与匝之间、层与层之间相互绝缘，所以在高频情况下必然存在着电容效应。由此可知，同一实体电路部件，其电磁特性往往**多元而复杂**，并且在不同的外部条件下，它们呈现的电磁特性也会各不相同。即一种电路模型只对应一定条件下的一种情况，条件变了，电路模型也要作相应的改变。

对实际元器件的模型化处理，使得不同的实体电路部件，只要具有相同的电磁性能，在一定条件下就可以用同一个电路模型来表示，显然降低了实际电路的绘图难度。而且，同一个实体电路部件，处在不同的应用条件和环境下，其电路模型可具有不同的形式。有时模型比较简单，仅由一种元件构成；有时比较复杂，可用几种理想元件的不同组合构成。这种对实际电路进行模型化处理的方法。给工程实际中的分析和计算带来了极大的方便。

图 1.1 所示是一个最简单的手电筒电路及其电路模型。

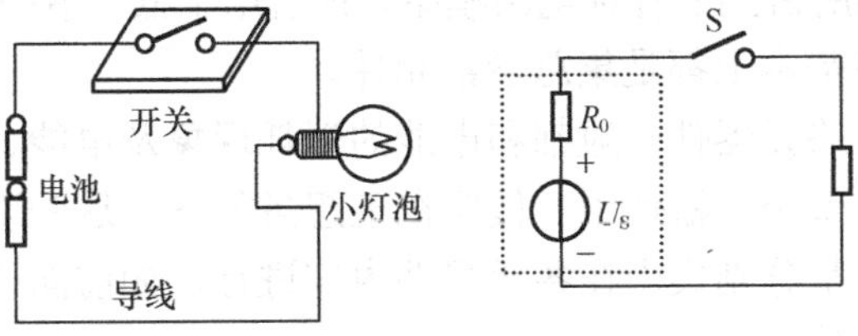

（a）手电筒电路　　（b）电路模型

图 1.1　手电筒电路及其电路模型

由图 1.1（a）可看出，手电筒的实体电路画法较为复杂，而图 1.1（b）所示的电路模型显然清晰明了。

对电路进行分析，就是要寻求实际电路共有的一般规律，电路模型就是用来探讨存在于不同特性的各种真实电路中共有规律的工具，是与实际电路相对应的、由理想电路元件构成的电路图。

理想电路元件

1.1.3　理想电路元件

实际电路元件的“理想电路模型”称为理想电路元件，可分为无源理想电路元件和有源理想电路元件两大类，如图 1.2 所示。

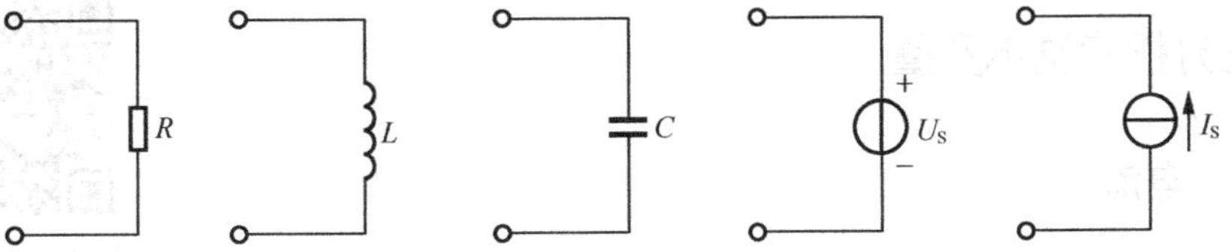

（a）电阻元件　（b）电感元件　（c）电容元件　（d）理想电压源　（e）理想电流源

图 1.2　理想电路元件的电路模型

图 1.2（a）所示为理想电阻元件的电路模型，理想电阻元件表征了电路中耗能的电特性；图 1.2（b）所示为理想电感元件的电路模型，表征了电路中建立磁场、储存磁能的电特性；图 1.2（c）所示为电容元件的电路模型，表征了电路中建立电场、储存电能的电特性。电阻元件、电感元件和电容元件均为无源二端理想电路元件，在电路中作为接收电能、转换电能的电路负载。图 1.2（d）的理想电压源和图 1.2（e）的理想电流源，是实际电压源和实际电流源的理想化电路模型，又称作电路的**独立源**。“独立源”担负着向电路各部分提供电压和电流的重任，是电路中的**激励**。无源二端元件是电路中三大基本元件，它们接收到的电压和电流称为**响应**。显然，电路中如果没有激励是不会产生响应的，二者是一种因果关系。

电路模型具有两大特点：一是它里面的任何一个元件都是只具有单一电特性的理想电路

元件，因此反映出的电现象均可用数学方式进行精确地分析和计算；二是对各种电路模型的深入研究，实质上就是探讨各种实际电路共同遵循的基本规律。

1.1.4 集总参数元件的概念

需要指出的是，上面所讲到的各种电路模型，只适用于低、中频电路的分析，因为在低、中频电路中的电路元器件基本上都是集总参数元件。

实际电路中使用的电路元器件一般都和电能的消耗现象及电能、磁能的储存现象有关，它们交织在一起并发生在整个元器件中。假定在理想条件下，这些现象可以分别研究，并且这些电磁现象和电磁过程都分别集中在各元器件内部进行，如前面讲到的三大无源理想电路元件，可称为集总参数元件。

所谓集总参数元件，是指其次要因素可以忽略、且**电磁过程都集中在元件内部进行**的元件。而在高频和超高频电路中，元器件上的电磁过程并不是集中在元件内部进行，因此要用“分布电路模型”来抽象和进行描述。

本教材中如不作特殊说明，电路中的元器件均按集总参数元件处理。

思 考 题

1．电路由几部分组成，各部分的作用是什么？
2．实际电路可分为几大类？种类功能是什么？
3．何谓电路模型？理想电路元件有哪些？如何理解“理想”二字在实际电路中的含义？
4．集总参数元件的特征是什么？

1.2 电路分析的基本变量

1.2.1 电流

电路的电流、电压和电位

电荷有规则的定向移动形成电流。工程应用电路中，独立源向闭合电路激发电流，负载接收电流将电能转换为其他形式的能量满足用户需求。单位时间内通过导线横截面的电荷量称为电流强度，简称电流。

稳恒直流电路中，电流的大小和方向不随时间变化，采用大写英文字母 I 表示，即

$$I=\frac{q}{t} \tag{1-1}$$

交流电路中，电流的大小和方向随时间变化，应采用小写英文字母 i 表示，即

$$i=\frac{\mathrm{d}q}{\mathrm{d}t} \tag{1-2}$$

式（1-1）和式（1-2）中，当电量 q 采用国际制单位库仑（C）、时间 t 采用国际制单位秒（s）时，电流 I（i）的单位使用国际单位制安培（A）。

电流还有较小的单位，如毫安（mA）、微安（μA）和纳安（nA），它们之间的换算关系为

$$1\ \mathrm{A}=10^3\ \mathrm{mA}=10^6\ \mu\mathrm{A}=10^9\ \mathrm{nA}$$

交变的电路变量用小写英文字母表示，恒定的电路变量用大写英文字母表示。显然，电路变量表示不同时，代表的意义各不相同。这一点在电路理论中十分严谨，切不可张冠李戴。

电流变量是一个代数量，作为代数量只有大小没有方向显然无意义。求解电路时，应首先选定电流的参考方向，以确定其在电路方程中的正、负取值。电流的参考方向原则上可任意选取，但一经选定，分析计算的过程中就不能再改变。根据参考方向列方程求得某支路电流为正值时，说明该支路电流的实际方向与选取的参考方向一致；如果某支路电流在参考方向下计算结果为负值，则说明该支路电流的真实方向与假设的参考方向相反。

1.2.2　电压

根据物理学可知，电场力将单位正电荷从电场中的一点移至电场中的另一点所做的功定义为电压，如 a、b 两点的直流电压，其数学表达式为

$$U_{ab}=\frac{W_a-W_b}{q} \tag{1-3}$$

式中，当电功的单位用焦耳（J），电量的单位用库仑（C）时，电压的单位是伏特（V）。电压的单位还有千伏（kV）和毫伏（mV），各种单位之间的换算关系为

$$1\ \text{V}=10^{-3}\ \text{kV}=10^{3}\ \text{mV}$$

从工程实际应用的角度来看，电压是电路中两点电位之差，是产生电流的根本原因。在电路理论中，电压作为一个代数量，同样存在方向的问题。规定：某段支路或某元件上电压的方向，应由其高极性端“+”指向低极性端“−”，即电压的方向是电位降低的方向。因此，电学中通常又把电压称为电压降。

为了确定某电压在电路方程中的正、负取值，分析计算前，需要在电路图上标出各电压的参考方向。电压采用双注脚，其参考方向由假定的高极性端指向假定的低极性端。同样，参考方向一经选定，在分析计算过程中不能随意更改。参考方向下求解出某电压 U_{ab} 计算结果得正值，说明 a 点电位高于 b 点电位，其真实方向与参考方向相符；如果参考方向下计算结果 U_{ab} 是负值，说明 a 点电位低于 b 点电位，选取的参考方向与真实方向相反。

1.2.3　关联参考方向

参考方向

电路分析的任务是已知电路中的元件参数和“激励”（电源），去寻求电路中的“响应”（电压和电流），从而得到不同电路激励所对应的不同“响应”的规律。“寻求规律”是要有依据的，这个依据就是对电路列写方程式或方程组。在电路图上标出电压、电流的参考方向，就是为电路方程式中的各电量提供正、负依据，在这些参考方向下方可列写出相应的电路方程，进而求得“响应”（待求电压、电流）的结果。

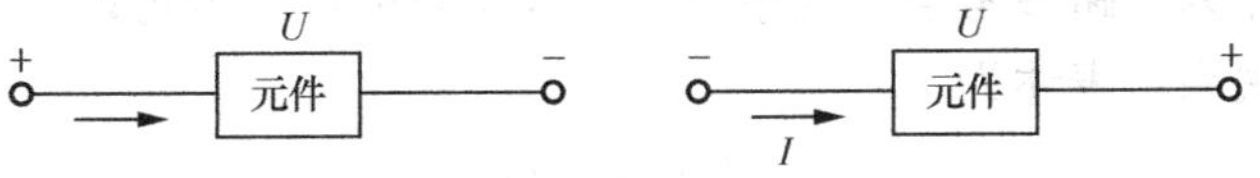

（a）关联参考方向　　（b）非关联参考方向

图 1.3　关联与非关联参考方向

在分析和计算电路的过程中，各电流、电压的参考方向是任意选定的，两者之间相对独立。参考方向是人为假定的分析依据，一经确定，整个分析过程中就不能再随意更改。但是，为了方便起见，当假设某元件是负载时，一般把元件两端电压的参考方向与通过元件中电流的参考方向选成一致，如图 1.3（a）所示。这种参考方向称为**关联**参考方向。关联参考方向下如果电压、电流都是正值，说明元件的真实性质是负载，电流通过负载时进行能量转换，使元件的电流流出端电位降低；当假设某元件是电源时，参考方向一般选择**非关联**参考方向，如图 1.3（b）所示。元件究竟是负载还是电源，需根据计算结果来判断。关联参考方向下如果元件上电压为正、电流为负，或电压为正、电流为负，都说明元件上的电压、电流真实方向为非关联，原来假定的负载实际上是一个电源。

运用参考方向时，有两个问题要注意。

① 参考方向是列写方程式的需要，是待求值的假定方向而不是待求值的真实方向，所以不必去追求其物理实质是否合理。

② 在分析、计算电路的过程中，出现“正、负”“加、减”及“相同、相反”这几个概念时，切不可把它们混为一谈。

1.2.4 电位及电路参考点

电路中各点位置上所具有的电势能称为电位。物理学中定义：电场力把单位正电荷从电场中某 X 点移到参考点所做的功称为 X 点的电位，用 V_X 表示，采用单注脚。电位定义式的表达形式显然与电压类同，因此它们的单位相同，都是伏特（V）。所不同的是：电位是某点到参考点的电压，其高低正负均相对于参考点而言，规定电路参考点的电位为零。某点电位为正值，说明该点电位比参考点电位高；某点电位为负值，说明该点电位相对参考点低。这就好比空间讲高度一样，规定海平面的高度为参考零高度，则各处空间高度均以海平面为基准测出其高度值，没有参考高度讲空间各点的高度无意义。同样，电路中的电位也具有相对性，只有先明确了电路的参考点，再讨论电路中各点的电位才有意义。

电路参考点的选取理论上任意。但实际应用中，由于大地的电位比较稳定，所以经常以大地作为电路参考点。有些设备和仪器的底盘、机壳往往需要与接地极相连，这时我们也常选取与接地极相连的底盘或机壳作为电路参考点。电子技术中的大多数设备，很多元件常常汇集到一个公共点，为分析和研究实际问题的方便，又常常把电子设备中的公共连接点作为电路的参考点。

实际上，电路中某点电位的数值，等于该点到参考点之间的电压。因此，在电子技术中检测电路时，常常选取某一公共点作为参考点，用电压表的负极表棒与该点相接触，而正极表棒只需点其他各点来测量它们的电位是否正常，即可查找出故障点。引入电位的概念后，给分析电路中的某些问题带来了不少方便。例如，一个电子电路中有 5 个不同的点，任意两点间均有一定的电压，直接用电压来讨论要涉及到 10 个不同的电压，而改用电位讨论时，只需把其中的一个点作为电路参考点，其余只讨论 4 个点的电位就可以了。

电压和电位的关系可表述为

$$U_{ab}=V_a-V_b \tag{1-4}$$

即电压在数值上等于电路中两点电位的差值。

1.2.5　电功和电功率

电功和电功率

1．电功

电流能使电动机转动，电炉发热，电灯发光，说明电流具有做功的本领。电流做的功称为电功。电流作功的同时伴随着能量的转换，其作功的大小显然可以用能量进行度量，即

$$W=UIt \tag{1-5}$$

式中电压的单位用伏特（V），电流的单位用安培（A），时间的单位用秒（s）时，电功（或电能）的单位是焦耳（J）。

工程实际中，还常常用千瓦小时（kWh）来表示电功（或电能）的单位，1 kWh 俗称为一度电。一度电的概念可用下述例子解释：100 W 的灯泡使用 10 个小时耗费的电能是 1 度；40 W 的灯泡使用 25 小时耗费电能也是 1 度；1000 W 的电炉加热一个小时，耗费电能还是 1 度，即 1 度=1 kW×1 h。

2．电功率

单位时间内电流做的功称为电功率。电功率用 P 表示，即

$$P=\frac{W}{t}=\frac{UIt}{t}=UI \tag{1-6}$$

式中电功的单位用焦耳（J），时间的单位用秒（s），电压的单位为伏特（V），电流的单位为安培（A）时，电功率的单位是瓦特（W）。

用电器铭牌上标示的电功率是它的额定功率，是用电设备能量转换本领的量度，例如“220 V，100 W”的白炽灯，说明它两端加 220 V 电压时，可在 1 s 内将 100 J 的电能转换成光能和热能；1 只“220 V，40 W”的白炽灯，则指它两端加 220V 电压时，在 1 s 内只能将 40 J 的电能转换成光能和热能，显然，“220 V、100 W”的白炽灯能量转换的本领大。需要注意的是：用电器实际消耗的电功率只有实际加在用电器两端的电压等于它铭牌数据上的额定电压时，才等于它铭牌上的额定功率。用电器上加的实际电压小于额定电压时，由于用电器的参数不变，则通过的电流也一定小于额定电流，电功率是电压和电流的乘积，因此实际功率必定小于额定功率；当用电器上加的实际电压大于额定电压时，由于用电器的参数不变，则通过的电流也一定大于额定电流，实际功率也必定大于额定功率。

电路理论中，电功率也是一个有正、负之分的代数量。当一个电路元件上消耗的电功率为正值时，说明这个元件在电路中吸收电能，是负载；若电路元件上消耗的电功率为负值时，说明它非旦没有吸收电能，反而在向外供出电能，起电源的作用，是电源。

例 1.1　二端电路对应某时刻各元件上的电压、电流情况如图 1.4 所示。求该时刻各元件上的功率，并判断各元件的性质。

解：图 1.4（a）中电压、电流方向关联，有

$P=UI=3\times1=3(\mathrm{W})$，元件 1 吸收正功率，是负载；

（b）中电压、电流方向非关联，有

$P=-UI=-(-2)\times5=10(\mathrm{W})$，元件 2 吸收正功率，是负载；

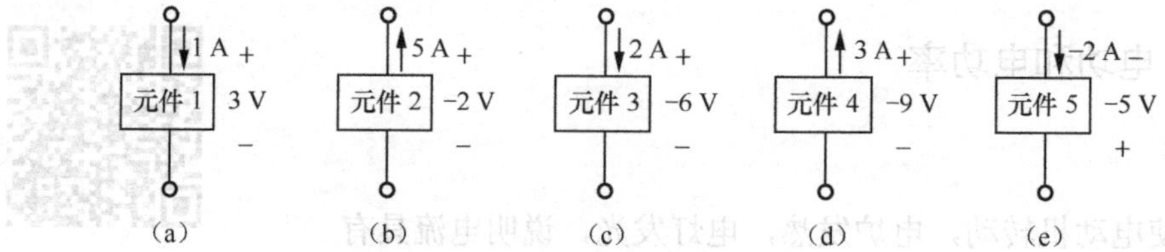

图 1.4 例 1.1

（c）中电压、电流方向关联，有

$P=UI=(-6)\times2=-12(\text{W})$，元件 3 吸收负功率，是电源；

（d）中电压、电流方向非关联，有

$P=-UI=-(-9)\times3=27(\text{W})$，元件 4 吸收正功率，是负载；

（e）中电压、电流方向非关联，有

$P=-UI=-(-5)\times(-2)=-10(\text{W})$，元件 5 吸收负功率，是电源。

思 考 题

1．如图 1.3（a）所示，若已知元件吸收功率为−20 W，电压 U=5 V，求电流 I。

2．如图 1.3（b）所示，若已知元件中通过的电流 I=−100 A，元件两端电压 U=10 V，求电功率 P，并说明该元件是吸收功率还是发出功率。

3．电压、电位有何异同？

4．电功率大的用电器，电功也一定大。这种说法正确吗？为什么？

5．在电路分析中，引入参考方向的目的是什么？应用参考方向时，会遇到“正、负，加、减，相同、相反”这几对词，你能说明它们的不同之处吗？

电路的三大基本定律

1.3 电路基本定律

1.3.1 欧姆定律

1826 年 4 月，德国物理学家乔治·西蒙·欧姆（Georg Simon Ohm，1789 年 3 月 16 日-1854 年 7 月 6 日）在他发表的论文《金属导电定律的测定》中提出：在同一电路中，通过某段导体的电流跟这段导体两端的电压成正比，跟这段导体的电阻成反比。即

$$I=\frac{U}{R} \tag{1-7}$$

这一重要结论随着电路研究工作的发展越来越受到人们的重视，为纪念欧姆对电学的贡献，人们把上述结论称为欧姆定律（VAR），并把电阻的单位命名为欧姆，以希腊字母 Ω 表示。

欧姆定律体现了线性电阻元件上的电压、电流约束关系，表明了元件特性只取决于元件本身，与其接入电路的方式无关这一规律。

式（1-7）仅在关联参考方向下适用。这是因为电阻元件 R 中的电流和电压降的实际方向总是一致的。如果电压、电流方向非关联，则上式应改写为 $I=-U/R$。

欧姆定律表达式中的电压单位取V、电阻单位取Ω时，电流的单位是A。

电阻的导数是电导，用符号 G 表示，单位是西门子［S=1/Ω］，因此欧姆定律又可写作：

$$I=GU$$

例 1.2 已知电阻器的铭牌数据为“2 kΩ、0.25 W”，使用该电阻时，电压、电流不得超过多大数值？

解： 由 $P=UI=I^2R=\dfrac{U^2}{R}$ 可得 $I=\sqrt{\dfrac{P}{R}}=\sqrt{\dfrac{0.25}{2000}}\approx 0.0112(\text{A})=11.2(\text{mA})$，$U=RI=2\times 11.2=22.4(\text{V})$

工程实际的线性电路中，所有能量转换不可逆的因素在电路理论中都可以抽象为耗能元件电阻，因此欧姆定律的应用相应得到了扩展。

例 1.3 已知交流接触器的线圈在直流 20 V 电压下通过的电流为 4 mA，则该交流接触器线圈的直流铜耗电阻是多大？

解： 根据欧姆定律可得：$R=U/I=20/0.004=50(\Omega)$

1.3.2 几个常用的电路名词

在阐述基尔霍夫定律之前，先介绍几个常用的电路名词。

1．支路

一个或几个元件相串联后，连接于电路的两个节点之间，使通过其中的电流值相同。如图 1.5 中的 ab、adb、acb 三条支路。对一个整体电路而言，支路就是指其中不具有任何分岔的局部电路。

2．节点

电路中三条或三条以上支路的汇集点称为节点，如图 1.5 中的 a 点和 b 点。

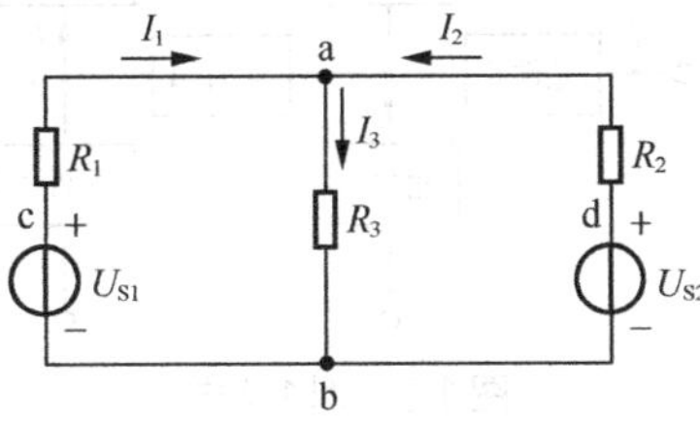

图 1.5 常用名词举例电路

3．回路

电路中任意一条或多条支路组成的闭合路径称为回路，如图 1.5 中的 abca、adba、adbca 都是回路。

4．网孔

闭合回路中不包含其他支路的单一闭合路径称为网孔，图 1.5 中的 abca 和 adba。显然，网孔都是回路，但回路不一定是网孔。

电路分析中，一般把含有元件较多的电路称为网络，但实际上电路与网络可以混用，并没有严格的区别。凡是可以画在一个平面上而不出现任何支路交叉现象的网络称为平面网络，只有平面网络才有网孔的定义。

基尔霍夫定律第一定律

1.3.3 基尔霍夫定律

前面讨论的欧姆定律（VAR），显然是针对一段支路或单个元件上电压、电流的约束关系，与该段支路或单个元件在空间的位置无关。

对于一个多支路的整体电路而言，电路结构将给各支路电流和回路中各段电压带来另外的两种约束，这两种约束与元件本身的性质无关，只与电路结构有关，称为拓扑约束。描述拓扑约束关系的就是基尔霍夫两定律，它们和欧姆定律统称为电路三大基本定律，是电路分析的依据。

1. 节点电流定律

节点电流定律（KCL）和回路电压定律（KVL）都是德国科学家基尔霍夫提出的，把KCL称为基尔霍夫第一定律，把KVL称为基尔霍夫第二定律。

1847年，基尔霍夫将物理学中“流体流动的连续性”和“能量守恒定律”用于电路之中，创建了节点电流定律（KCL），指出：对电路中任一节点而言，在任一时刻，流入节点的电流的代数和恒等于零。数学表达式为

$$\sum I=0 \tag{1-8}$$

列写KCL电流方程式时要注意，必须先标出汇集到节点上的各支路电流的参考方向，一般对已知电流，可按实际方向标定，对未知电流，其参考方向可任意选定。只有在参考方向选定之后，才能确立各支路电流在KCL方程式中的正、负号。对式（1-8），本教材中约定：指向节点的电流取正，背离结点的电流取负。若约定背离节点的电流为正，指向节点的电流为负时，KCL仍不失其正确性，会取得相同的结果。

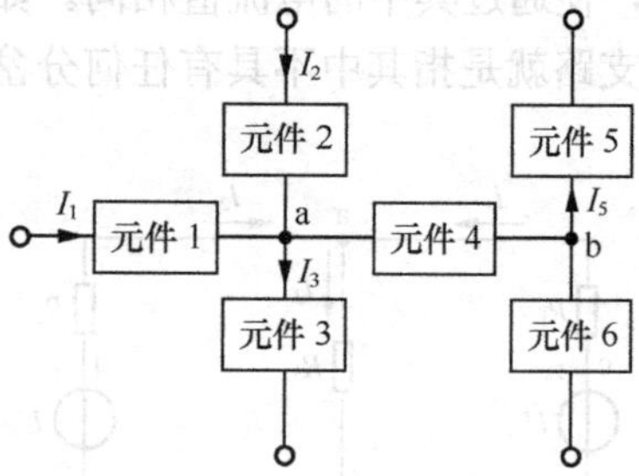

图1.6 例1.4图

例 1.4 在图1.6所示电路中，已知 $I_1=-2A$，$I_2=6A$，$I_3=3A$，$I_5=-3A$，参考方向如图标示。求元件4和元件6中的电流。

解： 首先应在图中标示出待求电流的参考方向。设元件4上的电流方向从a流向b；流过元件6上的电流指向b点。

对a点列KCL方程式，并代入已知电流值

$$I_1+I_2-I_3-I_4=0$$

$$(-2)+6-3-I_4=0$$

求得

$$I_4=(-2)+6-3=1(A)$$

对b点列KCL方程式，并代入已知电流值

$$I_4-I_5+I_6=0$$

$$1-(-3)+I_6=0$$

求得

$$I_6=(-1)-3=-4(A)$$

式中 I_6 得负值，说明设定的参考方向与该电流的实际方向相反。

KCL虽然是对电路中任一节点而言的，根据电流的连续性原理，它也可应用于电路中的任一假想封闭曲面，如图1.7所示。

例 1.5 在图1.7（a）所示电路中，已知三极管的基极电流 $I_B=0.04\text{ mA}$，集电极电流 $I_C=2.8\text{ mA}$，求发射极电流 I_E=？

解： 根据KCL定律可求得 $I_E=I_B+I_C=0.04+2.8=2.84(mA)$

如图1.7（b）所示，电路本身有3个节点，6条支路。对3个节点分别列出KCL方程如下

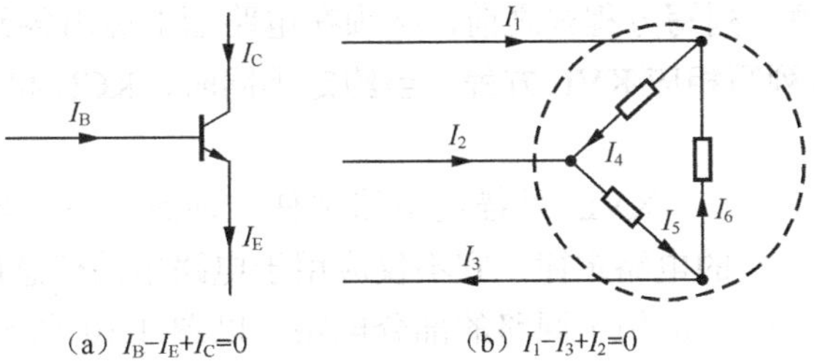

（a）$I_B-I_E+I_C=0$　　（b）$I_1-I_3+I_2=0$

图 1.7　KCL 定律的推广应用

对上节点　　$I_1+I_6-I_4=0$

对左节点　　$I_2+I_4-I_5=0$

对下节点　　$I_5-I_3-I_6=0$

将三个节点方程求和，由于其中 I_4、I_5、I_6 各正负出现一次，因此有 $I_1+I_2-I_3=0$

显然，基尔霍夫第一定律适用于电路中任意假想的封闭曲面（作为广义节点）。

2. 回路电压定律（KVL）

基尔霍夫第二定律

回路电压定律（KVL）又称作基尔霍夫第二定律。

KVL 内容：在集总参数电路中，任一时刻，沿任意回路绕行一周（顺时针方向或逆时针方向），回路中各段电压的代数和恒等于零，即

$$\sum U=0 \tag{1-9}$$

如果约定沿回路绕行方向，电压降低的参考方向与绕行方向一致时取正号，电压升高的参考方向与绕行方向一致时取负号。对图 1.8 所示电路，根据 KVL 可对电路中 3 个回路分别列出 KVL 方程式如下：

对左回路　　$I_1R_1+I_3R_3-U_{S1}=0$

对右回路　　$-I_2R_2-I_3R_3+U_{S2}=0$

对大回路　　$I_1R_1-I_2R_2+U_{S2}-U_{S1}=0$

例 1.6　图 1.9 电路中各参数如图示。试用 KVL 求解电路中的电压 U。

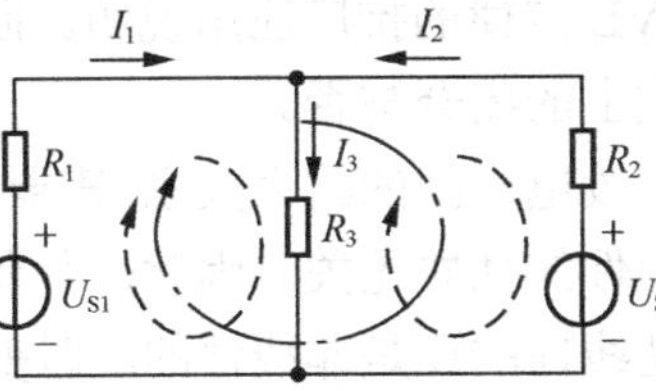

图 1.8　电路举例

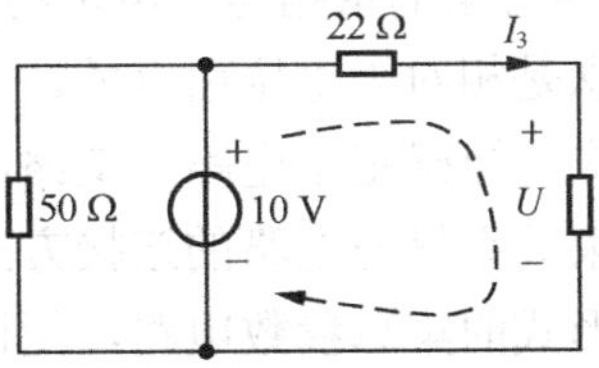

图 1.9　例 1.6 电路图

解：假设电路中右回路的绕行方向如图中虚线所示，对右回路列写 KVL 方程

$$(22+88)I_3=10 \quad ①$$

根据欧姆定律：　　$88I_3=U$　　②

联立方程求解：②代①　　$(22+88)U/88=10$

可得　　$U=880/110=8(\text{V})$

应用 KVL 时应注意，列写方程式之前，必须在电路图上标出各元件端电压的参考极性，然后根据约定的正、负列写相应 KVL 方程。当约定不同时，KCL 和 KVL 仍不失其正确性，会得到同样的结果。

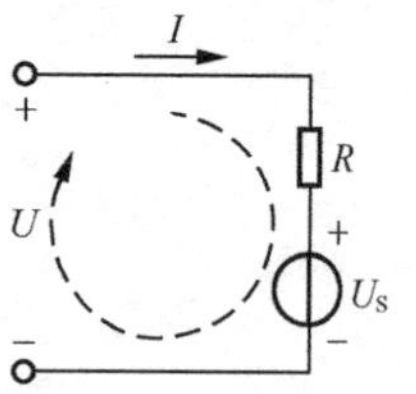

图 1.10 KVL 的推广应用

KVL 是描述电路中任一回路上各段电压之间相互约束关系的电路定律，它不仅应用于电路中的任意闭合回路，同时也可推广应用于回路的部分电路。以图 1.10 所示电路为例，说明 KVL 定律的推广应用。

设已知电路中的电流 I、电压源 U_S 和参数 R，求路端电压 U。把待求量 U 看作是一个连接在两个端钮之间的电压源，则电路成为一个回路，设回路绕行方向如图中虚线所示，列写 KVL

$$IR + U_S - U = 0$$

可得

$$U = IR + U_S$$

电路中任意两点间电压的求解方法，就是取自于 KVL 的推广应用。

如上述 $U = IR + U_S$ 可归纳为：电路中任意两点间的电压 U，等于从电压高极性一端至低极性一端的任一闭合路径上所有电压降的代数和。图 1.10 中，电阻压降 IR 和电压源 U_S 由高到低的参考方向均与 U 由高到低的参考方向相同，因此都取正。

例 1.7 图 1.11 所示电路是一个星形连接的电阻电路，设电路参考点为 O 点，已知电路中的 A 点电位为 V_A，B 点电位为 V_B，求 AB 两点间电压 U_{AB}。

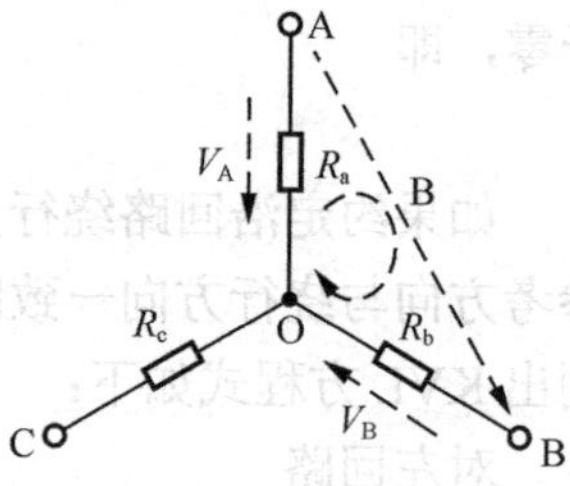

图 1.11 例 1.7 图

解： 电路中某点电位就是该点到参考点的电压。因此可把 V_A 表示为 AO 两点间的电压，把 V_B 表示为 BO 两点间的电压，而把待求量 U_{AB} 表示为 AB 两点间的电压，在图中均用虚线表示。这样，非闭合的回路 ABOA 就可视为一个闭合回路。设假想回路的绕行方向为顺时针，应用 KVL 可得：$U_{AB}+V_B-V_A=0$，求得 $U_{AB}=V_A-V_B$

求解结果再次验证了电路中任意两点间的电压，数值上等于两点电位之差的结论。

KVL 定律讨论的依据是“电位的单值性原理”。KVL 定律的推广应用说明。回路的闭合和非闭合概念是相对于电压而言的，并不是指电路形式上的闭合与否。

基尔霍夫定律确定了电路中支路电流间和回路中各段电压间的约束关系。需要强调的是：上述两种约束关系只与电路的连接方式有关，与电路元件的性质无关。因此，基尔霍夫定律适用于各种形式的集总参数电路，无论集总参数电路是线性的还是非线性的，时变的还是非时变的，基尔霍夫定律均成立。

思考题

1．你能说明欧姆定律和基尔霍夫定律在电路的约束上有何不同？

2．应用 KCL 定律解题时，为什么要首先约定流入、流出节点的电流的正、负？计算结果电流为负值说明了什么？

3．应用 KCL 和 KVL 定律解题时，为什么要在电路图上先标示出电流的参考方向及事先给出回路中的参考绕行方向？

1.4　独立电源

理想电压源和电流源

独立电源可分为理想电压源和理想电流源两种，简称独立源。

1.4.1　理想电压源

实际电路中的激励，大多采用能够向负载提供一定数值电压的电压源。通常负载对电压源供出的电压要求是：当负载电流改变时，电压源输出的电压值尽量保持或接近不变。即保证电压源工作时的稳定性。

实际电压源总是存在内阻的，因此当负载增大时，内阻压降随之增大，电压源输出端电压会有所下降。为了使设备能够稳定运行，工程应用中，人们总是尽量把电压源的内阻做小，当电压源内阻小到可以忽略不计时，即成为理想电压源。

理想电压源具有两个显著特点。

（1）理想电压源对外供出的电压 U_S 是恒定值（或是一定的时间函数），与流过它的电流无关，即与接入电路的方式无关；

（2）流过理想电压源的电流由它本身与外电路共同决定，即与它相连接的外电路有关。

理想电压源的外特性如图 1.12 所示。

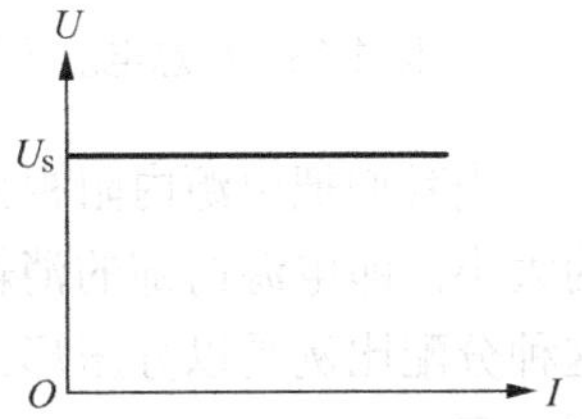

图 1.12　理想电压源的外特性

1.4.2　理想电流源

实际电路在某些特殊场合下，要求电源能向负载提供一个比较稳定的电流输出。由于高内阻的电源才能够有一个相对稳定的电流输出，所以为区别于前面低内阻的电压源，把输出较为稳定电流的高内阻电源称为电流源。

例如：一个 60 V 的蓄电池串联一个 60 kΩ 的大电阻，即构成一个最简单的高内阻电源。这个电源如果向一个低阻负载供电，基本上可具有恒定的电流输出。设低阻负载在 R=1 Ω～10 Ω 之间变化时，这个高内阻电源供出的电流

$$I = \frac{60}{60000 + R} \approx 1(\text{mA})$$

电流基本维持在 1 mA 不变。这是因为只有几个或十几个欧姆的负载电阻，与几十千欧的电源内阻相加时是可以忽略不计的。很显然，在这种情况下，电源的内阻越高，此电源输出的电流就越稳定。

如果高内阻的电流源内阻为无限大时，它供出的电流就不会随负载变动而成为恒定值，此状态下的电流源称为理想电流源。

理想电流源也具有两个显著特点：

（1）它对外供出的电流 I_S 是恒定值（或是一定的时间函数），与它两端的电压无关，即与接入电路的方式无关；

（2）加在理想电流源两端的电压由它本身与外电路共同决定，即与它相连接的外电路

有关。

理想电流源的外特性如图 1.13 所示。

1.4.3 实际电源的两种电路模型

理想电压源和理想电流源是实际电源的理想化和近似。实际电压源的内阻通常不为零，实际电流源的内阻总是有限值。因此，实际电压源一般可用一个理想电压源与一个电阻元件的串联组合作为其电路模型，如图 1.14（a）所示；实际电流源常用一个理想电流源与一个电阻元件的并联组合作为其电路模型，如图 1.14（b）所示。

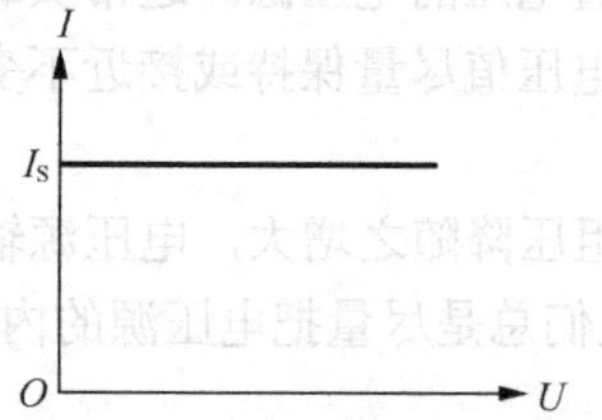

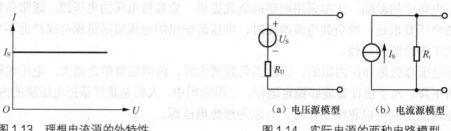

图 1.13 理想电流源的外特性

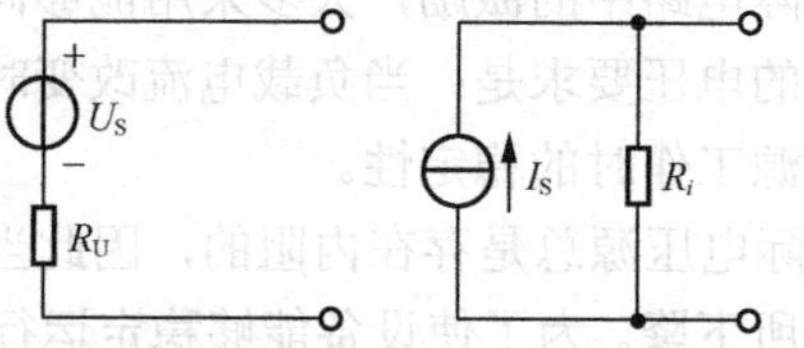

（a）电压源模型　（b）电流源模型

图 1.14 实际电源的两种电路模型

当我们把电源内阻视为恒定不变时，电源内部和外电路的消耗就主要取决于外电路负载的大小，即电源内部的消耗和外电路的消耗是按比例分配的。在电压源形式的电路模型中，这种分配比例是以分压形式给出的；在电流源形式的电路模型中，则是以分流形式给出的比例分配。

因为实际电源内阻上的功率消耗一般很小。所以，实际电源的两种电路模型所对应的外特性曲线与理想电源的外特性非常接近，稍微呈向下倾斜的趋势，如图 1.15 所示。

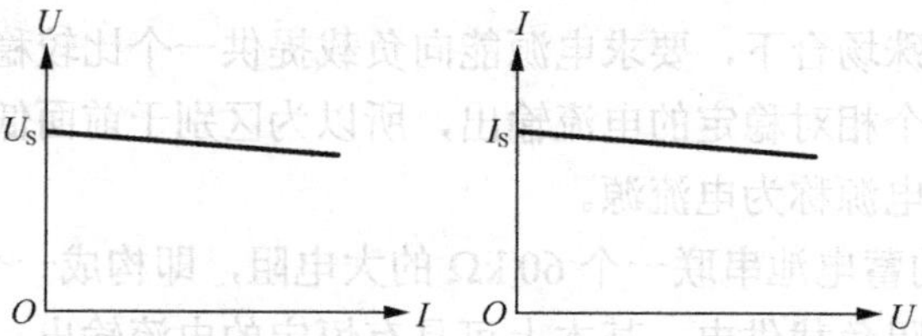

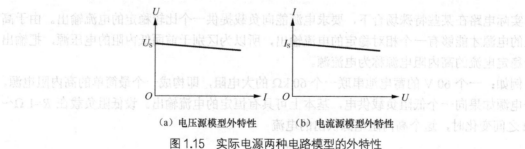

（a）电压源模型外特性　（b）电流源模型外特性

图 1.15 实际电源两种电路模型的外特性

思 考 题

1．电压源和理想电流源各有何特点？它们与实际电源的区别主要在哪里？

2．碳精送话器的电阻随声音的强弱变化，当电阻阻值由 300 Ω 变至 200 Ω 时，假设由 3 V 的理想电压源对它供电，电流变化范围是多少？

3．实际电源的电路模型如图 1.14（a）所示，已知 U_S=20 V，负载电阻 R_L=50 Ω，当电源内阻分别为 0.2 Ω 和 30 Ω 时，流过负载的电流各为多少？由计算结果可说明什么问题？

4．当电流源内阻很小时，对电路有何影响？

1.5 电路的等效变换

当两个事物对它们之外的同一事件作用效果相同时，称两个事物对这一事件作用“等效”。例如：一个车厢被一台拖拉机拖动，使其速度为 10m/s；相同的车厢被五匹马拖动时，速度也达到 10m/s，我们就说，拖拉机和五匹马对这个车厢的作用效果相同，即它们对车厢而言相互“等效”。

注意：“等效”和“相等”不能混同。“等效”是指两个或几个事物对它们之外的某一事物作用效果相同，对其内部特性是不同的，即拖拉机不等于五匹马。

1.5.1 电阻之间的等效变换

电阻之间的等效

1. 电阻的串、并联等效

当几个电阻元件首尾相接连成一串其中间无分叉时，即构成电阻的串联；几个电阻元件的两个端钮分别连接于电路中相同的两点之间，可构成电阻的并联。电阻的串、并联在高中物理学中已经讲过，这里不过多重复。但需要理解和记忆的是：

n 个串联电阻的等效电阻和各串联电阻之间的关系是**和**的关系，即 $R_{串}=R_1+R_2+\cdots+R_n$。串联电阻可以分压，且各电阻上分压的多少与其阻值成正比。

n 个并联电阻的等效电阻和各串联电阻之间的关系是**倒数和的倒数**关系，即

$$R_{并}=\frac{1}{\dfrac{1}{R_1}+\dfrac{1}{R_2}+\cdots+\dfrac{1}{R_n}}$$

并联电阻可以分流，且各电阻上分流的多少与其阻值成反比。

利用电阻的串、并联公式可以化简电路。例如图 1.16（a）所示电路，元件数较多，看起来比较复杂，直接求解电流 I 和电压 U 似乎不那么容易。如果我们把虚线框内的 5 个电阻从 A、B 两点断开，求这个无源二端网络的“等效”电阻 R_{AB}，即

$$R_{AB}=[(R_1 /\!/ R_2)+R_5] /\!/ R_4 /\!/ R_3$$

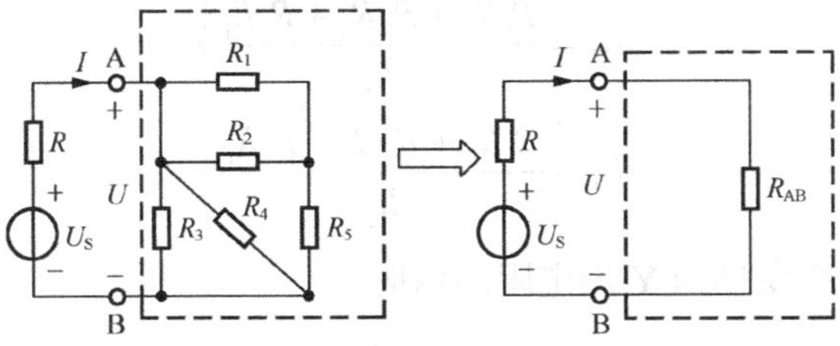

（a）原电路　　（b）等效电路

图 1.16　电阻之间的等效变换

A、B 虚框内的部分利用串、并联公式化简后，用一个等效电阻 R_{AB} 代替后，得到了图 1.16（b）所示的等效电路。显然电路大大简化，利用全电路欧姆定律对等效电路求解，可以方便地求出电流 $I=U_S/(R+R_{AB})$

利用欧姆定律又可方便地求出电压 $U=IR_{AB}$。

利用电阻的串、并联公式得到的等效电阻较为简单，从而给电路的分析和计算带来很大的方便。图 1.16（a）所示原电路的虚线框内部等效前后，对虚框外部的电压源模型来说作用效果相同。但若要对虚线框内部某一电阻上的电流进行求解时，求出电流、电压后，还必须返回到原来的电路进行求解，即电路等效前后虚线框内部电路并不"等效"。

2．Y 接网络与△接网络之间的等效

3 个电阻的一端汇集于一个电路节点，另一端分别连接于 3 个不同的电路端钮上，这样构成的部分电路称为电阻的 Y 接网络，如图 1.17（a）所示。如果 3 个电阻连接成一个闭环，由 3 个连接点分别引出 3 个接线端钮，所构成的电路部分就称为电阻的△接网络，如图 1.17（b）所示。

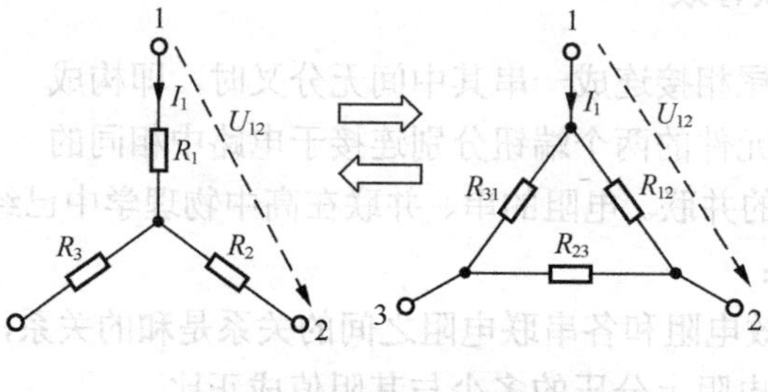

（a）Y 形网络　　（b）Δ 形网络

图 1.17　Y 形网络和△形网络的等效

电阻的 Y 形网络和△形网络都是通过 3 个端钮与外部电路相连接（图中未画电路的其他部分），如果在它们的对应端钮之间具有相同的电压 U_{12}、U_{23} 和 U_{31}，而流入对应端钮的电流也分别相等时，我们就说这两种方式的电阻网络相互之间"等效"，即它们可以"等效"互换。

满足上述"等效"互换的条件，即可推导出两种电阻网络中各电阻参数之间的关系（推导的详细过程不再赘述，读者可自行推导）。当一个 Y 形电阻网络变换为△形电阻网络时：

$$\left.\begin{aligned} R_{12} &= \frac{R_1R_2+R_2R_3+R_3R_1}{R_3} \\ R_{23} &= \frac{R_1R_2+R_2R_3+R_3R_1}{R_1} \\ R_{31} &= \frac{R_1R_2+R_2R_3+R_3R_1}{R_2} \end{aligned}\right\} \tag{1-10}$$

当一个△形电阻网络变换为 Y 形电阻网络时：

$$\left.\begin{aligned} R_1 &= \frac{R_{12}R_{31}}{R_{12}+R_{23}+R_{31}} \\ R_2 &= \frac{R_{23}R_{12}}{R_{12}+R_{23}+R_{31}} \\ R_3 &= \frac{R_{31}R_{23}}{R_{12}+R_{23}+R_{31}} \end{aligned}\right\} \tag{1-11}$$

若 Y 形电阻网络中 3 个电阻值相等，则等效△形电阻网络中 3 个电阻也相等，即

$$R_{Y}=\frac{1}{3}R_{\triangle}\text{，或}R_{\triangle}=3R_{Y} \tag{1-12}$$

例 1.8　试求图 1.18 所示电路的输入端电阻 R_{AB}。

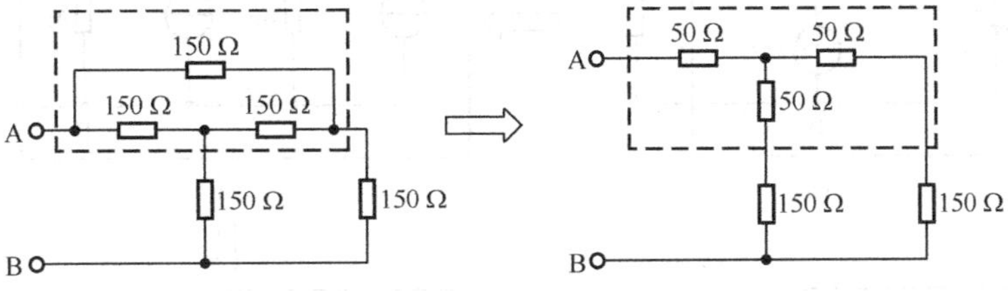

（a）例 1.3 电路图　　（b）例 1.3 电路变换图

图 1.18　例 1.3 电路图

解：图 1.18（a）所示电路由 5 个电阻元件构成，其中任何两个电阻元件之间都没有串、并联关系，因此这是一个复杂电路。

对这样一个复杂电路的输入端电阻进行求解的基本方法就是：假定 A、B 两端钮之间有一个理想电压源 U_S，然后运用 KCL 和 KVL 定律对电路列出足够的方程式并从中解出输入端电流 I，于是就可解输出入端电阻 $R_{AB}=U_S/I$。这种方法显然比较繁琐。

如果我们把图 1.18（a）中虚线框中的△形电阻网络变换为图 1.18（b）虚线框中的 Y 形电阻网络，原来复杂的电阻网络就变成了具有串并联关系的简单电路，利用电阻的串、并联公式即可方便地求出 R_{AB}

$$\begin{aligned}R_{AB}&=50+[(50+150)//(50+150)]\\&=50+100\\&=150(\Omega)\end{aligned}$$

Y 形电阻网络与△形电阻网络之间的等效变换，除了计算电路的输入端电阻以外，还能较方便地解决实际电路中的一些其他问题。

1.5.2　电源之间的等效变换

电源之间的等效变换

前面介绍的理想电压源和理想电流源都是无穷大功率源，无穷大功率源之间无等效而言。而实际的电压源和电流源总是存在内阻或内阻为有限值，因此，当负载改变时，负载两端的电压及流过负载的电流都会发随之生变化。

如图 1.19（a）所示电路，如果求解的对象是 R 支路中的电流 I，观察电路可发现，该电路中的 3 个电阻之间并无串、并联关系，因此这是一个复杂电路。对复杂电路的求解显然要应用 KCL 和 KVL 定律对电路列写方程式，然后对方程式联立求解才能得出待求量。

但是，当我们把图 1.19（a）电路中连接在 A、B 两点之间的两个电压源模型变换成图 1.19（b）所示的电流源模型，再根据 KCL 及电阻的并联公式将两个电流源合并为图 1.19（c）所示的一个电流源，原来的复杂电路就变成了一个简单电路，利用分流关系即可方便地求出

电流 I。或者继续将图 1.19（c）中的电流源模型等效变换为图 1.19（d）所示的电压源模型，利用欧姆定律也可求出待求支路电流 I。

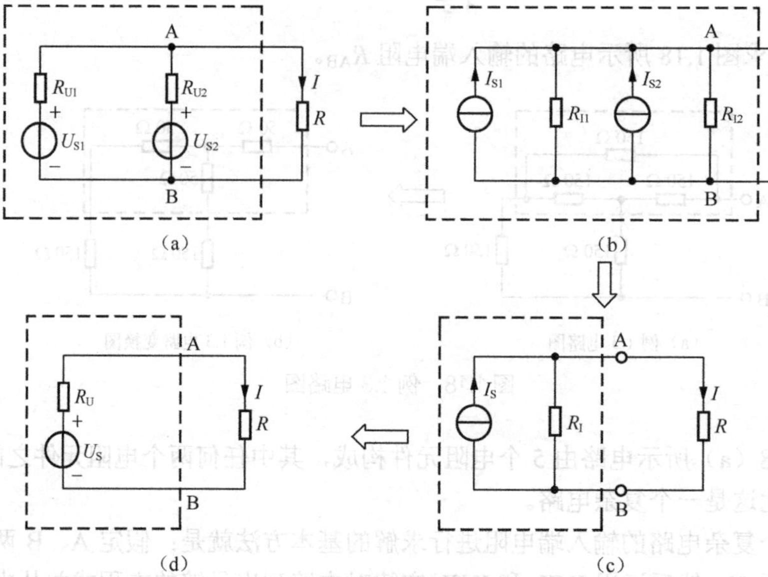

图 1.19　例 1.9 电路图

提出问题：将一个与内阻相并的电流源模型等效为一个与内阻相串的电压源模型，或是将一个与内阻相串的电压源模型等效为一个与内阻相并的电流源模型，等效互换的条件是什么？

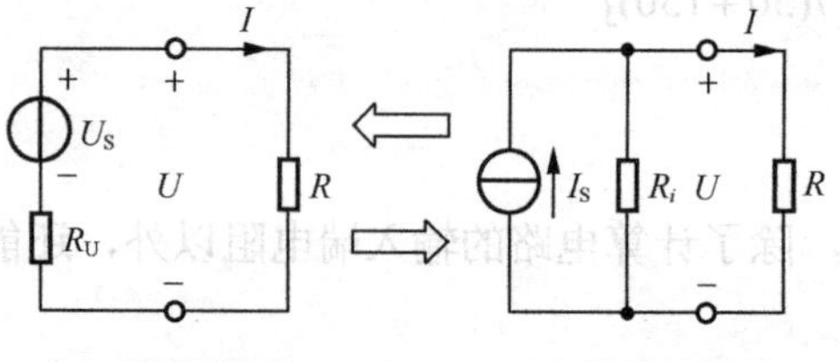

（a）电压源模型　　（b）电流源模型

图 1.20　两种电源模型之间的等效互换

图 1.20 所示为实际电源与负载所构成的电路。对图 1.20（a）电路列 KCL 方程式，设回路绕行方向为顺时针，则

$$U_S=U+IR_U \quad ①$$

对图 1.20（b）电路应用 KCL 列方程可得

$$I_S=U/R_i+I \quad ②$$

将式②等号两端同乘以 R_i，得到

$$R_iI_S=U+IR_i \quad ③$$

比较式①和式③，两式都反映了负载端电压 U 与通过负载的电流 I 之间的关系，假设两个电源模型对负载等效，则式①和式③中的各项应完全相同。于是我们可得到两种电源模型等效互换的条件是

$$\left.\begin{aligned} U_S &= I_S R_i \\ R_U &= R_i \end{aligned}\right\} \text{或者} \left.\begin{aligned} I_S &= U / R_U \\ R_i &= R_U \end{aligned}\right\} \quad (1\text{-}13)$$

显然，电压源模型和电流源模型等效互换时，理想电压源和理想电流源之间的数量关系遵循欧姆定律；电压源模型的内阻和电流源模型的内阻数值相等。

注意：在进行上述等效变换时，一定要让电压源由“−”到“+”的方向与电流源电流的方向保持一致，这一点恰恰说明了电源元件的电压、电流符合非关联方向。

1.5.3　电气设备的额定值与电路的工作状态

1. 电气设备的额定值

电气设备的额定值是根据设计、材料及制造工艺等因素，由制造厂家给出的设备各项性能指标和技术数据。按照额定值使用时，电气设备才能安全可靠且经济合理。

电气设备的额定电功率，是指用电器加额定电压时产生或吸收的电功率。电气设备的实际功率指用电器在实际电压下产生或吸收的电功率。铭牌数据上电气设备的额定电压和额定电流，均为电气设备长期、安全运行时的最高限值。

任何一种电气设备和元件都有各自的额定电压和额定电流，对电阻性负载而言，其额定电流和额定电压的乘积就等于它的额定功率。例如额定值为“220 V、40 W”的白炽灯，表示此灯两端加 220 V 电压时，其电功率为 40 W；若灯两端实际电压为 110 V 时，此灯上消耗的实际功率只有 10 W。

一般情况下：当实际电压等于额定电压时，实际功率才等于额定功率，额定功率下用电器的工作情况我们称之为正常工作状态；当用电器上加的实际电压小于额定电压时，用电器上的实际功率小于额定功率，此时用电器不能完全发挥其正常使用效能，通常称为非正常工作状态；若用电器上加的实际电压大于额定电压时，实际功率将大于额定功率，用电器非但不能正常工作，而且可能因过热而被烧坏，这种工作状态称为电器使用的禁止态。

因此，只有当用电器两端的实际电压等于或稍小于它的额定电压时，用电器才能安全使用。

2. 电路的三种工作状态

电路的工作状态有 3 种：通路、开路和短路，如图 1.21 所示。

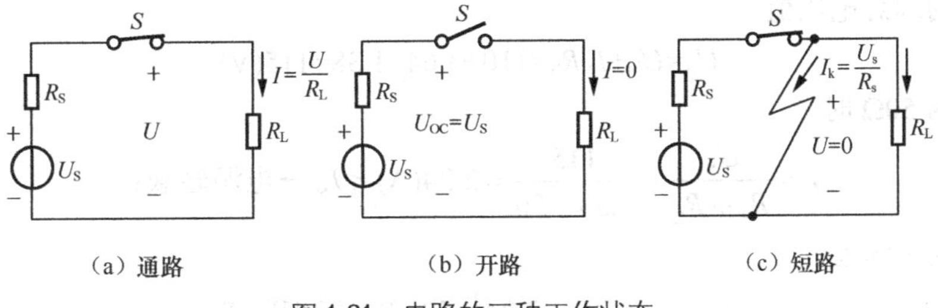

图 1.21　电路的三种工作状态

(1) 通路状态

在图 1.21 (a) 中，电源与负载通过中间环节连接成闭合通路后，电路中的电流和电压分别为：$U=U_S-IR_S=U_S-U_O$ 和 $I=\dfrac{U_S}{R_S+R_L}$，式中 R_L 为负载电阻，R_S 为电源内阻。通常 R_S 很小。负载两端的电压 U 也是电源的输出电压。由式可知，随着电源输出电流 I 的增大，电源内阻 R_S 上压降 $U_O=IR_S$ 也增大，电源输出端电压 U 随之降低。

一般情况下，我们希望电源具有稳定的输出电压，即希望电源的外特性曲线尽量趋于平直。显然，要使电源输出特性平稳，就要尽量减小电源的内阻 R_S，从而使电源内部的损耗得以限制，以提高电源设备的利用率。因此，实际电压源的内阻都是非常小的。

（2）开路状态

在图 1.21（b）所示电路中，开关 S 断开，电源未与负载接通，电源处于开路状态（若元器件的一根引脚断了可以说成是元器件开路）。开路状态下电路中（或元器件中）无电流通过，即 I=0，此时电源端电压 $U=U_S$。

（3）短路状态

短路可以用图 1.21（c）所示电路来说明。当电路中的负载电阻 R_L 的两根引脚被导线接通，称作负载被短路。短路时导线两端与电源两端直接相连，因此也可称为电源被短路。电源发生短路时，有短路电流

$$I_k = \frac{U_S}{R_S} \gg I_N = \frac{U_S}{R_S + R_L}$$

显然，此时短路电流 I_k 大大于额定工作下的电流 I_N，将使电源由于过热而被烧毁。因此，电源短路现象不允许发生，通常电路中都设置有短路保护环节。

电路发生短路时，由于短接线的电阻几乎是零，远小于负载电阻，根据电流总是走捷径的现象，本来应该流过负载的电流不再从负载中通过，而是经短路的导线直接流回电源。由此造成电流的流动回路发生改变。电工电子技术中，有时为了达到某种需要，常常要改变一些参数的大小，有时也会将部分电路或某些元件两端予以技术上的短接，这种人为的短接，应和短路事故相区别。

例 1.9 有一电源设备，额定输出功率为 400 W，额定电压为 110 V，电源内阻 R_S 为 1.38 Ω。当负载电阻分别为 50 Ω 和 10 Ω、或发生短路事故时，求 U_S 及各种情况下电源输出的功率。

解：电源向外电路供给的额定电流为

$$I_N = \frac{P_N}{U_N} = \frac{400}{110} \approx 3.64(\text{A})$$

电压源的理想电压值

$$U_S = U_N + I_N R_S = 110 + 3.64 \times 1.38 = 115(\text{V})$$

当负载为 50Ω 时

$$I = \frac{U_S}{R_S + R_L} = \frac{115}{1.38 + 50} = 2.24(\text{A}) < I_N \rightarrow \text{电源轻载；}$$

电源输出的功率

$$P_{RL} = UI = I^2 R_L = 2.24^2 \times 50 = 250.88(\text{W}) < P_N$$

当负载为 10 Ω 时

$$I = \frac{U_S}{R_S + R_L} = \frac{115}{1.38 + 10} \approx 10.11(\text{A}) > I_N \rightarrow \text{电源过载，应避免！}$$

此时电源输出的功率

$$P_{RL} = UI = I^2 R_L = 10.11^2 \times 10 = 1\,022.12(\text{W}) > P_N$$

当电源发生短路时

$$I_k = \frac{U_S}{R_S} = \frac{115}{1.38} \approx 83.33(\text{A}) \approx 23 I_N$$

如此大的短路电流，如不采取保护措施迅速切断电路，电源及导线等将立即烧毁。电源短路是非常危险的事故状态，为防止由于短路而引起的后果，线路中应有自动切断短路电流的设备，如熔断器和低压断路器等。生活与生产中最简单的短路保护装置是熔断器，俗称保险丝。保险丝是一种熔点很低（60℃～70℃）的合金，粗细不同的保险丝，其额定熔断值存在差异。当电流超过额定值时，由于温度升高，保险丝会自动熔断，从而保护电路不被损坏。在实际应用中，必须根据电路中电流的大小，正确选用保险丝。

家庭电路要选用合适的保险丝，不能太细也不能太粗，更不能用铜丝铁丝来代替。我国的标准规定：保险丝的熔断电流是额定电流的 2 倍。当通过保险丝的电流为额定电流时，保险丝不会熔断；当通过保险丝的电流为额定电流的 1.45 倍时，熔断的时间不超过 5 分钟；当通过保险丝的电流为额定电流的 2 倍（即等于熔断电流）时，熔断的时间不应超过 1 分钟。保险丝选择截面较粗时，起不到短路保护作用；选择截面过细时，保险丝会在未短路时发生误动作而断开，影响电器正常使用。因此实用中应根据负载情况，合理选择保险丝的额定电流值。

思 考 题

1．图 1.19（a）所示电路中，设 U_{S1}=2 V，U_{S2}=4 V，R_{U1}=R_{U2}=R=2 Ω。求图（c）电路中的理想电流源 I_S、图（d）中的理想电压源发出的功率，再分别求出两等效电路中负载 R 上吸收的功率。根据计算结果，你能得出什么样的结论？

2．你能否用电阻的串、并联公式解释“等效”的含义？

3．标有“1 W，100 Ω”的金属膜电阻，在使用时电流和电压不得超过多大数值？

4．额定电流为 100 A 的发电机，只接了 60 A 的照明负载，还有 40A 去哪了？

5．电源的开路电压为 12 V，短路电流为 30 A，求电源的参数 U_S 和 R_S。

1.6 直流电路中的几个问题

1.6.1 电路中各点电位的计算

前面介绍过，电位实际上是电路中某点到参考点的电压。因此，计算电位离不开电路的参考点。

以图 1.22 所示电路为例进行说明。

选择 b 点为电路参考点，则 V_b=0

$$V_a = I_3R_3$$
$$V_c = U_{S1}$$
$$V_d = U_{S2}$$

若选取 a 作为电路参考点，则 V_a=0，我们又可得到

$$V_b = -I_3R_3$$
$$V_c = I_1R_1$$
$$V_d = I_2R_2$$

可见，参考点可以任意选定。但一经选定，各点电位的计算即以该点为准。当参考点发生变化时，电路中各点的电位将随之发生变化。

在电子技术中，为了做图的简便和图面的清晰，习惯上在电路图中不画出电源，而是在电源的非接“地”一端标出其电位的极性及数值，如图 1.23 所示电路。

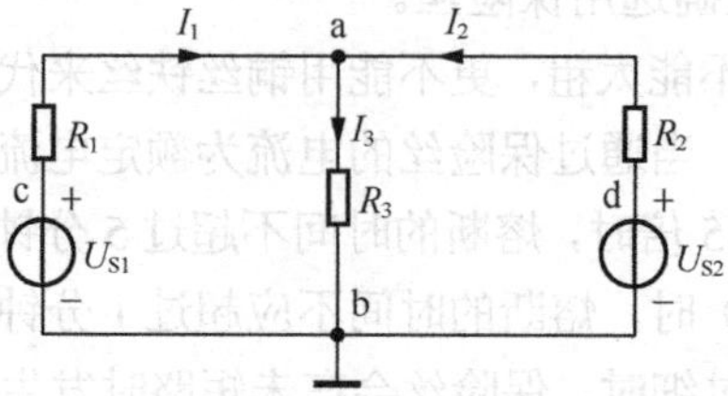

图 1.22　电路举例

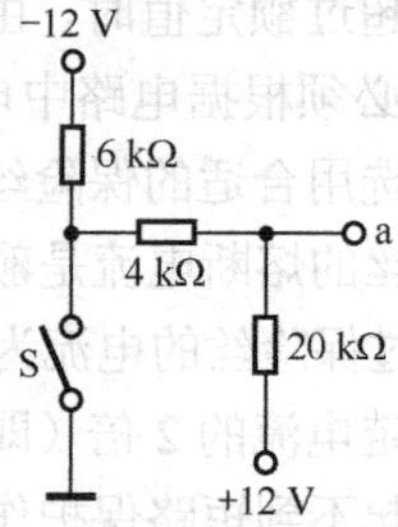

图 1.23　例 1.10 电路图一

例 1.10　求图 1.23 所示电路中 a 点的电位值。若开关闭合，a 点电位值又为多少？

解： S 断开时，3 个电阻相串联。串联电路两端点的电压为+12 V 和−12 V 两点电位之间的差值电压 $U=12-(-12)=24(\text{V})$。

电流方向由+12 V 经 3 个电阻至−12 V，20 kΩ 电阻两端的电压为

$$U_{20\text{k}\Omega}=24\frac{20}{6+4+20}=16(\text{V})$$

根据电压与电位之间的关系可求得

$$V_{\text{a}}=12-16=-4(\text{V})$$

开关 S 闭合后，电路等效为图 1.24 所示，可得

$$V_{\text{a}}=\frac{12}{4+20}\times4=2(\text{V})$$

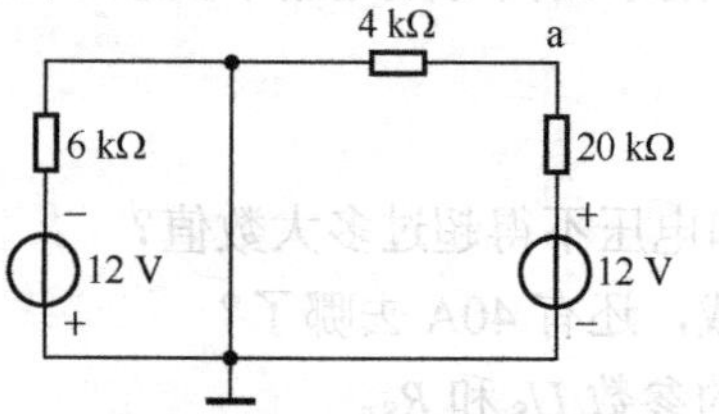

图 1.24　例 1.10 电路图二

1.6.2　电桥电路

工程实际中，时常会遇到图 1.25 所示的电桥电路。其中，电阻 R_1、R_2、R_3 和 R_4 叫做电桥电路的 4 个桥臂；4 个桥臂的一个对角线上，电阻 R_5 构成桥支路；另一条对角线由理想电压源 U_S 与电阻元件 R_0 串联构成。

电桥电路

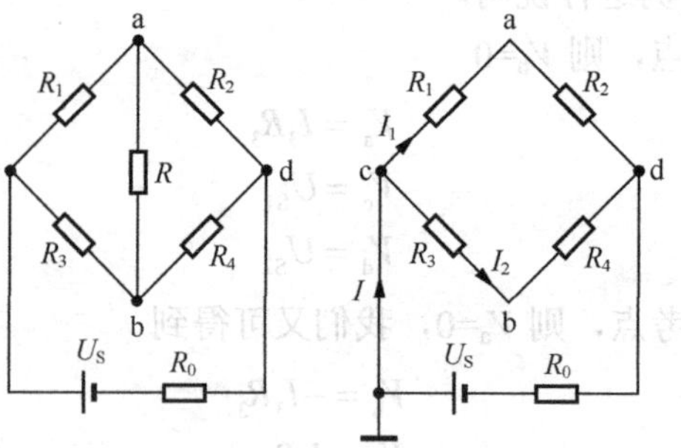

（a）电桥电路　（b）平衡电桥

图 1.25　电桥电路图

利用电桥的平衡条件可以用来精确地测量电阻的阻值。那么，电桥的平衡条件是什么呢？

图 1.25 表明了平衡电桥和电桥电路之间的不同。图（a）所示的电桥电路中，4 个桥臂电阻 R_1、R_2、R_3、R_4 和桥支路电阻 R 之间，既没有串联关系也构不成并联关系，因此是一个复杂电路。而图（b）所示的平衡电桥，显然桥支路被拿掉，4 个桥臂电阻之间构成了简单的串并联关系，即平衡电桥是一个简单电路。

从图 1.25 可以看出，只要拿掉桥支路，电桥就由复杂电路变为简单电路。而能拿掉桥支路的条件就是桥支路两端电位相等，即 $V_a=V_b$。

分析：假设图 1.25（a）所示电桥电路已达平衡，即 $V_a=V_b$。此时桥支路电阻 R 中无电流通过，将其拆除不会影响电路的其余部分，原电桥电路可用图（b）代替。

c 点是平衡电桥的电路参考点，则 a、b 两点电位

$$V_a = -I_1R_1 = I_1R_2 + IR_0 - U_S$$
$$V_b = -I_2R_3 = I_2R_4 + IR_0 - U_S$$

由 $V_a= V_b$ 可得

$$I_1R_1 = I_2R_3$$
$$I_1R_2 = I_2R_4$$

将上述两式相除，可得电桥平衡条件为

$$\frac{R_1}{R_2} = \frac{R_3}{R_4} \tag{1-14}$$

也可写成

$$R_1R_4 = R_2R_3 \tag{1-15}$$

实际应用中，直流电桥是一种能比较准确地测量电阻的仪器，其基本工作原理就是利用电桥的平衡条件。直流电桥采用一个旋钮（称为比例臂）直接调节 1/1000、1/100、1/10、1/4、1、10 及 100 七种比率，这个比率相当于式（1-13）中的 R_3/R_4。直流电桥还有 4 个电阻选择开关，利用其旋钮调节，可以获得 0～9 999 Ω 的一切整数阻值，使测出的电阻能准确到 4 位数字，这是万用表所不能及的。

直测量仪器单臂流电桥上有检流计 G，电池组 E，它们分别通过按钮开关 A_1、A_2 接于桥支路的对角线上。当被测电阻 R_x 接在电路中时，同时按下 A_1、A_2 并观察检流计 G 的偏转情况，若 G 向“+”方向偏转，应调整开关将电阻增大，反之减小电阻。当 G 指示为零，R_x 值就可由电阻选择开关上的数值读出。

1.6.3 最大功率传输定理

负载获得最大功率的条件

一个实际电源产生的功率通常分为两部分，一部分消耗在电源及线路的内阻上，另一部分输出给负载。在电子通信技术中总是希望负载上得到的功率越大越好，那么，怎样才能使负载从电源获得最大功率呢？

如图 1.26 所示电路，当负载太大或太小时，显然都不能使负载上获得最大功率：负载

R_L 很大时，电路将接近于开路状态；若负载 R_L 很小时，电路又会接近短路状态。为找出负载上获得最大功率的条件，可先写出图示电路中负载 R_L 的功率表达式

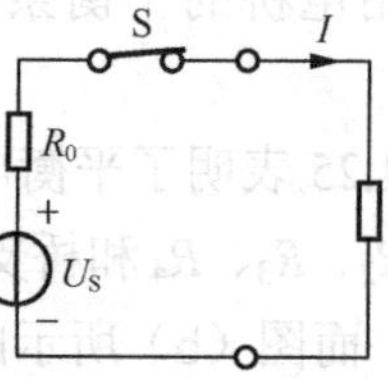

图 1.26 电路举例

$$P = I^2 R_L = \left(\frac{U_S}{R_0 + R_L}\right)^2 R_L = \frac{U_S{}^2 R_L}{(R_0 + R_L)^2}$$

为了便于对问题的分析，上式可化为

$$P = \frac{U_S{}^2}{4R_0 + \dfrac{(R_0 - R_L)^2}{R_L}}$$

由此式可以看出，负载功率 P 仅由分母中的两项所决定。第一项 $4R_0$ 与负载无关，第二项显然只取决于分子 $(R_0-R_L)^2$。因此，当第二项中的分子为零时，分母最小，此时负载上获得最大功率，即

$$P_{max} = \frac{U_S{}^2}{4R_0} \tag{1-16}$$

显然，负载获得最大功率的条件是：负载电阻等于电源内阻。而且这一条件只在电源数值 U_S 和 R_0 确定的情况下成立。

最大功率传输定理在工程实际中得到较为广泛地应用。例如晶体管收音机里的输入、输出变压器就是为了达到上述阻抗匹配条件而接入的。

1.6.4 受控源

受控源

前面向大家介绍的有源理想电路元件电压源和电流源，它们的电压值或电流值与电路中的其他电压或电流无关，由自身来决定，因此称为独立源。在电路理论中还有一种有源理想电路元件，这种有源电路元件上的电压或电流不像独立源那样由自身决定，而是受电路中某部分的电压或电流的控制，因而称为**受控源**。

受控源实际上是晶体管、场效应管、集成电路等电压或电流控件的电路模型。当整个电路中没有独立电源存在时，这些受控源即成为无源元件；若电路中有电源为它们提供能量时，它们又可按照控制量的大小为后面的电路提供不同类型的电能，因此受控源实际上具有双重身份。

受控源可受电流控制（如晶体管），也可受电压控制（如场效应管），受控源为负载提供能量的形式也分有恒压和恒流两种，因此可组合成 4 种类型：电压控制的电压源（VCVS）、电压控制的电流源（VCCS）、电流控制的电压源（CCVS）和电流控制的电流源（CCCS）。为区别于独立源，受控源的图形符号采用棱形，4 种形式的电路图符号如图 1.27 所示。

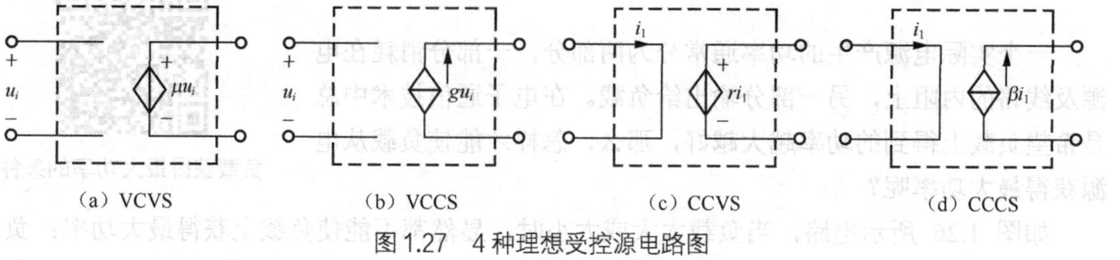

（a）VCVS （b）VCCS （c）CCVS （d）CCCS

图 1.27 4 种理想受控源电路图

图中受控源的系数μ和β无量纲，g的量纲是西门子（S），r的量纲是欧姆（Ω）。这些系数各自具有特定的寓意，不能用其他符号随意代替。

必须指出：独立源与受控源在电路中的作用完全不同。独立源在电路中起“激励”作用，有了这种“激励”作用，电路中才能产生响应（即电流和电压）；而受控源则是受电路中其他电压或电流的控制，当这些控制量为零时，受控源的电压或电流也随之为零，因此受控源实际上反映了电路中某处的电压或电流能控制另一处的电压或电流这一现象而已。

例 1.11　化简图1.28所示电路。

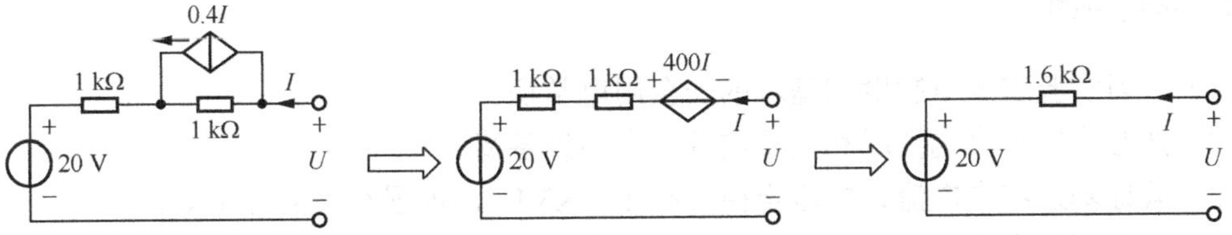

（a）例1.11电路图一　（b）例1.11电路图二　（c）例1.11电路图三

图1.28　例1.11电路图

解：首先将图1.28（a）中的受控电流源模型等效变换为图1.28（b）电路所示的受控电压源模型，对图（b）电路列写KVL方程可得：

$$U = -400I + (1000 + 1000)I + 20 = 1600I + 20$$

根据这一结果，可进一步将图1.28（b）电路化简为图1.28（c）所示的等效电路。

含有受控源的电路分析要点如下。

（1）可以用两种电源等效互换的方法，简化受控源电路。但简化时注意**不能把控制量化简掉**。否则会留下一个没有控制量的受控源电路，使电路无法求解。

（2）如果一个二端网络内除了受控源外没有其他独立源，则此二端网络的开路电压必为零。因为，只有独立源产生控制作用后，受控源才能表现出电源性质。

（3）求含有受控源电路的等效电阻时，须先将二端网络中的所有独立源去除：即恒压源短路处理、恒流源开路处理，受控源应保留。含受控源电路的等效电阻可以用加压求流法求解。

例 1.12　用加压求流法求解图1.29所示电路中的R_{AB}。

解：图1.29所示电路无独立源作用，因此受控源作为无源元件处理。

应用加压求流法求解R_{AB}的第1步：在A、B两端加一端电压U，设从A端流入电路的电流为I，流过10 Ω电阻的电流为$I-I_1$，方向向下；

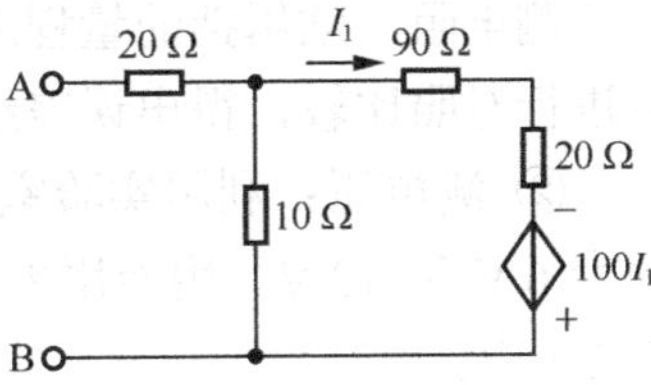

图1.29　例1.12电路图

第2步：对电路列方程，对右回路列KVL：$10(I-I_1)=110I_1-100I_1=10I_1$；解得$I_1=I/2$；

第3步：对左回路列KVL，并把$I_1=I/2$代入方程：$U=20I+10(I-I/2)=25I$

第4步：$R_{AB}=U/I=25(\Omega)$

思　考　题

1．电桥电路是复杂电路还是简单电路？电桥平衡的条件是什么？

2. 计算电路中某点电位时，应注意哪些事项？电路分析过程中，能随意改动参考点吗？

3. 负载上获得最大功率的条件是什么？负载上获得最大功率时，电源的利用率是多少？

4. 电路等效变换时，电压为零的支路可以去掉吗？为什么？电流为零的支路可以短路吗？为什么？

应用能力培养课题：基尔霍夫定律的验证实验

1. 实验目的

（1）学习实验室规章制度和基本的安全用电常识。

（2）熟悉实验室供电情况和实验电源、实验设备情况。

（3）验证基尔霍夫电流、电压定律（KCL、KVL），巩固有关的理论知识。

（4）加深理解电流和电压参考正方向的概念。

2. 实验器材与设备

（1）电工实验台一套

（2）交直流毫安表一块

（3）数字万用表一块

（4）电路原理箱（或其他配套实验设备）

（5）导线若干

3. 实验步骤

（1）认识和熟悉电路实验台设备及本次实验的相关设备。

（2）测量电阻、电压和电流。

① 测电阻：用数字万用表的欧姆挡测电阻，万用表的红表棒插在电表下方的“VΩ”插孔中，黑表棒插在电表下方的“COM”插孔中。选择实验原理箱上的电阻或实验室其他电阻作为待测电阻，欧姆挡的量程应根据待测电阻的数值合理选取。把测量所得数值与电阻的标称值进行对照比较，得出误差结论。

② 测电压：利用实验室设备连接一个汽车照明电路，如图 1.30 所示。选择直流电源分别为 6 V 和 12 V。用万用表直流电压 20 V 挡位对电路各段电压进行测量，把测量结果填在表 1.1 中。

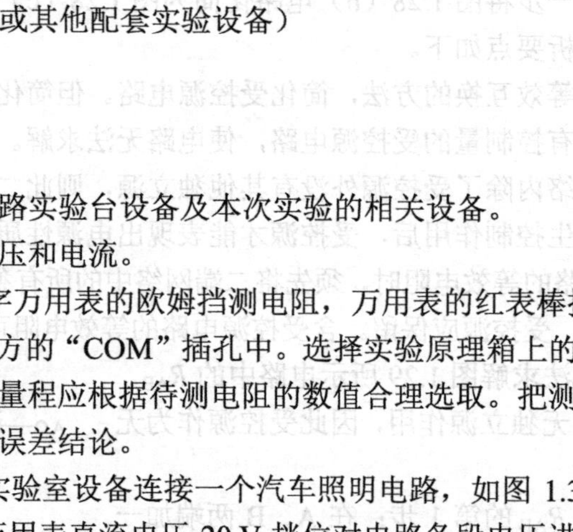

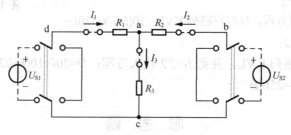

图 1.30　汽车照明实验电路

表 1.1

测量变量	U_{S1}(V)	U_{S2}(V)	U_{R1}(V)	U_{R2}(V)	U_{R3}(V)	I_1(A)	I_2(A)	I_3(A)
测量值								

③ 测电流：用交直流毫安表进行测量。首先将量程打到最大量程位置，在测量过程中再根据指针偏转程度重新选择合适量程。电表应注意串接在各条支路中。将测量值填写在附表中。

④ 根据测量数据验证 KCL 和 KVL，并分析误差原因。

实验结束后，应注意将万用表上电源按键按起，使电表与内部电池断开。

4．思考题

（1）如何用万用表测电阻？电阻在线测量会产生什么问题？电阻带电测量时又会发生什么问题？

（2）电压、电流的测量中应注意什么事项？

（3）如何把测量仪表所测得的电压或电流数值与参考正方向联系起来？

第 1 章　习题

1.1　一只“100 Ω、100 W”的电阻与 120 V 电源相串联，至少要串入多大的电阻 R 才能使该电阻正常工作？电阻 R 上消耗的功率又为多少？

1.2　图 1.31（a）、图 1.31（b）电路中，若让 I=0.6 A，R=？图 1.31（c）、图 1.31（d）电路中，若让 U=0.6 V，R=？

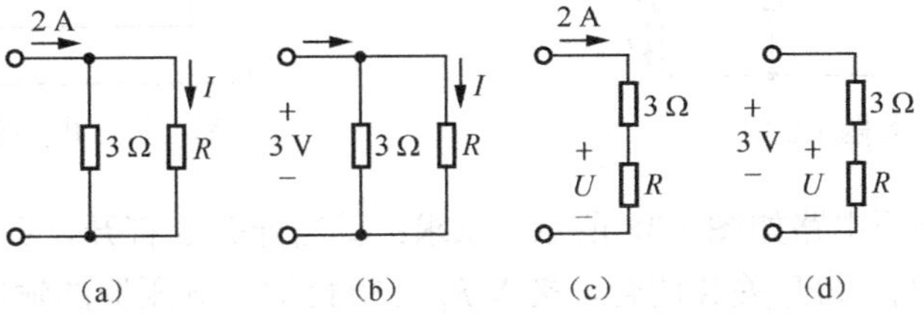

图 1.31　习题 1.2 电路图

1.3　两个额定值分别是“110 V，40 W”“110 V，100 W”的灯泡，能否串联后接到 220 V 的电源上使用？如果两只灯泡的额定功率相同时又如何？

1.4　图 1.32 所示电路中，已知 U_S=6 V，I_S=3 A，R=4 Ω。计算通过理想电压源的电流及理想电流源两端的电压，并根据两个电源功率的计算结果，说明它们是产生功率还是吸收功率。

1.5　电路如图 1.33 所示，已知 U_S=100 V，R_1=2 kΩ，R_2=8 kΩ，在下列 3 种情况下，分别求电阻 R_2 两端的电压及 R_2、R_3 中通过的电流。① R_3=8 kΩ；② R_3=∞（开路）；③ R_3=0（短路）。

1.6　电路如图 1.34 所示，求电流 I 和电压 U。

1.7　求图 1.35 所示各电路的输入端电阻 R_{AB}。

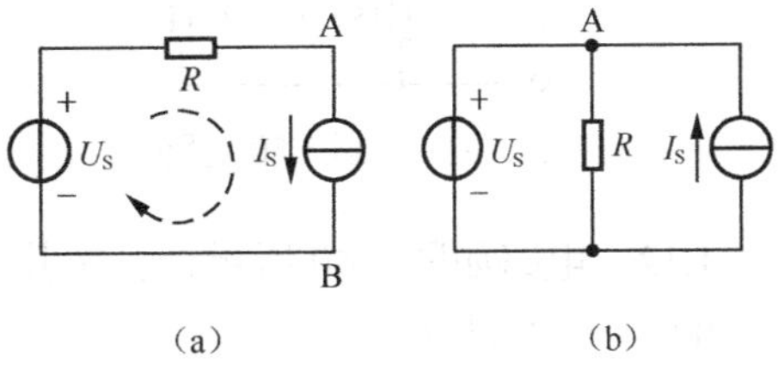

图 1.32　习题 1.4 电路图

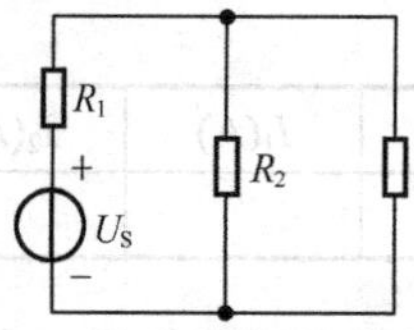

图 1.33 习题 1.5 电路

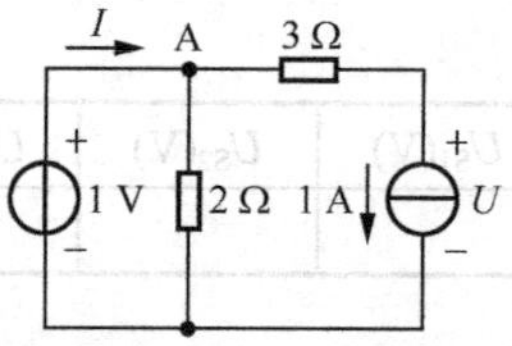

图 1.34 习题 1.6 电路

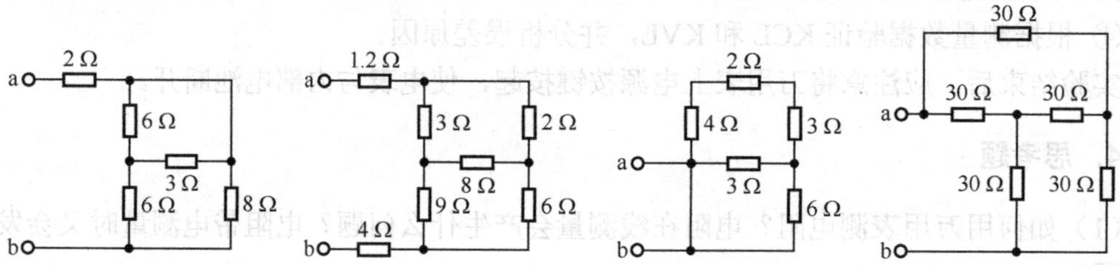

（a） （b） （c） （d）

图 1.35 习题 1.7 电路

1.8 求图 1.36 所示电路中的电流 I 和电压 U。

1.9 假设图 1.37 电路中，U_{S1}=12 V，U_{S2}=24 V，R_{U1}=R_{U2}=20 Ω，R=50 Ω，利用电源的等效变换方法，求解流过电阻 R 的电流 I。

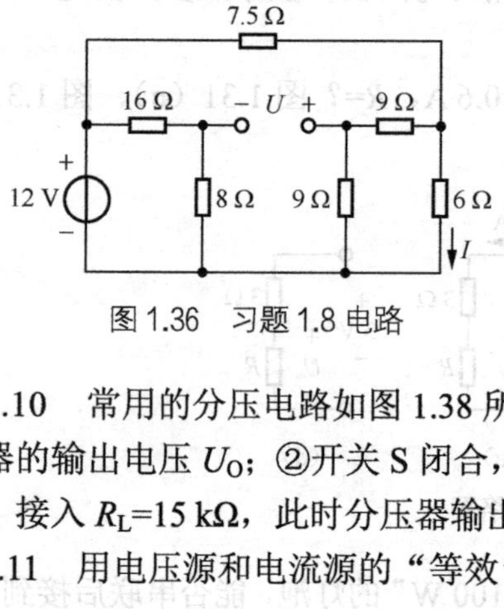

图 1.36 习题 1.8 电路

图 1.37 电路图与等效电路图

1.10 常用的分压电路如图 1.38 所示，试求：①当开关 S 打开，负载 R_L 未接入电路时，分压器的输出电压 U_O；②开关 S 闭合，接入 R_L=150 Ω 时，分压器的输出电压 U_O；③开关 S 闭合，接入 R_L=15 kΩ，此时分压器输出的电压 U_O 又为多少？并由计算结果得出一个结论。

1.11 用电压源和电流源的“等效”方法求出图 1.39 所示电路中的开路电压 U_{AB}。

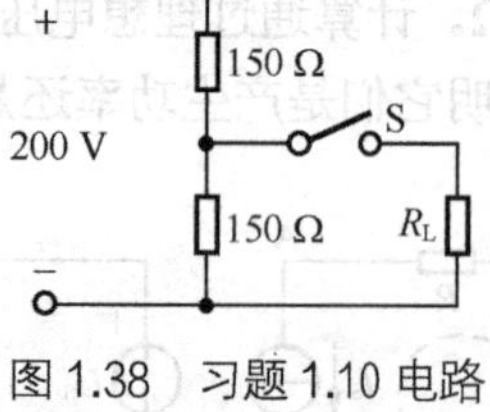

图 1.38 习题 1.10 电路

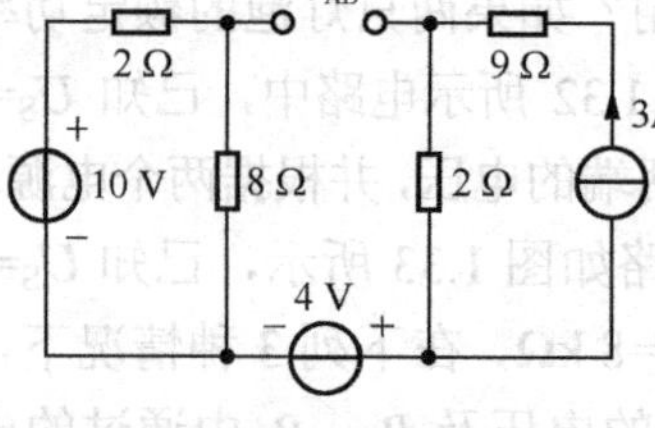

图 1.39 习题 1.11 电路

1.12 电路如图 1.40 所示，已知其中电流 I_1=−1 A，U_{S1}=20 V，U_{S2}=40 V，电阻 R_1=4 Ω，R_2=10 Ω，求电阻 R_3。

1.13 接 1.12 题。若使 R_2 中电流为零，则 U_{S2} 应取多大？若让 I_1=0 时，U_{S1} 又应等于多大？

1.14　分别计算 S 打开与闭合时图 1.41 电路中 A、B 两点的电位。

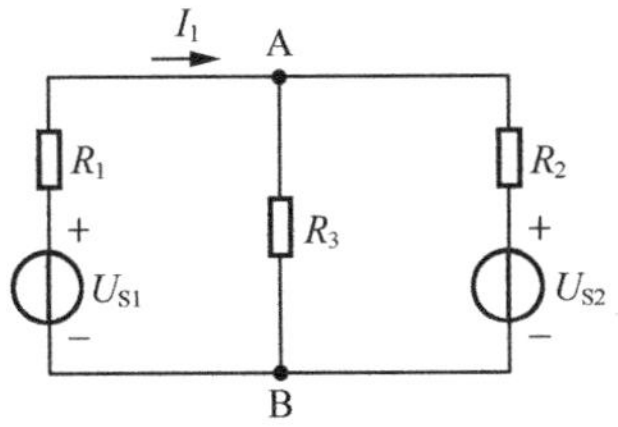

图 1.40　习题 1.12 电路

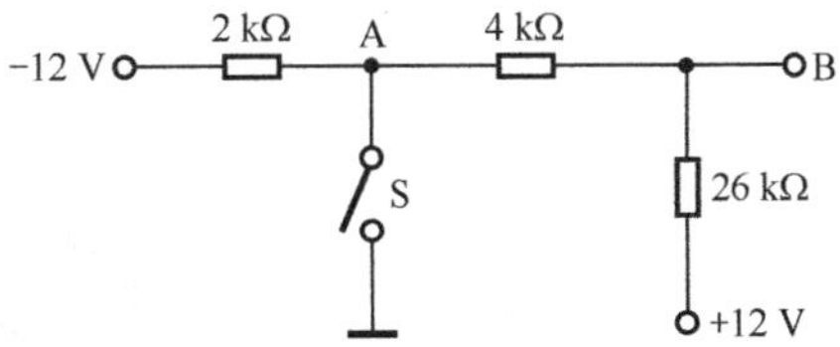

图 1.41　习题 1.14 电路

1.15　求图 1.42 所示电路的入端电阻 R_i。

1.16　有一台 40 W 的扩音机，其输出电阻为 8 Ω。现有 8 Ω、10 W 低音扬声器 2 只，16 Ω、20 W 扬声器 1 只，问应把它们如何连接在电路中才能满足"匹配"的要求？能否像电灯那样全部并联？

1.17　某一晶体管收音机电路，已知电源电压为 24 V，现用分压器获得各段电压对地电压分别为 19 V、11 V、7.5 V 和 6 V，各段负载所需电流如图 1.43 所示，求各段电阻的数值。

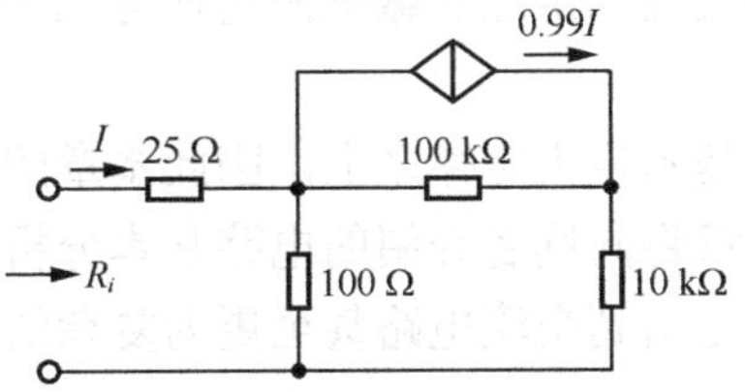

图 1.42　习题 1.15 电路

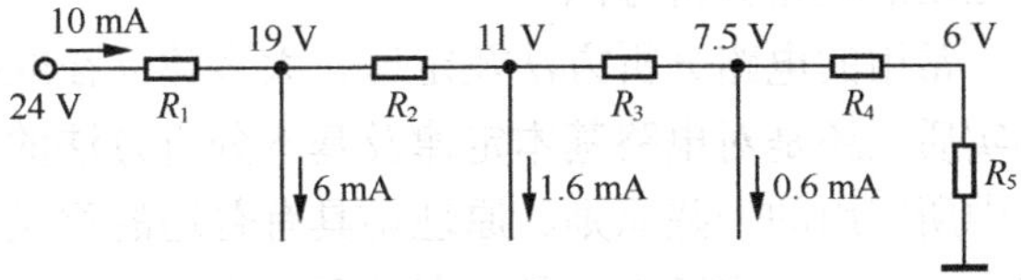

图 1.43　习题 1.17 电路

1.18　化简图 1.44 所示电路。

1.19　图 1.45 电路中，电流 I=10 mA，I_1=6 mA，R_1=3 kΩ，R_2=1 kΩ，R_3=2 kΩ。求电流表 A_4 和 A_5 的读数？

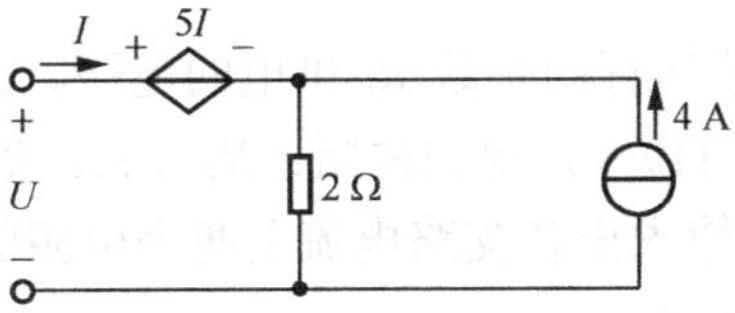

图 1.44　习题 1.18 电路

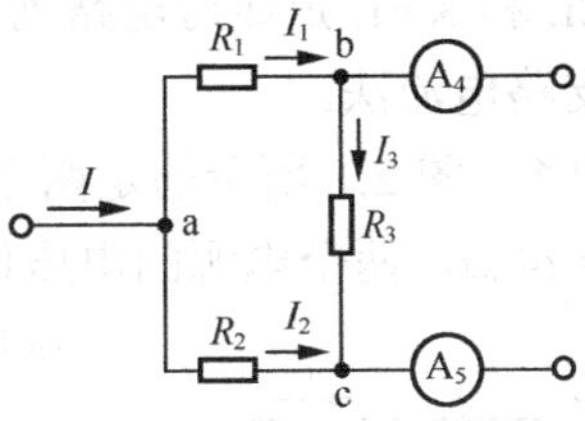

图 1.45　习题 1.19 电路

1.20　如图 1.46 所示电路中，有几条支路和几个节点？U_{ab} 和 I 各等于多少？

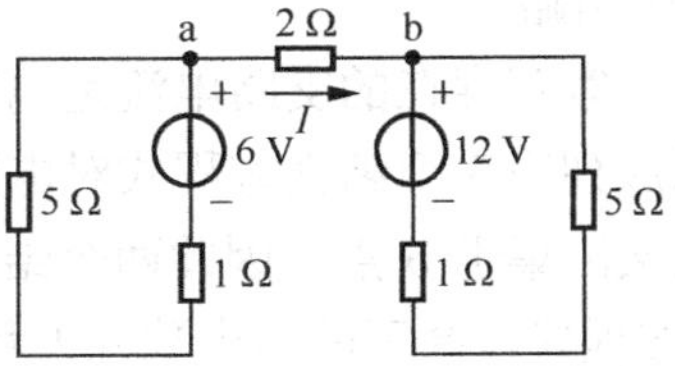

图 1.46　习题 1.20 电路

第2章 电路的基本分析方法

电路的基本概念和基本定律，是电路分析理论中的共同约定和共同语言。但是，由于工程实际应用电路的结构多种多样，求解的对象也往往由于具体要求的不同而大相径庭，所以，只用第 1 章所学的基本概念和基本定律来分析和计算较为复杂的电路，显然是不够的。为此，本章将向大家介绍支路电流法、回路电流法、节点电压法及叠加定理和戴维南定理等几个广泛应用的电路分析方法。

常用的电路分析方法及定理，大多建立在欧姆定律及基尔霍夫定律之上，因此本章的学习实质上还是对电路基本定律及基本分析方法的延伸。本章将向读者介绍的电路基本分析方法中所应用的一些原则、原理均具有普遍的意义，可扩展运用到交流电路甚至更为复杂的网络中。因此，本章内容是全书的重点内容之一。

2.1 支路电流法

支路电流是电路中的客观存在，直接把它设为未知量，然后应用 KCL 和 KVL 定律对电路列写方程式进行求解，这种解题方法称为支路电流法。

支路电流法

例 2.1 图 2.1 所示的是两个参数不同的电源并联运行向负载 R_L 供电的电路。已知负载电阻 R_L=24 Ω，两个电源的电压值：U_{S1}=130 V，U_{S2}=117 V，电源内阻：R_1=1 Ω，R_2=0.6 Ω。试用 KCL 和 KVL 定律求出各支路电流及两个电源的输出功率，要求进行功率平衡校验。

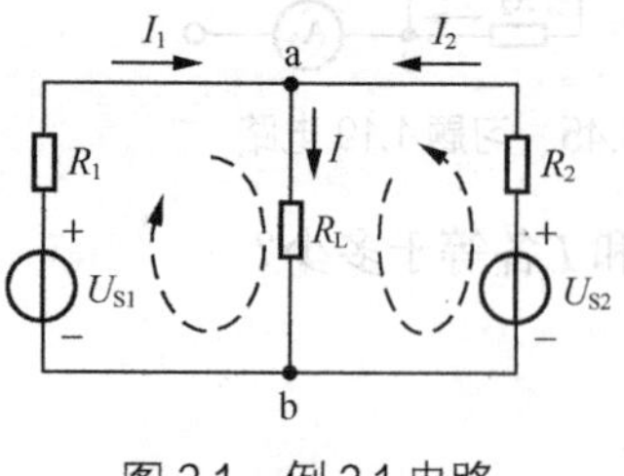

图 2.1 例 2.1 电路

解：观察电路结构，可看出它有 a、b 两个节点，两结点之间连接 3 条支路，左右两个闭合路径及外围闭合路径共构成的 3 个回路。

客观存在的支路电流是电路的待求量。因支路数为 3，所以应列写 3 个独立方程式对电路进行求解。

3 条支路电流既汇集于 a 点又汇集于 b 点，因此两个结点互相不独立。解题时只需对两结点中任意一个列出 KCL 独立方程式，余下的两个独立方程可选取 3 个回路中的任意两个，习惯上我们常常选择比较直观的网孔作为独立回路，并分别对它们列出 KVL 方程式。

根据基尔霍夫定律解题要求，列写方程式之前，应先在电路图上标出待求各支路电流的参考方向及独立回路（或网孔）的绕行方向，如图中实线、虚线箭头所示。

选取 a 点为独立节点，约定指向结点的电流取正，背离结点的电流为负，可列出相应的 KCL 方程

$$I_1+I_2-I=0 \quad ①$$

对左回路列写 KVL 方程

$$I_1R_1+IR_L=U_{S1} \quad ②$$

对右回路列写 KVL 方程

$$I_2R_2+IR_L=U_{S2} \quad ③$$

将数值代入上述方程组，化简处理后可得

$$\left.\begin{aligned}I_1+I_2-I&=0\\I_1&=130-24I\\I_2&=195-40I\end{aligned}\right\}$$

利用代入消元法联立方程求解可得：

$$I=5\,\text{A}$$

$$I_1=10\,\text{A}$$

$I_2=-5\,\text{A}$（得负值说明其参考方向与实际方向相反）

联立方程求解的方法不是唯一的，也可采用行列式或其他方法求解。

由此可得出应用支路电流法求解电路的一般步骤如下。

（1）选定 $n-1$ 个独立节点和 $m-n+1$ 个独立回路（其中 n 是结点数，m 是支路数），在电路图上标出各支路电流的参考方向及回路的参考绕行方向；

（2）应用 KCL 定律对独立节点列出相应的电流方程式；

（3）应用 KVL 定律对独立回路列出相应的电压方程式；

（4）将电路参数代入，联立方程式进行求解，得出各支路电流。

支路电流法求解电路的优点是解题结果直观明了。但是，支路电流法的缺点也很突出，当电路的支路数较多时，列写的方程式个数相应增加，使得手工联立方程求解的过程繁琐且极易出错。如果使用现代 MATLAB 计算机工具软件应用支路电流法求解电路，当然上述缺点也就不再凸显。

思　考　题

1. 说说你对独立节点和独立回路的看法，你应用支路电流法求解电路时，根据什么原则选取独立节点和独立回路？

2. 图 2.2 所示电路，有几个节点？几条支路？几个回路？几个网孔？若对该电路应用支路电流法进行求解，最少要列出几个独立的方程式？应用支路电流法，列出相应的方程式。

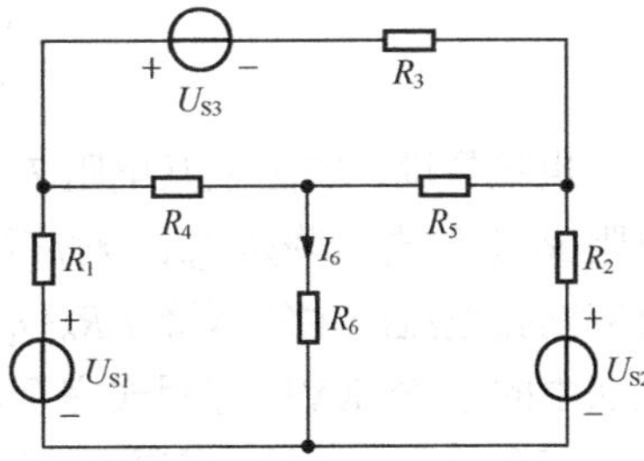

图 2.2　检测题 2.1.2 电路

2.2 网孔分析法

回路电流法

通过思考题 2.1.2 的练习，可了解到：当一个复杂电路的支路数较多时，应用支路电流法就需列写较多个方程式，造成解题过程的繁琐和不易。观察图 2.2 所示电路，该电路虽然支路数较多，但网孔数却较少。针对上述结构的复杂电路，为了适当地减少方程式的数目，人们提出了网孔电流法的解题思路。

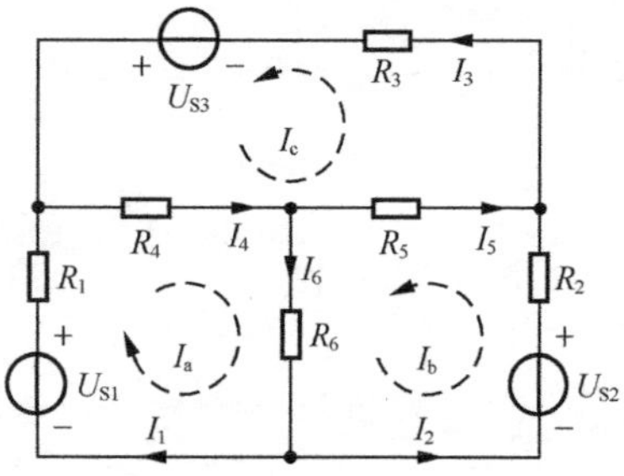

图 2.3 回路电流法举例

仍以图 2.2 所示电路为例，并将它重画在图 2.3 中。

此电路具有 6 条支路，因此应用支路电流法直接求支路电流需列写 6 个方程式进行求解。但是，如果我们假想在 3 个网孔中均有一个绕网孔环行的电流，并把这些假想的绕网孔流动的电流取名为**网孔电流**，如图 2.3 所示电路中虚线箭头所示的 I_a、I_b 和 I_c。由于网孔电流在流入和流出节点时并不发生变化，因此它们自动满足 KCL 定律，使得在求解过程中可把 KCL 方程式省略，只需对 3 个网孔列出相应的 KVL 方程式即可。

应用网孔电流法列写的 3 个 KVL 方程式如下：

对回路 a $\quad (R_1+R_4+R_6)I_a+R_4I_c+R_6I_b=U_{S1}$

对回路 b $\quad (R_2+R_5+R_6)I_b-R_5I_c+R_6I_a=U_{S2}$

对回路 c $\quad (R_3+R_4+R_5)I_c-R_5I_b+R_4I_a=U_{S3}$

3 个方程式的左边为电阻压降，其中第一项为本网孔电流流经本网孔中所有电阻时产生的电阻压降，括号内的所有电阻称为**自电阻**；方程式左边的第二项和第三项，为相邻网孔电流流经本网孔公共支路上连接的电阻(即 R_4、R_5 和 R_6)时产生的电阻压降，我们把这些公共支路上连接的电阻称为**互电阻**。换句话说，每一个互电阻上客观产生的电压降，均由相邻两个网孔电流在互电阻上产生的电压降叠加而成。

上述问题并不难理解，仔细观察电路中客观存在的支路电流 I_1～I_6，可方便地找出它们与假想网孔电流之间的关系，即

$$I_1=I_a \qquad I_4=I_a+I_c$$

$$I_2=I_b \qquad I_5=I_c-I_b$$

$$I_3=I_c \qquad I_6=I_a+I_b$$

也就是说，实际上互电阻 R_4 上的电压降是 I_4R_4，它对应的网孔电流压降是 $I_aR_4+I_cR_4$；互电阻 R_5 上的电压降是 I_5R_5，对应网孔电流产生的压降 $I_cR_5-I_bR_5$；互电阻 R_6 上的电压降是 I_6R_6，对应网孔电流产生的压降 $I_aR_6+I_bR_6$。即网孔电流法中的 3 个 KVL 方程式，实质上与支路电流法中的 3 个 KVL 方程式完全等效，只不过把假想的、实际上并不存在的网孔电流代替了客观存在的支路电流。在方程式的右边，由于不牵扯到网孔电流，因此与支路电流法中 KVL 方程式右边完全相同。

对多支路少网孔的平面电路而言，以网孔电流为未知量，根据 KVL 列写回路电压方程，求解出网孔电流，进而求出客观存在的支路电流、电压等的解题方法，称网孔电流法。提出网孔电流法的目的就是为了对类似图 2.3 所示电路进行分析和计算时，减少方程式的数目，当一个电流的支路数与网孔数相差不多时，采用网孔电流法显然意义不大。

归纳网孔分析法求解电路的基本步骤如下。

（1）选取自然网孔作为独立回路，在网孔中标示出假想网孔电流的参考方向，并把这一参考方向作为回路的绕行方向。

（2）建立各网孔的 KVL 方程。方程式列写时应注意：自电阻压降恒为正值，公共支路上互电阻压降的正、负由相邻网孔电流的方向来决定：当相邻网孔电流方向流经互电阻时与本网孔电流方向一致时，该部分压降取正，相反时取负。方程式右边电压升的正、负取值方法与支路电流法相同。

（3）求解联立方程式，得出假想的各网孔电流。

（4）在电路图上标出客观存在的各支路电流的参考方向，按网孔电流与支路电流方向一致时取正、相反时取负的原则进行叠加运算，求出客观存在的各待求支路电流。

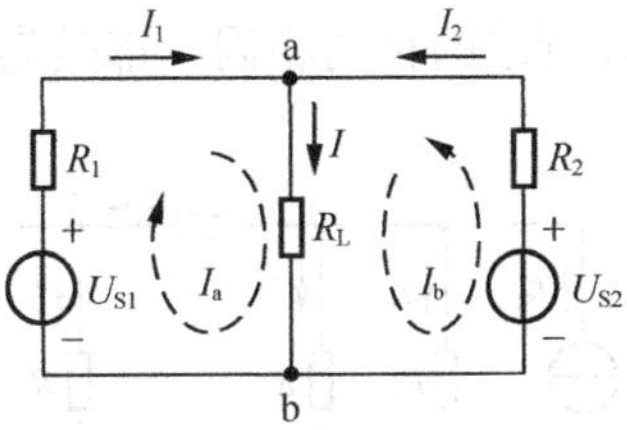

图 2.4　例 2.2 电路

例 2.2　已知图 2.4 所示电路中负载电阻 R_L=24 Ω，U_{S1}=130 V，U_{S2}=117 V，R_1=1 Ω，R_2=0.6 Ω。试用网孔电流法求各支路电流。

解：选取左右两个自然网孔作为独立回路，在图上标出假想网孔电流的参考方向，并把这一参考方向作为网孔的绕行方向。

对网孔构成的独立回路建立 KVL 方程

$$(R_L+R_1)I_a+I_bR_L=U_{S1} \quad ①$$

$$(R_L+R_2)I_b+I_aR_L=U_{S2} \quad ②$$

将数值代入上述方程组

$$25I_a+24I_b=130 \quad ①$$

$$24.6I_b+24I_a=117 \quad ②$$

联立上述两个方程式求解，由①得

$$I_a=\frac{130-24I_b}{25} \quad ③$$

③代②可求得　　I_b=−5 A

代入③得　　I_a=10 A

根据电路图中标示的参考方向可知

$$I_1=I_a=10\text{ A}$$

$$I_2=I_b=-5\text{ A}$$（得负值说明其参考方向与实际方向相反）

$$I=I_1+I_2=5\text{A}$$

计算结果和例 2.1 相同，但解题步骤显然减少了。

思考题

1. 说说网孔电流与支路电流的不同之处，你能很快找出网孔电流与支路电流之间的关系吗？

2. 试阐述网孔分析法的适用范围。

2.3 节点分析法

节点电压法

2.3.1 节点电压法

节点分析法中，节点电压法适用于电路中的节点数为 3 个或 3 个以上的电路。

所谓的节点电压，就是指两个节点电位之间的差值。引入节点分析法的目的和引入网孔分析法的目的相同，都是为了减少电路方程式的数目以达到简化分析电路的目的。

以图 2.5 所示电路为例，具体说明节点电压法的适用范围及其解题步骤。

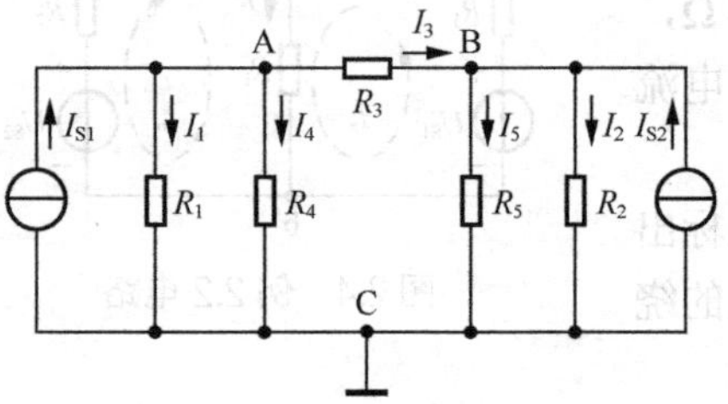

图 2.5 节点电压法电路举例

观察图 2.5 所示电路，其电路的结构特点是支路数多，回路数也多，但节点数较少。如果我们能像网孔分析法省略掉 KCL 方程式那样，把 KVL 方程省略掉,只用 KCL 电流方程式进行解题时，就可大大减少该电路的方程式数目,从而达到简化解题步骤的目的。

寻求这种减少 KVL 方程数目的解题方法，要先从所有节点中找出其中的一个作为电路参考点，而其他任意一个节点上的电位都可以看作是该点与参考点之间的节点电压。

对图 2.5 所示电路，选择 C 点作为电路参考点。由图可知，恒流源 I_{S1}、电阻 R_1、电阻 R_4 的端电压就等于 A 点电位 V_A；恒流源 I_{S2}、电阻 R_2 和电阻 R_5 的端电压就等于 B 点电位 V_B；电阻 R_3 的支路端电压则等于 A 点至 B 点的电位差 V_A-V_B。在图中标示的各支路电流参考方向下，根据欧姆定律可得

$$I_1=\frac{V_A}{R_1},\quad I_4=\frac{V_A}{R_4},\quad I_2=\frac{V_B}{R_2},\quad I_5=\frac{V_B}{R_5},\quad I_3=\frac{V_A-V_B}{R_3}$$

可见，只要求出各节点电位，利用上述关系即可求出各支路电流。下面我们就来研究如何求解各节点电位。

假设电路中各节点电位已知，对电路中 A、B 两个节点分别列写 KCL 方程式。

对节点 A
$$\frac{V_A}{R_1}+\frac{V_A}{R_4}+\frac{V_A-V_B}{R_3}=I_{S1}$$

对节点 B
$$\frac{V_B}{R_2}+\frac{V_B}{R_5}-\frac{V_A-V_B}{R_3}=I_{S2}$$

两式进行整理后可得

$$\left(\frac{1}{R_1}+\frac{1}{R_3}+\frac{1}{R_4}\right)V_A-\frac{1}{R_3}V_B=I_{S1} \qquad ①$$

$$\left(\frac{1}{R_2}+\frac{1}{R_3}+\frac{1}{R_5}\right)V_B-\frac{1}{R_3}V_A=I_{S1} \qquad ②$$

方程式①和②的左边各项称为节点电流，右边是已知电流。而左边第一项括号内各电导（电阻的倒数称为电导）之和称为**自电导**，自电导与本节点电压的乘积是本节点电流，恒为正值；左边第二项（或后几项）的电导均为相邻节点与本节点之间公共支路上连接的电导，称为**互电导**，互电导与相邻节点电压的乘积是相邻节点电流，恒为负值；方程式的右边是汇集到本节点上的已知电流的代数和（约定指向节点的电流取正，背离节点的电流取负）。由于方程式是以节点电压为未知量列写的，因此称为节点电压法。

应用节点电压法求得各节点电压后，须根据待求量与节点电压之间的关系，解出客观存在的待求量（各支路电流或支路电压）。节点电压法方程式的规则为：等式左边第一项为自电导乘以本节点的节点电压（恒为正），其余项为互电导乘以相邻节点的节点电压（恒为负）；等式右边是流入本节点的电流源电流的代数和。

节点电压法的分析步骤如下。

（1）选定参考节点。其余各节点与参考节点之间的电压就是待求的节点电压。

（2）建立求解节点电压的 KCL 方程。一般可先算出各节点的自导、互导及汇集到本节点的已知电流代数和，然后直接代入节点电流方程；

（3）对方程式联立求解，得出各节点电压；

（4）选取各支路电流的参考方向，根据欧姆定律找出各待求量与节点电压之间的关系，求解出待求量。

例 2.3 应用节点电压法求解图 2.6（a）所示电路中各电阻上的电流。

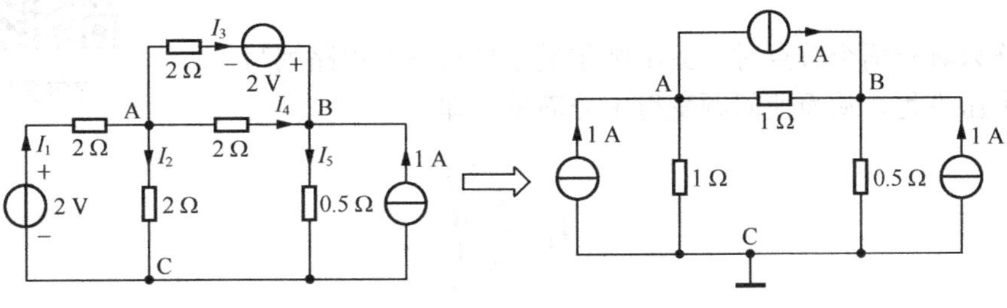

（a）例 2.3 电路图　　（b）例 2.3 等效电路图

图 2.6 例 2.3 电路及等效电路

解： 首先根据电源模型之间的等效变换，将图 2.6（a）等效为图 2.6（b）形式，然后选定 C 点为电路参考点，应用节点电压法分别对 A、B 两点列节点方程。

对 A 节点：
$$\left(\frac{1}{1}+\frac{1}{1}\right)V_A-\frac{1}{1}V_B=1-1$$

对 B 节点：
$$\left(\frac{1}{1}+\frac{1}{0.5}\right)V_B-\frac{1}{1}V_A=1+1$$

两式进行通分和整理后得

$$V_A = 0.5V_B \quad ①$$

$$3V_B - V_A = 2 \quad ②$$

利用代入消元法可求得：

$$\left.\begin{aligned} V_A &= 0.4\text{V} \\ V_B &= 0.8\text{V} \end{aligned}\right\}$$

再回到图 2.6（a）电路，利用欧姆定律可求得：

$$I_2 = \frac{V_A}{R_{AC}} = \frac{0.4}{2} = 0.2(\text{A})$$

$$I_4 = \frac{V_A - V_B}{R_{AB}} = \frac{0.4 - 0.8}{2} = -0.2(\text{A})$$

$$I_5 = \frac{V_B}{R_{BC}} = \frac{0.8}{0.5} = 1.6(\text{A})$$

根据 KVL 定律的扩展应用可得：

$$I_1 = \frac{2 - 0.4}{2} = 0.8(\text{A})$$

$$I_3 = \frac{2 + 0.4 - 0.8}{2} = 0.8(\text{A})$$

可见，只要求出节点电压，待求各支路电压、电流即可确定。而且，各节点电压具有独立性，相互间并不受 KVL 约束，因此，节点电压是一组独立且完备的电压变量。

2.3.2 弥尔曼定理

弥尔曼定理是节点分析法的特例，仅适用于只具有两个节点的复杂电路。

弥尔曼定理

若电路只具有两个节点时，应用弥尔曼定理只需对电路列写一个节点电压方程，从而使问题变得十分简单。即

$$V_1 = \frac{\Sigma \frac{U_S}{R}}{\Sigma \frac{1}{R}} \qquad (2.1)$$

式（2.1）是弥尔曼定理的一般表达式。以图 2.7 所示电路为例进行应用说明。

选定 0 点作为电路参考点，应用式（2.1）对电路节点 1 列出弥尔曼定理方程式：

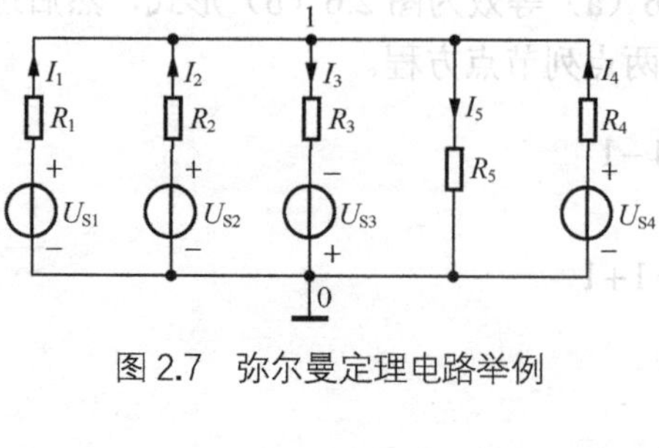

图 2.7　弥尔曼定理电路举例

$$V_1 = \frac{\frac{U_{S1}}{R_1} + \frac{U_{S2}}{R_2} - \frac{U_{S3}}{R_3} + \frac{U_{S4}}{R_4}}{\frac{1}{R_1} + \frac{1}{R_2} + \frac{1}{R_3} + \frac{1}{R_4} + \frac{1}{R_5}}$$

此方程式是在下述约定下列写的：分子上各项，凡电压源的“−”极与电位参考点相连时取正；凡电压源由“−”到“+”的方向指向待求节点时取正；

分母中各项恒为正值。

显然，只要待求节点 V_1 求出，各支路电流应用欧姆定律或 KVL 定律的扩展应用即可求得。图 2.7 电路中 $V_1=U_{S1}-I_1R_1$→得 $I_1=(U_{S1}-V_1)/R_1$

$V_1=U_{S2}-I_2R_2$→得 $I_2=(U_{S2}-V_1)/R_2$

$V_1=-U_{S3}+I_3R_3$→得 $I_3=(V_1+U_{S3})/R_3$

$V_1=U_{S4}-I_4R_4$→得 $I_4=(U_{S4}-V_1)/R_4$

$I_5=V_1/R_5$

思 考 题

1．用节点分析法求解图 2.4 所示电路，与用网孔分析法求解此电路相比较，你能得出什么结论？

2．说说节点电压法的适用范围。应用节点电压法求解电路时，能否不选择电路参考点？

3．比较网孔分析法和节点分析法，你能从中找出它们相通的问题吗？

2.4 叠加定理

叠加定理

叠加定理指出：在多个电源共同作用的线性电路中，任一支路的响应（支路电流或支路电压）都可以看成是由各个激励（电路中的独立源）单独作用时在该支路中产生的响应的叠加。

叠加定理体现了线性电路的基本特性——叠加性，是线性电路的重要定理。

例 2.4 应用叠加原理求出图 2.8 中图（a）所示电路中 5 Ω 电阻的电压 U 和电流 I，最后再求出它消耗的功率 P。

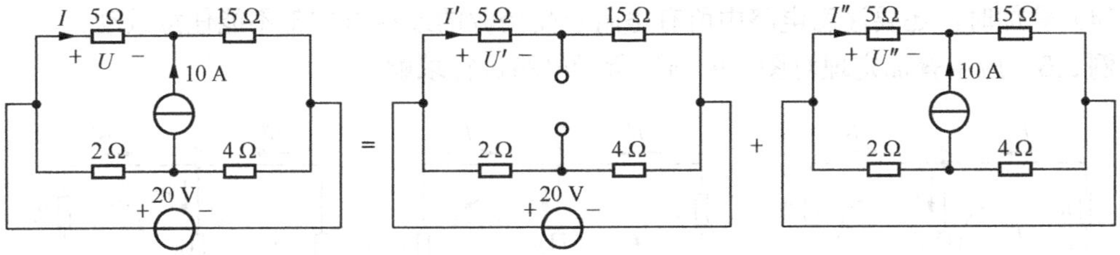

（a）例 2.4 电路　（b）电压源单独作用时等效电路　（c）电流源单独作用时等效电路

图 2.8 例 2.4 叠加定理举例电路

解：根据叠加定理，我们可以把原电路图（a）看作是由理想电压源单独作用时的图（b）所示等效电路和由理想电流源单独作用时的图（c）等效电路的叠加。

先计算 20 V 理想电压源单独作用时 5 Ω 电阻的电压 U'和电流 I'：

$$U' = 20\frac{5}{5+15} = 5(\text{V}) \qquad I' = \frac{5}{5} = 1(\text{A})$$

然后计算 10A 理想电流源单独作用下 5 Ω 电阻的电压 U''和电流 I''：

$$I''=-10\frac{15}{5+15}=-7.5(\mathrm{A}) \qquad U''=-7.5\times 5=-37.5(\mathrm{V})$$

将两个结果叠加可得：

$$U=U'+U''=5+(-37.5)=-32.5(\mathrm{V})$$
$$I=I'+I''=1+(-7.5)=-6.5(\mathrm{A})$$

计算结果得负值，说明电路图中假设的电压、电流的参考方向与它们的实际方向相反。由此可得出 5 Ω 电阻上消耗的功率。

$$P=UI=32.5\times 6.5=211.25(\mathrm{W})$$

假如功率也应用叠加定理分别求解后叠加，则

$$P'=U'I'=5\times 1=5(\mathrm{W})$$
$$P''=U''I''=37.5\times 7.5=281.25(\mathrm{W})$$
$$P=P'+P''=5+281.25=286.25(\mathrm{W})$$

可见，应用叠加原理求解功率的结果是不正确的。究其原因，是因为电路功率和电路激励之间的关系是二次函数的非线性关系，因此不符合叠加定理的线性范畴。

应用叠加定理分析电路时，应注意以下几点。

（1）叠加定理只适用于线性电路，对非线性电路不适用。在线性电路中，叠加定理也只能用来计算电流或电压，因为线性电路中的电压、电流响应与电路激励之间的关系是一次函数的线性关系；功率与电路激励之间的关系是二次函数的非线性关系，因此不能用叠加定理进行分析和计算。

（2）叠加时一般要注意使各电流、各电压分量的参考方向与客观存在的原电路中电流、电压的参考方向保持一致。若选取不一致时，叠加时就要注意各电流、电压的正、负号：与原电流、电压的参考方向一致的电流、电压分量取正值，相反时取负值。

（3）当某个独立源单独作用时，不作用的电压源应短路处理，不作用的电流源应开路处理。

（4）叠加时，还要注意电路中所有电阻及受控源的连接方式都不能任意改动。

例 2.5 应用叠加定理对图 2.9（a）所示电路进行求解。

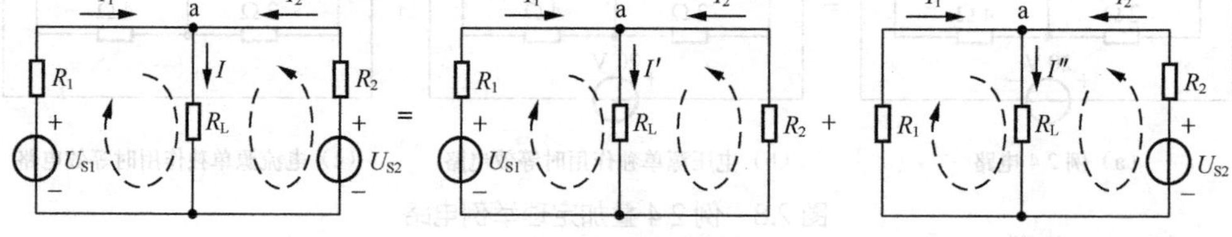

（a）　　（b）当 U_{S1} 单独作用时电路　　（c）当 U_{S2} 单独作用时电路

图 2.9 例 2.5 电路

解：当 U_{S1} 单独作用时，U_{S2} 视为短路，电路如（b）图所示，其中，

$$I_1'=\frac{U_{S1}}{R_1+R_L//R_2}=\frac{130}{1+24//0.6}=82(\mathrm{A})$$

$$I_2'=-I_1'\frac{24}{0.6+24}=-80(\mathrm{A})$$

$$I' = I_1' + I_2' = 82 + (-80) = 2(\mathrm{A})$$

当 U_{S2} 单独作用时，U_{S1} 视为短路，电路如（c）图所示，其中，

$$I_2'' = \frac{U_{S2}}{R_2 + R_L // R_1} = \frac{117}{0.6 + 24//1} = 75(\mathrm{A})$$

$$I_1'' = -I_2'' \frac{24}{1+24} = -72(\mathrm{A})$$

$$I'' = I_2'' + I_1'' = 75 + (-72) = 3(\mathrm{A})$$

根据各电路电流的参考方向，把结果叠加可得如下。

$$I_1 = I_1' + I_1'' = 82 + (-72) = 10(\mathrm{A})$$

$$I_2 = I_2' + I_2'' = -80 + 75 = -5(\mathrm{A})$$

$$I = I' + I'' = 2 + 3 = 5(\mathrm{A})$$

叠加定理反映了线性网络的基本性质，在线性网络的理论和分析中占有重要地位。应用叠加定理求解电路，不仅可以把一个复杂电路分解为多个简单电路，从而把复杂电路的分析计算变为简单电路的分析计算，它的重要性还在于：当线性电路中含有多种信号源激励时，它为研究激励与响应之间的关系提供了必要的理论根据和方法。

思　考　题

1．说说叠加定理的适用范围？是否它仅适用于直流电路而不适用于交流电路的分析和计算？

2．电流和电压可以应用叠加定理进行分析和计算，功率为什么不行？

2.5　戴维南定理

戴维南定理

任何仅具有两个引出端钮的电路均称为二端网络。若二端网络内部含有独立电源就称为有源二端网络，如图 2.10（c）所示电路；若二端网络内部不包含独立电源，则称为无源二端网络，如图 2.10（d）所示电路。

戴维南定理可陈述如下：任何一个线性有源二端网络，对 ab 端口以外的电路而言，均可以用一个独立电压源 U_S 和一个线性电阻元件 R_0 相串联的有源支路等效代替。等效代替的条件是：有源支路的理想电压源 U_S 等于原有源二端网络的开路电压 U_{OC}；有源支路的电阻元件 R_0 等于原有源二端网络除源后的入端电阻 R_{ab}。

戴维南定理中，独立电压源 U_S 和线性电阻元件 R_0 相串联的有源支路通常称为戴维南等效电路。

戴维南定理的解题步骤一般如下。

（1）将待求支路与有源二端网络分离，对断开的两个端钮分别标以记号 a 和 b。

（2）对有源二端网络求解其开路电压 U_{OC}，使之等于戴维南等效电路的独立源 U_S。

（3）把有源二端网络进行除源处理：其中电压源用短接线代替；电流源开路处理。然后对除源后的无源二端网络求其入端电阻 R_{ab}，使之等于戴维南等效电路的电阻 R_0。

（4）有源二端网络用戴维南等效电路代替后，重新在电路断开处把待求支路接上，根据欧姆定律求出待求量。

例 2.6 已知图 2.10（a）所示电路中电阻 R_2=7.5 Ω，应用戴维南定理求解 R_2 上通过的电流 I_2。

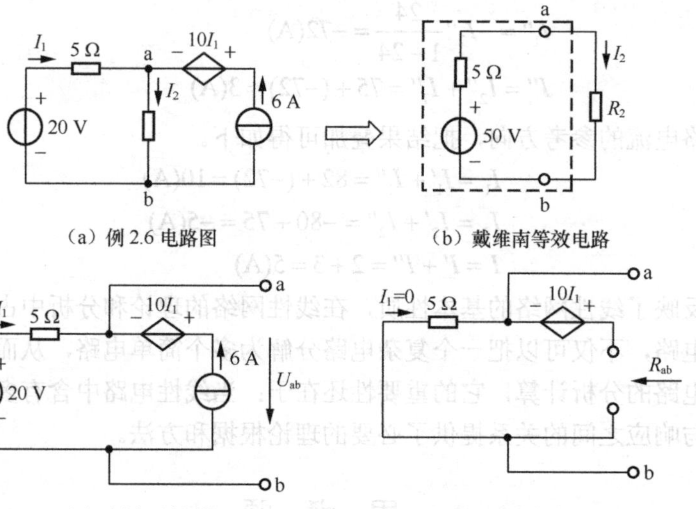

（a）例 2.6 电路图　（b）戴维南等效电路

（c）有源二端网络　（d）有源二端网络除源后等效电路

图 2.10　例 2.6 戴维南等效电路

解：根据戴维南定理，首先把待求支路从原电路中分离，则原电路就成为一个如图 2.10（c）所示的有源二端网络，对其求解开路电压 U_{ab}，使之等于戴维南等效电路的电压源 U_S。

由图 2.10（c）图可看出，I_1=−6 A，因此

$$U_S = U_{ab} = -(-6)\times 5 + 20 = 50(\text{V})$$

对有源二端网络进行除源，即把 20 V 的独立电压源用短接线代替，6 A 的独立电流源开路处理。即得到如图图 2.10（d）所示的无源二端网络。

因为无源二端网络中控制量 I_1=0,所以受控电压源也等于零。因此可得戴维南等效电路中的电阻 $R_0 = R_{ab}$=5 Ω。这样，我们就得到了如图 2.10（b）图虚线框内所示的戴维南等效电路。此时，再把待求支路从原来断开处接上，利用欧姆定律即可求出其电流 I_2。

$$I_2 = \frac{U_S}{R_0 + R_2} = \frac{50}{5 + 7.5} = 4(\text{A})$$

例 2.6 所示电路中的有“源”二端网络内部含有受控源，其中“源”是指一个固定不变的量。本例中的受控源是随 I_1 的变化而变化的量，在 I_1 未求出之前它不是一个固定不变的量，因此受控源这时应视为无源元件；当 I_1 确定且不为零值时，受控源才能视为有源元件。

应用戴维南定理时需注意以下几点。

① 戴维南定理只要求被等效的有源二端网络是线性的，而该二端网络端钮以外的部分可以是任意的。既可以是线性的，也可以是非线性的，可以是无源的，也可以是有源的等。

② 被等效的有源二端网络与外电路之间不能有耦合关系。

③ 求戴维南等效电路的电阻 R 时，应将二端网络中的所有独立电源置零（独立电压源短路处理，独立电流源开路处理），电路中的受控源应保留不变。

④ 当有源二端网络除源后的无源二端网络入端电阻 R_{ab} 不等于零、也不等于无穷大时，有源二端网络必有戴维南等效电路存在，且开路电压 U_{OC}、短路电流 I_{SC} 和入端电阻 R_0 三者之间存在的关系为：

$$I_{SC}=\frac{U_{OC}}{R_0}$$

思 考 题

1．戴维南定理适用于哪些电路的分析和计算？是否对所有的电路都适用？

2．在电路分析时，独立源与受控源的处理上有哪些相同之处？哪些不同之处？

3．如何求解戴维南等效电路的电压源 U_S 及内阻 R_0？该定理的物理实质是什么？

2.6 互易定理

互易定理的内容：在只含一个独立电源（电压源或电流源）而不含受控源的线性电阻电路中，独立电压源激励下在某支路产生的电流响应（或独立电流源激励下在某支路产生的电压响应），当激励与响应互换位置后，响应的数值保持不变。

互易定理有 3 种形式。

2.6.1 互易定理的第一种形式

互易定理

如图 2.11（a）所示。线性电阻网络 N 中不包含任何形式的独立源和受控源，是单纯线性电阻网络构成的二端口电路。端口 1 和 1′之间连接一个独立电压源 U_S 作为电路激励，端口 2 和 2′之间产生相应的电路响应电流 I_2。如果将独立电压源 U_S 从端口 1 和 1′之间移到端口 2 和 2′之间，如图 2.11（b）所示，则该电路激励 U_S 在端口 1 和 1′之间产生的电路响应 I_1' 数值上等于图（a）中端口 2 和 2′之间的电路响应 I_2，即 $I_2=I'_1$。

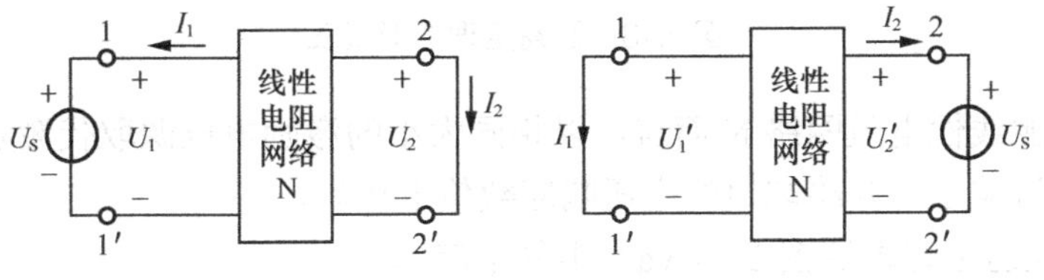

（a）　　　　（b）

图 2.11　互易定理的形式一

结论：对无源线性电阻网络 N 而言，当激励电压源与短路端口互换位置时，短路端口的电流响应保持不变。

2.6.2 互易定理的第二种形式

如图 2.12（a）所示。线性电阻网络 N 中不包含任何形式的独立源和受控源，是单纯线性电阻网络构成的二端口电路。端口 1 和 1′之间连接一个独立电流源 I_S 作为电路激励，端口

2 和 2′之间产生相应的电路响应电压 U_2。如果将独立电流源 I_S 从端口 1 和 1′之间移到端口 2 和 2′之间，如图 2.12（b）所示，则该电路激励 I_S 在端口 1 和 1′之间产生的电路响应电压 U_1' 数值上等于图 2.12（a）中端口 2 和 2′之间的电路响应 U_2，即 $U_2=U_1'$。

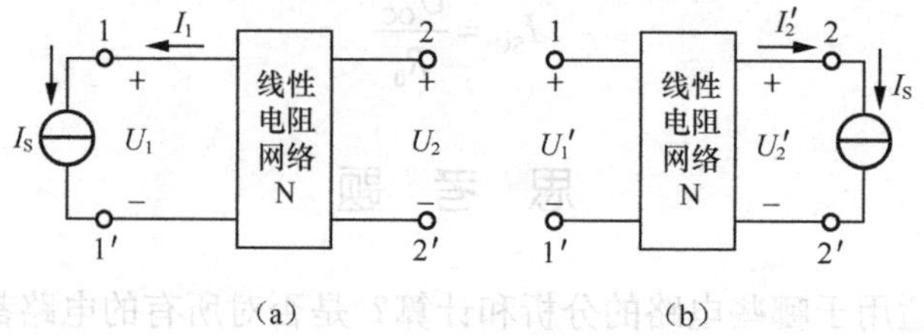

图 2.12　互易定理的形式二

结论：对无源线性电阻网络 N 而言，当激励电流源与开路端口互换位置时，开路端口的电压响应保持不变。

2.6.3　互易定理的第三种形式

如图 2.13（a）所示。线性电阻网络 N 中不包含任何形式的独立源和受控源，是单纯线性电阻网络构成的二端口电路。端口 1 和 1′之间连接一个独立电流源 I_S 作为电路激励，端口 2 和 2′之间产生相应的电路响应电流 I_2。如果将独立电流源 I_S 从端口 1 和 1′之间移到端口 2 和 2′之间，并用相同数值的独立电压源 U_S 替换，如图 2.13（b）所示，则该电路激励 U_S 在端口 1 和 1′之间产生的电路响应电压 U_1'数值上等于图 2.13（a）中端口 2 和 2′之间的电路响应 I_2，即 $I_2=U_1'$。

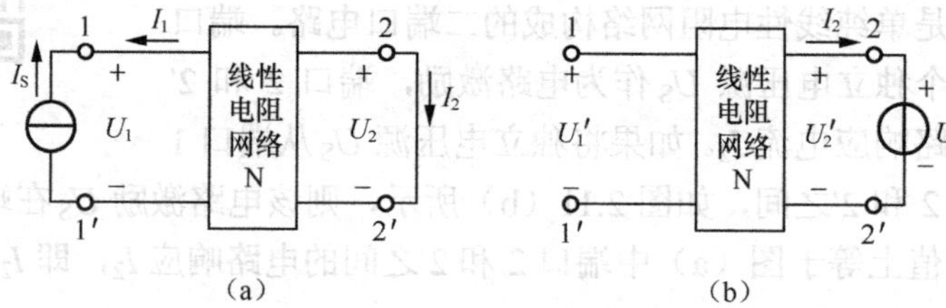

图 2.13　互易定理的形式三

结论：对无源线性电阻网络 N 而言，以相同大小的激励电压源取代激励电流源并换位，则短路端口的电流响应与开路端口的电压响应数值上相等。

例 2.7　用互易定理求解图 2.14（a）中的电流 I。

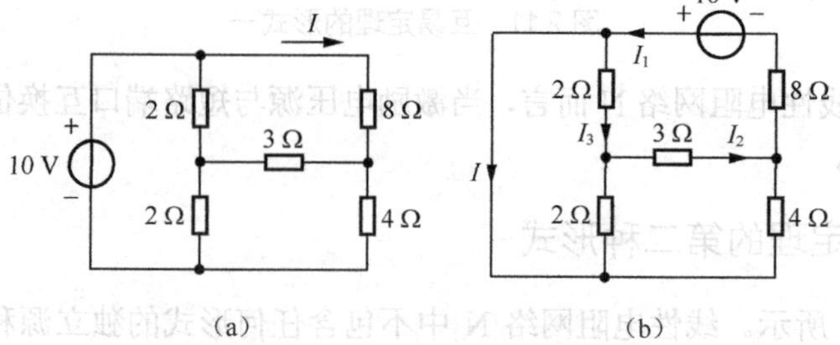

图 2.14　互易定理应用举例

解：网络内 5 个电阻构成桥路，各电阻阻值保持不变。把独立电压源看作是与电路中的 1 和 1′构成的端口相连，把电流 I 看作是 2 和 2′构成的端口短路电流，根据互易定理可把（a）图改为（b）图所示。

对（b）图应用互易定理可得：$I_1 = \dfrac{10}{8+(2//2+3)//4} = \dfrac{10}{10} = 1(\text{A})$

$$I_2 = 0.5I_1 = 0.5\times 1 = 0.5(\text{A})$$

$$I_3 = 0.5I_2 = 0.25(\text{A})$$

$$I = I_1 - I_3 = 1 - 0.25 = 0.75(\text{A})$$

应用互易定理应该注意以下两点。

① 互易定理只适用于不含有受控源的单个独立源激励的线性电阻二端口网络，其他的网络一概不适用，因此使用范围较窄。

② 互易定理的形式一和形式二，互易前后激励和响应的参考方向关系一致，即相同或都相反；互易定理的形式三则参考方向一边相同，另一边相反。

思 考 题

1．试述互易定理的适用范围。

2．互易定理的形式一、形式二和形式三的结论是什么？

应用能力培养课题：叠加定理和戴维南定理的验证

1．实验目的

（1）通过实验加深对叠加定理与戴维南定理内容的理解。

（2）学习线性有源二端网络等效参数的测量方法，加深对“等效”概念的理解。

（3）进一步加深对参考方向概念的理解。

2．实验器材与设备

（1）电工实验台

（2）电路原理实验箱或相关实验器件

（3）数字万用表　一块

（4）导线若干

3．实验原理及实验步骤

（1）叠加定理的实验

实验电路原理图如图 2.15 所示。

① 实验原理

叠加定理的内容：对任一线性电路而言，任一支路的电流或电压，都可以看作是电路中各个电源单独作用下，在该支路产生的电流或电压的代数和。

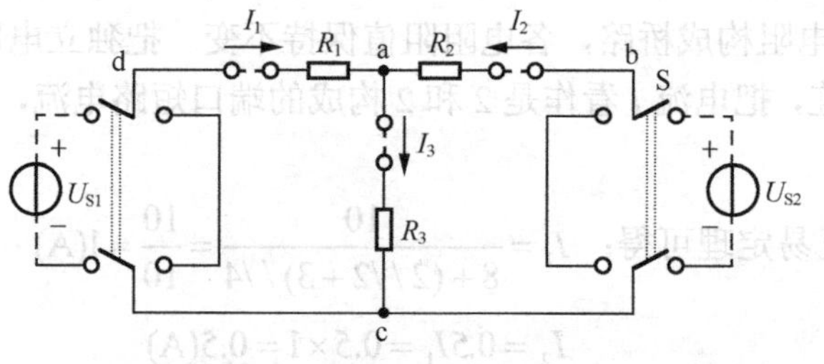

图 2.15 叠加定理实验原理图

叠加定理是分析线性电路的非常有用的网络定理，叠加定理反映了线性电路的一个重要规律：叠加性。要深入理解定理的涵意，适用范围，灵活掌握叠加定理分析复杂线性电路的方法，通过实验可进一步加深对它的理解。

② 实验步骤

① 调节实验电路中的两个直流电源，分别让 U_{S1}=12 V 和 U_{S2}=6 V。

② 当 U_{S1} 单独作用时，U_{S1} 处双向开关向外打，U_{S2} 处双向开关向里打，即 U_{S2} 短接。

③ 测量 U_{S1} 单独作用下支路电流 I_3'，支路端电压 U_{ab}'，记录在自制的表格中。

④ 再让 U_{S1} 处开关向里打短接，U_{S2} 处开关向外打，测量 U_{S2} 单独作用下支路电流 I_3''，支路端电压 U_{ab}''，记录在自制的表格中。

⑤ 测量两个电源共同作用下的各支路电流 I_3，支路电压 U_{ab}，记录在自制的表格中。

⑥ 验证：$I_3=I_3'+I_3''$，$U_{ab}=U_{ab}'+U_{ab}''$，说明叠加定理的验证结果，如有误差，分析误差原因。

（2）戴维南定理的实验

实验原理电路如图 2.16 所示。

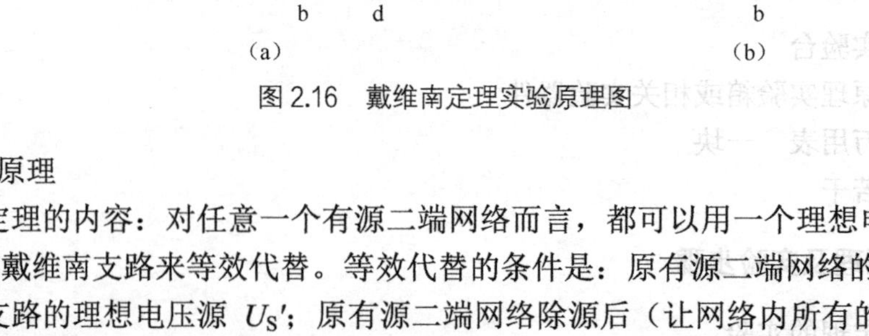

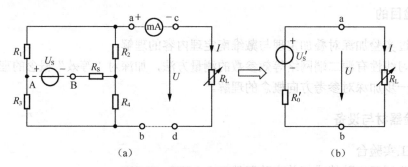

图 2.16 戴维南定理实验原理图

① 实验原理

戴维南定理的内容：对任意一个有源二端网络而言，都可以用一个理想电压源 U_S'和一个电阻 R_0'的戴维南支路来等效代替。等效代替的条件是：原有源二端网络的开路电压 U_{OC} 等于戴维南支路的理想电压源 U_S'；原有源二端网络除源后（让网络内所有的电压源短路处理，保留支路上电阻不动；所有电流源开路）成为无源二端网络后的入端电阻 R_0 等于戴维南支路的电阻 R_0'。

② 实验步骤

a. 按照图 2.16（a）连接实验电路（注意把 U_S=12 V 的电压源接入电路 A、B 两点间）。

b. 让电路从 a、b 处断开，在 12 V 电源作用下测出 a、b 间开路电压 U_{OC}，记录在自制表格中。

c. 把电流表串进电路中的 a、b 两点之间，测出短路电流值 I_{SC}，求出 $R_0 = \dfrac{U_{OC}}{I_{SC}}$。记录在自制表格中。

d. 调节负载电阻 R_L=500 Ω，把电流表接于 a、c 两点间，b、d 两点用短接线连通，测出负载端电压 U 和电流 I，记录在自制表格中。

e. 按照图 2.16（b）构建电路，选择电压源的数值 $U_S'=U_{OC}$，内阻的 R_0'的数值等于 R_0，负载电阻 R_L=500 Ω 与图（a）相同，计算此电路的负载端电压 U 和电流 I，记录在自制表格中，并且和图（a）电路所测得的 U 和 I 相比较。由此验证戴维南定理。

4．实验思考题

（1）验证叠加定理实验中，当一个电源单独作用时，其余独立源按零值处理，如果其余电源中有电压源和电流源，你该如何做到让它们为零值的？

（2）在求戴维南定理等效网络时，测量短路电流的条件是什么？能否直接将负载短路？

第 2 章　习题

2.1　求图 2.17 所示电路中通过 14 Ω 电阻的电流 I。

2.2　求图 2.18 所示电路中的电流 I_2。

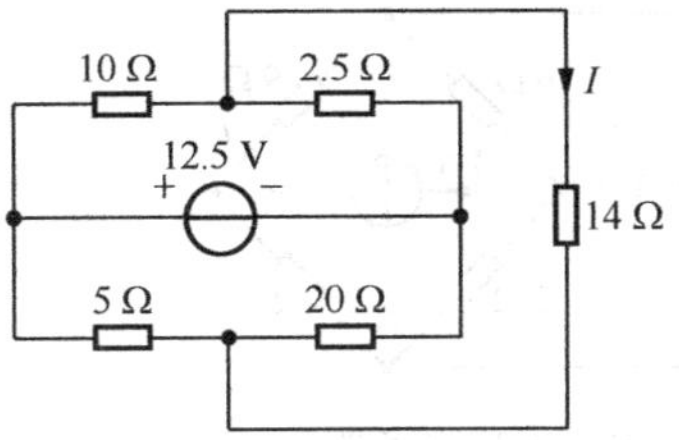

图 2.17　习题 2.1 电路

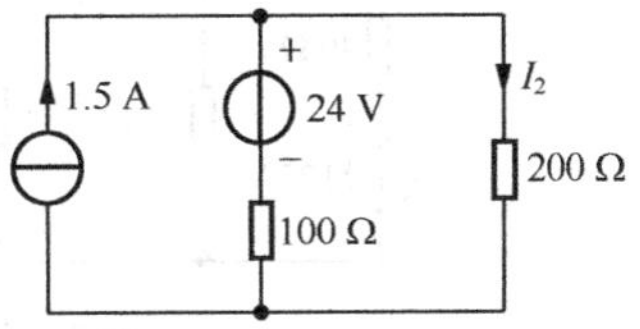

图 2.18　习题 2.2 电路

2.3　电路如图 2.19 所示。试用弥尔曼定理求解电路中 A 点的电位值。

2.4　某浮充供电电路如图 2.20 所示。整流器直流输出电压 U_{S1}=250 V，等效内阻 R_{S1}=1 Ω，浮充蓄电池组的电压值 U_{S2}=239 V，内阻 R_{S2}=0.5 Ω，负载电阻 R_L=30 Ω，分别用支路电流法和回路电流法求解各支路电流、负载端电压及负载上获得的功率。

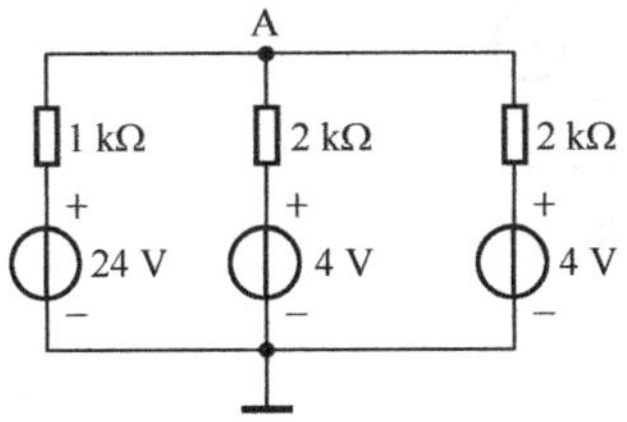

图 2.19　习题 2.3 电路

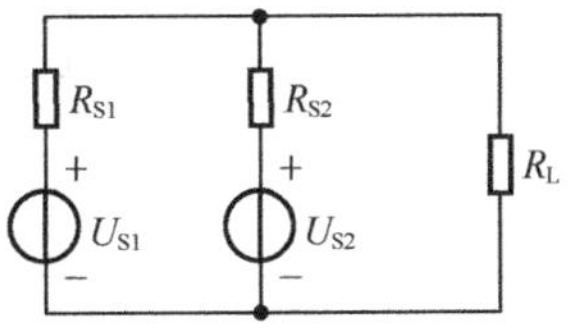

图 2.20　习题 2.4 电路

2.5　用戴维南定理求解图 2.21 所示电路中的电流 I。再用叠加定理进行校验。

2.6　先将图 2.22 所示电路化简，然后求出通过电阻 R_3 的电流 I_3。

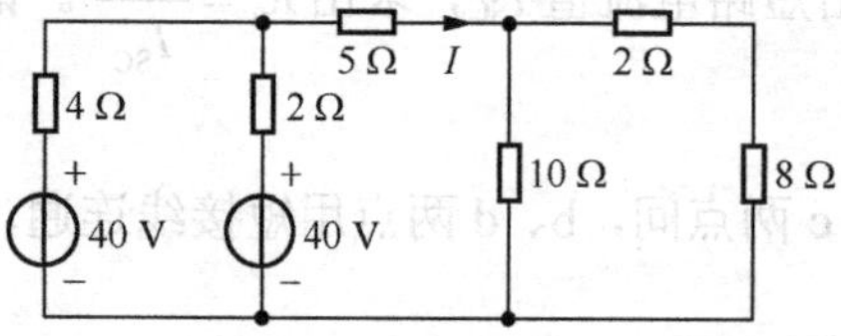

图 2.21　习题 2.5 电路

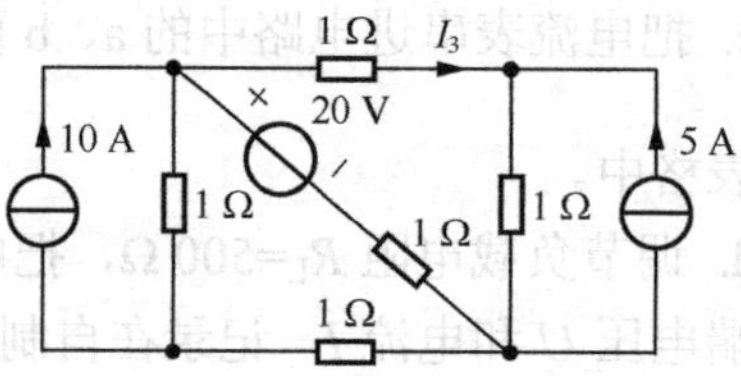

图 2.22　习题 2.6 电路

2.7　用节点电压法求解图 2.23 所示电路中 50 kΩ电阻中的电流 I。

2.8　求图 2.24 所示各有源二端网络的戴维南等效电路。

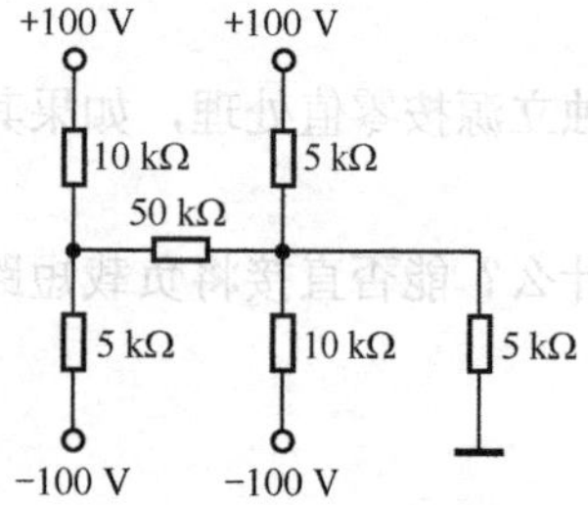

图 2.23　习题 2.7 电路

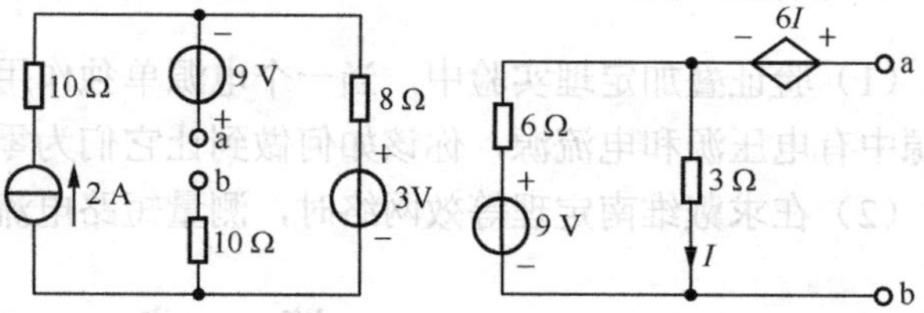

（a）习题 2.8 电路一　　（b）习题 2.8 电路二

图 2.24　习题 8 电路

2.9　分别用叠加定理和戴维南定理求解图 2.25 所示各电路中的电流 I。

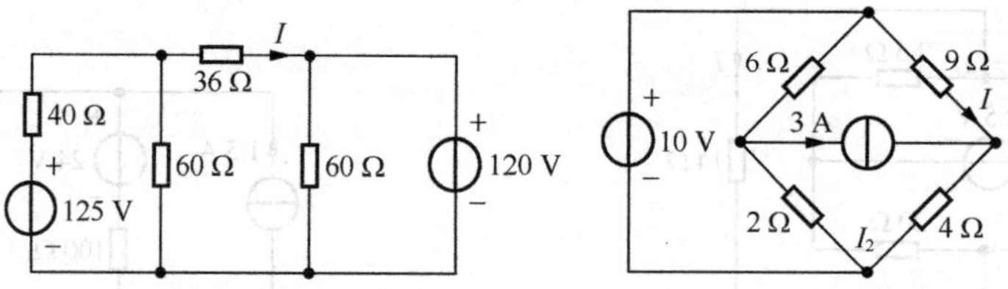

（a）习题 2.9 电路一　　（b）习题 2.9 电路二

图 2.25　习题 2.9 电路

2.10　用戴维南定理求图 2.26 所示电路中的电压 U。

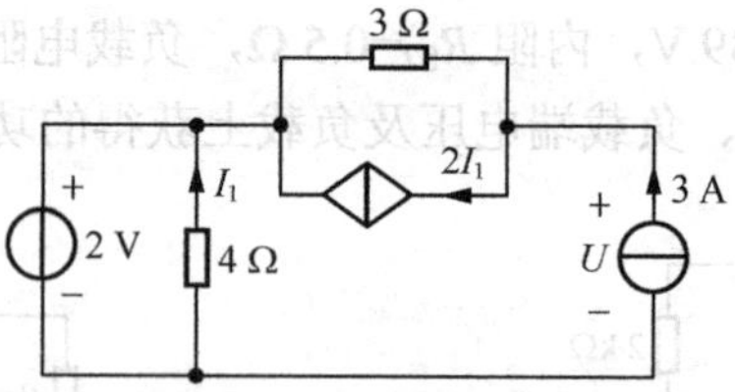

图 2.26　习题 2.10 电路

第3章 正弦稳态电路分析

实际工程应用中，许多电路的电压、电流大多随时间变化，应用最广泛地是发电厂生产出来的随时间按正弦规律变化的交流电。工厂中的电机在交流电驱动下带动生产机械运转；日常生活中的照明灯具通常由交流电能点亮；收音机、电视机、计算机及各种办公设备也都广泛采用正弦交流电做电源。即使在必须使用直流电的场合，如电解、电镀、某些电子设备等，往往也要通过整流装置将交流电转换为直流电供人们使用。无论从电能生产的角度还是从用户使用的角度来说，正弦交流电是日常生活和科技领域中最常见、应用最广泛的一种电的形式，交流输配电系统盛行不衰，学习正弦稳态电路中的一些基本知识显得格外重要。

正弦交流电的大小和方向不断随时间变化，从而给分析和计算正弦稳态电路带来了一些新问题，通过本章学习，就是要建立起一些新概念和掌握分析正弦稳态电路的新方法，从而解决正弦稳态电路的新问题。正弦稳态电路的理论在电路基础课程中占有极其重要的位置，学习和掌握好正弦稳态电路的基本概念和基本分析方法，是本课程中的一个重要环节。

3.1 正弦交流电的基本概念

1820 年奥斯特发现了电生磁的现象后，又经过十多年，英国学徒出身的物理学家法拉第在 1831 年通过大量实验证实了磁生电的现象，向人们揭示了电和磁之间的联系。从此，开创了普遍使用交流电的新时代。

3.1.1 正弦交流电的产生

当代电力工程上广泛采用三相供电体制，实际生产和生活中通常采用的也是由三相发电机及其输配电网所构成的三相四线制供电体制。根据发电厂使用一次能源的不同，目前主要有火力发电、水力发电、核能发电、风力发电、太阳能发电及潮汐发电等发电类型。无论哪一种发电类型，其生产过程基本相同，都是把一次能源通过一定的机械设备（原动机）转换成机械能，再由与原动机同轴联接的发电机将机械能转换成电能。

图 3.1 所示为交流发电机结构原理图。原动机（汽轮机或水轮机等）带动发电机的磁极转动，与嵌入在定子铁心槽中固定不动的发电机三相绕组（AX、BY、CZ 分别为三组线圈）相切割，导体与磁场切割的结果，在定子绕组中感应电动势。当我们把发电机定子绕组与外电路接通时，即可向外电路供出交流电。三相发电机产生的三相感应电压，用解析式可

表达为：

$$\begin{aligned} u_A &= U_m \sin \omega t \\ u_B &= U_m \sin(\omega t - 120°) \\ u_C &= U_m \sin(\omega t - 240°) \\ &= U_m \sin(\omega t + 120°) \end{aligned} \tag{3-1}$$

式（3-1）中的 U_m 是三相感应电压的正向峰值，常称为**最大值**；ω是三相感应电压随时间变化的**角频率**；式中 ωt 后面的角度是三相感应电压的**初相**。三相发电机产生的三相感应电压，具有**最大值相等、角频率相同，相位上互差 120°** 的特点，我们把具有上述特点的三相交流电称为对称三相交流电。

三相发电机之所以能够产生对称三相交流电，是由其结构原理决定的。

发电机的 AX、BY、CZ 三相绕组匝数相等，结构相同，在空间的安装位置互差 120°而对称嵌装的三相定子绕组，当三相定子绕组与同一原动机带动的转子磁场相切割时，根据电磁感应原理可知，各相绕组中产生的感应电压除了到达最大值的时间由其所在位置决定外，其大小和频率都是相同的。对称三相感应电压可用图 3.2 所示的波形图来表示。

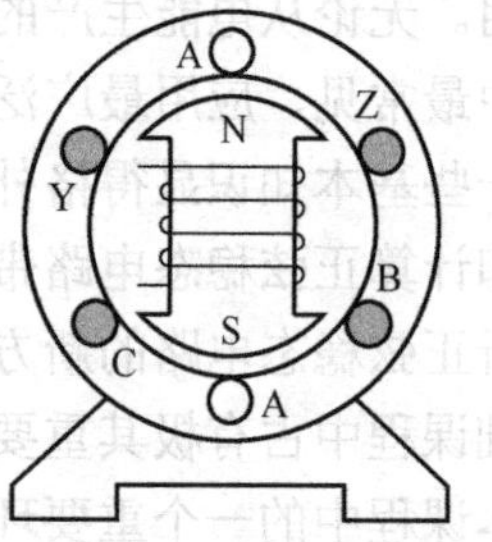

图 3.1　三相交流发电机示意图

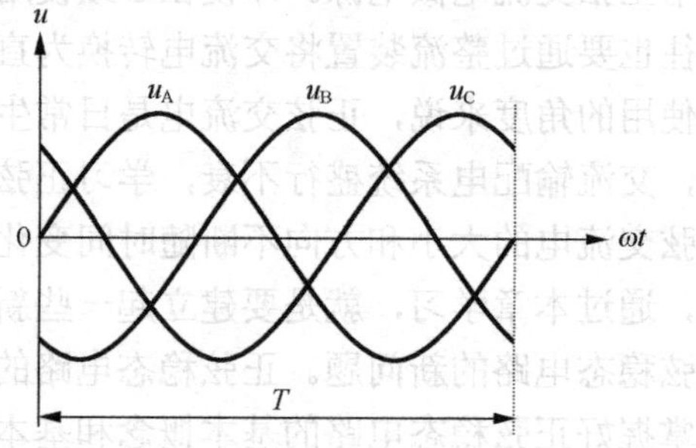

图 3.2　三相交流电的波形图和相量图

由波形图可看出，任一瞬间，三相对称交流电之和恒等于零。即

$$u_A + u_B + u_C = 0 \tag{3-2}$$

三相交流电在相位上的先后次序称为相序。相序指三相交流电达到最大值（或零值）的先后顺序。三相发电机绕组的首端分别用 A、B、C 表示，X、Y、Z 是它们的尾端，工程实际中常采用 A→B→C 的顺序，称为三相交流电的正序，而把 C→B→A 的顺序称为负序。三相发电机的母线引出端通常用黄（A）、绿（B）、红（C）三色标示。

3.1.2　正弦交流电的三要素

若要正确使用和驾驭交流电，必须了解和掌握交流电的基本概念和基本要素。由于发电机产生的三相交流电对称，因此对其中一相进行分析即可。

正弦量的三要素

1. 周期、频率和角频率

正弦交流电的周期、频率和角频率，是从不同角度反映了同一个问题：**正弦交流电随时间变化的快慢程度**。

（1）频率：单位时间内，正弦交流电重复变化的循环数称为频率。频率用“f”表示，单位是赫兹（Hz），简称“赫”，习惯上也称为“周波”或“周”。如我国电力工业的交流电频率规定为50 Hz，简称工频；少数发达国家采用的工频为60 Hz。在无线电工程中，常用兆赫来计量。如无线电广播的中波段频率为535～1 650 kHz，电视广播的频率是几十兆赫到几百兆赫。显然，频率越高，交流电随时间变化得越快。

（2）周期：图3.3所示为发电机一相绕组产生的交流电波形图，波形图中“T”称为交流电的周期，显然周期等于交流电每重复变化一个循环所需要的时间，单位是秒（s）。

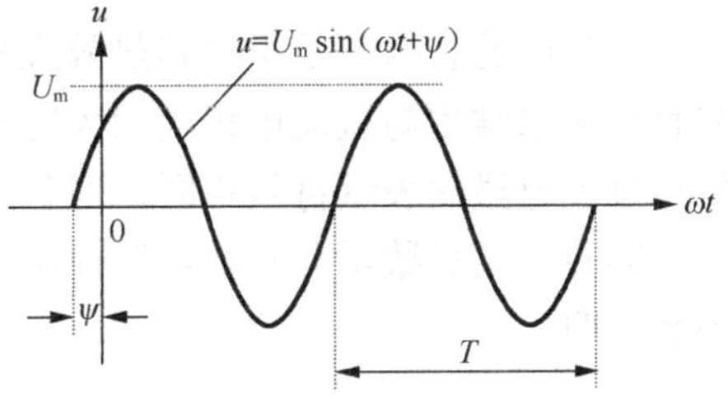

图3.3 正弦交流电的周期

显而易见，周期和频率互为倒数关系，即

$$f=\frac{1}{T} \quad 或 \quad T=\frac{1}{f} \tag{3-3}$$

由（3-3）式可知：周期越短频率越高。显然周期同样可以反映正弦量随时间变化的快慢程度。

（3）角频率：正弦函数总是与一定的电角度相对应，所以正弦交流电变化的快慢除了用周期和频率描述外，还可以用角频率“ω”表征，角频率ω是正弦量一秒钟内所经历的弧度数。由于正弦量每变化一周所经历的电角弧度是2π，因此角频率为

$$\omega=2\pi f=\frac{2\pi}{T} \tag{3-4}$$

角频率的单位规定为弧度/秒（rad/s）。式（3-4）反映了频率、周期和角频率三者之间的数量关系。实际应用中，频率的概念用得最多。

2．正弦交流电的瞬时值、最大值和有效值

（1）瞬时值：交流电每时每刻均随时间变化，它对应任一时刻的数值称为瞬时值。瞬时值是随时间变化的量，因此要用英文小写斜体字母表示，如正弦交流电压和电流的瞬时值可表示为“u、i”。

图3.3所示的单相正弦交流电压的瞬时值可用正弦函数式表示为

$$u=U_{\rm m}\sin(\omega t+\psi) \tag{3-5}$$

（2）最大值：交流电随时间按正弦规律变化的过程中，出现正、负两个振荡的最高点，称为正弦量的振幅，其中的正向振幅称为正弦量的最大值，一般用大写斜体字母加下标“m”表示，如正弦电压和电流的最大值可表示为“$U_{\rm m}$、$I_{\rm m}$”。显然，最大值恒为正值。

（3）有效值：正弦交流电的瞬时值是变量，无法确切地反映正弦量的做功能力，用最大值表示正弦量的做功能力，显然夸大了其作用，因为正弦交流电在一个周期内仅有两个时刻的瞬时值等于最大值，其余时间交流电的数值都比最大值小。为了确切地表征正弦量的作功能力，同时也为了方便于正弦量的计算和测量，实用中人们引入了有效值的概念。

有效值是根据电流的热效应定义的。不论是周期性变化的交流电流还是恒定不变的直流电流，只要它们的热效应相等，就可认为它们的作功能力相同。

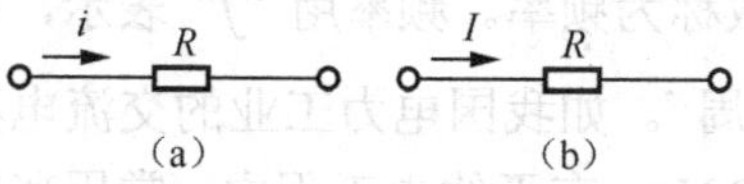

图 3.4 有效值的含义

如图 3.4 所示，让两个相同的电阻 R 分别通以正弦交流电流 i 和直流电流 I。如果在相同的时间 t 内，两种电流在两个相同的电阻上产生的热量相等（即做功能力相同），我们就把图（b）中的直流电流 I 定义为图（a）中交流电流 i 的有效值。即与交流电热效应相等的直流电的数值，称为交流电的有效值。

交流电的有效值是用与其热效应相同的直流电的数值定义的，因此正弦交流电压和电流的有效值通常用与直流电相同的大写斜体字母“U、I”表示。值得注意的是：正弦量的有效值和直流电虽然表示符号相同，但各自表达的概念是不同的。

实验结果和数学分析都可以证明，正弦交流电的最大值和有效值之间存在着一定的数量关系，即

$$U_{\mathrm{m}}=\sqrt{2}U=1.414U$$

$$U=\frac{U_{\mathrm{m}}}{\sqrt{2}}=0.707U_{\mathrm{m}} \tag{3-6}$$

或

$$I_{\mathrm{m}}=\sqrt{2}I\text{，}\ I=\frac{I_{\mathrm{m}}}{\sqrt{2}}$$

电路理论和电工电子技术中，交流电数值如不做特殊说明，一般均指交流电的有效值。在测量交流电路的电压、电流时，仪表指示的刻度通常也是根据热效应制作的，因此指示值均为交流电的有效值。各种交流电器设备铭牌上的电量额定数据，也均指其有效值数值。

正弦交流电的瞬时值表达式可以精确地描述正弦量随时间变化的情况；正弦交流电的最大值表征了正弦量振荡的正向最高点——振幅的大小；正弦量的有效值则确切地反映出正弦交流电的做功能力。由于正弦量的最大值和有效值之间具有 $\sqrt{2}$ 倍的特定数量关系，因此**最大值和有效值均可反映正弦交流电的“大小”情况。**

3．相位、初相和相位差

（1）相位：正弦量随时间变化的核心部分是式（3-5）中的（$\omega t+\psi$），显然（$\omega t+\psi$）是一个随时间变化的电角度（或电角弧度），这个电角度反映了正弦量随时间变化的整个进程，称为正弦量的相位。

当相位随时间连续变化时，正弦量的瞬时值随之做连续变化。

（2）初相：对应 t=0 时刻的相位 ψ 称为初相角，简称初相。**初相确定了正弦量计时始的位置。**为保证正弦量解析式表示上的统一性，通常规定初相不得超过±180°。

在上述规定下，初相为正角时，正弦量对应的初始值一定是正值；初相为负角时，正弦量对应的初始值对应为负值。在波形图上，初相角正角位于坐标原点左边零点（指波形由负值变为正值与横轴的交点）与原点之间，如图 3.5 所示 i_1 的初相；初相负值则位于坐标原点右边零点与原点之间，如图 3.5 所示 i_2 的初相。

注：零点指交流电由负往正变化时所经过的离纵轴小于±180°的过零处。

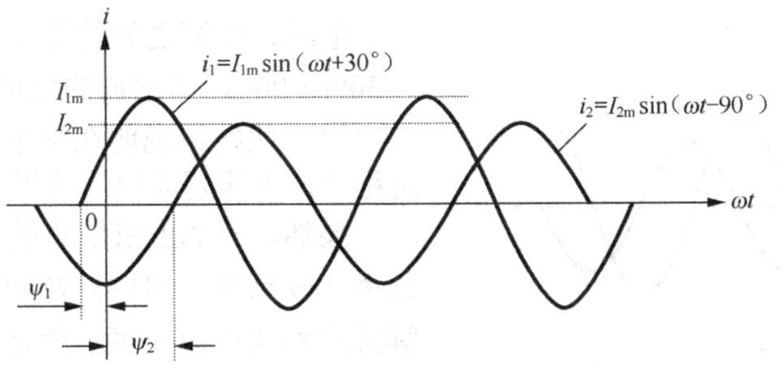

图 3.5 正弦交流电的相位、初相和相位差

（3）相位差

为了比较两个同频率正弦量在变化进程中的相位关系和先后顺序，我们引入相位差的概念，相位差用φ表示。如图 3.5 所示的两个正弦交流电流的解析式分别为

$$i_1=I_{1m}\sin(\omega t+\psi_1)$$

$$i_2=I_{2m}\sin(\omega t-\psi_2)$$

则两电流的相位差为

$$\varphi=(\omega t+\psi_1)-(\omega t-\psi_2)=\psi_1-(-\psi_2) \tag{3-7}$$

可见，两个同频率正弦量的相位差等于它们的初相之差，与时间 t 无关。相位差是比较两个同频率正弦量之间关系的重要参量之一。

若已知$\psi_1=30°$，$\psi_2=90°$，则电流 i_1 与 i_2 在整个变化进程中，任意时刻二者的相位之差为：$\varphi=(\omega t+30°)-(\omega t-90°)=30°-(-90°)=120°$

为了确切地表明两个同频率正弦量之间相位的超前与滞后关系，相位差φ角规定不得超过±180°。

当两个同频率正弦量之间的相位差$\varphi=0$时，说明它们的变化进程一致，相位具有同相关系。正弦交流电路中，只有电阻元件上的电压、电流关系为同相关系，**同相关系的电压和电流构成的是有功功率。**

当两个同频率正弦量之间的相位差$\varphi=\pm90°$时，说明它们的变化进程总是存在着在相位上的正交关系。电感元件 L 和电容元件 C，在正弦交流电路中的电压、电流关系均为正交关系，**具有正交关系的电压和电流可构成无功功率**（后面详细讲述）。

若两个同频率正弦量之间的相位差$\varphi=\pm180°$时，则反映它们在整个进程中两个波形始终为相位反相关系。

例 3.1 已知工频电压有效值 U=220 V，初相 ψ_u=60°；工频电流有效值 I=22 A，初相 ψ_i=−30°。求其瞬时值表达式、波形图及它们的相位差。

解：工频电的频率为 50Hz，其角频率

$$\omega=2\pi f=2\times3.14\times50=314(\text{rad/s})$$

电压的解析式为 $u=220\sqrt{2}\sin(314t+60°)\,\text{V}$

电流的解析式为 $i=22\sqrt{2}\sin(314t-30°)\,\text{A}$

电压与电流的波形图如图 3.6 所示。

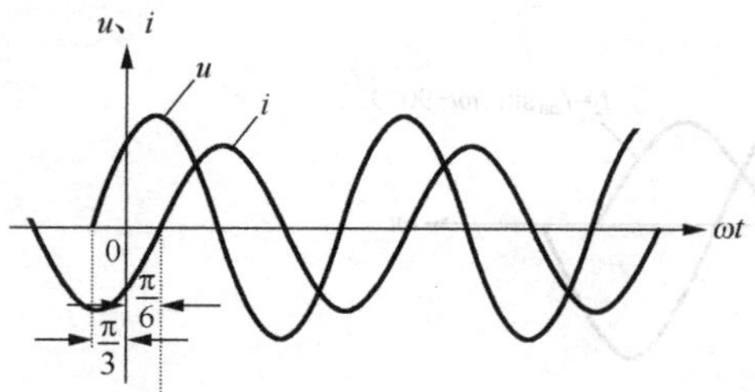

图 3.6 例 3.1 中 u、i 波形图

电压、电流之间的相位差$\varphi=\psi_u-\psi_i=60°-(-30°)=90°$，即它们的相位差是 90°，且电压超前电流。此结论说明在整个交流电随时间变化的进程中，电压超前电流的相位始终是 90°。

显然，一个正弦量的最大值（或有效值）、角频率（或频率、周期）及初相一旦确定后，它的解析式和波形图的表示就是唯一、确定的。因此，我们把正弦量的最大值(或有效值)、角频率(或频率、周期)和初相称之为正弦量的三要素。

思考题

1．何谓正弦量的三要素？三要素各反映了正弦量的哪些方面？

2．某正弦电流的最大值为 100 mA，频率为 2 000 Hz，这个电流达到零值后经过多长时间可达 50 mA？

3．正弦交流电压 $u_1=U_{1m}\sin(\omega t+60°)$V，$u_2=U_{2m}\sin(2\omega t+45°)$V。比较哪个超前？哪个滞后？

4．一个正弦电压$u(t)=100\sin(100\pi t+90°)$V，试分别计算它在 0.002 5 s、0.01 s、0.018 s 时的值。

5．一个正弦电压的初相为 30°，在$t=\dfrac{T}{2}$时的值为(−268) V，试求它的有效值。

3.2 正弦量的相量表示法

正弦交流电的瞬时值表达式和波形图都可以完整地表示正弦量随时间变化的情况，因此是正弦交流电的基本表示方法。但对正弦交流电路进行分析和计算时，直接用解析式展开的三角函数式进行加减乘除运算，其过程相当繁琐；若采用波形图将几个正弦量逐点相加或相减，其过程既费时又不精确。为方便正弦交流电路的分析计算，电路理论中，常把正弦量用相量表示，使正弦量的分析计算过程得以简化。

3.2.1 相量的概念

图 3.7 左边所示复数坐标系中，带箭头的线段$\dot{U}_m$是复数形式的正弦交流电压最大值，简称复电压，复电压$\dot{U}_m$的模值（即箭头的线段）对应右边波形图中正弦交流电压的最大值；复电压$\dot{U}_m$的幅角（与正向实轴之间的夹角）对应右面波形图中正弦交流电压的初相；复电压$\dot{U}_m$在复平面上逆时针旋转的角速度ω对应右图中正弦交流电压的角频率，因此，复电压$\dot{U}_m$与正弦电压u之间具有一一对应的关系。

相量和相量图

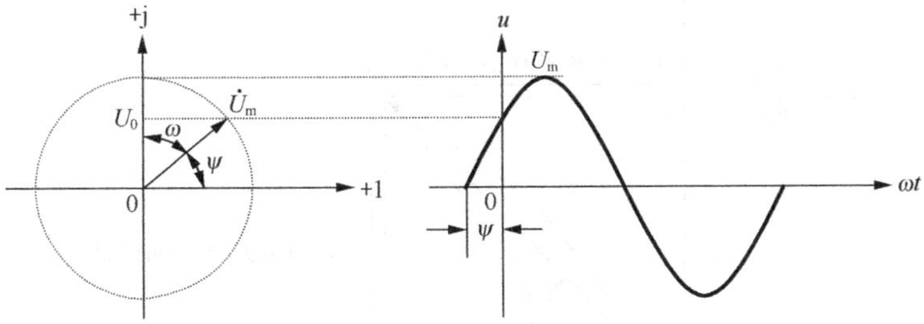

图 3.7 正弦交流电的相量表示法

相量是用复数形式表示的，但它又不同于一般复数，相量特指与正弦交流电相对应的复数电压和复数电流。为区别相量与数学中的一般复数，电学中规定用电压、电流最大值符号上面加“·”的$\dot{U}_m$、$\dot{I}_m$表示正弦量的最大值相量，用电压、电流有效值符号上面加“·”的$\dot{U}$、$\dot{I}$表示正弦量的有效值相量，电路分析与计算中，有效值相量采用的居多。

正弦量采用相量表示法时应注意以下几个问题。

① 相量特指表示正弦量的复数，不是所有的复数都能称为相量。

② 相量可以用有向线段来表示（相量图）；也可以用相量式表示（复数的代数形式或复数的极坐标形式）。

③ 正弦量用相量表示时，一般只包含正弦量的振幅（或有效值）和初相两个要素。这是因为相量是作为分析和计算正弦交流电路的数学工具引入的，而同一电路中的所有正弦量都是同频率的，因此频率这一要素在相量分析过程中可以省略。

④ 只有同频率的正弦量才能表示在同一波形图中。同理，只有同频率的相量才能画在同一个相量图中。对同一正弦交流电路的相量模型而言，各相量都是同频率的。

3.2.2 相量图

例 3.2 已知串联的工频正弦交流电路中，电压 $u_{AB}=120\sqrt{2}\sin(314t+36.9°)$ V，$u_{BC}=160\sqrt{2}\sin(314t+53.1°)$ V，求总电压 u_{AC}，并画出电压相量图。

解：①根据相量与正弦量之间的对应关系，把两电压有效值表示为有效值相量：

$$\begin{aligned}\dot{U}_{AB}&=120\angle 36.9°\\&=120\times\cos 36.9°+\text{j}120\times\sin 36.9°\\&=96+\text{j}72(\text{V})\end{aligned}$$

$$\begin{aligned}\dot{U}_{BC}&=160\angle 53.1°\\&=160\times\cos 53.1°+\text{j}160\times\sin 53.1°\\&=96+\text{j}128(\text{V})\end{aligned}$$

注：第一个等号后是相量的极坐标形式，方便用于相量的乘除运算；第二个等号后是相量的三角函数表达形式，是相量的极坐标形式和代数形式之间的转换环节；第三等号后是相量的代数形式，方便于相量的加减运算。

② 把两电压有效值相量用带箭头线段表示在复平面上，然后利用平行四边形法则对两相量求和，画出相应相量图如图 3.8 所示。

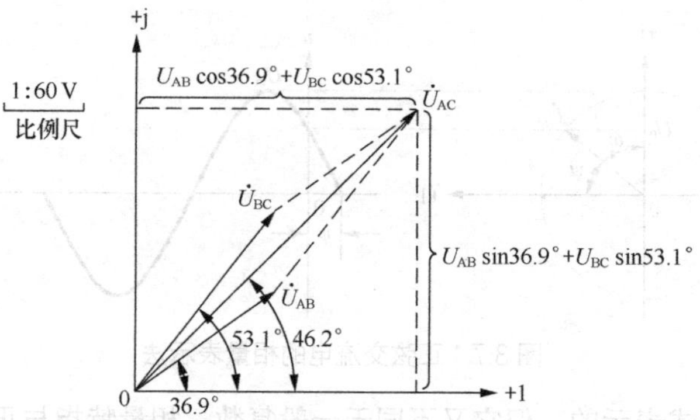

图 3.8　例题 3.2 电压相量图

由相量图分析可知，总电压有效值在实轴上的投影等于两电压有效值在实轴上投影的代数和；总电压有效值在虚轴上的投影等于两电压有效值在虚轴上投影的代数和。根据直角三角形的勾股弦定理，总电压有效值即等于它在实轴和虚轴上投影的平方和的开方。

即 u_{AC} 的有效值为：

$$U_{AC}=\sqrt{(120\cos36.9°+160\cos53.1°)^2+(120\sin36.9°+160\sin52.1°)^2}$$
$$=\sqrt{192^2+200^2}\approx277\,(V)$$

总电压有效值相量与正向实轴之间的夹角为：

$$\varphi=\arctan\frac{120\sin36.9°+160\sin53.1°}{120\cos36.9°+160\cos53.1°}=\arctan\frac{200}{192}\approx46.2°$$

③根据正弦量与相量之间的对应关系，可较为方便地写出总电压解析式：

$$u_{AC}=277\sqrt{2}\sin(314t+46.2°)\ V$$

可见，利用相量图分析正弦量的加减时，利用相量的几何关系分析，过程简单明了。

需要注意的是：我们求解的对象是正弦量，而正弦量和相量之间只有对应关系，没有相等关系，即相量不等于正弦量。因此，用相量法求出的相量，最后一定要根据相量与正弦量之间的一一对应关系写出正弦量的解析式。

思 考 题

1．将下列代数形式的复数化为极坐标形式的复数。

（1）6+j8　　（2）−6+j8　　（3）6−j8　　（4）−6−j8

2．将下列极坐标形式的复数化为代数形式的复数。

（1）$50\angle45°$　　（2）$60\angle-45°$　　（3）$-30\angle180°$

3．判断下列公式的正误：

（1）u=3+j4V　（2）$I=5\sin(314t+30°)$ A

（3）$\dot{U}=220\angle36.9°$V

4．由问题与思考题 1 和 2，你能说出相量的极坐标形式和代数形式之间变换时应注意的事项吗？

5．“正弦量可以用相量表示，因此 $u=220\sqrt{2}\sin(314t-30°)=220\angle-30°$ ”，这句话对吗？

3.3　单一参数的正弦稳态电路分析

前面直流电路的讨论只涉及电阻元件，实际上电路中的无源元件还有电感和电容。在正弦稳态电路中，电感元件和电容元件各有它们的特殊作用。

3.3.1　电阻元件的正弦稳态电路

电阻元件

电路中导线和负载上产生的热损耗，通常归结于电阻，用电器吸收电能并转换为其他形式的能量，且能量转换过程不可逆时，也归结于电阻。因此，电学中的电阻元件，实际意义更加广泛，是实际电路中耗能因素的抽象和表征，电阻元件的参数用 R 表示。实用中的白炽灯、电炉、电烙铁、各种实体电阻等，虽然它们的材料和结构形式各不相同，但从电气性能上看，其主要电特性都是耗能，与电阻元件的电特性类似和接近。因此，可直接用电阻元件作为它们的电路模型。

1．电压、电流关系

图 3.9（a）所示的是电阻元件在正弦交流电路中的电路模型。设加在电阻元件两端的电压为

$$u_R=U_m\sin\omega t \tag{3-8}$$

负载总是吸取电能转换能量的，所以负载上的电压、电流总是取关联参考方向：电流由电压高极性一端流入，由低极性一端流出，如图 3.9 所示。

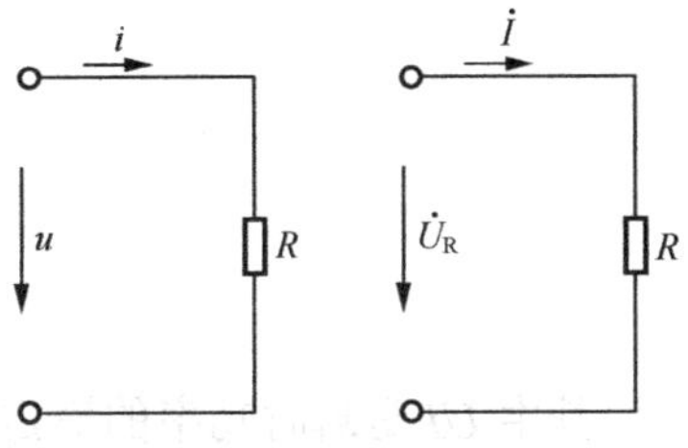

（a）电路模型　　（b）相量模型

图 3.9　电阻元件

任一瞬间，通过电阻元件上的电流与其端电压关系为：

$$\begin{aligned} i &= \frac{u_R}{R}=\frac{U_{Rm}\sin\omega t}{R} \\ &= \frac{U_{Rm}}{R}\sin\omega t \\ &= I_m\sin\omega t \end{aligned} \tag{3-9}$$

上式说明：电阻元件上的瞬时电压和瞬时电流遵循欧姆定律的即时对应关系，因此电阻元件根据其电压、电流的瞬时值关系称之为**即时元件**。

由式（3-9）可得电阻元件上电压最大值与电流最大值之间的数量关系为：

$$I_m=\frac{U_{Rm}}{R}$$

等式两端同除以 $\sqrt{2}$ ，即可得到电阻元件上电压与电流有效值之间的数量关系式：

$$I=\frac{U_R}{R} \tag{3-10}$$

式（3-10）与直流电路中欧姆定律的形式完全一样。但值得注意的是：这里的 U 和 I 指的是交流电压和交流电流的有效值，不能和直流电压、直流电流的概念相混淆。

比较式（3-8）和式（3-9）可得：电阻元件上电压和电流之间相位同相。同相关系表明电阻元件电路中的电压、电流波形同时为零、同时达到最大值，如果用相量模型表示单一电阻参数元件的正弦稳态电路，则可用如图 3.9（b）所示的相量模型表示。

相量模型中，电路中各量都要用复数表示，因此电压、电流均要用相量表示，电路参数规定用相应复数形式的电阻或电抗表示。图 3.9（b）中的电阻 R，看起来和图 3.9（a）中的电阻 R 没有什么区别，但实际上相量模型中的 R 表示的是一个复数，只是这个复数只有实部没有虚部罢了。

相量模型中，电阻元件上电压和电流关系用相量表达式可表示为：

$$\dot{I}=\frac{\dot{U}_{\mathrm{R}}}{R} \tag{3-11}$$

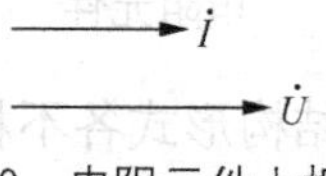

图 3.10 电阻元件上相量图

显然，式（3-11）不仅反映了电阻元件的正弦稳态电路中电压与电流之间的数量关系，同时也反映了它们的相位关系。电阻元件的正弦交流电路中电压和电流的上述关系还可用相量图定性的表示为图 3.10 所示。

归纳：**电阻元件上的正弦电压和电流，数量上遵循欧姆定律，相位上为同相关系。**

2. 功率关系

（1）瞬时功率

由于任意时刻正弦交流电路中的电压和电流均随时间变化，所以在不同时刻电阻元件上吸收的功率也各不相同。任意时刻的功率称为瞬时功率，用小写英文字母“p”表示。即

$$\begin{aligned}p=ui&=U_{\mathrm{m}}\sin\omega t\bullet I_{\mathrm{m}}\sin\omega t\\&=U_{\mathrm{m}}I_{\mathrm{m}}\sin^2\omega t\\&=U\sqrt{2}I\sqrt{2}\frac{1-\cos2\omega t}{2}\\&=UI-UI\cos2\omega t\end{aligned}$$

其中 UI 是瞬时功率的恒定分量，$-UI\cos2\omega t$ 是瞬时功率的交变分量，瞬时功率 p 随时间变化的规律如图 3.11 所示。

显然，电阻元件上瞬时功率总是大于或等于零。

瞬时功率为正值，说明电阻元件总在吸收电能。从能量的观点来看，由于电阻元件上能量转换过程不可逆，又说明电阻元件在吸收电能的同时伴随着耗能，因此，电阻元件是电路中的耗能元件。

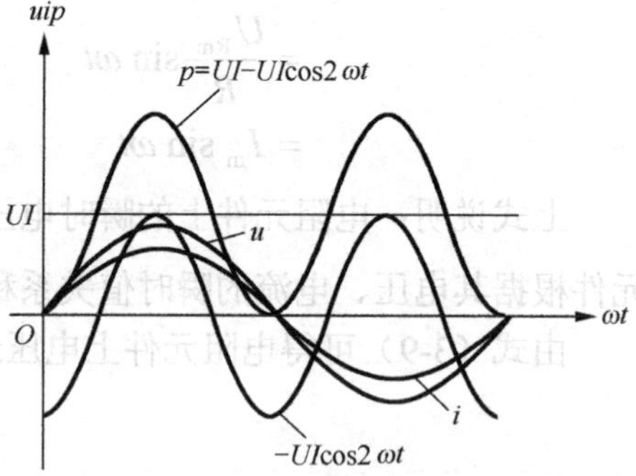

图 3.11 电阻元件瞬时功率波形图

（2）平均功率

瞬时功率随时间变动，因此无法确切地量度电阻元件上的能量转换规模。为此，电路理论中引入了平均功率的概念。**平均功率数量上等于瞬时功率在一个周期内的平均值，即瞬时功率的恒定分量**。通常交流电气设备铭牌上所标示的额定功率，指的就是平均功率。

平均功率用大写斜体英文字母“P”表示，即

$$P = UI = I^2 R = \frac{U^2}{R} \tag{3-12}$$

正弦交流电路中，**平均功率也称为有功功率**。所谓有功，实际上是指元件把吸收的电能转换为其他形式的能量做功了，实际上这也是人们把电阻元件称为耗能元件的原因所在。

式（3-12）告诉我们，交流电路中电阻元件上的有功功率数值上等于电压、电流有效值的乘积。当电阻 R 一定时，有功功率又与通过电阻元件上电流的平方成正比，与加在电阻元件两端电压的平方成正比。工程实际中，常用有功功率 P 表征用电器的能量转换本领，并计算实际的耗能量。

例 3.3　试求“220 V、100 W”和“220 V、40 W”两灯泡的灯丝电阻各为多少？

解： 由式（3-12）可得 100 W 灯泡的灯丝电阻为

$$R_{100} = \frac{U^2}{P} = \frac{220^2}{100} = 484(\Omega)$$

40 W 灯泡的灯丝电阻为

$$R_{40} = \frac{U^2}{P} = \frac{220^2}{40} = 1210(\Omega)$$

此例告诉我们一个常识：在相同电压的作用下，负载功率的大小与其阻值成反比。实用中照明负载都是并联连接，因此出厂时设计的额定电压相同。由于额定功率大的电灯灯丝电阻小，因此电压一定时通过的电流大、耗能多，灯亮；额定功率小的电灯灯丝电阻相应较大，因此电压一定时通过的电流就小，耗能也少，所以灯的亮度就差些。

3.3.2　电感元件的正弦稳态电路

电感元件

电机、变压器等电器设备，核心部件均包含用漆包线绕制而成的线圈，线圈通电时总要发热，因此具有电阻的成分，线圈通电后还要在线圈周围建立磁场，又具有电感的成分。若一个线圈的发热电阻很小且在电路分析中可忽略不计时，这个线圈的电路模型就可用一个理想的电感元件做为电路模型，如图 3.12（a）所示。

1. 电压、电流关系

设电感元件的电路模型中电流为：

$$i = I_m \sin\omega t \tag{3-13}$$

设电感元件两端的电压与电流为关联参考方向，根据电感元件上的伏安关系可得：

$$\begin{aligned} u_L &= L\frac{di}{dt} = L\frac{I_m \sin\omega t}{dt} \\ &= I_m \omega L \cos\omega t \\ &= U_{Lm}\sin(\omega t + 90^\circ) \end{aligned} \tag{3-14}$$

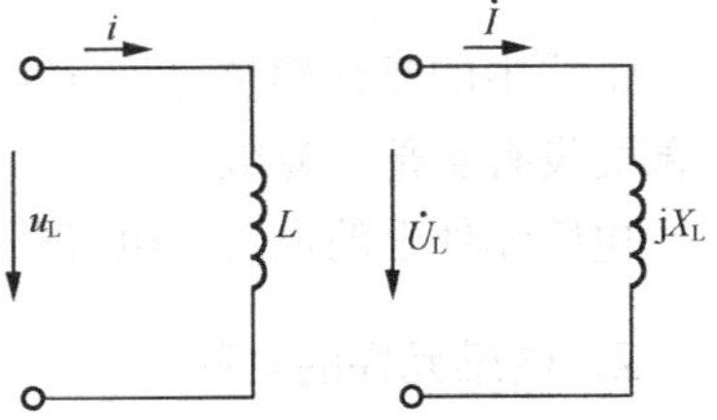

（a）电路模型　　（b）相量模型

图 3.12　电感元件

由式（3-14）可得电感元件上电压最大值与电流最大值的数量关系为：

$$U_{Lm}=I_m\omega L=I_m 2\pi fL$$

上式两端同除以 $\sqrt{2}$，可得到电压、电流有效值之间的数量关系式：

$$I=\frac{U_L}{2\pi fL}=\frac{U_L}{\omega L}=\frac{U_L}{X_L} \tag{3-15}$$

式中的 $X_L=\omega L=2\pi fL$，其是电感元件上对正弦交流电流产生的电抗，简称感抗。比较式（3-10）和式（3-15），电阻和感抗都等于元件端电压和通过元件的电流的比值，因此单位相同，都是欧姆（Ω）。值得注意的是：电阻 R 与频率无关，阻碍电流的同时伴随着消耗；而感抗 X_L 的数值与电路频率有关，在稳恒直流电情况下，频率 $f=0$，则感抗 $X_L=0$，所以直流下电感元件相当于短路；高频情况下，电感元件往往对电路呈现极大的感抗，根据线圈在高频电路中的这种作用，人们形象地把用于高频电路中的滤波线圈称作扼流圈。显然，**电感具有一定的选频能力，且感抗与频率成正比**。与电阻不同的是，**电流通过电感元件 L 时只有阻碍没有消耗**。

式（3-15）表示了电感元件上电压有效值和电流有效值之间的数量关系，是欧姆定律的扩展应用。

再来比较式（3-13）和式（3-14），电感元件两端的电压在相位上超前电感中通过的电流 90°，电压超前电流的相位关系可从物理现象上理解：只要线圈中通过交变的电流，必然在线圈中引起电磁感应现象，在线圈两端引起自感电压 u_L，根据楞次定律，u_L 对通过线圈的电流起阻碍作用，这种阻碍作用推迟了线圈中电流通过的时间，反映在相位上就是电流滞后电压 90°。

归纳：**电感元件的电压有效值和电流有效值数量上符合欧姆定律，相位上电感电压超前通过电感元件的电流 90°。**

实际电感线圈只有在一定频率下其感抗 X_L 才是一个常量。由于实际电感线圈的发热电阻往往不能忽略，因此直流电路中的电感线圈通常用一个表征其铜耗电阻值的电阻元件表征其电路模型；正弦交流电路中，实际电感线圈的铜耗电阻及感抗均不能忽略，常用 RL 串联组合表征其电路模型。

单一参数的电感电路，其相量模型如图 3.12（b）所示。用相量表达式描述电感元件上的电压和电流关系，即

$$\dot{U}_L=\mathrm{j}\dot{I}X_L=\mathrm{j}\dot{I}\omega L \tag{3-16}$$

上式中的复数感抗等于 $\mathrm{j}X_L$，等于电压相量和电流相量的比值，可看作是一个只有正值虚部而没有实部的复数。

电感元件上的电压、电流关系还可用如图 3.13 所示的相量图定性描述。

2．电感元件的功率

（1）瞬时功率

电感元件上的瞬时功率等于电压瞬时值与电流瞬时值的乘积，即

$$\begin{aligned}p&=u_{L}i=U_{Lm}\sin(\omega t+90^{\circ})I_{m}\sin\omega t\\&=U_{Lm}I_{m}\cos\omega t\sin\omega t\\&=U_{L}\sqrt{2}I\sqrt{2}\frac{\sin 2\omega t}{2}\\&=U_{L}I\sin 2\omega t\end{aligned}$$

电感元件上的瞬时功率如图 3.14 所示。

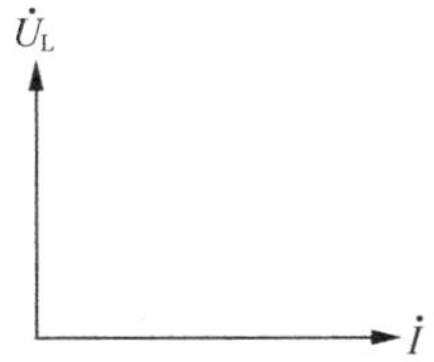

图 3.13　电感元件上相量图

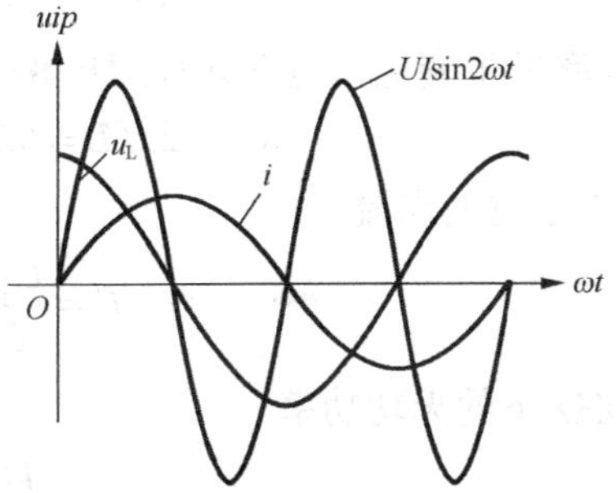

图 3.14　电感元件的功率波形图

由图 3.14 所示波形图可知，电感元件上的瞬时功率以 2 倍于电压、电流的频率关系按正弦规律交替变化。在第一、第三个四分之一周期，电感元件的电压、电流方向关联，说明元件在这两段时间内向电路吸取电能，并将吸取的电能转换成磁场能储存在电感元件周围，因此瞬时功率 p 在这两个四分之一周期内为正值；在第二、第四个四分之一周期，电感元件的电压、电流方向非关联，说明元件向外供出能量，把第一、第三个四分之一周期内储存于电感元件周围的磁场能量释放出来送还给电路，此期间瞬时功率 p 为负值。

（2）平均功率

电感元件的瞬时功率在整个一个周期内正、负交变两次，由于正功率等于负功率，因此平均功率 P 等于零。

平均功率等于零表明：理想电感元件在电路中不断地进行能量转换，或将吸收的电能转换为磁场能，或把磁场能又以电能的形式送还给电路，整个能量转换的过程可逆，即**电感元件上只有能量交换而没有能量消耗。因此，电感元件是储能元件。**

（3）无功功率

电感元件虽然不耗能，但它与电源之间的能量交换客观存在。电路理论中，为衡量电感元件上能量交换的规模，引入了无功功率的概念：只交换不消耗的能量转换规模称为无功功率。电感元件上的无功功率用“Q_L”表示，其数值上等于瞬时功率的最大值。即

$$Q_{L}=U_{L}I=I^{2}X_{L}=\frac{U_{L}^{2}}{X_{L}} \tag{3-17}$$

为区别于有功功率，无功功率的单位用乏尔（var）计量。

例 3.4　已知某线圈的电感量 L=0.127 H，发热电阻可忽略不计，把它接在电压为 120 V 的工频交流电源上。求：①感抗 X_L、电流 I 及无功功率 Q_L 各为多大？②若频率增大为 1 000 Hz，

感抗 X_L'、电流 I'及无功功率 Q_L'又为多大？

解：① 由式（3-15）可得

$$X_L = 2\pi fL = 6.28\times 50\times 0.127 \approx 40(\Omega)$$

线圈中通过的电流

$$I = \frac{U_L}{X_L} = \frac{120}{40} = 3(\text{A})$$

无功功率

$$Q_L = U_L I = 120\times 3 = 360(\text{var})$$

② 频率发生变化，电感元件对电路呈现的感抗随之发生改变：

$$X_L' = 2\pi f'L = 6.28\times 1\,000\times 0.127 \approx 800(\Omega)$$

线圈中通过的电流

$$I' = \frac{U_L}{X_L'} = \frac{120}{800} = 0.15(\text{A})$$

1 000Hz 下的无功功率

$$Q_L' = \frac{U_L^2}{X_L'} = \frac{120^2}{800} = 18(\text{var})$$

此例表明，**频率对感抗的影响很大，频率越高，感抗越大，线圈中通过的电流越小**，而元件上吸收的无功功率随着电流的减小而减小。

3.3.3 电容元件的正弦稳态电路

实际电容器在正弦交流电路中起滤波、旁路、移相等作用。实际工程中应用的电容器，大多漏电现象不严重，且介质损耗较小，因此其电磁特性与理想电容元件基本类似或相近。如果工程中实际电容器的介质损耗和漏电现象可忽略时，一般可用理想的电容元件直接作为其电路模型。

电容元件

1. 电压、电流关系

图 3.15（a）所示电容元件的电路模型中，设电压：

$$u_C = U_{Cm}\sin\omega t \tag{3-18}$$

电容元件的极间电压按正弦规律交变，当电压随时间增大时，说明电容元件在充电，当电压随时间不断减小时，说明电容元件在放电。电容元件支路中的正弦电流实质上就是电容元件上的充放电电流。若取电容元件两端电压与通过元件的电流为图示关联参考方向时，根据电容元件上的伏安关系可得：

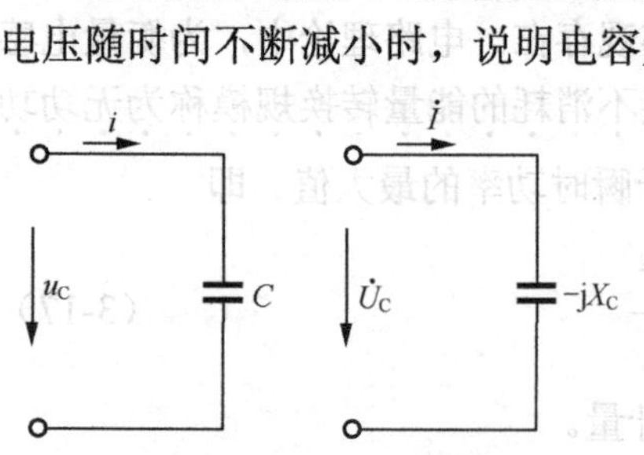

（a）电路模型　（b）相量模型

图 3.15 电容元件

$$\begin{aligned} i &= C\frac{du_C}{dt} = C\frac{U_{Cm}\sin\omega t}{dt} \\ &= U_{Cm}\omega C\cos\omega t \\ &= I_m\sin(\omega t + 90°) \end{aligned} \tag{3-19}$$

式（3-19）可推出电容元件极间电压最大值与电流

最大值的数量关系为：

$$I_{m} = U_{Cm}\omega C$$

等式两端同除以$\sqrt{2}$，即得到电容元件上电压、电流有效值之间的数量关系式：

$$I = U_{C}\omega C = \frac{U_{C}}{X_{C}} \tag{3-20}$$

其中，

$$X_{C} = \frac{1}{\omega C} = \frac{1}{2\pi f C} \tag{3-21}$$

X_C称为电容元件的电抗，简称容抗。容抗和感抗类似，反映了电容元件对正弦交流电流的阻碍作用，单位也是欧姆（Ω）。

实际电容器的容抗值只有在频率一定时才是常量，即电容对频率具有一定的敏感性，或者说电容具有一定的选频能力。例如电容元件接于稳恒直流电情况下，由于频率 f=0，所以容抗 X_C 趋近无穷大，即直流下电容元件相当于开路；高频情况下，容抗极小，电容元件又可视为短路，显然，在频率极低或极高时容抗的差别很大。通常人们说电容器具有“隔直通交”作用，实际上就是指频率对电容器的影响。

比较式（3-18）和式（3-19）可得，电容元件上的电压、电流之间存在着相位正交关系，且电流超前电压 90°。这种相位关系同样可从物理现象上理解：电容元件工作时，首先电路中有移动的电荷，电荷堆积在电容极板上才能建立起极间电压。这种先后顺序的因果效应，反映在相位上就是电流超前电压 90°。

电容元件上的电压、电流用相量表示，参数用复数阻抗表示时，我们可得到如图 3.15（b）所示的相量模型。由相量模型可得：

$$\dot{I} = \mathrm{j}\dot{U}_{C}\omega C = \frac{\dot{U}_{C}}{-\mathrm{j}X_{L}} \tag{3-22}$$

式（3-22）中复数阻抗等于电压相量和电流相量的比值，与复数感抗相似，复数容抗是一个只有虚部而没有实部的复数，只是其虚部数值为负。

上述电容元件上的电压、电流关系，可用如图 3.16 所示相量图定性描述。

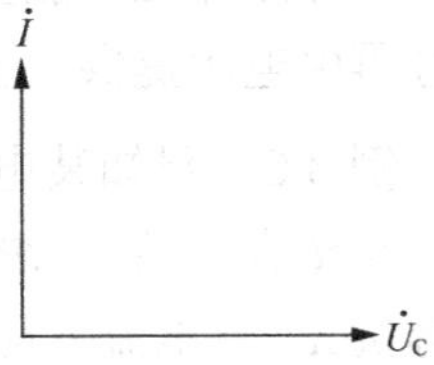

图 3.16　电容元件上相量图

2．电容元件的功率

（1）瞬时功率

电容元件上的瞬时功率 p 等于电压瞬时值与电流瞬时值的乘积，即

$$\begin{aligned} p &= u_{C}i = U_{Cm}\sin\omega t I_{m}\sin(\omega t + 90°) \\ &= U_{Cm}I_{m}\sin\omega t\cos\omega t \\ &= U_{C}\sqrt{2}I\sqrt{2}\frac{\sin 2\omega t}{2} \\ &= U_{C}I\sin 2\omega t \end{aligned}$$

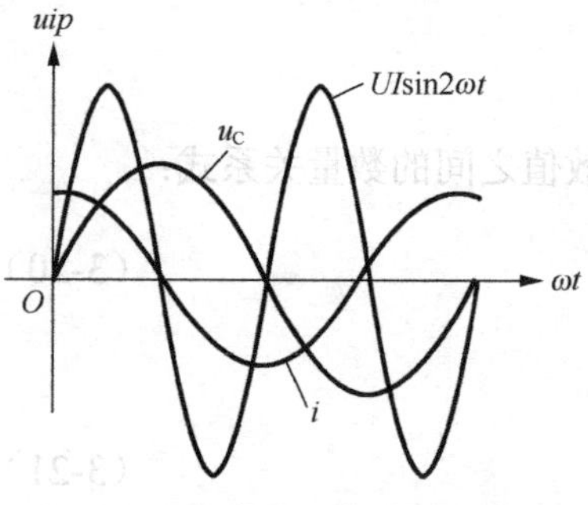

图 3.17　电容元件的功率波形图

显然，电容元件上的瞬时功率 p 表达式的形式和电感元件瞬时功率表达式类似，同样是以 2 倍于电压、电流的频率按正弦规律交替变化的量。

由图 3.17 所示波形图可看出，正弦交流电流变化的第一个、第三个四分之一周期，电压、电流方向关联，说明电容元件从电源吸取电能，并将吸取的电能转换成极间电场能量储存在电容元件的两极上，这一期间电容元件在充电，因此瞬时功率为正值；第二个、第四个四分之一周期，电压、电流方向非关联，说明电容元件将储存在两极上的电荷释放出来送还给电源，这一转换过程显然是电容的放电过程，所以瞬时功率为负值。

（2）平均功率

电容元件的电压、电流变化一周，瞬时功率交替变化两次，但整个周期内瞬时功率的平均功率值等于零。

电容元件的平均功率 P=0，说明电容元件不耗能，即电容元件也是一个储能元件。

（3）无功功率

电容元件虽然不耗能，但它与电源之间的能量交换是客观存在。为了衡量电容元件与电路之间能量转换的规模，我们引入无功功率“Q_C”，数值上电容元件上的无功功率等于其瞬时功率的最大值，即

$$Q_C = U_C I = I^2 X_C = \frac{U_C^{\ 2}}{X_C} \qquad (3\text{-}23)$$

Q_C 的单位也是乏尔（var）或千乏（kvar）。需要注意的是，**在计算无功功率时，规定：电感元件上的无功功率 Q_L 为正值，电容元件上的无功功率 Q_C 为负值。**

电感元件和电容元件是一对**对偶元件**。即电感元件和电容元件相串联时，流过两元件的电流相同，两元件上的电压反相；当电感元件和电容元件相并联时，加在两元件上的端电压相同，两元件支路电流反相。反相意味着电容充电时，电感恰好释放磁场能量；电容放电时，电感恰好储存磁场能量。这样，两个元件之间的能量可以直接交换而不需要电源提供，不够部分再由电源提供。上述电感元件和电容元件上功率的直接交换称之为**相互补偿**。

例 3.5　已知某电容器的电容量 C=159 μF，损耗电阻可忽略不计，把它接在电压为 120 V 的工频交流电源上。求：①容抗 X_C、电流 I 及无功功率 Q_C 为多大？②若频率增大为 1 000 Hz，求容抗 X_C'、电流 I' 及无功功率 Q_C' 各为多大？

解：①由式（3-21）可得

$$X_C = \frac{1}{2\pi fC} = \frac{10^6}{6.28 \times 50 \times 159} \approx 20(\Omega)$$

电容元件上的电流

$$I = \frac{U_C}{X_C} = \frac{120}{20} 6(\text{A})$$

无功功率

$$Q_C = U_C I = 120 \times 6 = 720(\text{var})$$

② 频率增大容抗减小，1 000 Hz 下电容元件对电路呈现的容抗

$$X_C' = \frac{1}{2\pi f'c} = \frac{10^6}{6.28 \times 1000 \times 159} \approx 1(\Omega)$$

容抗减小，电压不变时电流增大，此时通过电容元件上的电流

$$I' = \frac{U}{X_C'} = \frac{120}{1} = 120(\mathrm{A})$$

无功功率

$$Q_C' = \frac{U^2}{X_C'} = \frac{120^2}{1} = 1\ 4400(\mathrm{var})$$

此例表明，电容支路上频率增高，容抗减小，电路中的电流与无功功率增大。

思 考 题

1．电阻元件在交流电路中电压与电流的相位差为多少？判断下列表达式的正误。

（1）$i = \frac{U}{R}$；（2）$I = \frac{U}{R}$；（3）$i = \frac{U_m}{R}$；（4）$i = \frac{u}{R}$。

2.纯电感元件在交流电路中电压与电流的相位差为多少？感抗与频率有何关系？判断下列表达式的正误。

（1）$i = \frac{u}{X_L}$；（2）$I = \frac{U}{\omega L}$；（3）$i = \frac{u}{\omega L}$；（4）$I = \frac{U_m}{\omega L}$

3.纯电容元件在交流电路中电压与电流的相位差为多少？容抗与频率有何关系？判断下列表达式的正误。

（1）$i = \frac{u}{X_C}$；（2）$I = \frac{U}{\omega C}$；（3）$i = \frac{u}{\omega C}$；（4）$I = U\omega C$

3.4 多参数的正弦稳态电路分析

正弦稳态电路的参数有电阻 R、电感 L 和电容 C，在相量分析法中，它们分别表示为只有实部 R、只有正值虚部 $\mathrm{j}X_L$ 和只有负值虚部$-\mathrm{j}X_C$的复阻抗。

串联电路相量分析法

3.4.1 阻抗及串联正弦稳态电路的分析

RLC 串联的正弦交流电路如图 3.18（a）所示，对应的相量模型如图 3.18（b）所示。对相量模型进行分析的步骤如下。

首先根据串联电路中各元件通过的电流相同这一特点，以电流为参考相量（参考相量在相量图中表示时应在水平位置）。由单一元件上电压、电流的关系式，转换成复数形式后可得：

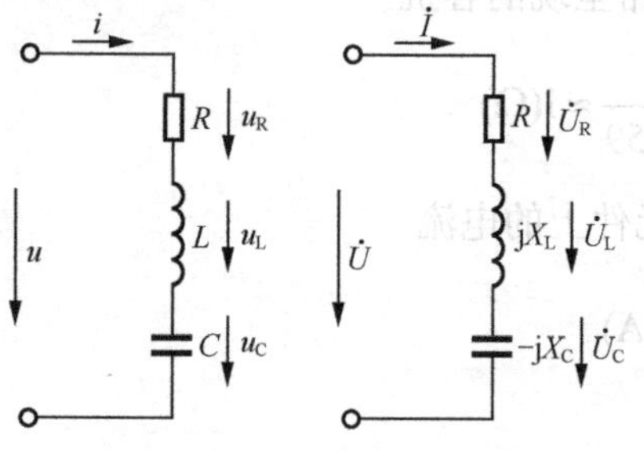

（a）电路图　　（b）相量模型

图 3.18　*RLC* 串联电路的电路图和相量模型

$$\dot{U}_R = \dot{I}R$$
$$\dot{U}_L = j\dot{I}X_L$$
$$\dot{U}_C = -j\dot{I}X_C$$

电路的总电压相量

$$\begin{aligned}\dot{U} &= \dot{U}_R + \dot{U}_L + \dot{U}_C \\ &= \dot{I}R + j\dot{I}X_L + (-j\dot{I}X_C) \\ &= \dot{I}[R + j(X_L - X_C)] \\ &= \dot{I}Z\end{aligned}$$

式中的复阻抗

$$\begin{aligned}Z &= R + j(X_L - X_C) \\ &= \sqrt{R^2 + (X_L - X_C)^2}\angle\arctan\frac{X_L - X_C}{R} \\ &= |Z|\angle\phi\end{aligned}$$

复阻抗的模$|Z| = \sqrt{R^2 + (X_L - X_C)^2}$ 数值上对应 *RLC* 串联电路对正弦交流电流呈现的电**总阻抗**；复阻抗的辐角在数值上对应 *RLC* 串联电路中路端电压与端口电流的相位差角φ。

RLC 相量模型的相量图如图 3.19 所示。由图可看出：$\dot{U}$、$\dot{U}_R$ 和$\dot{U}_X(\dot{U}_X = \dot{U}_L + \dot{U}_C)$ 构成了一个电压三角形，电压三角形不但反映了各电压相量之间的相位关系，同时也反映了各电压相量之间的数量关系。因此，电压三角形是相量图。

复阻抗和阻抗三角形

让电压三角形的各条边同除以电流相量$\dot{I}$，可得到一个阻抗三角形，如图 3.20 所示，阻抗三角形符合上面讲到的复阻抗的代数形式：阻抗三角形的斜边是复阻抗 *Z*，邻边等于复阻抗的实部 *R*，对边是复阻抗的虚部 j*X*，三条边所表示的复阻抗的模值，其数量关系遵循直角三角形的勾股弦定理，即

$$|Z| = \sqrt{R^2 + (X_L - X_C)^2} = \sqrt{R^2 + (\omega L - \frac{1}{\omega C})^2} \tag{3-24}$$

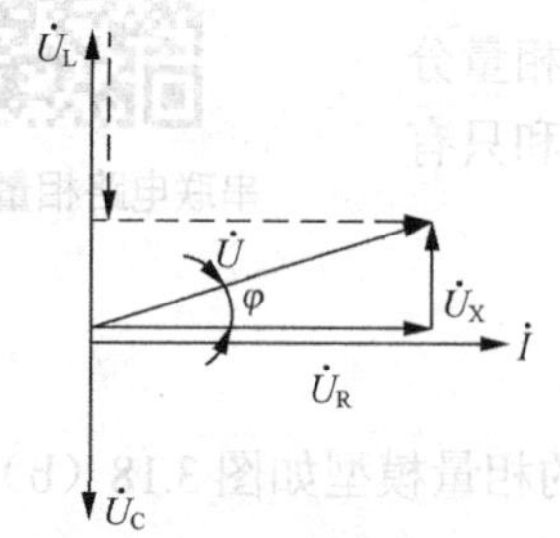

图 3.19　RLC 串联电路的相量图

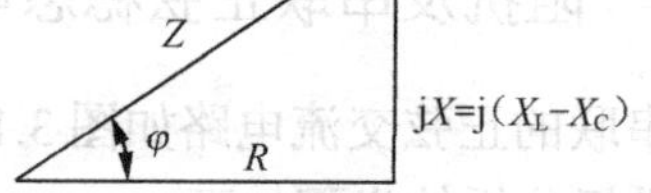

图 3.20　阻抗三角形

图 3.20 所示阻抗三角形是以感性电路为前提画出的，但实际上随着 ω、*L*、*C* 取值的不同，*RLC* 串联电路分别有以下三种情况。

当 $\omega L > \dfrac{1}{\omega C}$ 时，电路电抗 $X>0$，电路总电压超前电流一个 φ 角，电路呈感性，阻抗三角形为正三角形，如图 3.20 所示。

当 $\omega L < \dfrac{1}{\omega C}$ 时，电路电抗 $X<0$，电路总电压滞后电流一个 φ 角，电路呈容性，阻抗三角形为倒三角形。

当 $\omega L = \dfrac{1}{\omega C}$ 时，电路电抗 $X=0$，电路总电压与电流同相，电路呈纯阻性，阻抗三角形的斜边等于邻边。在含有 L 和 C 的电路中出现电压、电流同相位的现象是 RLC 串联电路的一种特殊情况，称为串联谐振。

例 3.6 RLC 串联电路如图 3.21（a）所示，已知电路参数 $R=15\ \Omega$，$L=12\ \text{mH}$，$C=40\ \mu\text{F}$，端电压 $u=20\sqrt{2}\sin(2\,500t)\ \text{V}$，试求电路中的电流 i 和各元件的电压相量，并画出相量图。

解：用相量法求解时，可先写出已知相量，再计算电路阻抗，然后求出待求相量。本例已知相量 $\dot{U}=20\angle 0°\ \text{V}$，电路阻抗为：

$$Z=R+\text{j}\left(\omega L-\frac{1}{\omega C}\right)=15+\text{j}\left(2500\times 0.012-\frac{10^6}{2500\times 40}\right)$$
$$=15+\text{j}(30-10)=25\angle 53.1°\ (\Omega)$$

电路中通过的电流为

$$\dot{I}=\frac{\dot{U}}{Z}=\frac{20\angle 0°}{25\angle 53.1°}=0.8\angle -53.1°\ (\text{A})$$

根据正弦量与相量的对应关系可写出电流 i 为

$$i=0.8\sqrt{2}\sin(2500t-53.1°)\ \text{A}$$

各元件的电压相量为

$$\dot{U}_\text{R}=\dot{I}R=0.8\angle -53.1°\times 15=12\angle -53.1°(\text{V})$$
$$\dot{U}_\text{L}=\text{j}\dot{I}\omega L=j0.8\angle -53.1°\times 30=24\angle 36.9°\ (\text{V})$$
$$\dot{U}_\text{C}=-\text{j}\dot{I}\frac{1}{\omega C}=-\text{j}0.8\angle -53.1°\times 10=8\angle -143.1°\ (\text{V})$$

相量图如图 3.21（b）所示。该电路为串联电路，因此以电流相量 $\dot{I}$ 为参考相量，根据电压方程 $\dot{U}=\dot{U}_\text{R}+\dot{U}_\text{L}+\dot{U}_\text{C}$ 画出各电压相量，画法如图 3.21 所示。

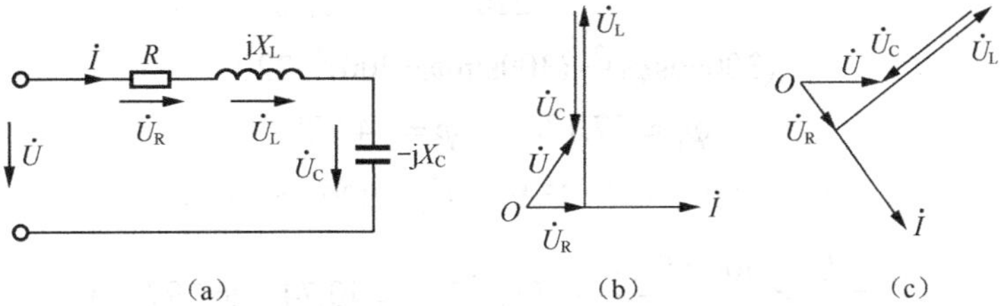

图 3.21 例 3.6 电路和相量图

先在复平面上画出参考的电流相量$\dot{I}$，然后从原点O起，按平移求和法则，逐一画出各电压相量。如先画出与电流相量$\dot{I}$同相的电压相量$\dot{U}_R$，再从$\dot{U}_R$的末端画出超前电流相量$\dot{I}$ 90°的电压相量$\dot{U}_L$，然后从$\dot{U}_L$末端画出滞后电流相量$\dot{I}$ 90°的电压相量$\dot{U}_C$，最后从原点O至最后一个电压相量$\dot{U}_C$的末端为端口电压相量$\dot{U}$，得相量图3.21（b），然后将整个相量图顺时针旋转53.1°，即可得到与运算结果一致的相量图，如图3.21（c）所示。

例3.7　图3.22（a）所示电路，已知电压表V、V_1、V_2的读数分别为220 V、300 V和400 V，复阻抗Z_2=−j100 Ω，试求Z_1，并画出电路的相量图。

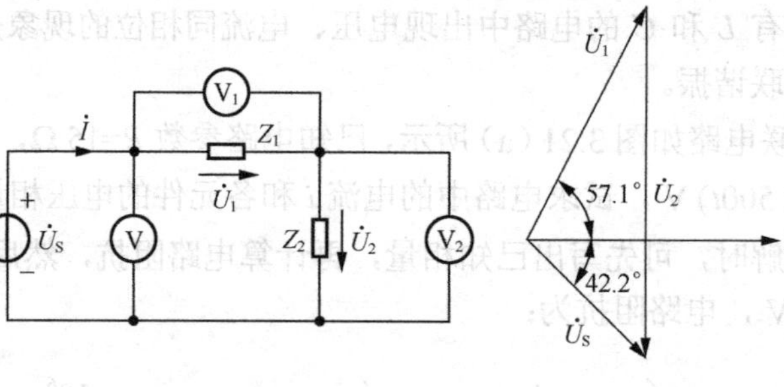

图3.22　例3.7电路图和相量图

解：该电路为两阻抗的串联形式，因此可直接根据Z_2和U_2求得电路中的电流为：

$$\dot{I}=\frac{U_2}{|Z_2|}\angle 0°=\frac{400}{100}\angle 0°=4\angle 0°\ (\mathrm{A})$$

以电流为参考相量，则

$$\dot{U}_2=\dot{I}Z_2=400\angle -90°\mathrm{V}$$

设电源电压$\dot{U}_S=220\angle\varphi\mathrm{V}$，$\dot{U}_1=300\angle\varphi_1\mathrm{V}$，根据KVL可得

$$220\angle\varphi=300\angle\varphi_1+400\angle -90°$$

显然

$$220\cos\varphi=300\cos\varphi_1$$

$$220\sin\varphi=300\sin\varphi_1-400$$

联立求解上述两式，有

$$\cos\varphi=\frac{300\cos\varphi_1}{220}=\frac{邻边}{斜边}$$

$$\sin\varphi=\frac{300\sin\varphi_1-400}{220}=\frac{对边}{斜边}$$

因此

$$(300\cos\varphi_1)^2+(300\sin\varphi_1-400)^2=220^2$$

解得

$$\varphi_1\approx 57.1°,\qquad \varphi=-42.2°$$

所以

$$\dot{U}_S=220\angle -42.2°\ \mathrm{V},\quad \dot{U}_1=300\angle 57.1°\ \mathrm{V}$$

$$Z_1=\frac{\dot{U}}{\dot{I}}=\frac{300\angle 57.1°}{4\angle 0°}=75\angle 57.1°\approx 40.74+\mathrm{j}62.97(\Omega)$$

根据计算结果可画出如图3.22（b）所示的相量图。

3.4.2 串联谐振

串联谐振的条件

1. 串联谐振条件和谐振频率

由前所述可知，当多参数串联的相量模型电路中，电路复阻抗虚部电抗为 0 时，电路发生串联谐振，因此 $\omega L = \frac{1}{\omega C}$ 就是多参数串联电路的串联谐振条件，由串谐条件可以导出串谐发生时电路的谐振频率为

$$f_0 = \frac{1}{2\pi\sqrt{LC}} \tag{3-25}$$

f_0 数值上等于 RLC 串联谐振电路的固有频率，只与电路的参数有关，与信号源无关。

由（3-25）式可知，使电路发生谐振的方法如下。

① 调节电源频率，使之等于谐振电路的固有频率，电路可发生谐振。

② 电源频率不可调时，可以改变谐振电路中 L 或 C 的大小，使电路的固有频率等于电源的频率。

2. 串谐电路的基本特性

（1）串谐电路阻抗特性

串谐发生时，L 和 C 上的电抗为

$$\rho = \omega_0 L = \frac{1}{\omega_0 C} = \sqrt{\frac{L}{C}} \tag{3-26}$$

ρ 称为谐振电路的特征阻抗，是衡量电路特性的一个重要参数。

客观存在的电感电抗和电容电抗谐振时大小相等，因此作用相互抵消，此时电路总电抗 X=0，**阻抗|*Z*|最小且等于电阻 *R*，电路呈纯电阻性质。**

（2）串谐电路电流特性

串谐发生时，端电压不变的情况下，电路中由于阻抗最小，因此谐振电流达到最大，即

$$I_0 = \frac{U}{R} \tag{3-27}$$

串联谐振电路特性

（3）各参数电压特性

串谐发生时，由于电抗 X=0，所以电阻 R 上的端电压 U_R 数值上等于路端电路 U。

由于串谐发生时电路中的电流最大，客观上将在 L 和 C 上产生过电压现象，即

$$U_{C0} = U_{L0} = I_0 X_L = \frac{U_S}{R} X_L = \frac{\omega_0 L}{R} U_S = QU_S \tag{3-28}$$

式（3-28）中的 Q 是谐振电路的品质因数，也是衡量谐振电路性能好坏的重要指标。Q 值的大小由串谐电路中线圈的谐振电抗与线圈铜耗电阻之比决定。

串谐电路的 Q 值通常可达几十甚至几百，一般为 50~200。谐振状态下，电抗元件上的电压通常是外加电压的几十倍甚至几百倍，因此，串联谐振又称作**电压谐振**。

例 3.8 已知 RLC 串联电路中的 L=0.1 mH，C=1000 pF，R=10 Ω，电源电压 U_S=0.1 mV，

若使电路发生谐振，则求电路的谐振频率、特性阻抗、品质因数、电容器两端的电压和回路中的电流各为多少？

解：

$$f_0=\frac{1}{2\pi\sqrt{LC}}=\frac{1}{2\pi\sqrt{0.1\times10^{-3}\times1\,000\times10^{-12}}}=\frac{1}{2\pi\sqrt{10^{-13}}}\approx500(\text{kHz})$$

$$\rho=\sqrt{\frac{L}{C}}=\sqrt{\frac{0.1\times10^{-3}}{1\,000\times10^{012}}}\approx316(\Omega)$$

$$Q=\frac{\rho}{R}=\frac{316}{10}=31.6$$

$$U_{C0}=QU_S=31.6\times0.1=3.16(\text{mV})$$

$$I=\frac{U_S}{R}=\frac{0.1\times10^{-3}}{10}=10(\mu\text{A})$$

串联谐振在实际工程中应用较为广泛，收音机的调谐电路就是一个典型的串谐电路。

3.4.3 导纳及并联正弦稳态电路的分析

并联电路的相量分析法

RLC 并联的正弦交流电路如图 3.23（a）所示，对应的相量模型如图 3.23（b）所示。对相量模型进行分析的步骤如下。

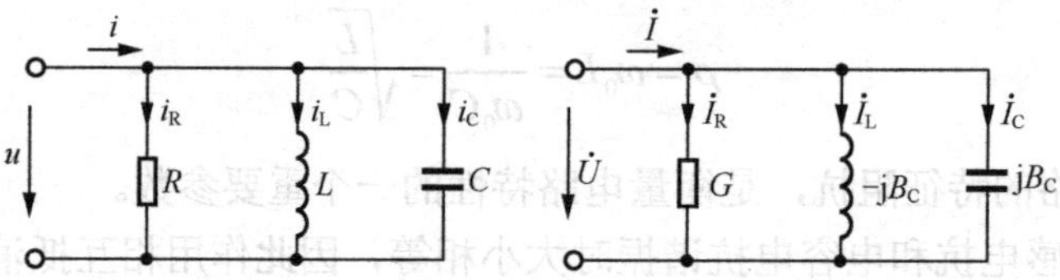

（a）电路图　　（b）相量模型

图 3.23　*RLC* 并联的电路图与相量模型

因并联各元件上端电压相同，所以分析多参数并联电路时通常以电压相量作为参考相量。再根据单一元件上电压、电流关系，转换成复数形式后可得：

$$\dot{I}_R=\frac{\dot{U}}{R}=\dot{U}G\,,\quad \dot{I}_L=\frac{\dot{U}}{jX_L}=-j\dot{U}B_L\,,\quad \dot{I}_C=\frac{\dot{U}}{-jX_C}=j\dot{U}B_C$$

上式中的 $G=\frac{1}{R}$ 称为电导；$-jB_L=\frac{1}{jX_L}=-j\frac{1}{\omega L}$ 称为复感纳；$jB_C=\frac{1}{-jX_L}=-j\omega C$ 称为复容纳。多参数并联电路的总电流相量

$$\begin{aligned}\dot{I}&=\dot{I}_R+\dot{I}_L+\dot{I}_C\\&=\dot{U}G+(-j\dot{U}B_L)+j\dot{U}B_C\\&=\dot{U}[G+j(B_C-B_L)]\\&=\dot{I}Y\end{aligned}$$

式中的 Y 称为复导纳，复导纳和电导、电纳之间的关系如下：

$$
\begin{aligned}
Y &= G + \mathrm{j}(B_C - B_L) \\
&= \sqrt{G^2 + (B_C - B_L)^2}\angle\arctan\frac{B_C - B_L}{G} \\
&= |Y|\angle\varphi'
\end{aligned}
$$

复导纳的模$|Y| = \sqrt{G^2 + (B_C - B_L)^2}$对应 RLC 并联电路中对正弦交流电流所呈现的**总导纳**；复导纳的辐角φ'对应 RLC 并联电路的端口电流超前路端电压的相位差角。

RLC 并联电路的相量图如图 3.24 所示。由图可看出：$\dot{I}$、$\dot{I}_R$和$\dot{I}_X(\dot{I}_X = \dot{I}_C + \dot{I}_L)$构成了一个电流三角形，这个三角形不但反映了各电流相量之间的相位关系，同时还反映出各电流相量之间的数量关系，因此，电流三角形也是一个相量图。

让电流三角形的各条边同除以电压相量$\dot{U}$，我们就可得到一个导纳三角形，如图 3.23 所示，导纳三角形符合上面讲到的复导纳的代数形式：导纳三角形的斜边是复导纳 Y，数值上等于 RLC 并联电路的导纳，导纳三角形的邻边是复导纳的实部电导 *G*，导纳三角形的对边是复导纳的虚部电纳，三者之间的数量关系为

$$|Y| = \sqrt{G^2 + (B_C - B_L)^2} = \sqrt{G^2 + (\omega C - \frac{1}{\omega L})^2} \tag{3-29}$$

图 3.25 所示的导纳三角形是以容性电路为前提画出的，但实际上随着 *ω*、*L*、*C* 取值的不同，*RLC* 并联电路也分别有以下三种情况。

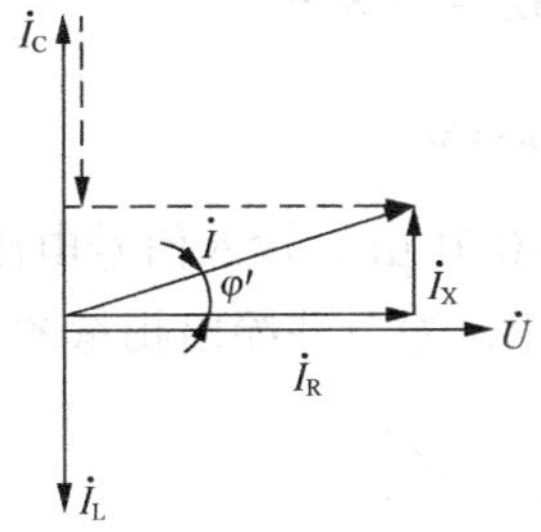

图 3.24 RLC 并联电路的相量图

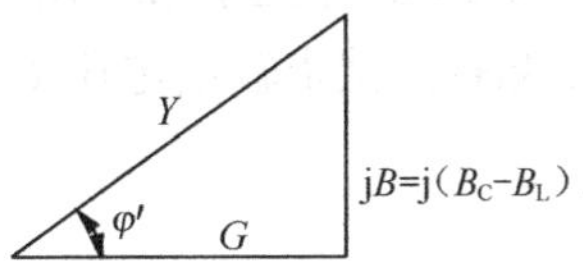

图 3.25 导纳三角形

当$\omega C > \frac{1}{\omega L}$时，电路电纳 *B*>0，电路总电流超前电压一个$\varphi'$角，电路呈容性，导纳三角形为正三角形，如图 4.8 所示。

当$\omega C < \frac{1}{\omega L}$时，电路电纳 *B*<0，电路总电流滞后电压一个$\varphi'$角，电路呈感性，导纳三角形为倒三角形。

当$\omega C = \frac{1}{\omega L}$时，电路电纳电纳 *B*=0，总电流与端电压同相，电路呈纯电阻性，导纳三角形的斜边等于邻边。在含有 *L* 和 *C* 的电路中出现电压、电流同相位的现象是 *RLC* 并联电路的一种特殊情况，称为并联谐振。

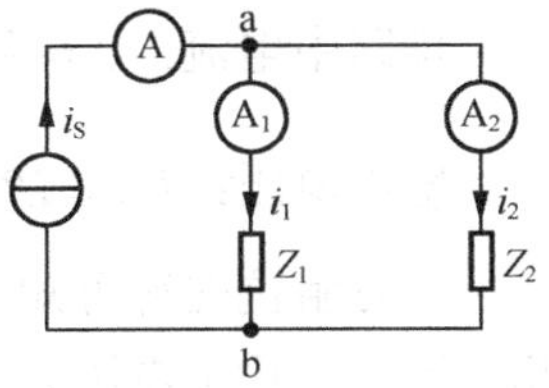

图 3.26 例 4.5 电路

例 3.9 电路如图 3.26 所示，已知 Z_1=10+j25Ω，Z_2=−j25Ω，$i_S = 2\sqrt{2}\sin 314t$ A，求支路电流 i_1 和 i_2、电流表的读数及恒流源

两端的电压 u_{ab}。

解：两阻抗为并联连接，根据分流公式可得

$$\dot{I}_1=\dot{I}_S\frac{Z_2}{Z_1+Z_2}=2\angle 0^\circ\times\frac{-j25}{10+j25-j25}$$

$$=\frac{50\angle-90^\circ}{10}=-j5A$$

$$\dot{I}_2=\dot{I}_S\frac{Z_1}{Z_1+Z_2}=2\angle 0^\circ\times\frac{10+j25}{10+j25-j25}$$

$$=\frac{53.8\angle 68.2^\circ}{10}=5.38\angle 68.2^\circ\ A$$

根据相量与正弦量之间的对应关系可写出

$$i_1=5\sqrt{2}\sin(314t-90^\circ)A$$

$$i_2=5.38\sqrt{2}\sin(314t+68.2^\circ)A$$

恒流源两端的电压为

$$\dot{U}_{ab}=\dot{I}_S Z_{ab}=2\angle 0^\circ\times\frac{(-j25)(10+j25)}{10+j25-j25}$$

$$=2\angle 0^\circ\times\frac{673\angle-21.8^\circ}{10}=134.6\angle-21.8^\circ V$$

则 $$u_{ab}=134.6\sqrt{2}\sin(314t-21.8^\circ)\ V$$

例 3.10 电路如图 3.27（a）所示，已知 R=2 kΩ，C=0.01 μF，输入信号电压的有效值为 1V，频率为 5 kHz。试求输出电压 U_2 及它与输入电压的相位差，并绘出相量图。

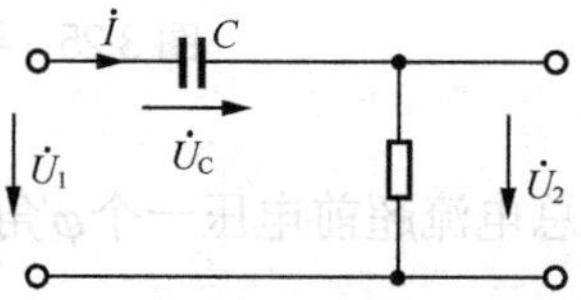

（a）电路图

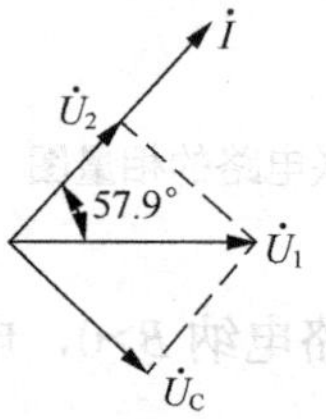

（b）相量图

图 3.27 例 3.10 电路图和相量图

解：电路阻抗：$Z=R-j\frac{1}{\omega C}=2000-j\frac{10^8}{31400\times 1}\approx 3761\angle-57.9^\circ\ \Omega$

电路中电流：$I=\frac{U_1}{|Z|}=\frac{1}{3761}\approx 0.266(mA)$

输出电压：$U_2=IR=0.266\times 2=0.532(V)$

由复阻抗的解可知，电路中电压 u_1 滞后电流 i 的角度等于阻抗角 57.9°，而 u_2 与电流同相，因此，输出电压 u_2 在相位上超前输入电压 $u_1$57.9°。画出电路相量图如 3.27（b）所示。

此例中由于输出电压相对于输入电压发生了相位的偏移，因此也称之为 RC 移相电路。

在 RC 移相电路中，若要输入电压超前输出电压，则输出电压应从电容两端引出；若要输出电压超前输入电压，输出电压就需从电阻两端引出。这种单级移相电路的相移范围不会超过 90°,如果要实现 180° 的相移，就必须采用三级以上的电路构成。

例 3.11　图 3.28（a）中正弦电压有效值 U_S=380 V，f=50 Hz，电容可调，当 C=80.59 μF 时，交流电流表 A 的读数最小，其值为 2.59 A，试求图中交流电流表 A_1 的读数。

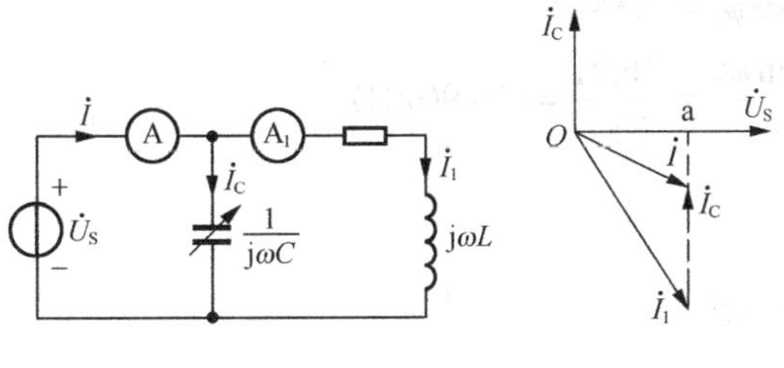

（a）电路图　　　（b）相量图

图 3.28　例 3.11 电路图和相量图

解：方法一

当电容值 C 变化时，$\dot{I}_1$ 始终不变，

可先定性画出电路的相量图。令 $\dot{U}_S = 380\angle 0°\ \text{V}$，$\dot{I}_1 = \dfrac{\dot{U}_S}{R + j\omega L}$ 且为感性，因此滞后电压 $\dot{U}_S$，电容支路的电流 $\dot{I}_C = j\omega C\dot{U}_S$ 超前 $\dot{U}_S$ 90°。表示各电流相量构成的相量图如图 3.28（b）所示。当 C 值变化时，$\dot{I}_C$ 始终与 $\dot{U}_S$ 正交，故 $\dot{I}_C$ 的末端将沿图中所示虚线变化，而到达 a 点时 $\dot{I}$ 为最小。此时 $I_C=\omega CU_S$=9.66 A，I=2.59 A，用相量图可解得电流表 A_1 的读数为

$$\sqrt{(9.66)^2 + (2.59)^2} = 10(\text{A})$$

方法二：

当 I 最小时，电路的输入导纳 Y 最小，也即输入阻抗 Z 最大，有

$$Y = j\omega C + \frac{R}{|Z_1|^2} - j\frac{\omega L}{|Z_1|^2}$$

上式中 $|Z_1| = \sqrt{R^2 + (\omega L)^2}$。当电容 C 值变化时，只改变 Y 的虚部，而导纳最小意味着虚部为零，$\dot{U}_S$ 与 $\dot{I}$ 同相。

若 $\dot{U}_S = 380\angle 0°\ \text{V}$，则 $\dot{I} = 2.59\angle 0°\text{A}$，而 $\dot{I}_C = j\omega C\dot{U}_S = j9.66\text{A}$，设 $\dot{I}_1 = I_1\angle\psi_1$，根据结点电流方程 $\dot{I} = \dot{I}_C + \dot{I}_1$ 有

$$2.59\angle 0° = j9.66\angle 0° + I_1\angle\psi_1$$

得

$$I_1 \sin\psi_1 = -9.66,\quad I_1\cos\psi_1 = 2.59$$

解得

$$\psi_1 = \arctan\left(\frac{-9.66}{2.59}\right) = -75°$$

$$I_1 = 2.59/\cos\psi_1 = 10\text{A}$$

故电流表 A_1 的读数为 10 A。

根据以上数据，还可以求出参数 R、L，即

$$Z_1 = \frac{\dot{U}_S}{\dot{I}_1} = 38\angle 75°\ \Omega$$

故而得

$$R = Z_1 \cos\psi_1 = 9.84\ \Omega$$

$$L = \frac{Z_1 \sin\psi_1}{\omega} = \frac{36.71}{314} = 116.9(\text{mH})$$

3.4.4 并联谐振

并联谐振的条件

1. 并谐条件和并谐频率

当并联电路输入电流的的频率恰好使电纳 B=0 时，导纳 Y=G，电路中的电压响应与输入电流同相，即：

$$\omega_0 C - \frac{\omega_0 L}{r^2 + (\omega_0 L)^2} \approx \omega_0 C - \frac{1}{\omega_0 L} = 0$$

由上式并谐条件可导出：

$$\omega_0 = \frac{1}{\sqrt{LC}} \quad 或 \quad f_0 = \frac{1}{2\pi\sqrt{LC}} \tag{3-30}$$

此结果表明，同样大小的 L、C 组成的串联、并联谐振电路，它们的谐振频率近似相等。

2. 并谐电路的基本特性

并谐电路基本特性

（1）电路阻抗特性

工程实际中，一个线圈和一个电容器首尾相连构成一个闭环，就可购成一个最简单的并联谐振电路。由于实际线圈的铜耗电阻通常不能忽略，所以实际线圈可用电感 L 和电阻 R 的串联等效作为其电路模型；实际电容器的损耗（漏电流）极小，即其漏电阻通常可以忽略不计，因此可用一个理想电容 C 作为其电路模型。这样，并联谐振电路的电路模型如图 3.29（a）所示。

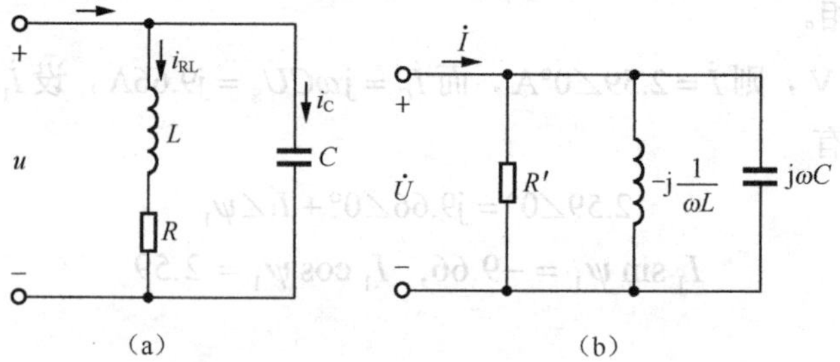

图 3.29 并联谐振电路及其等效相量模型

图 3.29（b）是由理想元件组成的并联谐振电路，当电路发生谐振时，导纳最小，即电路阻抗达到最大，呈高阻特性。谐振阻抗为：

$$Z_0 = R' \approx \frac{(\omega_0 L)^2}{R} = \frac{\frac{1}{LC}L^2}{R} = \frac{L}{RC} \tag{3-31}$$

当 $f<f_0$ 时，$\omega L<\frac{1}{\omega C}$，电路呈感性；当 $f>f_0$ 时，$\omega L>\frac{1}{\omega C}$，电路呈容性。

（2）并谐电路的端口电量特性

电路发生并谐时，若输入端口电流不变，则输入端口电压达到最大，且与端口电流同相。

（3）支路电流特性

并谐时，电感支路的电流和电容支路的电流分别为：

$$\dot{I}_{\mathrm{C}} = \mathrm{j}B_{\mathrm{C}}\dot{U} = \mathrm{j}\omega_0 C\dot{U} = \mathrm{j}\omega_0 C\dot{I}R = \mathrm{j}Q\dot{I}$$

$$\dot{I}_{\mathrm{L}} = -\mathrm{j}B_{\mathrm{L}}\dot{U} = \frac{\dot{U}}{\mathrm{j}\omega_0 L} = -\mathrm{j}\frac{R}{\omega_0 L} = -\mathrm{j}Q\dot{I}$$

显然，两支路电流大小相等，相位相反，且为端口输入电流的 Q 倍。根据并联谐振电路的支路电流特性，常把并联谐振称之为电流谐振。

当并谐电路的谐振电阻为无穷大时，电路发生理想并联谐振。理想并联谐振下，端口电流为零，但在电感和电容两条支路中，两支路电流始终振荡于 L 和 C 之间。

如果利用电压源向并联谐振回路供电，则在谐振状态下电压源流入电路的电流最小。电力网利用并联电容的方法增加功率因数，提高发电设备的利用率，就是依据此原理。

3.4.5 正弦稳态电路的功率

正弦电路的功率

1. 瞬时功率

对于一个无源二端网络，设端口电压和电流为：

$$u = \sqrt{2}U\sin(\omega t + \psi_{\mathrm{u}})$$

$$i = \sqrt{2}I\sin(\omega t + \psi_{\mathrm{i}})$$

则电路吸收的瞬时功率为：

$$\begin{aligned}
p = ui &= \sqrt{2}U\sin(\omega t + \psi_{\mathrm{u}}) \times \sqrt{2}I\sin(\omega t + \psi_{\mathrm{i}}) \\
&= UI\cos(\psi_{\mathrm{u}} - \psi_{\mathrm{i}}) - UI\cos(2\omega t + \psi_{\mathrm{u}} + \psi_{\mathrm{i}}) \\
&= UI\cos\varphi - UI\cos(2\omega t + 2\psi_{\mathrm{u}} - \varphi) \\
&= UI\cos\varphi - UI\cos\varphi\cos(2\omega t + 2\psi_{\mathrm{u}}) - UI\sin\varphi\sin(2\omega t + 2\psi_{\mathrm{u}}) \\
&= UI\cos\varphi\{1 - \cos[2(\omega t + \psi_{\mathrm{u}})]\} - UI\sin\varphi\sin[2(\omega t + \psi_{\mathrm{u}})]
\end{aligned}$$

式中 $\varphi=\psi_{\mathrm{u}}-\psi_{\mathrm{i}}$ 为电压和电流之间的相位差，且 $\varphi\leqslant 90°$。上式说明瞬时功率有两个分量，第一项与电阻元件的瞬时功率相似，始终大于或等于零，是网络吸收能量的瞬时功率，其平均值为 $UI\cos\varphi$。第二项与电感元件或电容元件的瞬时功率相似，其值正负交替，是网络与外部电源交换能量的瞬时功率，它的最大值为 $UI\sin\varphi$。

2. 有功功率

如前所述，瞬时功率在一个周期内的平均值为平均功率，又称有功功率，即

$$P=\frac{1}{T}\int_0^T p\mathrm{d}t=UI\cos\varphi$$

有功功率代表电路实际消耗的功率，“有功”二字可以理解为：电路中吸收电能并把电能转换成人们所需要的能量形式做功了，这种能量转换显然是不可逆的。从公式中，有功功率的多少不仅与电压、电流有效值的乘积有关，并且与它们之间的相位差角有关。

3．无功功率

为了衡量电路中电磁能量交换的规模，工程中引用了无功功率的概念，用大写字母 Q 表示，即

$$Q=UI\sin\varphi$$

无功功率中的“无功”二字意味着“只交换不消耗”，不能理解为“无用”。无功功率 Q 是一个代数量，对于感性网络电压超前电流，φ值为正，网络接收或发出的无功功率为正值，称为感性无功功率；对于容性网络电压滞后电流，φ值为负，网络无功功率为负值，称为容性无功功率，因此，二端网络内两储能元件的无功功率可以相互补偿。当 $X_L=X_C$ 时，无功功率 $Q=0$，这反映了二端网络此时与外电路不再有能量的来回交换，能量交换只在二端网络内部的电感、电容之间进行，也称作完全补偿。

4．视在功率

许多电力设备的容量是由它们的额定电压和额定电流的乘积决定的，为此引用了视在功率的概念。视在功率用大写字母 S 表示，在数值上，视在功率等于电压、电流有效值的乘积，即

$$S=UI$$

显然，单相正弦交流电路中的有功功率 P、无功功率 Q 和视在功率 S 之间存在如下关系：

$$S=UI=\sqrt{P^2+Q^2},\varphi=\arctan\frac{Q}{P}$$

$$P=UI\cos\varphi=S\cos\varphi,Q=UI\sin\varphi=S\sin\varphi \tag{3-32}$$

根据式（3-32）可知，视在功率中包括了电路中的有功功率和无功功率，是电路吸收的总功率，也可以说是电源提供的总能量。在二端网络端口处所测得的电压与端口处测出的电流是可以观察到的，其乘积等于视在功率，因此又把视在功率称为表观功率。

有功功率、无功功率和视在功率都是由电压、电流的单位决定的量纲，为了对它们加以区别，有功功率的单位定义用瓦特（W），无功功率的单位定义用乏尔（Var），视在功率的单位则定义为伏安（V·A）。电气设备的铭牌数据上所标示的 V·A 或 kV·A 的额定值，指的就是设备的总容量即视在功率。

根据有功功率、无功功率和视在功率三者之间的数量关系，可把它们表示在图 3.30 所示的功率三角形中。图 3.30 中总的无功功率为正值，显然是感性电路；如果电路中总的无功功率为负值，则电路呈容性，功率三角形为倒立三角形；当总的无功功率等于零时，电路一定发生了谐振，谐振下电容元件和电感元件上的电磁能量达到完全补偿。

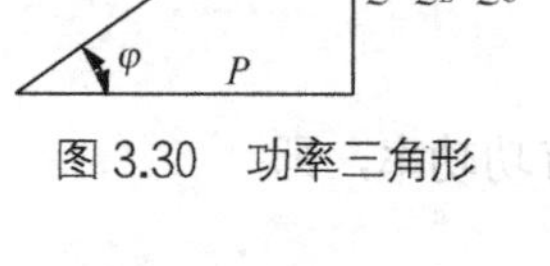

图 3.30　功率三角形

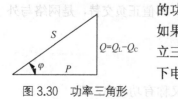

由功率三角形的讨论可看出，只有耗能元件电阻 R 上才消耗有

功功率，即只有同相的电压和电流才能构成有功功率 P；储能元件 L 和 C 上的电压和电流均为正交关系，具有正交关系的电压和电流只产生无功功率 Q，且感性无功功率取正，容性无功功率取负。

5. 复功率

虽然正弦电流电路的瞬时功率不能用相量法讨论，但是有功功率、无功功率和视在功率三者之间的关系可以通过"复功率"来表述。

复功率是用复数形式表示的正弦交流电路中的总功率，用 $\overline{S}$ 表示，复功率具有视在功率的量纲。若二端网络的端口电压相量为 $\dot{U}$，电流相量 $\dot{I}$ 的共轭复数为 $\dot{I}^*$，定义复功率为

$$\begin{aligned}\overline{S} &= \dot{U}\dot{I}^* = UI\angle\psi_{\mathrm{u}} - \psi_{\mathrm{i}} = UI\angle\phi \\ &= UI\cos\phi + \mathrm{j}UI\sin\phi \\ &= P + \mathrm{j}Q\end{aligned} \tag{3-33}$$

式（3-33）表明：复功率是一个辅助计算功率的复数，它的模对应正弦交流电路中的视在功率 S，它的辐角对应于正弦交流电路中总电压与电流之间的相位差角；复功率的实部是有功功率，虚部是无功功率。复功率把正弦交流稳态电路中的三个功率统一在一个公式中，只要计算出电路中的电压相量和电流相量及它们的相位差角，则各种功率就可以很方便地计算出。

对于电阻元件的单一正弦交流电路，$\varphi=0$，接收的复功率为

$$\overline{S} = UI\angle 0° = UI = I_{\mathrm{R}}^2 R = U_{\mathrm{R}}^2 G$$

即电阻元件只接收有功功率 P，无功功率 Q 为零。

对于单一电感元件的正弦交流电路，$\varphi=90°$，接收的复功率为

$$\overline{S} = UI\angle 90° = \mathrm{j}UI = \mathrm{j}I^2 X_{\mathrm{L}}$$

对于单一电容元件的正弦交流电路，$\varphi=-90°$，接收的复功率为

$$\overline{S} = UI\angle -90° = -\mathrm{j}UI = \mathrm{j}(-I^2 X_{\mathrm{C}})$$

显然，电压、电流具有正交相位关系的储能元件上不消耗有功功率，只接收无功功率 Q。

复功率还可以写成另一种形式，即

$$\overline{S} = \dot{U}\dot{I}^* = \dot{I}Z\dot{I}^* = I^2 Z \tag{3-34}$$

式（3-34）表明：正弦交流电路中只要端电压确定，其复功率的数值仅取决于负载的大小和性质。可以证明，整个电路中的复功率守恒，而有功功率和无功功率也分别守恒，即总的有功功率等于各部分有功功率之和，总的无功功率等于各部分无功功率之代数和。

需要注意和理解的是：正弦交流电路中的视在功率不守恒，即各视在功率之间不存在和或者代数和的关系。

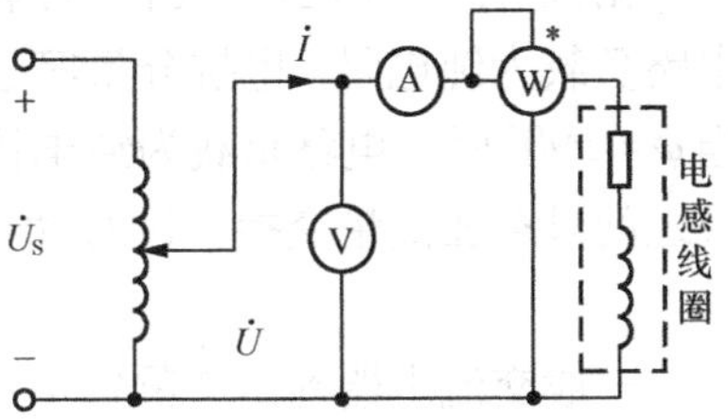

图 3.31 例 3.12 电路图

例 3.12 如图 3.31 所示，把一个线圈接到 f=50 Hz 的正弦电源上，分别用电压表、电流表、功率表测得电压 U=50 V、电流 I=1 A、功率 P=30 W，试求 R、L 之值，

并求线圈吸收的复功率。

解：根据 3 个电表的读数，可先求线圈阻抗

$$Z = |Z|\angle\phi = R + \mathrm{j}X$$

$$|Z| = \frac{U}{I} = 50(\Omega)$$

功率表的读数为线圈吸收的有功功率，则

$$P=UI\cos\varphi=30$$

$$\varphi = \arccos\left(\frac{30}{UI}\right) = 53.13°$$

解得

$$Z = 50\angle 53.13° = (30 + \mathrm{j}40)(\Omega)$$

$$R = 30\ \Omega,\ L = \frac{40}{\omega} = 127(\mathrm{mH})$$

还可以用另外一种方法，即

$$P=I^2R=30\ \mathrm{W},\ R = \frac{P}{I^2} = \frac{30}{1^2} = 30(\Omega)$$

由于 $|Z| = \sqrt{R^2 + (\omega L)^2}$，故可得

$$X_{\mathrm{L}} = \omega L = \sqrt{50^2 - 30^2} = 40(\Omega)$$

复功率可根据电压相量和电流相量来计算。令 $\dot{U} = 50\angle 0°\ \mathrm{V}$，则 $\dot{I} = 1\angle 53.13°\ \mathrm{A}$，有

$$\overline{S} = \dot{U}\dot{I}^* = 50\angle 0° \times 1\angle 53.13° = 50\angle 53.13° = (30 + \mathrm{j}40)(\mathrm{V \cdot A})$$

或者

$$\overline{S} = I^2 Z = 1^2 \times (30 + \mathrm{j}40)(\mathrm{V \cdot A})$$

3.4.6 功率因数的提高

由功率三角形、阻抗三角形和电压三角形中，均可以得到

$$\cos\varphi = \frac{P}{S} = \frac{R}{|Z|} = \frac{U_{\mathrm{R}}}{U} \tag{3-35}$$

功率因数的提高

其中的 $\cos\varphi$ 称为功率因数。显然功率因数反映了有功功率和视在功率的比值，前者是电路实际消耗的功率，后者代表电源实际向电路提供的总功率或者电源所能输出的最大有功功率，因此功率因数表示电源功率被利用的程度。

由式（3-35）还可看出，功率因数的大小决定于电路中电阻与阻抗的比值。当 $\varphi = 0°$ 时，电路负载为纯电阻，电抗分量等于 0，即 $\cos 0° = 1$，$P=UI$，电源供出的电能全部被负载消耗；当 $\varphi = \pm 90°$ 时，电路负载为纯电抗，电阻分量等于 0，即 $\cos(\pm 90°) = 0$，$P=0$，此时电源与负载之间只存在能量交换，没有功率损耗。通常交流负载总有一定的电抗分量，所以

$$0 \leqslant \cos\varphi \leqslant 1$$

一般交流电器都是按额定电压和额定电流来设计的，用电压和电流的乘积（即视在功率 S）表示各种用电器的功率容量，能否送出额定功率，决定于负载的功率因数。

电力工程中，像白炽灯、电炉一类的电阻负载，其 $\cos\varphi=1$，但这类纯电阻性负载只占用电器中的极小一部分，大部分是做动力用的异步电动机等感性负载，这些感性负载在满载时功率因数一般可达到 0.7～0.85，空载或轻载时功率因数则很低；其他的感性负载如日光灯，功率因数通常为 0.3～0.5。只要负载的功率因数不等于 1，它的无功功率就不等于零，这意味着它从电源接收的能量中有一部分是交换而不消耗，功率因数越低，交换部分所占比例越大。

功率因数是电力技术经济中的一个重要指标。负载功率因数过低，电源设备的容量不能充分利用；另外在功率一定、电压一定的情况下，负载功率因数越低，则通过输电线路上的电流 $I = P/(U\cos\varphi)$越大，因此造成供电线路上的功率损耗越大。显然，提高功率因数对国民经济的发展具有很重要的意义。

为了提高功率因数，应尽量避免感性设备的空载或轻载现象，这也是自然补偿功率因数的一种方法。另外，可在感性负载两端并联适当容量的电容器，用容性无功功率补偿电路中的感性无功功率，使电源的无功“输出”减小，从而提高了线路上的功率因数，使电源供出的电流输出减小。

例 3.13 如图 3.32 所示，一个感性负载接到 220 V、50 Hz 的电源上，吸收功率为 10 kW，功率因数为 0.6。若要使电路的功率因数提高到 0.9，求在负载两端并联的电容值。

解： 方法一

图 3.32（a）所示电路中，若要负载始终都能正常工作，应保证其 $\dot{U}$ 和 $\dot{I}_1$ 不变。所以，在负载两端并联电容 C 显然不会影响原负载支路的功率，且电容的无功功率补偿了电感 L 的无功功率，使电源的无功功率减小，由此电路的功率因数得以提高。

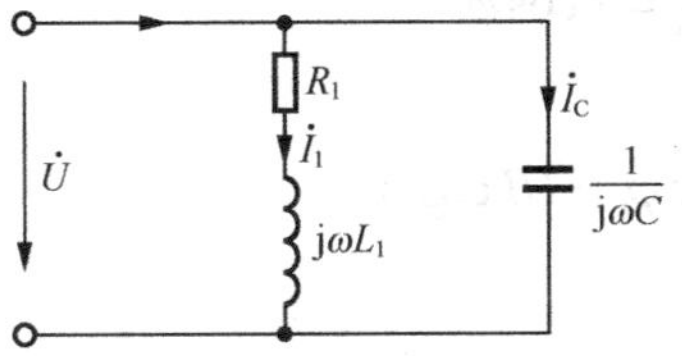

（a）电路图

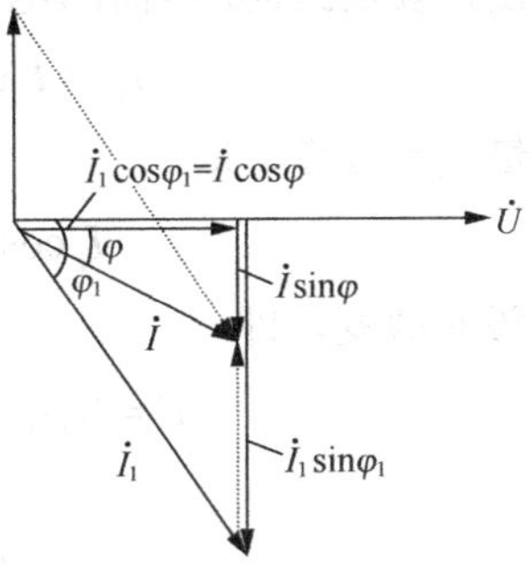

（b）相量图

图 3.32 例 3.13 电路图与相量图

设原负载吸收的复功率为$\overline{S}_1$，电容吸收的复功率为$\overline{S}_C$，并联电容后电路吸收的复功率为$\overline{S}$，则有

$$\overline{S} = \overline{S}_1 + \overline{S}_C$$

并联电容前有

$$\cos\varphi_1 = 0.6,\quad \varphi_1 = 53.1°$$

$$P_1 = 10\ \text{kW},\quad Q_1 = P_1\tan\varphi_1 \approx 10\times1.33 = 13.3(\text{kVar})$$

$$\overline{S} = P_1 + jQ_1 = 10 + j13.3 \approx 16.6\angle 53.1°\ (\text{kVA})$$

并联电容后要求功率因数等于 0.9，则有 $\varphi = \pm 25.84°$。这里正号表示欠补偿，工程上提高功率因数的最终目的是保证用电的经济性，因此通常使电路处在欠补偿状态，欠补偿状态下电路仍为感性；负号表示过补偿，说明并联的电容量过大，电路已从感性变为容性，这是很不经济的，因为并联电容是需要较大投资的。所以负号舍去，保留 φ=25.84°。需要理解的是：并联电容前后，电源向电路提供的有功功率始终不变，并联电容后只是减少了电源向设备提供的无功功率，即

$$Q = P_1 \tan\phi = 4.84(\text{kvar})$$

$$\overline{S} = P_1 + \text{j}Q = 10 + \text{j}4.84 \approx 11.1\angle 25.84°(\text{kV·A})$$

并联电容的复功率为

$$\overline{S}_\text{C} = \overline{S} - \overline{S}_1 = 10 + \text{j}4.84 - (10 + \text{j}13.3) \approx -\text{j}8.46(\text{kvar})$$

故可计算出并联的电容量为

$$C = \frac{S_\text{C}}{\omega U^2} = \frac{8.46\times 10^3}{314\times 220^2} \approx 5.57\times 10^{-4} = 557(\mu\text{F})$$

方法二

作相量图如图 3.32（b）所示。并联电容前的感性负载电流 $\dot{I}_1$ 即是电路电流，比电压 $\dot{U}$ 滞后 φ_1 角度，把此电流分解成有功分量 $I_1\cos\varphi_1$ 与电压 $\dot{U}$ 同相；无功分量 $I_1\sin\varphi_1$ 比电压 $\dot{U}$ 滞后 90°。并联电容后，电容电流 $\dot{I}_\text{C}$ 比 $\dot{U}$ 超前 90°。由于电容电流 $\dot{I}_\text{C}$ 与电流的无功分量反相，因此二者之间可以相互补偿，使电路中电流的无功分量减小，电路电流 $\dot{I}$ 与电压 $\dot{U}$ 的相位差 φ 减小，从而功率因数得到提高。

从图中可以看出，要达到 φ 角所需的电流为

$$I_\text{C} = I_1 \sin\varphi_1 - I\sin\varphi$$

电流的有功分量没有改变，即

$$I_1\cos\varphi_1 = I\cos\varphi$$

有功功率 P 也没有改变，即

$$P = U_1 I_1 \cos\varphi_1 = UI\cos\varphi$$

所以

$$I_\text{C} = U\omega C = \frac{P}{U\cos\phi_1}\sin\phi_1 - \frac{P}{U\cos\phi}\sin\phi$$

$$= \frac{P}{U}(\tan\phi_1 - \tan\phi)$$

则得

$$C = \frac{P}{\omega U^2}(\tan\phi_1 - \tan\phi)$$

把 φ_1=53.1° 和 φ=25.8°代入上式，则有

$$C = \frac{10\ 000}{314\times 220^2}(\tan 53.1° - \tan 25.8°) \approx 557(\mu\text{F})$$

对于功率因数的问题，可归纳如下两点。

① 提高功率因数的意义：提高电力系统线路的功率因数，可提高电源设备的利用率和减

少线路上的功率损耗，有利于国民经济的发展。

② 提高功率的方法包括自然补偿法和人工补偿法。所谓自然补偿法就是避免感性设备的空载和尽量减少其轻载；人工补偿法则是在感性线路两端并联适当的电容。

思 考 题

1．判断下列结论的正确性：

（1）RLC 串联电路：$Z=R+\mathrm{j}\left(\omega L-\dfrac{1}{\omega C}\right)$，$u(t)=|Z|\angle\varphi\times\sqrt{2}I\sin(\omega t+\psi_{\mathrm{i}})$

（2）RLC 并联电路：$Y=G+(B_{\mathrm{C}}-B_{\mathrm{L}})$，$Y=\dfrac{1}{R}+\mathrm{j}\left(\dfrac{1}{X_{\mathrm{L}}}-\dfrac{1}{X_{C}}\right)$

2．RLC 串联电路发生谐振的条件是什么？如何使 RLC 串联电路发生谐振？

3．串联谐振电路谐振时的基本特性有哪些？

4．并联谐振电路谐振时的基本特性有哪些？

5．下列结论是否正确？（1）$\overline{S}=I^2Z^*$；（2）$\overline{S}=U^2Y^*$。

3.5　三相正弦稳态电路的分析

对称三相交流电的概念

3.5.1　三相电源的连接

三相电源通常有两种连接方法：星形和三角形。

1．三相电源的星形连接方式

三相电源的星形连接方式如图 3.33 所示。

三相电源的连接

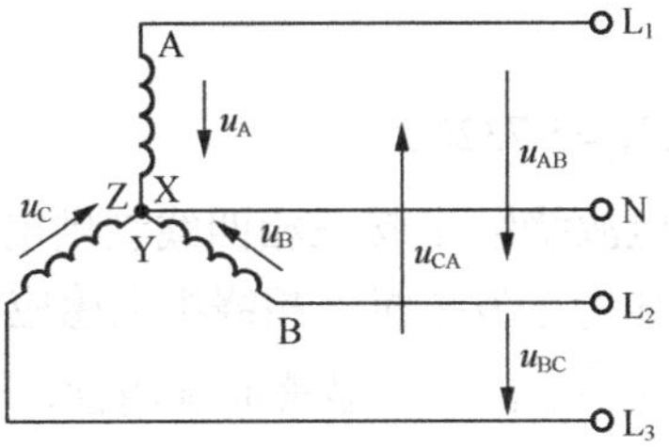

图 3.33　三相绕组的星形连接

把三相电源绕组的尾端 X、Y、Z 连在一起向外引出一根输电线 N，称这根 N 线为电源的中性线，简称**中线**（俗称零线）；由三相电源绕组的首端 A、B、C 分别向外引出 L_1、L_2、L_3 3 根输电线，称为电源的**端线**（或相线，俗称火线）。图 3.33 的供电体制称为**三相四线制**。

三相四线制中，向负载供出的电压可以取自两根火线之间，也可以取自火线与零线之间。我们把火线与火线之间的电压称为**线电压**，分别用 u_{AB}、u_{BC}、u_{CA} 表示。各线电压的注脚字母顺序，表示各线电压的参考方向；火线与零线之间的电压称为**相电压**，若忽略输电线上的阻抗，则 3 个相电压就等于发电机三相绕组的感应电压。相电压分别用 u_A、u_B、u_C 表示。

线电压采用的是双注脚，因为它们取自于两根火线之间；相电压之所以采用单注脚，原因是电源绕组中性点通常接"地"，各相火线端到零线端的电压实际上等于各相火线出线端的电位值。因为发电机发出来的三相电压通常是对称的，对称 3 个相电压数量上相等，可用"U_P"统一表示。相电压对称的情况下，对应 3 个线电压也是对称的，对称 3 个线电压的数量可用"U_L"统一表示。

三相电源绕组 Y 接情况下，向外电路提供的两种电压之间关系如何？是下面我们所要研究的问题。

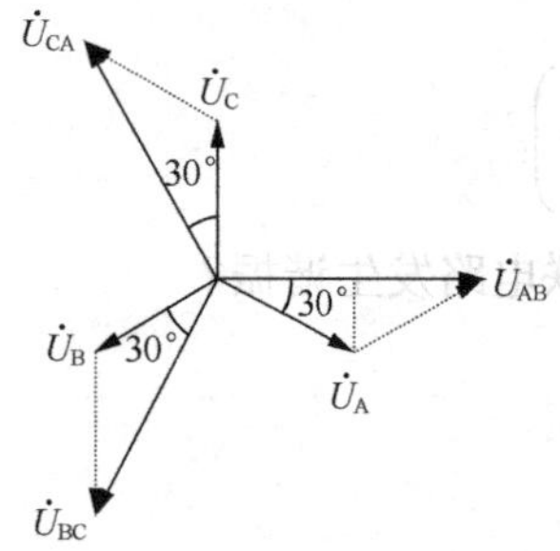

图 3.34 绕组 Y 接时的电压相量图

图 3.34 所示相量图说明了三相电源绕组 Y 接时线、相电压之间的数量关系和相位关系。

在电源中性点接"地"情况下，各相电压即等于 L_1、L_2、L_3 3 根火线端的电位值。则 AB 两相间的线电压、BC 两相间的线电压和 CA 两相间的线电压分别为：

$$\dot{U}_{AB}=\dot{U}_A-\dot{U}_B=\dot{U}_A+(-\dot{U}_B)$$

$$\dot{U}_{BC}=\dot{U}_B-\dot{U}_C=\dot{U}_B+(-\dot{U}_C)$$

$$\dot{U}_{CA}=\dot{U}_C-\dot{U}_A=\dot{U}_C+(-\dot{U}_A)$$

3 个相电压总是对称的，如图所示。根据上述关系式，应用平行四边形法则相量求和的方法作出相量图，根据相量图上的几何关系可求得各线电压分别为：

$$\dot{U}_{AB}=\sqrt{3}\dot{U}_A\angle 30°$$

$$\dot{U}_{BC}=\sqrt{3}\dot{U}_B\angle 30°$$

$$\dot{U}_{CA}=\sqrt{3}\dot{U}_C\angle 30°$$

上式说明：线电压在相位上超前于其相对应的相电压（即线、相电压的第一个注脚相同）30°，数量上是各相电压的 $\sqrt{3}$ 倍。

线、相电压之间的数量关系可表示为

$$U_l=\sqrt{3}U_P=1.732U_P \tag{3-36}$$

三相四线制供电体系的优越性非常大：电源绕组 Y 接三相四线制供电时，可向负载提供两种数值不同的线电压和相电压，其中相电压等于发电机一相绕组上感应电压；而线电压的数值则是发电机一相绕组上感应电压数值的 $\sqrt{3}$ 倍。这一显著的优越性，使三相四线供电体制得以广泛应用。

一般低压供电系统中，经常采用的供电线电压为 380 V，对应相电压为 220 V。生活和办公设备所用电器的额定电压一般均为 220 V，因此应接在火线和零线之间，这就是我们常说的单相电源，显然单相电源实际上引自于三相电源的火线和零线之间。必须注意：不加说明的三相电源和三相负载的额定电压通常都是指线电压的数值。

2．三相电源的三角形（△）连接方式

如图 3.35 所示，将三相电源绕组的 6 个引出端依次首尾相接连成一个闭环，由 3 个连接点分别向外引出 3 根火线 L_1、L_2 和 L_3 的供电方式称为三相电源的三角形连接。显然，这种连接方式只能向负载提供一种电压，由于电压均取自于两根火线之间，因此称为线电压。注意：电源Δ接时的线电压，数值上等于一相电源绕组上的感应电压值，仅为电源作 Y 接时线电压的 $1/\sqrt{3}$。

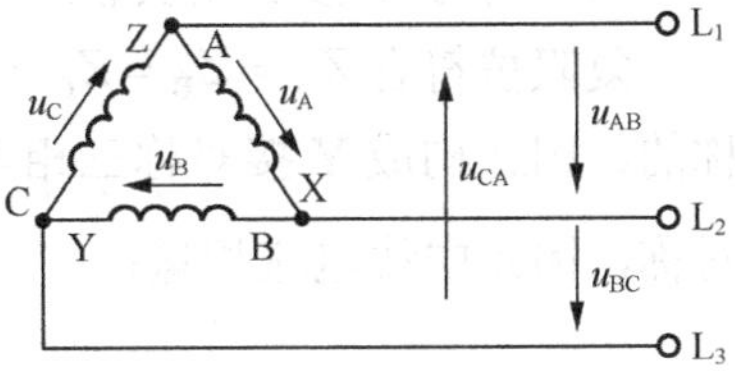

图 3.35　三相电源绕组的Δ接

电源绕组作△接时，各相绕组的首尾端绝不能接反，否则将在电源内部引起较大的环流把电源烧损，读者可利用相量图自行分析。

实际生产应用中，三相发电机和三相配电变压器的副边都可以作为负载的三相电源。发电机绕组很少接成三角形，一般都接成星形，而三相电力变压器的副边大多连接成三相四线制的 Y 接，少数情况下也有采用Δ接的。

3.5.2　三相负载的连接及分析方法

对称三相负载的 Y 形连接

1．负载的星形连接

负载作星形连接时电路的相量模型如图 3.36 所示。忽略导线上的电阻，各相负载两端的电压相量等于电源相电压相量。显然，A 相负载和 A 相电源通过火线和零线构成一个独立的单相交流电路；B 相负载和 B 相电源通过火线和零线构成一个独立的单相交流电路；C 相负载和 C 相电源通过火线和零线构成一个独立的单相交流电路。其中 3 个单相交流电路均以中线作为它们的公共线。

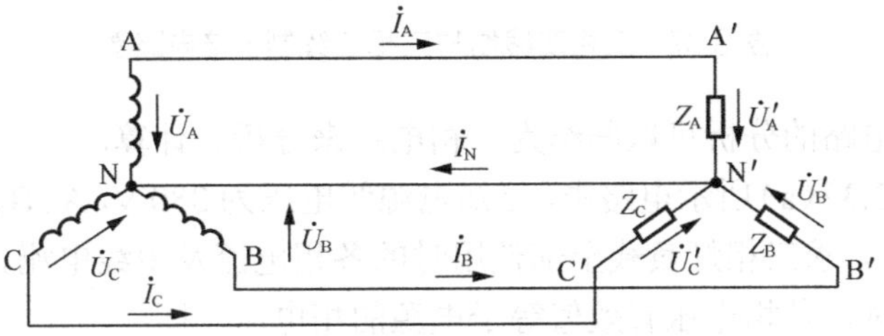

图 3.36　负载 Y 接的三相电路图

在负载的 Y 接电路中，把火线上通过的电流称为线电流，一般用“I_l”表示；把各相负载中通过的电流叫做相电流，用“I_P”表示。显然负载 Y 接时的线电流等于相电流，即

$$I_{Yl} = I_{YP} \tag{3-37}$$

Y 接三相四线制电路的相量模型中，设各负载复阻抗分别为 Z_A、Z_B、Z_C，由于各相负载端电压相量等于电源相电压相量，因此各复阻抗中通过的电流相量为：

$$\dot{I}_A = \frac{\dot{U}_A}{Z_A},\quad \dot{I}_B = \frac{\dot{U}_B}{Z_B},\quad \dot{I}_C = \frac{\dot{U}_C}{Z_C} \tag{3-38}$$

相量模型中，中线上通过的电流相量，根据相量形式的 KCL 可得：

$$\dot{I}_N = \dot{I}_A + \dot{I}_B + \dot{I}_C \tag{3-39}$$

相量模型中，中线上通过的电流相量 $\dot{I}_N$ 有两种情况。

（1）对称 Y 接三相负载时

复阻抗符合 $Z_A = Z_B = Z_C = Z = |Z|\angle\varphi$ 的对称负载条件时，由于复阻抗端电压相量也是对称的，因此构成 Y 接对称三相电路。对称三相电路中，3 个复阻抗中通过的电流相量也必然对称，因此中线电流相量：

$$\dot{I}_N = \dot{I}_A + \dot{I}_B + \dot{I}_C = 0 \tag{3-40}$$

中线电流相量为零，说明中线中无电流通过，因此中线不起作用。这时中线的存在与否对电路不会产生影响。实际工程应用中的三相异步电动机、三相电炉和三相变压器等三相设备，都属于对称三相负载，因此把它们 Y 接后与电路相连时，一般都不用中线。没有中线的三相供电方式称为三相三线制。

图 3.37 所示为三相电路常见的连接形式，其中图（a）所示为三相四线制 Y 接；图（b）所示为三相三线制 Y 接；图（c）所示为三相三线制△接。

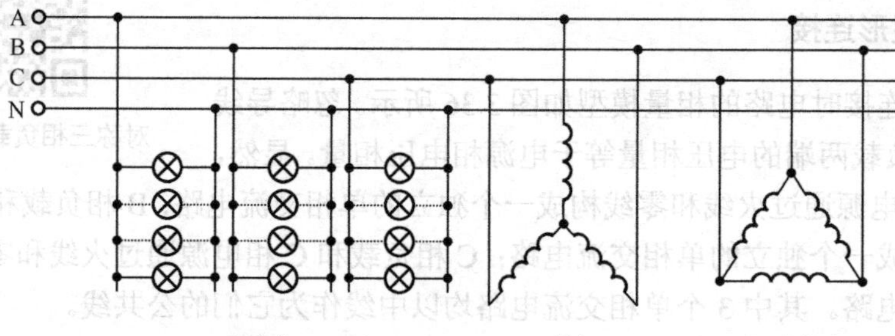

图 3.37　三相四线制与三相三线制 Y 接电路图

对称三相 Y 接电路的分析可以归结为一相电路来分析、计算。

例 3.14　在图 3.37（a）所示电路中，已知电源线电压为 380 V，A、B、C 三相各装“220 V、40 W”白炽灯 50 盏。求三相灯负载全部使用时的各相电流及中线电流。

解：负载 Y 接时，各相电压有效值等于电源的相电压，即

$$U_P = \frac{U_l}{\sqrt{3}} = \frac{380}{1.732} = 220\ (\text{V})$$

各相负载电阻为：

$$R_P = \frac{U_P{}^2}{P \times 50} = \frac{220^2}{40 \times 50} = 24.2(\Omega)$$

各相负载电流为：

$$I_P = \frac{U_P}{R_P} = \frac{220}{24.2} \approx 9.09(\text{A})$$

由于三相负载对称，所以三相负载中电流为对称三相交流电，此时：

$$I_N = I_A + I_B + I_C = 0$$

此例说明，三相负载对称时，只需对一相进行分析，若要求其余两项结果，也可根据对称关系直接写出。

（2）不对称 Y 接三相负载时

三相电路的复阻抗模值不等或幅角不同时，都可构成不对称的 Y 接三相电路。

Y 接不对称三相电路的分析

例 3.15　图 3.38 所示照明电路，电源线电压与负载参数和例 3.14 相同。假设 A 相灯全部打开，B 相没有用电，而 C 相仅开了 25 盏灯。试分析：①有中线和②中线断开两种情况下，各相负载上实际承受的电压分别为多少？

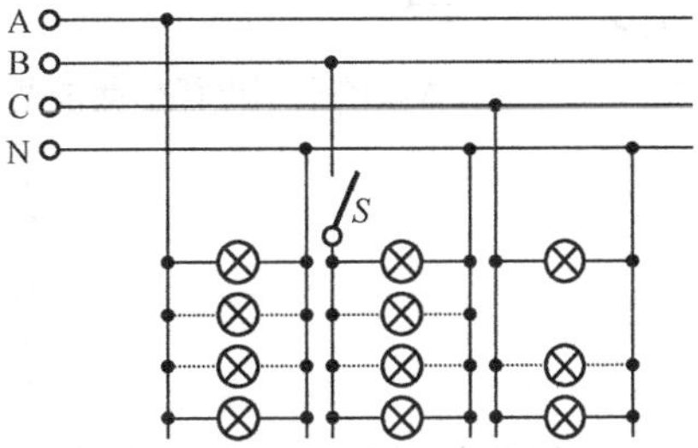

图 3.38　例 3.15 题照明线路示意图

解：由于 Y 接三相负载不对称，因此各相应分开计算。由题意可得

$$R_A=24.2\ \Omega,\ R_B=\infty,\ R_C=48.4\ \Omega$$

① 有中线时，无论负载是否对称，各相负载承受的电压仍为相电压 220 V。

实际应用中，电力系统对照明电路均采用三相四线制供电方式，原因是照明电路通常都工作在不对称条件下。三相四线制供电系统中，由于电路存在中线，尽管负载不对称，但是加在各相负载上的端电压仍是火线与零线之间的相电压，因此三相 Y 接不对称负载的端电压仍能继续保持平衡。当一相出现故障或断开时，其他两相照常正常使用。

② 无中线且 B 相开路时，A、C 两相构成串联，接在两火线之间，有：

$$I_A=I_C=\frac{U_{AC}}{R_A+R_C}=\frac{380}{24.2+48.4}\approx 5.23(\text{A})$$

两相负载串联时通过的电流相同，因此它们各自的端电压与其电阻成正比：

$$U_A=5.23\times 24.2\approx 127\ (\text{V})$$

$$U_C=5.23\times 48.4\approx 253\ (\text{V})$$

分析计算结果表明：不对称三相电路中，中线不允许断开！如果中线一旦断开，Y 接三相不对称负载的端电压就会出现严重不平衡，低于额定电压的负载不能正常工作，高于额定电压的负载影响寿命，甚至有烧坏灯泡（包括电器设备）的危险。

电力系统为保证中线不断开，要求中线采用机械强度较高的导线（通常采用钢芯铝线），而且要求联接良好，并规定中线上不得安装熔断器和开关。

2．负载的三角形连接

三相负载的三角形连接

如图 3.39 所示，把三相负载的首、尾端依次相接连成一个闭环，再由各相的首端分别引出端线与电源的三根火线相连，即构成三相负载的三角形联接。

显然，图中各相复阻抗均连接在两根火线之间，即其端电压等于电源的线电压：

$$U_{p\Delta}=U_{l\Delta} \tag{3-41}$$

各复阻抗中通过的电流如下：

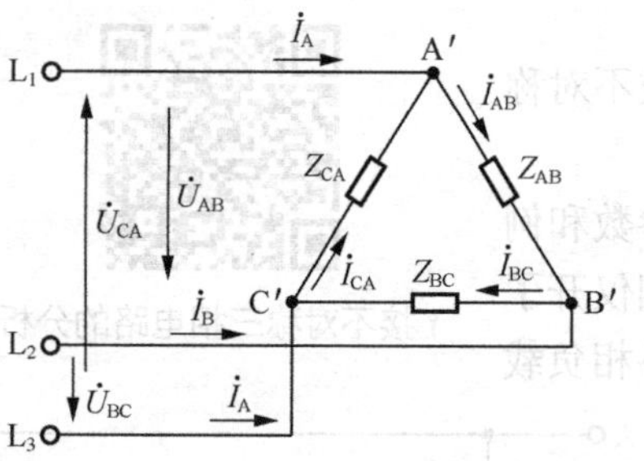

图 3.39 负载Δ接的三相电路相量模型

$$\dot{I}_{AB}=\frac{\dot{U}_{AB}}{Z_{AB}}$$
$$\dot{I}_{BC}=\frac{\dot{U}_{BC}}{Z_{BC}} \tag{3-42}$$
$$\dot{I}_{CA}=\frac{\dot{U}_{CA}}{Z_{CA}}$$

各火线上通过的电流根据相量模型中的 3 个节点，分别列出 KCL 定律。

$$\begin{aligned}\dot{I}_A&=\dot{I}_{AB}-\dot{I}_{CA}=\dot{I}_{AB}+(-\dot{I}_{CA})\\ \dot{I}_B&=\dot{I}_{BC}-\dot{I}_{AB}=\dot{I}_{BC}+(-\dot{I}_{AB})\\ \dot{I}_C&=\dot{I}_{CA}-\dot{I}_{BC}=\dot{I}_{CA}+(-\dot{I}_{BC})\end{aligned} \tag{3-43}$$

三相负载对称时，各相电流必然对称。以 A 相负载电流作为参考相量，首先画出 3 个相电流相量，然后根据式（3-43）在相量图上定性分析，根据相量之间的平等四边形求和关系可得如图 3.40 所示的Δ接电流相量图。

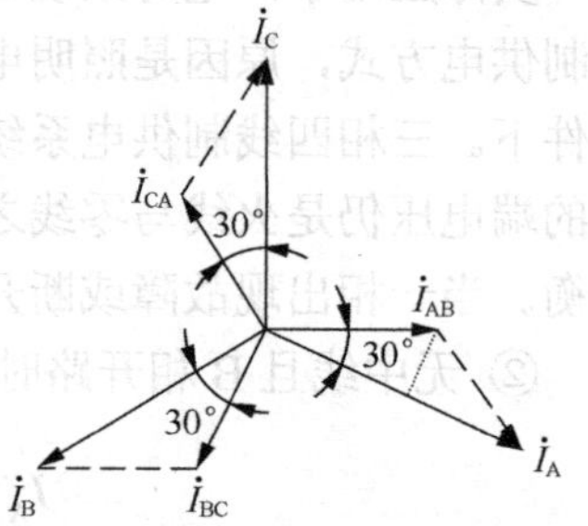

图 3.40 负载Δ接时的电流相量图

由相量图可知，Δ接的对称三相电路中，线电流在数量上是对应相电流的 $\sqrt{3}$ 倍，即：

$$I_l=\sqrt{3}I_P \tag{3-44}$$

在相位上，线电流滞后与其相对应的相电流 30°电角。

例 3.16 某三相用电器，已知各相等效电阻 R=6Ω，感抗 X_L=8Ω，试求下列两种情况下三相用电器的相电流和线电流，并比较所得结果。

① 用电器的三相绕组连接成星形接于 U_l=380 V 的三相电源上；

② 绕组连接成三角形接于 U_l=220 V 的三相电源上。

解：① 负载 Y 接时：

$$U_P=\frac{U_l}{\sqrt{3}}=\frac{380}{1.732}\approx 220(\text{V})$$

$$I_P=\frac{U_P}{|Z_P|}=\frac{220}{\sqrt{6^2+8^2}}\approx 22(\text{A})$$

$$I_l=I_P=22(\text{A})$$

② 负载Δ接时：

$$U_P=U_l=220(\text{V})$$

$$I_P=\frac{U_P}{|Z_P|}=\frac{220}{\sqrt{6^2+8^2}}\approx 22(\text{A})$$

$$I_l=\sqrt{3}I_P=1.732\times 22=38(\text{A})$$

此例表明：若实用中三相用电器额定电压标为 220/380V 时，说明当电源线电压为 220V 时，用电器三相应连接成三角形；当电源线电压为 380V 时，负载三相应连接成星形。比较两种联接方式，负载端电压及通过负载的电流是相同的，因此负载在两种连接方式下均能正常工作。区别是，用电器 Δ 接时的线电流是它 Y 接线电流的 $\sqrt{3}$ 倍。

例 3.17　三相对称负载，各相等效电阻 R=12 Ω，感抗 X_L=16 Ω，接在线电压为 380V 的三相四线制电源上。试分别计算负载 Y 接和 Δ 接时的相电流、线电流。并比较结果。

解：负载作 Y 接时

$$U_P = \frac{U_1}{\sqrt{3}} = \frac{380}{1.732} \approx 220(\text{V})$$

$$I_P = \frac{U_P}{|Z_P|} = \frac{220}{\sqrt{12^2 + 16^2}} = 11(\text{A})$$

$$I_1 = I_P = 11(\text{A})$$

负载作 Δ 接时

$$U_P = U_1 = 380(\text{V})$$

$$I_P = \frac{U_P}{|Z_P|} = \frac{380}{\sqrt{12^2 + 16^2}} = 19(\text{A})$$

$$I_1 = \sqrt{3} I_P = 1.732 \times 19 = 33(\text{A})$$

比较结果可知：同一三相负载，在电源线电压相同时，作 Δ 连接时的负载端电压是作 Y 接时负载端电压的 $\sqrt{3}$ 倍。由于两种不同连接方式下负载端电压不同，造成通过各相负载的电流也不相同，通过火线上的线电流相差更大，Δ 接情况下通过的线电流是 Y 接情况下线电流的 3 倍。这种结果说明：负载正常工作时的额定电压是确定的，当负载额定电压等于电源的线电压时，负载作 Y 接就不能够正常工作；当负载的额定电压等于电源的相电压时，则负载作 Δ 接就会由于过压和过流而造成损坏。

3. 三相负载的正确连接

三相负载究竟接成 Δ 还是接成 Y，应根据三相负载的额定电压和电源的线电压决定。因为实际电气设备的正常工作条件是加在设备两端的电压等于其额定电压。从供电方面考虑，我国低压供电系统的线电压一般采用 380 V 的标准；从电气设备来考虑，我国低压电气设备的额定值一般多按 380 V 或 220 V 设计。因此，在电源线电压一定，电气设备又必须得到额定电压值的前提下，供、用电协调的途径可用调整三相负载的连接方法。

在保证电气设备正常工作的同时，还要考虑三相负载的对称与否，这是确定在 Y 接时是否要中线的前提。当三相电源的线电压为 380 V，低压电气设备的额定电压也为 380 V 时（通常指三相负载，如三相异步电动机、三相变压器、三相感应炉等一般都是按 380 V 设计的），三相电气设备就应该连接成三角形；若三相负载的额定电压为 220 V 时，负载就必须联接成星形。三相用电器一般都是对称的，所以即便是连接成星形，也可以把中线省略。

实际应用中，日常办公和生活中用到的照明电路、计算机、电扇、空调、吹风机等都属于单相用电设备。为了照顾供、用电和安装的方便，常常把它们接在三相电源上，这些单相电气设备的额定电压一般采用 220 V 电压标准。在三相四线制供电系统中，一般把它们接在三相电源的火线与零线之间，使之获得 220 V 的电源相电压。在连接这些设备时，一般应考虑各相负载的对称，尽量相对均匀的分布在三相四线制电源上。这时的“三相负载”就是不对称的三相负载，连接成星形时必须要有中线。

3.5.3 三相电路的功率

三相电路的功率

单相交流电路中的有功功率 $P=UI\cos\varphi$，无功功率 $Q=UI\sin\varphi$，视在功率 $S=UI=\sqrt{P^2+Q^2}$。三相电路的功率又如何计算呢？

三相交流电路可以视为 3 个单相交流电路的组合。因此，三相交流电路的有功功率、无功功率和视在功率均可用下式来计算：

$$
\begin{aligned}
P &= P_A + P_B + P_C \\
Q &= Q_A + Q_B + Q_C \\
S &= \sqrt{P^2+Q^2}
\end{aligned} \tag{3-45}
$$

若三相负载对称，无论负载是 Y 接还是 Δ 接，各相功率都是相等的，此时三相总功率是各相功率的 3 倍，即：

$$
\begin{aligned}
P &= 3U_P I_P \cos\varphi = \sqrt{3}U_l I_l \cos\varphi \\
Q &= 3U_P I_P \sin\varphi = \sqrt{3}U_l I_l \sin\varphi \\
S &= 3U_P I_P = \sqrt{3}U_l I_l
\end{aligned} \tag{3-46}
$$

例 3.18 一台三相异步电动机，铭牌上额定电压是 220/380 V，接线是 Δ/Y，额定电流是 11.2/6.48 A，$\cos\varphi=0.84$。试分别求出电源线电压为 380 V 和 220 V 时，输入电动机的电功率。

解：当电源线电压 $U_l=380$ V 时，按铭牌规定电动机定子绕组应 Y 接，此时输入电功率

$$
\begin{aligned}
P_1 &= \sqrt{3}U_l I_l \cos\varphi \\
&= 1.732\times380\times6.48\times0.84 \\
&= 3577(\text{W}) \approx 3.6(\text{kW})
\end{aligned}
$$

当线电压 $U_l=220$ V 时，按铭牌规定电动机绕组应 Δ 接，此时输入的电功率

$$
\begin{aligned}
P_1 &= \sqrt{3}U_l I_l \cos\varphi \\
&= 1.732\times220\times11.2\times0.84 \\
&= 3584(\text{W}) \approx 3.6(\text{kW})
\end{aligned}
$$

此例表明：只要按照铭牌数据上的要求接线，输入电动机的功率将不变。

例 3.19 电路如图 3.41 所示。某台电动机的额定功率为 2.5 kW，绕组按 Δ 接，当 $\cos\varphi=0.866$，线电压为 380 V 时，求图中两个功率表的读数。说明：这是利用两个功率表测量三相电路功率的实例。图中功率表的 W_1 的读数为 $P_1=U_{AB}I_A\cos(\varphi-30°)$，$W_2$ 的读数 $P_2=U_{CB}I_C\cos(\varphi+30°)$，两个功率表读数之和等于三相总有功功率。

解：用二瓦计法测量三相电路的功率，若要求得 P_1 和 P_2，需先求出电路中的线电流和功率因数角，即：

$$
\begin{aligned}
I_1 &= \frac{P_N}{\sqrt{3}U_1\cos\varphi} \\
&= \frac{2.5\times10^3}{1.732\times380\times0.866} \\
&= 4.39(\text{A})
\end{aligned}
$$

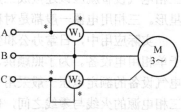

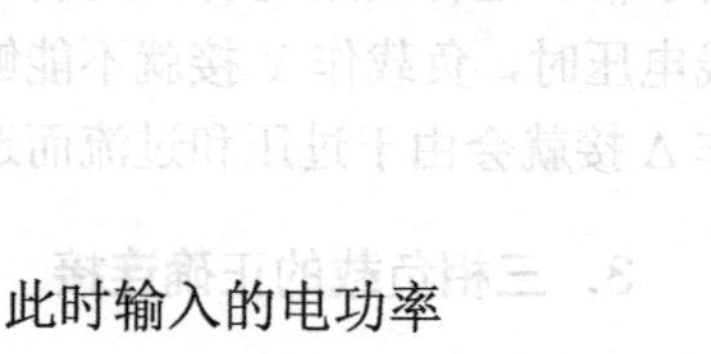

图 3.41 例 3.19 电路图

$$\varphi = \arccos 0.866 = 30°$$

代入上述功率计算式可得两表读数：

$$P_1 = U_{AB} I_A \cos(\varphi - 30°) = 380 \times 4.39 \times \cos 0° = 1668.2(W)$$
$$P_2 = U_{BC} I_C \cos(\varphi + 30°) = 380 \times 4.39 \times \cos 60° = 834.1(W)$$

两功率表读数之和：

$$P=P_1+P_2=834.1+1\ 668.2=2\ 502.3(W)\approx 2.5(kW)$$

计算结果与给定的 2.5 kW 基本相符，微小的误差是由计算的精度引起的。本例所述的二瓦计法只适用于三相三线制电路功率的测量，或三相四线制对称电路的功率测量。对三相四线制不对称电路，需要用 3 个功率表分别测量各相的功率，各功率表的连接方法与单相交流电功率测量时方法类似，最后将三表所测结果相加即为三相总功率。

思 考 题

1．某设备采用三相三线制供电。当因故断掉一相时，能否认为成两相供电了？

2．有 3 根额定电压为 220 V，功率为 1 kW 的电热丝，与 380 V 的三相电源相连接时，它们应采用哪一种连接方式？

3．三相照明电路如图 3.42 所示，如果中线在×处断开，各相灯泡是否还有电流通过？如果有电流通过时，各相灯负载还能正常发光吗？

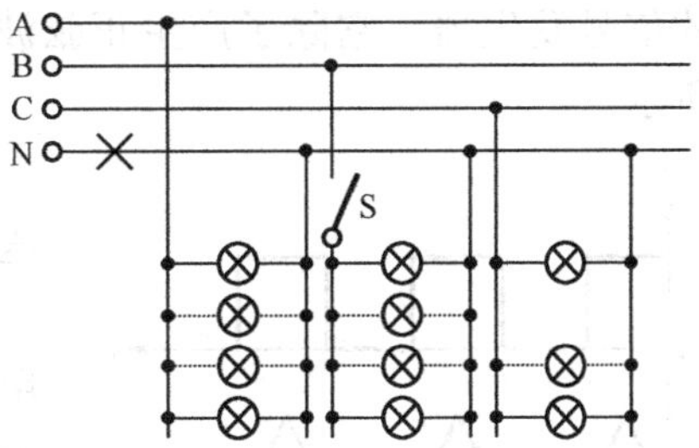

图 3.42

4．安装照明负载时，为什么一定要求火线进开关？

5．一般情况下，当人手触及中线时会不会触电？

6．何谓三相负载、单相负载和单相负载的三相联接？三相用电器有三根电源线接到电源的三根火线上，称为三相负载，电灯有两根电源线，为什么不称为两相负载，而称为单相负载？

7．指出图 3.43 中，各相负载的联接方式。

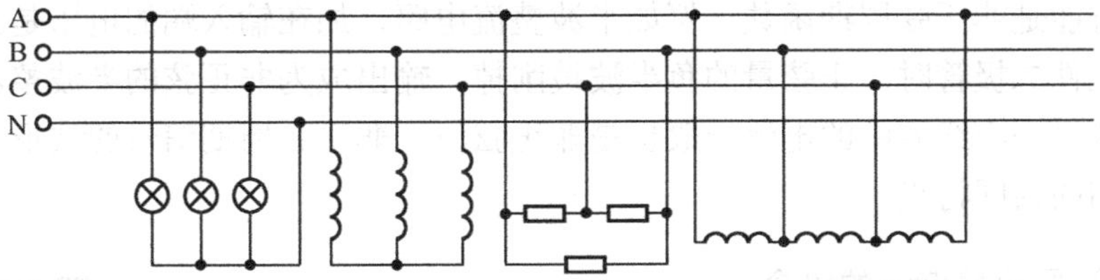

图 3.43 思考题 7 电路图

8．三相交流电器铭牌上标示的功率是指额定的输入电功率吗？

9．三相四线制照明电路中，设 A 相接 4 盏“220V、25W”的白炽灯，B 相接 3 盏“220V、100W”的白炽灯，C 相中没有负载，这时接通的白炽灯灯泡都能正常发光。如果不慎中线断开了，这两组灯泡还能否正常发光？会出现什么现象？试通过分析计算来说明。

10．三相照明电路的功率应如何测量，画出三相功率测量的电路连接图。三相动力电路的功率如何测量，画出其功率测量的电路接线图。

3.6 非正弦周期电流电路

非正弦周期信号的产生

工程上有很多不按正弦规律变化的电压和电流，例如在无线电工程及通信技术中，由语言、音乐、图像等转换过来的电信号、自动控制技术以及电子计算机中使用的脉冲信号、非电测量技术中由非电量变换过来的电信号等，都不是按正弦规律变化的正弦信号；即使在电力工程中应用的正弦电压，严格地讲也只是近似的正弦波，而且在发电机和变压器等主要设备中都存在非正弦周期电压或电流，含有非正弦周期电压和电流的电路称为非正弦周期电流电路。

非正弦周期信号有着各种不同的变化规律，直接应用正弦交流电路中的相量分析法分析和计算非正弦周期电流电路显然不行。如何分析和计算非正周期信号作用下的电流电路，是摆在我们面前的新问题。

3.6.1 非正弦周期电路的基本概念

1. 非正弦周期信号的产生

当电路中激励是非正弦周期信号时，电路中的响应也是非正弦的。例如我们实验室里的信号发生器，它除了产生正弦波信号，还能产生方波信号和三角波信号等，如图 3.44 所示。

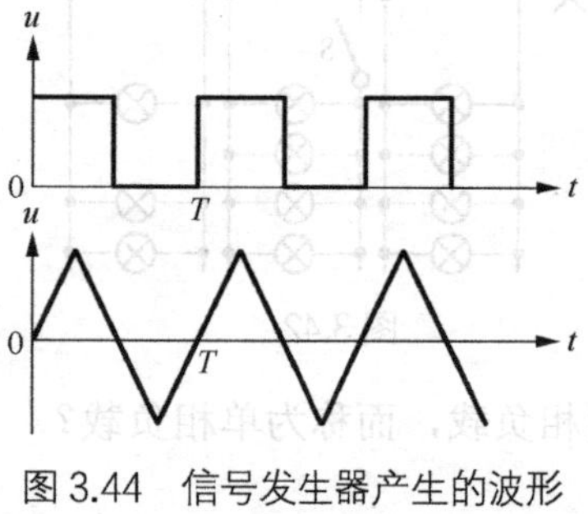

图 3.44 信号发生器产生的波形

这些非正弦周期信号加到电路中，在电路中产生的电压和电流当然也是非正弦波。

若一个电路中同时有几个不同频率的正弦激励共同作用，电路中的响应一般也不是正弦量。例如晶体管交流放大电路，它工作时既有为静态工作点提供能量的直流电源，又有需要传输和放大的正弦输入信号，则放大电路内部的电量就是非正弦周期量。

电路中含有非线性元件时，即使激励是正弦量，电路中的响应也可能是非正弦周期函数。例如半波整流电路，加在输入端的电压是正弦量，但是通过非线性元件二极管时，正弦量的负半波被削掉，输出成为非正弦的半波整流；另外在正弦激励下，通过铁心线圈中的电流一般也是非正弦波。非正弦周期信号的波形变化具有周期性，这是它们的共同特点。

2. 非正弦周期量谐波的概念

非正弦周期信号谐波的概念

图 3.45（a）图中的粗黑实线所示方波是一种常见的非正弦周期信号，图中虚线所示的 u_1 是一个与方波同频率的正弦波，显然，两个波形的形状相差甚远。图中虚线所示还有一个振幅是 u_1 的 1/3、频率是 u_1 的 3 倍的正弦波 u_3，将这两个正弦波进行叠加，可得到一个如图 3.45（a）中细实线所示的合成波 u_{13}，这个 u_{13} 与 u_1 相比，波形的形状就比较接近方波了。

如果我们再在 u_{13} 上叠加一个振幅是 u_1 的 1/5、频率是 u_1 的 5 倍的正弦波 u_5，如图 3.45（b）中虚线所示两波形，又可得到如图中细实线所示的合成波 u_{135}，这个 u_{135} 显然更加接近方波的波形。依此类推，把振幅为 u_1 的 1/7、1/9……、7 倍、9 倍……于 u_1 的高频率正弦波继续叠加到合成波 u_{135}、u_{1357}……上，最终的合成波肯定与图中方波完全相同了。

此例说明，一系列振幅不同，频率成整数倍的正弦波，叠加后可构成一个非正弦周期波。我们把这些频率不同的正弦波称为非正弦周期波的**谐波**，其中 u_1 的频率与方波相同，称为方波的**基波**，是构成方波的基本成分；其余的叠加波按照频率为基波的 K 次倍而分别称为 K 次谐波，如 u_3 称为方波的 3 次谐波、u_5 称为方波的 5 次谐波等。K 为奇数的谐波又称为**奇次谐波**，K 为偶数的谐波称为**偶次谐波**；基波也可称作一次谐波，高于一次谐波的正弦波均可称为**高次谐波**。

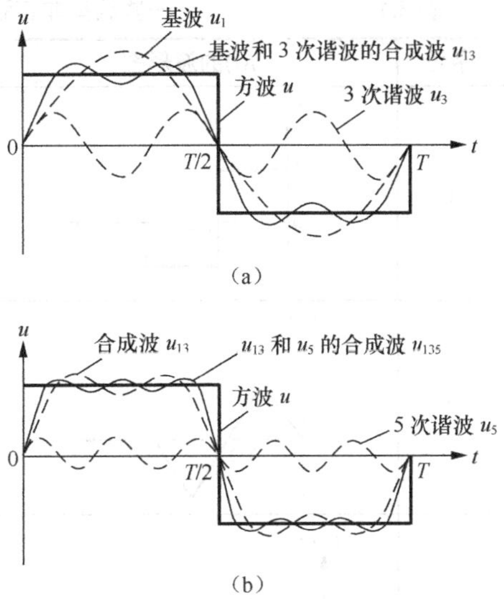

图 3.45　方波电压的合成

既然各次谐波可以合成为一个非正弦周期波，反之，一个非正弦周期波亦可分解为无限多项谐波成分，这个分解的过程我们称为谐波分析，谐波分析的数学基础是傅里叶级数。

3.6.2　谐波分析和频谱

非正弦周期信号有各自的变化规律，为了能从这些不同的变化规律中寻找它们和正弦周期信号之间的固有关系，就需对非正弦周期信号进行谐波分析和频谱分析，以便弄清它们是由哪些频率成分构成，以及各个频率分量所占的比例等。这些问题搞清楚后，就可以在非正弦周期信号的分析和计算中引入正弦电路的计算方法，从而使问题大大简化。

1．非正弦周期信号的傅里叶级数表达式

由上节内容可知，方波实际上是由振幅按 1，1/3，1/5，……规律递减，频率按基波的 1，3，5，……奇数递增的一系列正弦谐波分量所合成的。方波的谐波分量表达式为：

$$u=U_m\sin\omega t+\frac{1}{3}U_m\sin 3\omega t+\frac{1}{5}U_m\sin 5\omega t+\frac{1}{7}U_m\sin 7\omega t+\cdots \tag{3-47}$$

谐波表达式在数学上也称为傅里叶级数展开式，其中的 $\omega=\dfrac{2\pi}{T}$，是非正弦周期信号基波的角频率，T 为非正弦周期信号的周期。

具有其他波形的非正弦周期信号，也都是由一系列正弦谐波分量所合成的。但是，不同的非正弦周期信号波形，它们所包含的各次谐波成分在振幅和相位上也各不相同。所谓谐波分析，就是对一个已知波形的非正弦周期信号，找出它所包含的各次谐波分量的振幅和初相，写出其傅里叶级数表达式的过程。

我们把电工电子技术中经常遇到的一些非正弦周期信号所具有的波形和谐波成分，列于表 3.1 中，而对于它们的傅里叶级数求解步骤，在此就不一一赘述了。

表 3.1　　一些典型非正弦周期信号的波形及其傅里叶级数

序号	$f(t)$的波形图	$f(t)$的傅里叶级数表达式
1	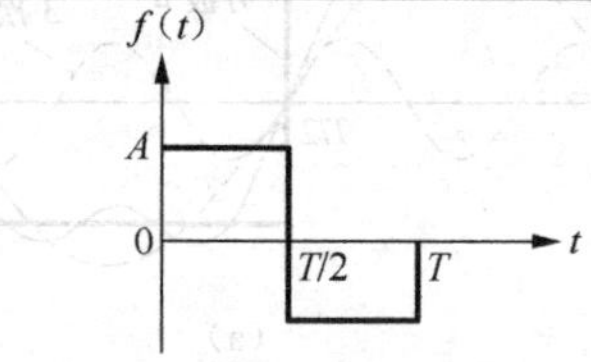	$f(t)=\frac{4A}{\pi}\left(\sin\omega t+\frac{1}{3}\sin 3\omega t+\frac{1}{3}\sin 5\omega t+\cdots\cdots\right)$
2	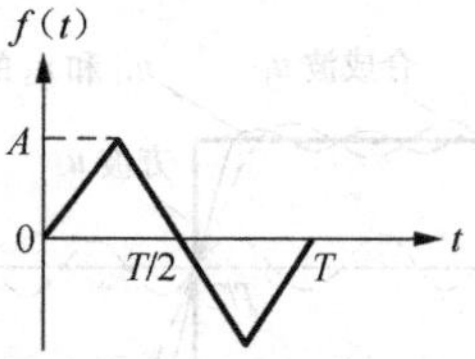	$f(t)=\frac{8A}{\pi^2}\left(\sin\omega t+\frac{1}{9}\sin 3\omega t+\frac{1}{25}\sin 5\omega t+\cdots\cdots\right)$
3	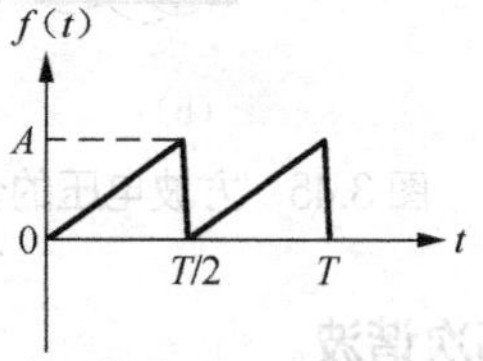	$f(t)=\frac{A}{2}-\frac{A}{\pi}\left(\sin 2\omega t+\frac{1}{2}\sin 4\omega t+\frac{1}{3}\sin 6\omega t+\cdots\cdots\right)$
4	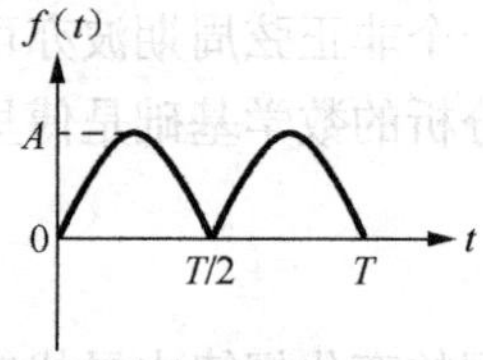	$f(t)=\frac{4A}{\pi}\left(\frac{1}{2}-\frac{1}{3}\cos 2\omega t-\frac{1}{15}\cos 4\omega t-\frac{1}{35}\cos 6\omega t-\cdots\cdots\right)$
5	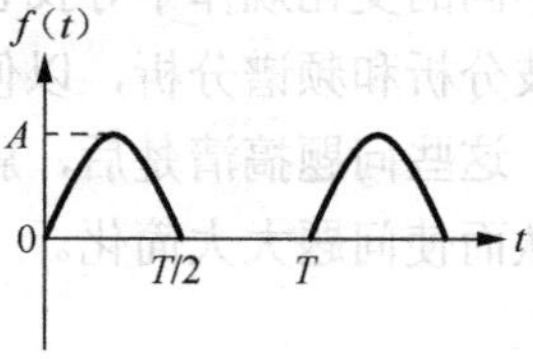	$f(t)=\frac{2A}{\pi}\left(\frac{1}{2}+\frac{\pi}{4}\cos\omega t-\frac{1}{3}\cos 2\omega t-\frac{1}{15}\cos 4\omega t-\cdots\cdots\right)$
6	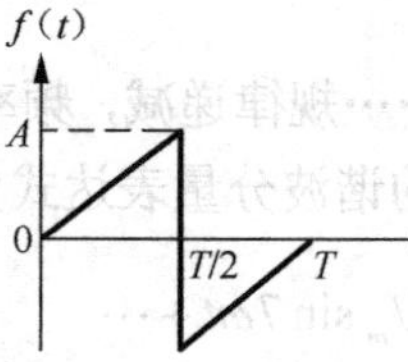	$f(t)=\frac{2A}{\pi}\left(\sin\omega t-\frac{1}{2}\sin 2\omega t+\frac{1}{3}\sin 3\omega t-\cdots\cdots\right)$
7	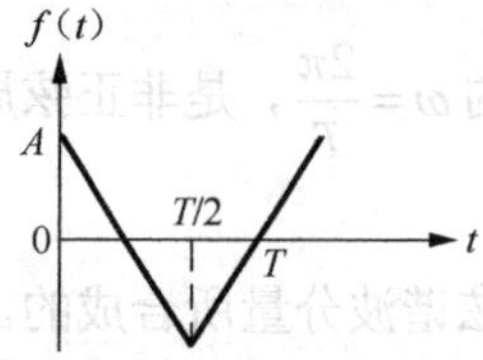	$f(t)=\frac{8A}{\pi^2}\left(\cos\omega t+\frac{1}{9}\cos 3\omega t+\frac{1}{25}\cos 5\omega t+\cdots\cdots\right)$
8	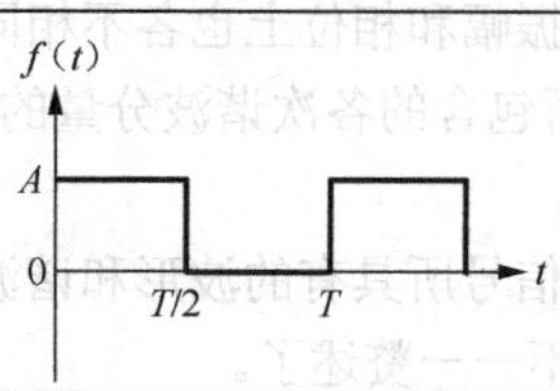	$f(t)=A\left[\frac{1}{2}+\frac{2}{\pi}\left(\sin\omega t+\frac{1}{3}\sin 3\omega t+\frac{1}{5}\sin 5\omega t+\cdots\cdots\right)\right]$

2．非正弦周期信号的频谱

非正弦周期信号虽然可以展开成傅里叶级数，但是看起来不够直观，不能一目了然。为了能够更直观地表示出一个非正弦周期信号中包含哪些频率分量，每一个分量的相对幅度有多大，常常采用如图 3.46（a）所示的频谱图进行说明。

频谱图的画法如下。

建立直角坐标系，横轴表示频率或角频率，纵轴表示非正弦周期信号的振幅。用一些长度与基波和各次谐波振幅大小相对应的线段，按频率的高低顺序依次排列，如图 3.46（a）所示。图中每一条谱线代表一个相应频率的谐波分量，谱线的高度代表这一谐波分量的振幅，谱线所在的横坐标位置代表这一谐波分量的频率。将各条谱线的顶点连接起来的曲线（虚线所示），称为振幅的包络线。由振幅频谱图可直观地看出非正弦周期信号包含了哪些谐波分量以及每个分量所占的“比重”，例如图 3.46（b）、图 3.46（c）所示的方波、锯齿波的频谱图，这种频谱称为振幅频谱。

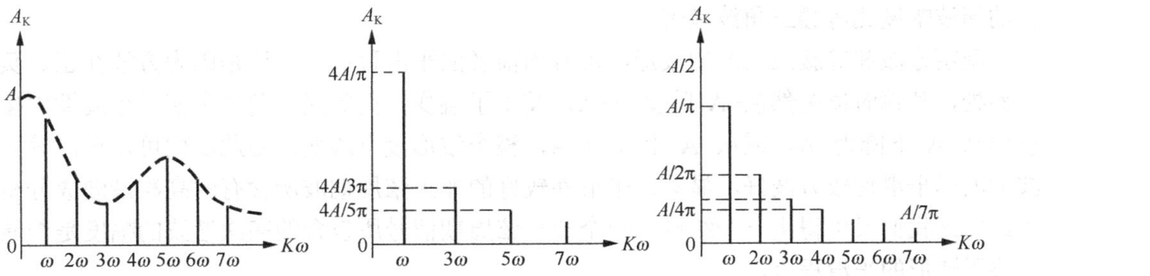

（a）振幅频谱图　（b）方波的频谱图　（c）锯齿波的频谱图

图 3.46　振幅频谱图及方波、锯齿波的频谱图

3．波形的对称性与谐波成分的关系

非正弦周期信号的谐波分析

谐波分析是根据已知波形来进行的。非正弦周期信号的波形本身，就决定了这个信号含有哪些频率的谐波以及这些谐波的幅度与相位。实际问题中遇到的各种不同波形的周期信号，在某些特殊情况下，根据给出的波形用直观的方法就可判断出它所含有的谐波成分，因此就不必对它进行具体地谐波分析，从而给所研究的问题带来了方便。

非正弦周期波含有的谐波成分，按频率可分为两类，一类是频率为基波频率的 1，3，5，……倍的谐波，我们称为奇次谐波；另一类是频率为基波频率的 2，4，6，……倍的谐波，我们称为偶次谐波。有些周期信号中还存在着一定的直流成分，称为零次谐波，零次谐波也属于偶次谐波。

观察表 3.1 中所示的 1、2、7 三种非正弦周期波的波形，发现它们的共同特点是波形的后半周与波形的前半周具有镜像对称关系，因此这些波形具有奇次对称性，具有奇次对称性的周期信号只具有奇次谐波成分，不存在直流成分以及偶次谐波成分；表中的波形 8，当横轴向上移动 $A/2$ 时，就成为方波，因此它除了具有奇次谐波，还具有直流成分；表中所示的 3，4，两种波形，它们的共同特点是波形的后半周完全重复波形前半周的变化，具有偶次对称性。具有偶次对称性的非正弦周期信号的谐波，除了含有恒定的直流成分以外，还包含一系列的偶次谐波，而没有奇次谐波成分。

综上所述，具有偶次对称性的非正弦周期信号的傅里叶级数中包含直流成分和各偶次谐波成分，具有奇次对称性的非正弦周期信号的傅里叶级数中仅包含奇次谐波成分。而不具有上述两种对称性的半波整流，既有奇次谐波分量又有偶次谐波分量。

4．波形的平滑性与谐波成分的关系

从表 3.1 中还可看出，不同的波形，各次谐波分量之间幅度的比例也不同。如锯齿波的四次谐波振幅是二次谐波振幅的 1/2，而正弦全波整流的四次谐波振幅是二次谐波振幅的 1/5。再比较一下方波和等腰三角波，方波的三次谐波振幅是基波振幅的 1/3，五次谐波振幅是基波振幅的 1/5，其 n 次谐波振幅是基波振幅的 $1/n$；等腰三角波的三次谐波振幅是基波振幅的 $\left(\frac{1}{3}\right)^2$，五次谐波振幅是基波振幅的 $\left(\frac{1}{5}\right)^2$，其 n 次谐波振幅是基波振幅的 $\left(\frac{1}{n}\right)^2$，显然方波包含的谐波幅度比等腰三角波显著。

观察方波和等腰三角波的波形，可看出前者的平滑程度差。这是因为方波在正、负半周交界处，其瞬时值突然从+A 陡变为−A，发生了跳变；而等腰三角波则在半个周期内按直线规律从+A 下降为−A，或从−A 上升为+A，整个波形没有跳变。由此我们可以说，等腰三角波的波形平滑性较方波好。显然，平滑性较好的非正弦周期波所含有的高次谐波成分相应较小。由此我们又可得出一个结论：一个非正弦周期信号所包含的高次谐波的幅度是否显著，取决于波形的平滑程度。

波形的平滑性对电路的影响可从两个方面阐述，在输出直流电压或要求输出正弦信号的场合，高次谐波成为不利因素，因此要设法排除，这时我们要尽量提高输出波形的平滑度；在另一些场合下，我们希望得到一种极不平滑的波形，以便利用它所含有的大量不同频率的高次谐波成分，这时我们就应尽量减小输出波形的平滑度。

通信技术中载波机上的谐波发生器，就是一个利用大量高次谐波进行工作的例子。为了将不同话路的话音信号加在不同的载波频率上，先要用振荡器来产生所需的载波频率。但每一条话路设置一个振荡器显得很不经济，所以一般使用谐波振荡器来产生载波。谐波振荡器中只有一个振荡器，用它来产生具有一定频率的正弦波。当正弦波通过非线性元件之后，就变成了周期性的双向尖顶窄脉冲。这些双向的尖顶窄脉冲具有奇次对称性，跳变幅度很大且持续时间又短，因此平滑度极差，其中包含了大量的振幅相差不多的奇次谐波。将这些双向尖顶窄脉冲进行全波整流，得到的单方向尖顶窄脉冲又具有偶次对称性质，其中含有一系列丰富的偶次谐波。利用滤波器将这些不同频率的谐波分开之后，即成为谐波发生器的输出信号。这些不同频率的高次谐波信号分别被用来作为各个不同话路的载波频率，由此可节省不少的振荡器。

3.6.3 非正弦周期信号的有效值、平均值和平均功率

1．非正弦周期量的有效值和平均值

非正弦周期信号的有效值、平均值和平均功率

非正弦周期量的有效值，在数值上等于与它热效应相同的直

流电的数值。这一点说明它的有效值的定义与正弦量有效值的定义相同。

假设一个非正弦周期电流为已知，

$$i = I_0 + \sqrt{2}I_1\sin(\omega t + \varphi_1) + \sqrt{2}I_2\sin(2\omega t + \varphi_2) + \cdots\cdots$$

其中的 I_0 为直流分量，I_1、I_2、……为各次谐波的有效值。经数学推导，非正弦周期量的有效值等于它的各次谐波有效值的平方和的开方，即

$$I = \sqrt{I_0^2 + I_1^2 + I_2^2 + \cdots\cdots} \tag{3-48}$$

非正弦量的有效值也可以直接用仪表来测量，例如用电磁式、电动式等仪表都可以测出它的有效值。但是当我们用晶体管或电子管伏特计来测量非正弦周期量时，就必须注意，由于这种仪器经常测量的是正弦量，因此常常把最大值除以 $\sqrt{2}$，直接换算成有效值刻在表盘上，测非正弦量时，这种伏特计的读数并不是待测量的有效值。为此，我们引入非正弦周期量的平均值的概念。

一般规定，正弦量的平均值按半个周期计算，而非正弦周期量的平均值要按一个周期计算。因为正弦量在一个周期内的平均值为零，但半个周期内的平均值则不为零，其值

$$I_{av} = \frac{2}{\pi}I_m = 0.637I_m$$

这个平均值的计算公式在非正弦量半波整流或全波整流电路中都是有用的。对于非正弦周期信号，其平均值可按傅里叶级数分解后，求其恒定分量（即零次谐波），即非正弦周期信号在一个周期内的平均值就等于它的恒定分量。用数学式可表达为：

$$I_{av} = \frac{1}{T}\int_0^T |i(t)|\,dt \tag{3-49}$$

2. 非正弦周期量的平均功率

非正弦周期量通过负载时，负载上也要消耗功率，此功率与非正弦量的各次谐波有关。理论计算证明：只有同频率的电压和电流谐波分量（包括直流电压和直流电流）才能构成平均功率。换言之，不同频率的电压和电流，不能产生平均功率。非正弦量的平均功率表达式为

$$\begin{aligned}P &= U_0I_0 + U_1I_1\cos\varphi_1 + U_2I_2\cos\varphi_2 + \cdots\cdots \\ &= P_0 + P_1 + P_2 + \cdots\cdots\end{aligned} \tag{3-50}$$

式中的第一项 P_0 表示零次谐波响应所构成的有功功率，第二项以后均表示同频率的各次谐波电压和电流构成的有功功率。显然除 P_0 外，其他各次谐波分量有功功率的计算方法，与正弦交流电路中所用的方法完全相同，式中的 φ_1、φ_2……为各次谐波电压与电流的相位差角。由上式可知，非正弦周期量的平均功率就等于它的各次谐波所产生的平均功率之和。

例 3.20　已知有源二端网络的端口电压和电流分别为

$$u = [50 + 85\sin(\omega t + 30°) + 56.6\sin(2\omega t + 10°)]\text{V}$$
$$i = [1 + 0.707\sin(\omega t - 20°) + 0.424\sin(2\omega t + 50°)]\text{A}$$

求该电路所消耗的平均功率。

解：电路中的电压和电流分别包括零次谐波、一次谐波和二次谐波，因此其平均功率为

$$P = 50\times1+\frac{85\times0.707}{2}\cos[30^\circ-(-20^\circ)]+\frac{56.6\times0.424}{2}\cos[10^\circ-(50^\circ)]$$
$$=50+19.3+9.2$$
$$=78.5(\text{W})$$

3.6.4 非正弦周期信号作用下的线性电路分析

非正弦周期信号作用下的线性电路分析

非正弦周期信号具有各种各样的波形，看起来很复杂，把其加在线性电路后，再来计算电路中的响应似乎相当困难。但在我们学习和掌握了非正弦周期电流电路的谐波分析法之后，就可在一定条件下将一个非正弦周期信号转化为一系列正弦谐波分量。换言之，非正弦周期信号虽然是非正弦的，但它的谐波分量却是正弦的，因此对于每一个正弦谐波分量而言，正弦交流电路中所介绍的相量分析法仍旧适用。用相量分析法求出各次正弦谐波分量的响应，根据线性电路的叠加性，再把各次谐波响应的结果进行叠加，即可求出非正弦周期电流电路的响应。具体计算时应掌握以下几点。

（1）当直流分量单独作用时，遇电容元件按开路处理；遇电感元件按短路处理。

（2）当任意一次正弦谐波分量单独作用时，电路的计算方法与单相正弦交流电路的计算方法完全相同。必须注意的是，对不同频率的谐波分量，电容元件和电感元件上所呈现的容抗和感抗各不相同，应分别加以计算。

（3）用相量分析法计算出来的各次谐波分量的结果一般是用复数表示的，不能直接进行叠加。必须要把它们化为瞬时值表达式后才能进行叠加。不同频率的复数也不能画在同一个相量图上，当然也不能把它们直接相加减。

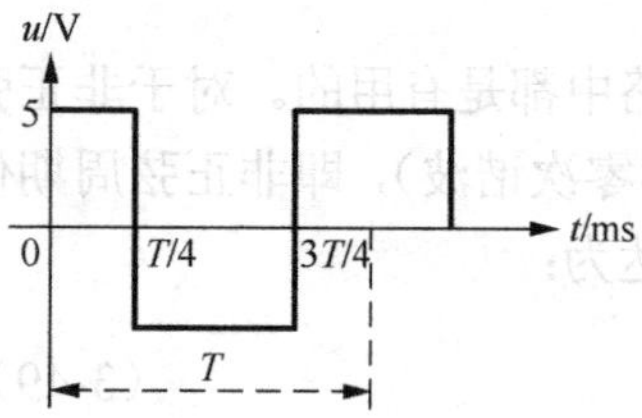

（a）方波电压波形图

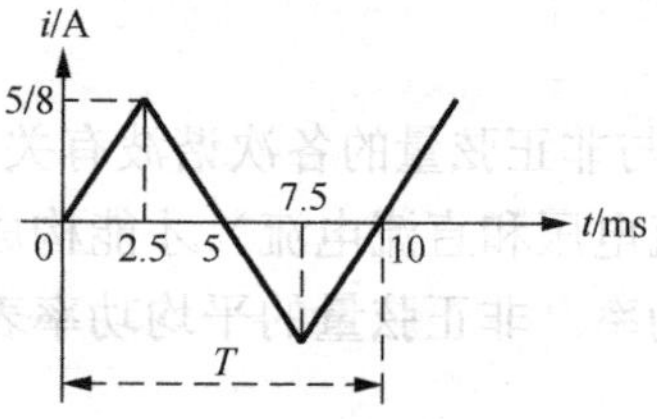

（b）电流的波形图

图 3.47 例 3.21 波形图

例 3.21 将图 3.47（a）所示方波电压加在一个电感元件两端。已知 L=20 mH，方波电压的周期 T=10 ms，幅值为 5 V，试求通过电感元件的电流，并画出电流的波形图。

解：图 3.47（a）所示方波电压的波形与表 3.1 中方波的波形相比，只是纵坐标向左移了四分之周期，最大值等于 5 V，因此其谐波表达式可直接写出：

$$u=\frac{20}{\pi}\left[\sin\omega\left(t+\frac{\pi}{2}\right)+\frac{1}{3}\sin3\omega\left(t+\frac{\pi}{2}\right)+\frac{1}{5}\sin5\omega\left(t+\frac{\pi}{2}\right)+\cdots\cdots\right]\text{V}$$

考虑到 $\omega=\frac{2\pi}{T}$ 以及三角公式

$$\sin\left(\alpha+\frac{\pi}{2}\right)=\cos\alpha$$

$$\sin\left(\alpha+\frac{3\pi}{2}\right)=-\cos\alpha$$

故上式又可表达为

$$u=\frac{20}{\pi}\left(\cos\omega t-\frac{1}{3}\cos 3\omega t+\frac{1}{5}\cos 5\omega t-\cdots\cdots\right)\text{V}$$

然后对各次谐波分别进行计算。当一次谐波电压单独作用时，电感元件对基波所呈现的感抗

$$Z_1=\text{j}\omega_1 L=\text{j}\frac{2\pi\times 20}{10}=\text{j}4\pi(\Omega)$$

基波电压的最大值相量$\dot{U}_{\text{m1}}=\text{j}\frac{20}{\pi}\text{V}$，于是基波电流的最大值相量为：

$$\dot{I}_{\text{m1}}=\frac{\dot{U}_{\text{m1}}}{Z_1}=\frac{\text{j}\frac{20}{\pi}}{\text{j}4\pi}=\frac{5}{\pi^2}(\text{A})$$

对应的解析式为

$$i_1=\frac{5}{\pi^2}\sin\omega t(\text{A})$$

当三次谐波电压单独作用时，其感抗

$$Z_3=\text{j}3\omega L=\text{j}\frac{3\times 2\pi\times 20}{10}=\text{j}12\pi(\Omega)$$

三次谐波电压的最大值相量$\dot{U}_{\text{m3}}=-\text{j}\frac{20}{3\pi}\text{V}$，于是三次谐波电流的最大值相量为

$$\dot{I}_{\text{m3}}=\frac{\dot{U}_{\text{m3}}}{Z_3}=\frac{-\text{j}\frac{20}{3\pi}}{\text{j}12\pi}=-\frac{5}{9\pi^2}(\text{A})$$

对应的解析式为

$$i_3=-\frac{5}{9\pi^2}\sin 3\omega t(\text{A})$$

当五次谐波电压单独作用时，其感抗

$$Z_5=\text{j}5\omega L=\text{j}\frac{5\times 2\pi\times 20}{10}=\text{j}20\pi\ (\Omega)$$

五次谐波电压的最大值相量$\dot{U}_{\text{m5}}=\text{j}\frac{20}{5\pi}=\text{j}\frac{4}{\pi}(\text{V})$，于是五次谐波电流的最大值相量为：

$$\dot{I}_{\text{m5}}=\frac{\dot{U}_{\text{m5}}}{Z_5}=\frac{\text{j}\frac{4}{\pi}}{\text{j}20\pi}=\frac{5}{25\pi^2}(\text{A})$$

对应的解析式为

$$i_5=\frac{5}{25\pi^2}\sin 5\omega t(\text{A})$$

其他更高次谐波均可依此方法计算出来，实际工程应用上，一般计算至3～5次谐波就可以了。将上述求解结果用它们的瞬时值表达式叠加起来，就构成了电感中电流的傅里叶级数表达式，即

$$i=\frac{5}{\pi^2}\left(\sin\omega t-\frac{1}{9}\sin 3\omega t+\frac{1}{25}\sin 5\omega t-\cdots\cdots\right)(\text{A})$$

参照表 3.1 可知，电流是一个等腰三角波，其峰值 $A=\frac{5}{8}$ A，电流波形如图 3.47（b）所示。

此例说明，在非正弦周期信号作用下，电感两端的电压与其中的电流具有不同的波形。原因是电感元件对各次谐波呈现的感抗各不相同，谐波频率越高呈现的感抗值越大，则电感中电流的幅度就会相应减小。显然，电感元件中的电流波形总是比电压波形的平滑性要好一些。

思 考 题

1. 有人说："只要电源是正弦的，电路中各部分的响应也一定是正弦波"，这种说法对吗？

2. 稳恒直流电和正弦交流电有谐波吗？什么样的波形才具有谐波？试说明。

3. 举例说明什么是奇次对称性？什么是偶次对称性？波形具有偶半波对称时是否一定有直流成分？何谓波形的平滑性？它与谐波成分有什么关系？方波和等腰三角波的三次谐波相比，哪个较大？为什么？

4. 非正弦周期量的有效值和正弦周期量的有效值在概念上是否相同？其有效值与它的最大值之间是否也存在 $\sqrt{2}$ 倍的数量关系？其有效值计算式与正弦量有效值计算式有何不同？

5. 何谓非正弦周期函数的平均值？如何计算？

6. 非正弦周期函数的平均功率如何计算？不同频率的谐波电压和电流能否构成平均功率？

7. 对非正弦周期信号作用下的线性电路应如何计算？计算方法根据什么原理？若已知基波作用下的复阻抗 Z=30+j20 Ω，求在三次和五次谐波作用下负载的复阻抗又为多少？

8. 某电压 u=30+60sin314t V，接在 R=3 Ω，L=12.7 mH 的 RL 串联电路上，求电流有效值和电路中所消耗的功率。

应用能力培养课题：日光灯电路的实验研究

1. 实验目的

（1）了解日光灯电路的工作原理及其连接情况。

（2）掌握单相交流电路提高功率因数的常用方法及电容量的选择。

（3）进一步熟悉单相功率表的接线及单相调压器的使用方法。

2. 实验器材与设备

（1）日光灯电路组件	一套
（2）万用表	一块
（3）交直流毫安表	一块
（4）电容器	若干

（5）单相功率表　　　　　　一块
（6）电流插箱　　　　　　　一个

3. 实验原理图

实验原理图如图 3.48 所示。

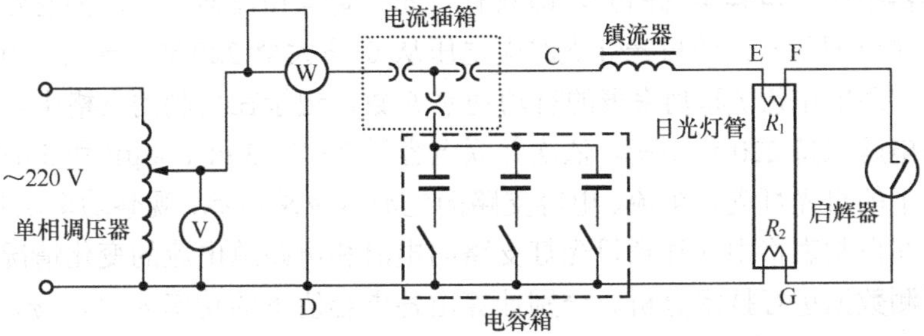

图 3.48　日光灯电路及功率因数的提高实验电路

4. 日光灯电路工作原理

（1）日光灯电路的组成

日光灯电路由日光灯管、镇流器、启辉器三部分组成。灯管是一根细长的玻璃管，内壁均匀涂有荧光粉。管内充有水银蒸汽和稀薄的惰性气体。在管子的两端装有灯丝，在灯丝上涂有受热后易发射电子的氧化物。镇流器是一个带有铁心的电感线圈。启辉器的内部结构如图 3.49 所示，其中 1 为小容量的电容器，2 是固定触头，3 是圆柱形外壳，4 是辉光管，5 是辉光管内部的倒 U 型双金属片，6 是插头。

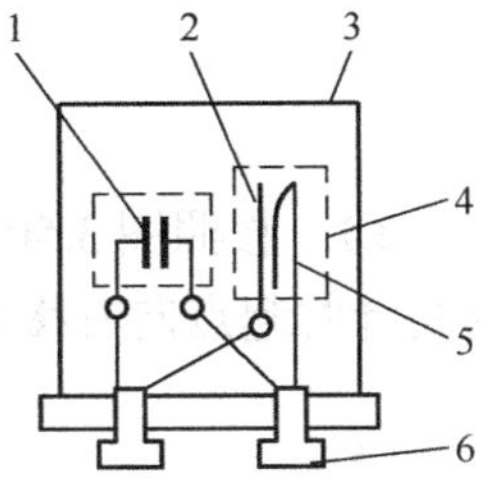

图 3.49　启辉器示意图

（2）日光灯工作原理

当日光灯电路与电源接通后，220 V 的电压不能使日光灯点燃，全部加在了启辉器两端。220 V 的电压致使启辉器内两个电极辉光放电，放电产生的热量使倒 U 型双金属片受热形变后与固定触头接通。这时日光灯的灯丝与辉光管内的电极以及镇流器构成一个回路。灯丝因通过电流而发热，从而使氧化物发射电子。同时，辉光管内两个电极接通的同时，电极之间的电压立刻为零，辉光放电终止。辉光放电终止后，双金属片因温度下降而恢复原状，两电极脱离。在两电极脱离的瞬间，回路中的电流突然切断而为零，因此在铁芯镇流器两端产生一个很高的感应电压，此感应电压和 220 V 电压同时加在日光灯两端，立即使管内惰性气体分子电离而产生弧光放电，管内温度逐渐升高，水银蒸汽游离，并猛烈地撞击惰性气体分子而放电。同时辐射出不可见的紫外线，而紫外线激发灯管壁的荧光物质发出可见光，即人们常说的日光。

日光灯一旦点亮后，灯管两端电压在正常工作时通常只需 110 V 左右，这个较低的电压不足以使启辉器辉光放电。因此，启辉器只在日光灯点燃时起作用。日光灯一旦点亮，启辉器就会处在断开状态。日光灯正常工作时，镇流器和灯管构成了电流的通路，由于镇流器与灯管串联并且感抗很大，因此电源电压大部分降落在镇流器上，可以限制和稳定电路的工作电流，即镇流器在日光灯正常工作时起限流分压作用。

5. 实验步骤

（1）按照实验原理图连接实验线路。注意单相调压器为零时、电容器组中的各电容以及和电流插箱的连接方法。

（2）电容器组中的电容全部断开，即只有日光灯管与镇流器相串联的感性负载支路与电源接通。此时调节调压器，使日光灯支路端电压从 0 增大至 220 V。日光灯点燃后，用毫安表测量日光灯支路的电流 I 和功率表的有功功率 P 数，记录在自制的表格中。

（3）电源电压保持 220 V 不变。依次并联电容量 2 μF、3 μF、4 μF 和 5 μF，观察和记录每一个电容值下的日光灯支路电流、电容支路的电流以及总电流，观察功率表是否发生变化，数值全部记录在自制表格中（注意日光灯支路的电流和电路总电流的变化情况）。

（4）对所测数据进行技术分析。分别计算出各电容值下的功率因数 $\cos\varphi$，并进行对比，判断电路在各 $\cos\varphi$ 下的性质（感性或容性）。

6. 问题与思考

（1）通过实验，你能说出提高感性负载功率因数的原理和方法吗？

（2）日光灯电路并联电容后，总电流减小，根据测量数据说明为什么当电容增大到某一数值时，总电流却又上升了？为什么？

（3）日光灯电路中启辉器和镇流器的作用如何？

第 3 章 习题

3.1 按照图 3.50 示电压 u 和电流 i 的波形，问 u 和 i 的初相各为多少？相位差为多少？若将计时起点向右移 π/3，则 u 和 i 的初相有何改变？相位差有何改变？u 和 i 哪一个超前？

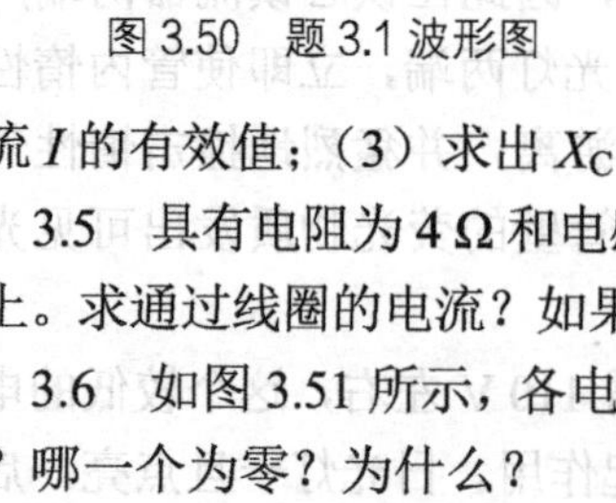

图 3.50 题 3.1 波形图

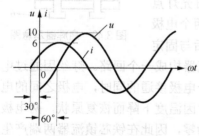

3.2 额定电压为 220V 的灯泡通常接在 220 V 交流电源上，若把它接在 220 V 的直流电源上行吗？

3.3 把 L=51 mH 的线圈（其电阻极小，可忽略不计），接在电压为 220 V、频率为 50 Hz 的交流电路中，要求：（1）绘出电路图；（2）求出电流 I 的有效值；（3）求出 X_L。

3.4 C=140 μF 的电容器接在电压为 220 V、频率为 50 Hz 的交流电路中，求：（1）绘出电路图；（2）求出电流 I 的有效值；（3）求出 X_C。

3.5 具有电阻为 4 Ω 和电感为 25.5 mH 的线圈接到频率为 50 Hz、电压为 115 V 的正弦电源上。求通过线圈的电流？如果这只线圈接到电压为 115 V 的直流电源上，则电流又是多少？

3.6 如图 3.51 所示，各电容、交流电源的电压和频率均相等，问哪一个安培表的读数最大？哪一个为零？为什么？

3.7 已知 RL 串联电路的端电压 $u = 220\sqrt{2}\sin(314t + 30°)$ V，通过它的电流 I=5 A 且滞后电压 45°，求电路的参数 R 和 L 各为多少？

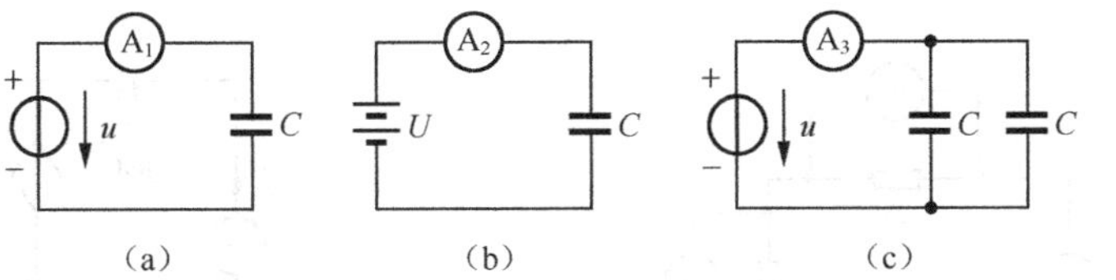

图 3.51 题 3.6 电路

3.8 已知一线圈在工频 50 V 情况下测得通过它的电流为 1A，在 100 Hz、50 V 下测得电流为 0.8A，求线圈的参数 R 和 L 各为多少？

3.9 电阻 R=40 Ω，和一个 25 μF 的电容器相串联后接到 $u=100\sqrt{2}\sin 500t$ V 的电源上。试求电路中的电流 $\dot{I}$ 并画出相量图。

3.10 电路如图 3.52 所示。已知电容 C=0.1 μF，输入电压 U_1=5 V，f=50 Hz，若使输出电压 U_2 滞后输入电压 60°，问电路中电阻应为多大？

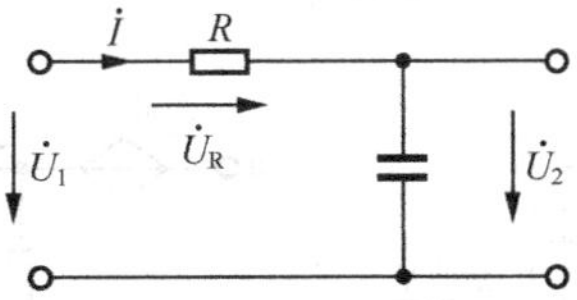

图 3.52 题 3.10 电路

3.11 已知 RLC 串联电路的参数为 R=20 Ω，L=0.1 H，C=30 μF，当信号频率分别为 50 Hz、1 000 Hz 时，电路的复阻抗各为多少？两个频率下电路的性质如何？

3.12 已知 RLC 串联电路中，电阻 R=16 Ω，感抗 X_L=30 Ω，容抗 X_C=18 Ω，电路端电压为 220 V，试求电路中的有功功率 P、无功功率 Q、视在功率 S 及功率因数 $\cos\varphi$。

3.13 已知正弦交流电路中 Z_1=30+j40 Ω，Z_2=8−j6 Ω，并联后接入 $u=220\sqrt{2}\sin\omega t$ V 的电源上。求各支路电流 $\dot{I}_1$、$\dot{I}_2$ 和总电流 $\dot{I}$，作电路相量图。

3.14 已知图 3.53 所示正弦电流电路中电流表的读数分别为 A_1=5 A；A_2=20 A；A_3=25 A。求（1）电流表 A 的读数；（2）如果维持电流表 A_1 的读数不变，而把电源的频率提高一倍，再求电流表 A 的读数。

3.15 已知图 3.54 所示电路中 $\dot{I}=2\angle 0°$A，求电压 $\dot{U}_S$，并作相量图。

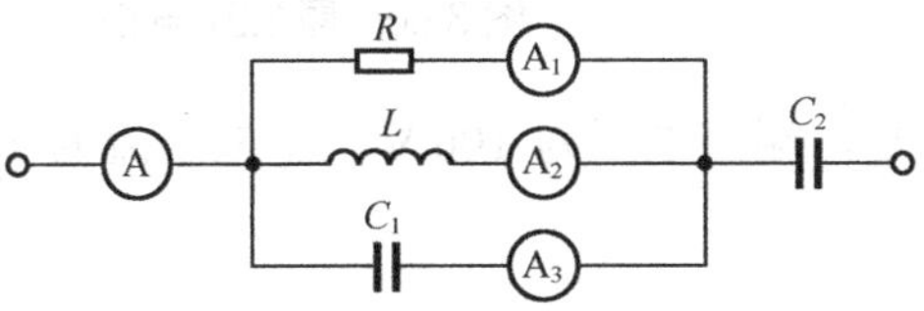

图 3.53 题 3.14 电路

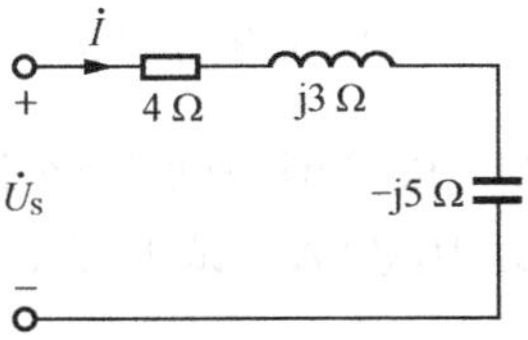

图 3.54 题 3.15 电路

3.16 已知图 3.55 所示电路中 Z_1=j60 Ω，各交流电压表的读数分别为 V=100 V；V_1=171 V；V_2=240 V。求阻抗 Z_2。

3.17 已知如图 3.56 所示电路中，I_S=10 A，ω=5000 rad/s，R_1=R_2=10 Ω，C=10 μf，μ=0.5。求各支路电流，并作相量图。

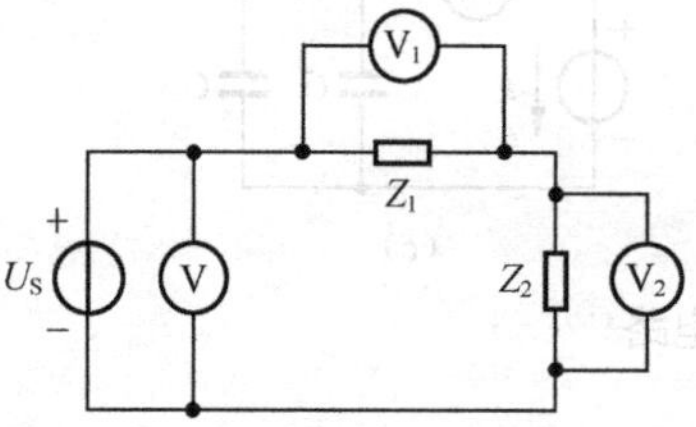

图 3.55　题 3.16 电路

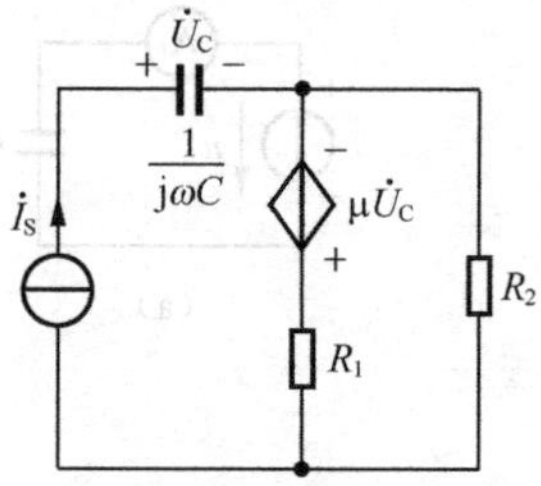

图 3.56　题 3.17 电路

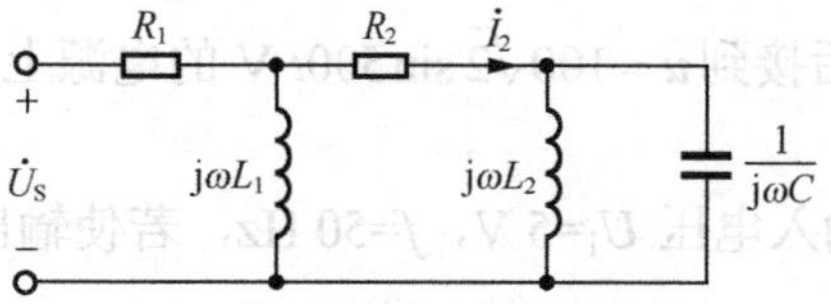

图 3.57 题 3.18 电路

3.18　已知如图 3.57 所示电路中，R_1=100 Ω，L_1=1 H，R_2=200 Ω，L_2=1 H，电流 I_2=0，电压 U_S=$100\sqrt{2}$ V，ω=100 rad/s，求其他各支路电流。

3.19　试求图 3.58 所示电路二端网络的戴维南等效电路。

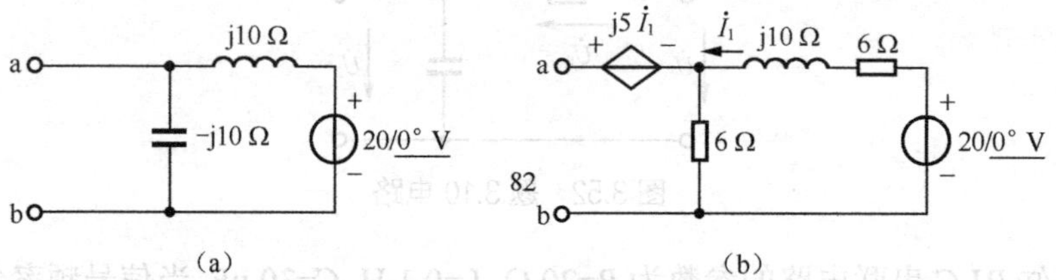

图 3.58　题 3.19 电路

3.20　求图 3.59 所示电路中电压 $\dot{U}_o$。

3.21　图 3.60 所示电路中，U=20 V，Z_1=3+j4 Ω，开关 S 合上前、后 $\dot{I}$ 的有效值相等，开关合上后的 $\dot{I}$ 与 $\dot{U}$ 同相。试求 Z_2，并作相量图。

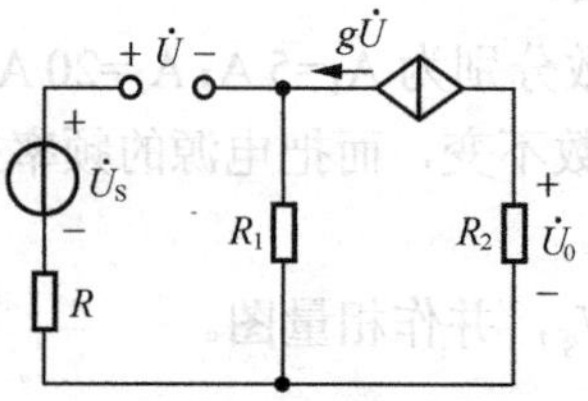

图 3.59　题 3.20 电路

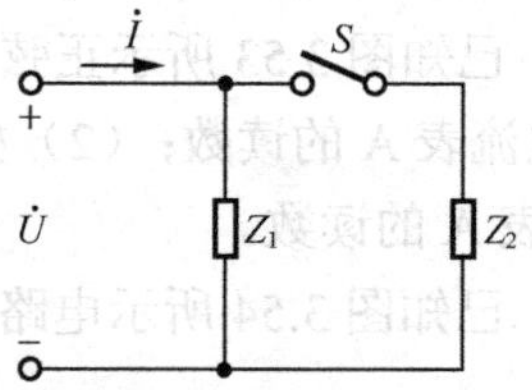

图 3.60　题 3.21 电路

3.22　图 3.61 所示电路中，R_1=5 Ω，R_2=X_L，端口电压为 100 V，X_C 的电流为 10 A，R_2 的电流为 $10\sqrt{2}$ A。试求 X_C、R_2、X_L。

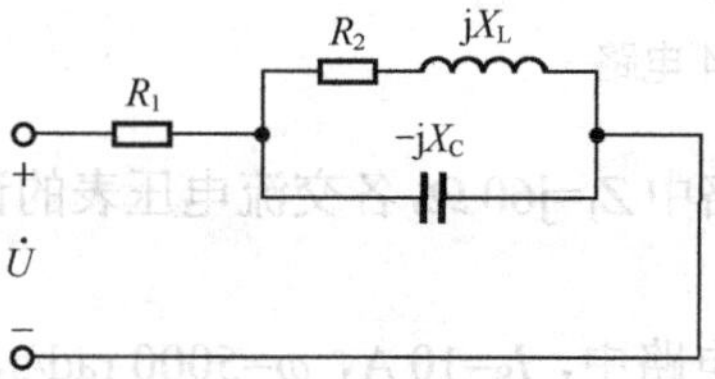

图 3.61　题 3.22 电路

3.23　有一个 U=220 V、P=40 W、$\cos\varphi = 0.443$ 的日光灯，为了提高功率因数，并联一个 C=4.75 μF 的电容器，试求并联电容后电路的电流和功率因数（电源频率为 50Hz）。

3.24　有一只具有电阻和电感的线圈，当把它接在直流电流中时，测得线圈中通过的电流是 8 A，线圈两端的电压是 48 V；当把它接在频率为 50 Hz 的交流电路中，测得线圈中通过的电流是 12 A，加在线圈两端的电压有效值是 120 V，试绘出电路图，并计算线圈的电阻和电感。

3.25　在 RLC 串联回路中，电源电压为 5 mV，试求回路谐振时的频率、谐振时元件 L 和 C 上的电压以及回路的品质因数。

3.26　在 RLC 串联电路中，已知 L=100 mH，R=3.4 Ω，电路在输入信号频率为 400Hz 时发生谐振，求电容 C 的电容量和回路的品质因数。

3.27　一个线圈与电容串联后加 1 V 的正弦交流电压，当电容为 100 pF 时，电容两端的电压为 100 V 且最大，此时信号源的频率为 100 kHz，求线圈的品质因数和电感量。

3.28　一条 R_1 与 L 相串联的支路，和一条 R_2 和 C 相串联的支路相并联，其中 R_1=10 Ω，R_2=20 Ω，L=10 mH，C=10 μF，求并联电路的谐振频率和品质因数 Q 值。

3.29　一个正弦交流电源的频率为 1000 Hz，U=10 V，R_S=20 Ω,L_S=10 mH，问负载为多大时可以获得最大的功率？最大功率为多少？

3.30　三相相等的复阻抗 Z=40+j30 Ω，Y 形连接，其中点与电源中点通过阻抗 Z_N相连接。已知对称电源的线电压为 380V，求负载的线电流、相电流、线电压、相电压和功率，并画出相量图。设（1）Z_N=0，（2）Z_N=∞，（3）Z_N=1+j0.9 Ω。

3.31　已知对称三相电路的线电压为 380 V（电源端），三角形负载阻抗 Z=(4.5+j14) Ω，端线阻抗 Z=(1.5+j2) Ω。求线电流和负载的相电流，并画出相量图。

3.32　图 3.62 所示为对称的 Y—Y 三相电路，电源相电压为 220 V，负载阻抗 Z=(30+j20) Ω，求：（1）图中电流表的读数；

（2）三相负载吸收的功率；

（3）如果 A 相的负载阻抗等于零（其他不变），再求（1）、（2）；

（4）如果 A 相负载开路，再求（1）、（2）。

3.33　对称三相感性负载接在对称线电压 380 V 上，测得输入线电流为 12.1 A，输入功率为 5.5 kW，求功率因数和无功功率？

3.34　图 3.63 所示为对称三相电路，线电压为 380 V，R=200 Ω，负载吸收的无功功率为 $1520\sqrt{3}$ Var。试求：

（1）各线电流；

（2）电源发出的复功率。

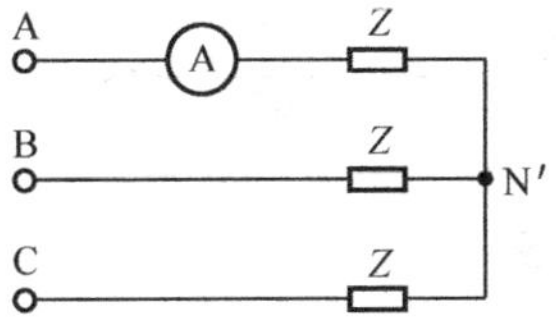

图 3.62　题 3.32 电路

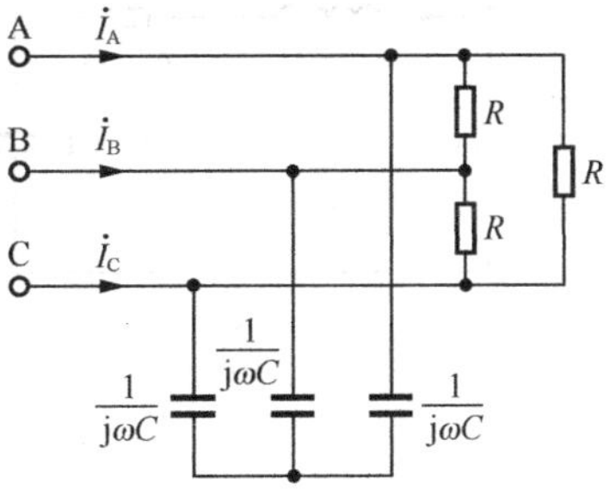

图 3.63　题 3.34 电路

3.35　图 3.64 所示为对称三相电路，线电压为 380V，相电流 $I_{A'B'}$=2 A。求图中功率表的读数。

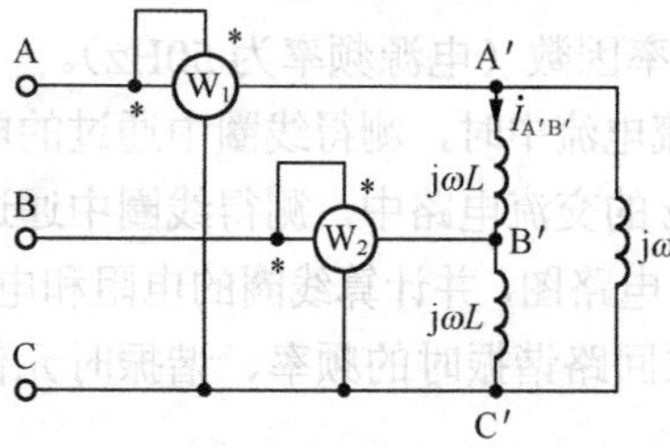

图 3.64　题 3.35 电路

3.36　求图 3.65 所示各非正弦周期信号的直流分量 A_0。

3.37　图 3.66 示为一滤波器电路，已知负载 R=1000 Ω，C=30 μF，L=10 H，外加非正弦周期信号电压 u=160+250sin314t V，试求通过电阻 R 中的电流。

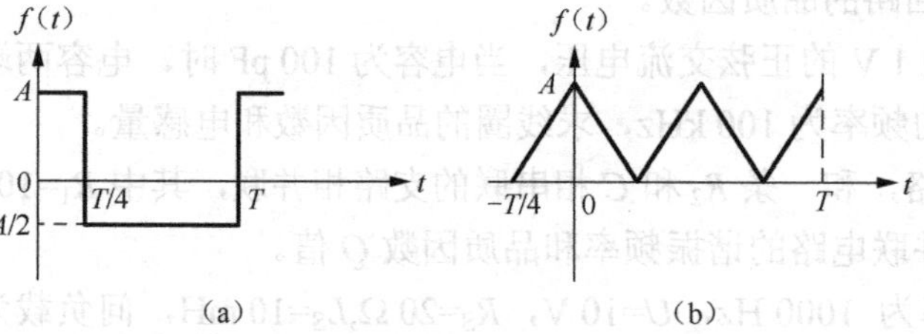

图 3.65　习题 3.36 各周期量的波形图

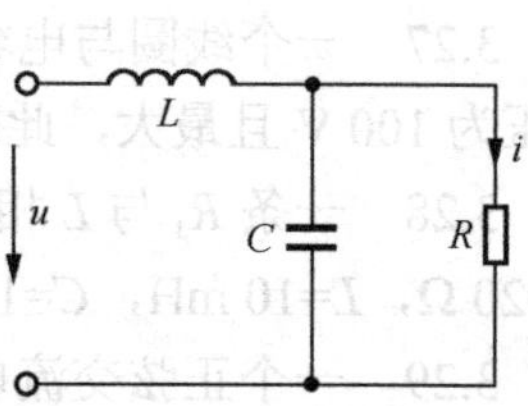

图 3.66　习题 3.37 滤波器电路

3.38　设等腰三角波电压对横轴对称，其最大值为 1 V。试选择计时起点：①使波形对原点对称；②使波形对纵轴对称。画出其波形，并写出相应的傅里叶级数展开式。

3.39　求下列非正弦周期电压的有效值。

① 振幅为 10 V 的锯齿波；

② $u(t)=[10-5\sqrt{2}\sin(\omega t+20°)-2\sqrt{2}\sin(3\omega t-30°)]\,\text{V}$。

3.40　已知某非正弦周期信号在四分之一周期内的波形为一锯齿波，且在横轴上方，幅值等于 1 V。试根据下列情况分别绘出一个周期的波形。

（1）$u(t)$为偶函数，且具有偶半波对称性；

（2）$u(t)$为奇函数，且具有奇半波对称性；

（3）$u(t)$为偶函数，无半波对称性；

（4）$u(t)$为奇函数，无半波对称性；

（5）$u(t)$为偶函数，只含有偶次谐波；

（6）$u(t)$为奇函数，只含有奇次谐波。

3.41　图 3.67（a）所示电路的输入电压如图 3.67（b）所示，求电路中的响应 $i(t)$和 $u_C(t)$。

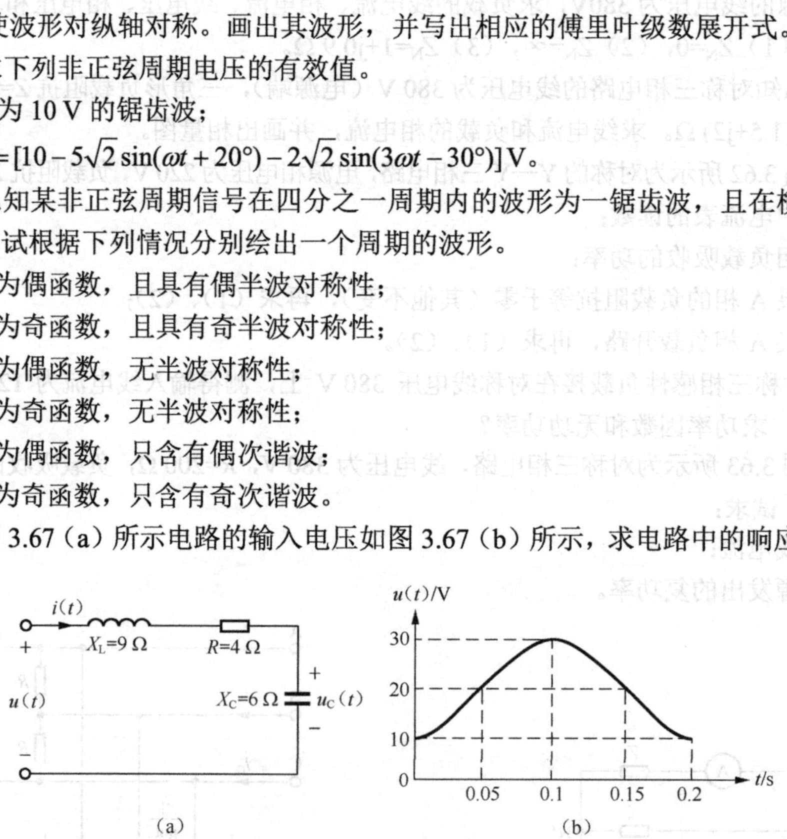

图 3.67　习题 3.41 电路图和波形图

第4章 电路的暂态分析

暂态过程的理论，广泛应用于电子技术和自动化“控制”技术中。所谓“控制”，实质上就是一个寻找各种期望的稳态值和缩短暂态时间，并减少暂态过程中出现危害的过程。因此，本章研究的问题实际上是为后续的电子技术、控制理论课程打基础的。

“暂态”相对于“稳态”而言。恒定的直流、交流量是稳态，物体处于匀速运动状态下也是稳态；直流量的大小和方向发生变化时是暂态，交流量三要素中的一个或一个以上发生变化时也是暂态，物体运动的速度发生变化时同样是暂态。显然，**暂态是指从一种稳态过渡到另一种稳态所经历的过程**。

电路的暂态过程实际上非常复杂，但在电路分析理论中研究它时，仅仅是对暂态过程中普遍遵循的最简单、最基本的规律进行研究和探讨，目的是让学习者建立起关于暂态的概念，并在认识“暂态”的过程中充分理解暂态过程中的三要素。

4.1 暂态过程中的基本概念和换路定律

4.1.1 暂态过程中的基本概念

基本概念就是共同语言，也是认识事物规律的开始。

1. 状态变量

代表物体所处状态的可变化量称为状态变量。如电感元件磁场能是 $W_L=\frac{1}{2}Li_L^2$，中的电流 i_L，其大小不仅能够反映电感元件上磁场能量储存的情况，同时它还反映出电感元件上的电流不能发生跃变这一事实（能量不能发生跃变）；电容元件电场能是 $W_C=\frac{1}{2}Cu_C^2$，式中的极间电压 u_C，其大小不仅反映了电容元件的电场能量储存情况，同时还反映出电容元件的极间电压不能跃变这一特性。因此 i_L 和 u_C 称为状态变量。

状态变量的大小及变化显示了储能元件上能量变化及能量存储状态。

2. 换路

在含有动态元件 L 和 C 的电路中，由于电路的连接方式或电路中的元件参数发生突变，从而引起电路结构及电路响应随之发生变化的现象称为**换路**。如电路的接通、断开，接线的改变、电路参数、电源的突然变化等，都是造成换路的因素。需要理解的是：换路前的电路和换路后的电路，结构上不同。

3．稳态

换路前或者换路之后，电路中动态元件上的储能不再发生变化保持稳定的状态称为稳态。如电容元件上无储能的状态（充电前），和储能结束的状态（充电完毕），都是稳态。

4．暂态

由于能量不能发生跃变，所以储能元件 L 上的磁场能量、C 中的电场能量在电路发生换路时也不能发生跃变，只能连续变化。由于这些变化持续的时间非常短暂，所以称之为“暂态”。

4.1.2 换路定律

换路定律

储能元件 L 和 C 上能量的建立和消失不能发生跃变这一事实，说明它们的储能发生变化时，必然对应一个吸收与释放的过程，是过程就需要时间，因此：**在电路发生换路后的一瞬间，电感元件上通过的电流 i_L 和电容元件的极间电压 u_C，都应保持换路前一瞬间的原有值不变**。此规律称为换路定律。

设换路发生在 $t=0$ 时刻，换路前一瞬间记为 $t=0_-$，换路后一瞬间记为 $t=0_+$，$t=0_-$ 和 $t=0_+$ 与 $t=0$ 时刻的时间间隔无限接近而趋近于零，但不等于零。$t=0_-$ 时刻电路状态保持换路前的状态还未发生变化；$t=0_+$ 则为换路后已经发生变化的电路状态。换路定律可用数学式表示为

$$\begin{aligned} i_L(0_+) &= i_L(0_-) \\ u_C(0_+) &= u_C(0_-) \end{aligned} \tag{4-1}$$

实质上，换路定律反映了在含有动态元件的电路发生换路时，动态元件的状态变量不会发生变化这一必然规律。

4.1.3 初始值的计算

一阶电路的暂态过程中，电路中各响应的“0_+”数值称为**初始值**。需要理解的是：初始值应看作是对应是 $t=0_+$ 这一瞬间的特定稳态时刻的响应，而不是暂态过程中变化的响应。初始值的计算方法举例说明。

例 4.1 电路如图 4.1（a）所示。设在 t=0 时开关 S 闭合，此前已知电感和电容中均无原始储能。求 S 闭合后各电压、电流的初始值。

解：根据电路给定条件可知，电感和电容中均无原始储能，因此：

$$i_L(0_+) = i_L(0_-) = 0$$
$$u_C(0_+) = u_C(0_-) = 0$$

由于 $t=0_+$ 瞬间电感电流为零，因此 L 在 $t=0_+$ 等效电路中可开路处理；而电容元件 C 由于极间电压等于零可在 $t=0_+$ 等效电路中短路处理。由此可画出如图 4.1（b）所示的 $t=0_+$ 时的等效电路，根据此电路可求得

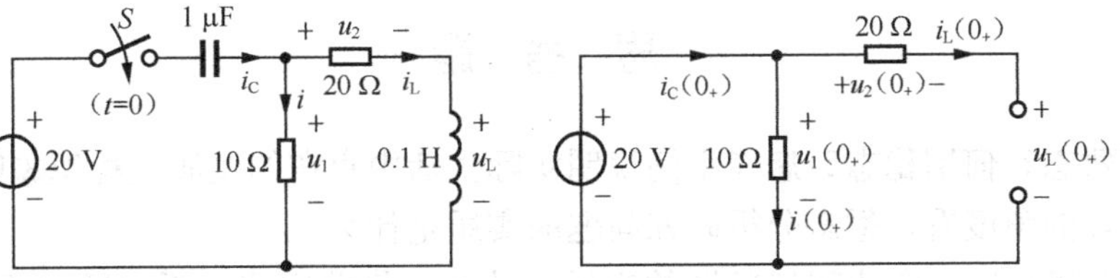

（a）例 4.1 电路　　（b）t=0+ 等效电路

图 4.1　例 4.1 电路与 t=0+等效电路图

$$u_1(0_+) = 20\text{V}$$

$$i_C(0_+) = i(0_+) = \frac{20}{10} = 2(\text{A})$$

$$u_2(0_+) = 20 i_L(0_+) = 0$$

$$u_L(0_+) = u_1(0_+) = 20\text{V}$$

例 4.2　电路如图 4.2（a）所示，换路前电路已达稳态。t=0 时开关 S 打开，求 S 打开后动态元件两端的电压与通过动态元件中的电流的初始值。

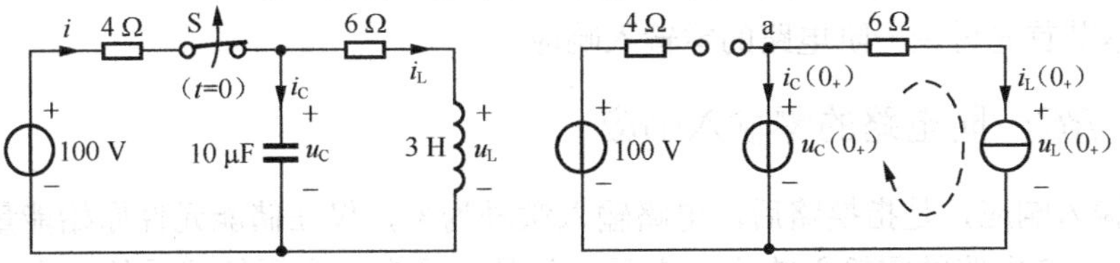

（a）例 4.2 电路　　（b）t=0+ 时的等效电路

图 4.2　例 4.2 电路与 t=0+等效电路图

解：由于开关 S 打开前电路已达稳态，因此，直流稳态下电容元件相当于开路，电感元件相当于短路，由换路前 $t = 0_-$ 的直流稳态电路可得储能元件的状态变量分别为：

$$i_L(0_-) = i(0_-) = \frac{100}{4+6} = 10(\text{A})$$

$$u_C(0_-) = i_L(0_-) \times 6 = 10 \times 6 = 60(\text{V})$$

根据换路定律可得

$$i_L(0_+) = i_L(0_-) = 10(\text{A})$$

$$u_C(0_+) = u_C(0_-) = 60(\text{V})$$

根据这一计算结果，可画出开关 S 打开后一瞬间，$t = 0_+$ 的等效电路如图 4.2（b）所示，图中电容元件等效为一个电压值等于 60 V 的恒压源，其极性保持和初始值相同；电感元件等效为一个电流值等于 10 A 的恒流源，其方向保持与初始值一致。

由于开关 S 断开，所以电感与电容此时相当于串联，因此

$$i_C(0_+) = -i_L(0_+) = -10\text{ A}$$

再对图 4.2（b）右回路列 KVL 方程可得

$$u_L(0_+) = u_C(0_+) - u_R(0_+) = 60 - 10 \times 6 = 0(\text{V})$$

思 考 题

1．何谓暂态？何谓稳态？您能举例说明实际生活中存在的过渡过程现象吗？

2．从能量的角度看，暂态分析研究问题的实质是什么？

3．何谓换路？换路定律阐述问题的实质是什么？换路定律是否也适用于暂态电路中的电阻元件？

4．动态电路中，在什么情况下电感 L 相当于短路？电容 C 相当于开路？什么情况下电感 L 开路处理？电容 C 短路处理？什么情况下，L 可等效为一个恒流源？C 可等效为一个恒压源？

4.2　一阶电路的零输入响应

一阶电路的零输入响应

只含有一个动态元件的电路，暂态过程中响应的变化规律通常是用一阶常系数线性微分方程进行描述的，因此又称之为一阶电路。一阶电路根据电路中外加激励的不同，可把响应分为一阶电路的零输入响应、一阶电路的零状态响应和一阶电路的全响应 3 种情况。本节首先讨论一阶电路的零输入响应

4.2.1　*RC* 一阶电路的零输入响应

所谓零输入响应，是指换路后，电路输入激励为零，仅在储能元件原始能量作用下引起的电路响应。*RC* 电路的零输入响应，实质上就是指具有一定原始能量的电容元件在放电过程中，电路中电压和电流的变化规律。

图 4.3（a）所示 *RC* 一阶电路，开关 S 在位置 1 时电容 C 被充电，充电完毕后电路处于稳态，稳态情况下 $u_C(0_-)=U_S$。$t=0$ 时开关 S 由位置 1 迅速投向位置 2，电路发生换路。

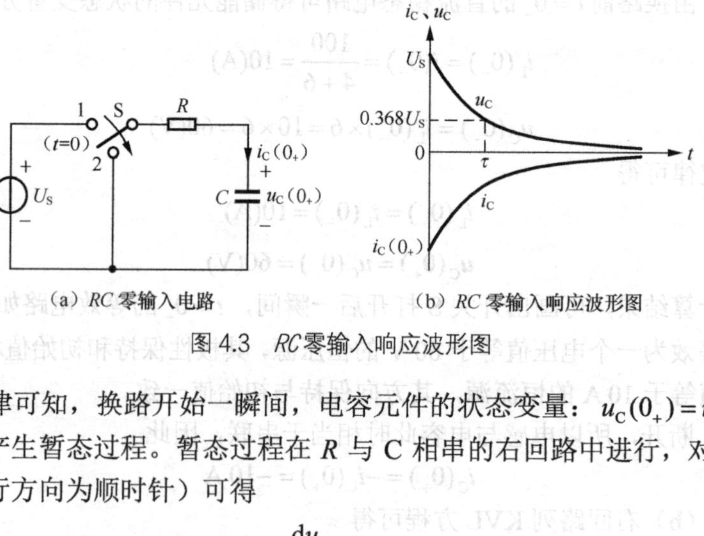

（a）*RC* 零输入电路　　（b）*RC* 零输入响应波形图

图 4.3　*RC* 零输入响应波形图

根据换路定律可知，换路开始一瞬间，电容元件的状态变量：$u_C(0_+)=u_C(0_-)=U_S$ 不能发生跃变，因此产生暂态过程。暂态过程在 R 与 C 相串的右回路中进行，对右回路列 KVL 方程（设回路绕行方向为顺时针）可得

$$RC\frac{\mathrm{d}u_C}{\mathrm{d}t}+u_C=0$$

这是一个一阶常系数线性齐次微分方程，对其求解可得

$$u_C(t) = U_S e^{-\frac{t}{RC}} = u_C(0_+) e^{-\frac{t}{\tau}} \tag{4-2}$$

式中 U_S 是暂态过程开始时电容电压的初始值 $u_C(0_+)$，$\tau = RC$ 称为电路的时间常数。

如果我们用许多不同数值的 R、C 及 U_S 来重复上述放电实验可发现，不论 R、C 及 U_S 的值如何，RC 一阶电路中的响应都是按指数规律变化，如图 4.3（b）所示。由此可推论：RC 一阶电路零输入响应的规律是**指数规律**。

当 U_S 不变而取几组不同的 R 和 C 值时，观察电路响应的变化可发现：RC 乘积越大，放电过程进行得越慢；RC 乘积越小，放电过程进行得越快。即 RC 一阶电路放电速度的快慢，取决于时间常数τ。因此，时间常数τ=RC 是反映过渡过程进行快慢程度的物理量。

让式（4-2）中的 t 值分别等于 1τ、2τ、3τ、4τ、5τ，可得出 u_C 随时间变化的衰减表。时间常数τ的物理意义可由此表数据来进一步说明：

表 4.1　电容电压随时间变化的规律

τ	2τ	3τ	4τ	5τ
e^{-1}	e^{-2}	e^{-3}	e^{-4}	e^{-5}
$0.368U_S$	$0.135U_S$	$0.050U_S$	$0.018U_S$	$0.007U_S$

由表 4.1 中数据可知，当放电过程经历了一个τ的时间，电容电压衰减为初始值的 36.8%，经历了 2τ后衰减为初始值的 13.5%，经历了 3τ衰减为初始值的 5%，经历了 5τ后则衰减为初始值的 0.7%。指数规律在理论上须经过无限长时间，暂态过程才结束，但实际上，暂态过程经历 3τ～5τ 的时间后，剩下的原始储能已经微不足道了。因此，工程上一般认为暂态过程经历了 3τ～5τ 的时间后电路即进入稳态。

由此也可得出：时间常数τ是过渡过程经历了总变化量的 63.2%所需要的时间，其单位是秒（s）。

电容元件的电流总是与其极间电压符合动态的微分关系，即

$$i_C = C\frac{du_C}{dt} = C\frac{du_C(0+)e^{-\frac{t}{RC}}}{dt} = \frac{u_C(0_+)}{R}e^{-\frac{t}{RC}} \tag{4-3}$$

电容元件的放电电流 i_c 实际方向与极间电压 u_c 非关联，因此在图 4.3（b）中的位置是横轴下方，表明是负值。

4.2.2　RL 一阶电路的零输入响应

根据电磁感应定律可知，电感线圈通过变化的电流时，总会产生自感电压，自感电压限定了电流必须是从零开始连续地增加，而不会发生不占用时间的跳变，不占用时间的变化率将是无限大的变化率，这在事实上是不可能的。同理，本来在电感线圈中流过的电流也不会跳变消失。实际应用中，含有电感线圈的电路拉断开关时，触点上总会产生电弧，原因就在于此。

图 4.4（a）所示电路，在 t<0 时通过电感中的电流为 I_0 而且达稳态。设在 t=0 时开关 S 闭合，电路发生换路，根据换路定律可知，状态变量电感电流在换路后一瞬间的数值保持换路前一瞬间的数值 I_0 不变，因此产生暂态过程。暂态过程中，电感元件在初始时刻的原始能量 $W_L=0.5LI_0^2$ 逐渐被电阻 R 消耗，转化为热能。

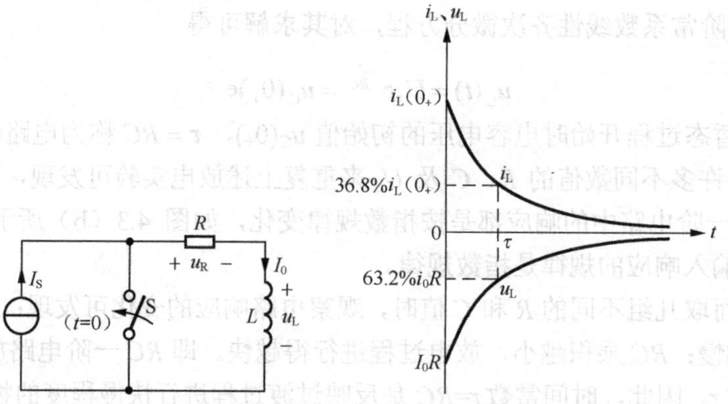

（a）*RL* 零输入电路　　　　（b）*RL* 零输入响应规律

图 4.4　*RL* 零输入电路与波形图

根据图示电路中电压和电流的参考方向及元件上的伏安关系，对右回路列 KVL 方程（设回路绕行方向为顺时针）可得

$$Ri+L\frac{\mathrm{d}i}{\mathrm{d}t}=0 \qquad (t\geqslant 0)$$

以储能元件 L 上的电流 i_L 作为待求响应，可解得

$$i_L(t)=I_0\mathrm{e}^{-\frac{R}{L}t}=i_L(0_+)\mathrm{e}^{-\frac{t}{\tau}} \qquad (4\text{-}4)$$

式中 $\tau=\dfrac{L}{R}$，是 *RL* 一阶电路的时间常数，其单位也是秒（s）。显然在 RL 一阶电路中，L 值越小、R 值越大时，过渡过程进行得越快，反之越慢。

电感元件两端的电压与电感电流总是符合动态的微分关系，所以

$$u_L(t)=L\frac{\mathrm{d}i}{\mathrm{d}t}=-RI_0\mathrm{e}^{-\frac{t}{\tau}} \qquad (4\text{-}5)$$

电路中响应的波形如图 4.4（b）所示。因为零输入响应实质上是电感元件释放磁场能量的过程，所以电压、电流方向非关联。显然，*RL* 一阶电路的响应规律也是**指数规律**。

由以上分析可知：

（1）一阶电路的零输入响应都是随时间按指数规律衰减到零的，这实际上反映了在没有电源作用的条件下，储能元件的原始能量逐渐被电阻消耗掉的物理过程。

（2）零输入响应取决于电路的原始能量和电路的特性，对于一阶电路来说，电路的特性是通过时间常数 τ 来体现的。

（3）原始能量增大 A 倍，则零输入响应将相应增大 A 倍，这种原始能量与零输入响应的线性关系称为零输入线性。

思　考　题

1．说说 $t=0_+$、$t=0_-$ 和 $t=0$ 这 3 个时刻的区别是什么？它们所处的电路相同吗？

2．时间常数 τ 的物理意义是什么？RC 一阶电路和 RL 一阶电路的时间常数 τ 相同吗？

3．一阶电路的零输入响应规律是什么？

一阶电路的零状态响应

4.3 一阶电路的零状态响应

储能元件的初始能量等于零，仅在外激励作用下引起的电路响应称为零状态响应。

4.3.1 *RC* 一阶电路的零状态响应

图 4.5（a）所示电路开关 S 闭合前，电容无原储能，开关 S 在 t=0 时刻闭合，电路换路。显然，这个典型的 *RC* 零状态电路实质上就是 *RC* 充电电路，因此研究的响应规律即充电过程中各电压、电流的变化规律。

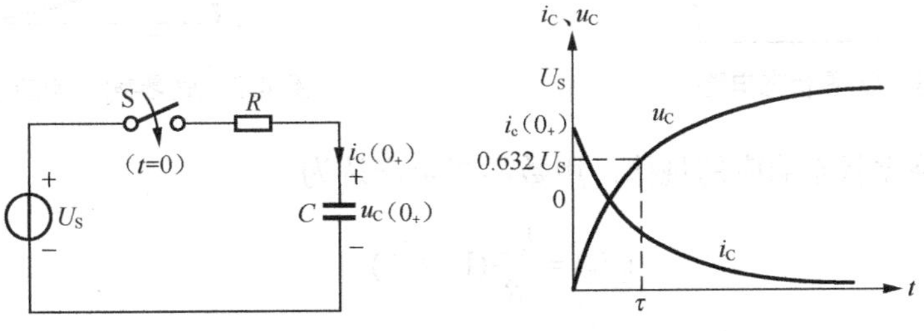

（a）*RC* 零状态电路　　（b）*RC* 零状态响应规律

图 4.5 *RC* 零状态电路与波形图

设开关 S 在 t=0 时闭合，电路中电压源 U_S 通过 R 向 C 充电，产生暂态过程。暂态过程中，电路图 4.5（a）的 *KVL* 方程式为

$$RC\frac{du_C}{dt}+u_C=U_S$$

对此 *RC* 一阶电路的线性非齐次方程进行求解，可得

$$u_C(t)=u_C(\infty)(1-e^{-\frac{t}{RC}})=U_S(1-e^{-\frac{t}{RC}}) \tag{4-6}$$

式中的 $u_C(\infty)$是充电过程结束时电容电压的稳态值，数值上等于电源电压 U_S。

一阶电路的零状态响应规律如图 4.5（b）所示，显然也是指数规律。充电开始时，由于电容的电压不能发生跃变，$u_C(0_+)=u_C(0_-)=0$；随着充电过程的进行，电容电压按指数规律增长，经历 3～5τ时间后，暂态过程基本结束，电容电压 $u_C(\infty)=U_S$，电路达稳态。

由于电容的基本工作方式是充放电，因此电容支路的电流不是放电电流就是充电电流，即电容电流只存在于过渡过程中，因此电路只要达稳态，i_C 必定等于零，因此在这一充电过程中，i_C 仍按指数规律衰减。充电过程中电压、电流方向关联，因此在横轴上方。

4.3.2 *RL* 一阶电路的零状态响应

图 4.6 所示电路，在 t=0 时开关闭合。换路前由于电感中的电流为零，根据换路定律，换路后 $t=0_+$瞬间 $i_L(0_+)=i_L(0_-)=0$。电流为零，说明此时的电感元件相当于开路；过渡过程结束，电路重新达到稳态时，由于直流情况下的电流恒定，电感元件上不会引起感抗，它又

相当于短路，这一点恰好与电容元件的作用相反。

在 4.6 图所示的 *RL* 零状态响应电路中，$t=0_+$时由于电流等于零，因此电阻上电压 $u_R=0$，由 *KVL* 定律可知，此时电感元件两端的电压 $u_L(0_+)=U_S$。当达到稳态后，自感电压 u_L 一定为零，电路中电流将由零增至 U_S/R 后保持恒定。显然在这一暂态过程中，自感电压 u_L 是按指数规律衰减的，而电流 i_L 则是按指数规律上升的，电阻两端电压始终与电流成正比，因此，u_R 从零增至 U_S。其变化规律如图 4.7 所示。

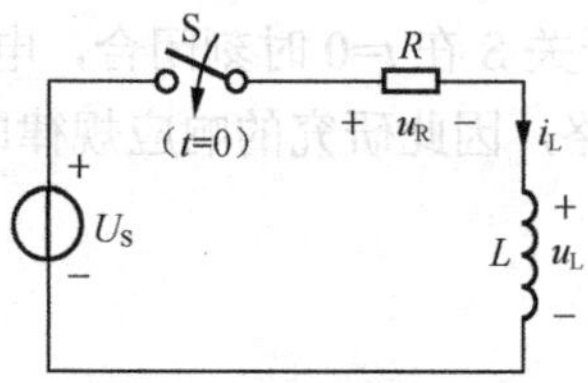

图 4.6　*RL* 零状态电路

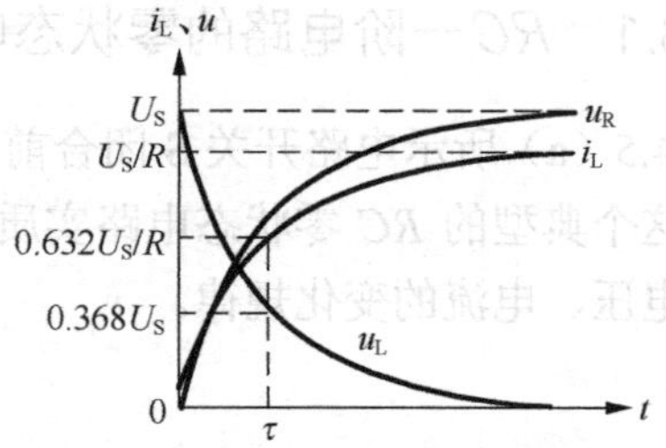

图 4.7　*RL* 零输入响应波形图

RL 一阶电路零状态响应的规律，用数学式可表达为

$$i_L(t)=\frac{U_S}{R}(1-e^{-\frac{t}{\tau}})$$

$$u_R(t)=Ri_L=U_S(1-e^{-\frac{t}{\tau}}) \qquad (4\text{-}7)$$

$$u_L(t)=L\frac{di_L}{dt}=U_S e^{-\frac{t}{\tau}})$$

思　考　题

1．一阶电路的零状态响应规律是什么？状态变量 $u_c(t)$和 $i_L(t)$与 $u_L(t)$和 $i_C(t)$的变化规律相同吗？

2．电容电流和电感电压为什么只存在于暂态过程中？它们能按指数规律上升吗？

4.4　一阶电路的全响应和三要素法

一阶电路中，既有外输入激励、储能元件上又有原始能量，换路后发生的暂态过程，其中的响应称为全响应。显然：

全响应＝零输入响应+零状态响应。

4.4.1　一阶电路的全响应

举例说明。

例 4.3　电路如图 4.8 所示，在 $t=0$ 时 S 闭合。已知 $u_C(0_-)=12V$，$C=1$ mF，$R=1$ kΩ，$R_L=2$ kΩ，试求 $t\geq0$ 时的 u_C 和 i_C。

一阶电路的全响应

解：既然 RC 电路的全响应是由零输入响应和零状态响应两部分所构成，可分别进行求解。

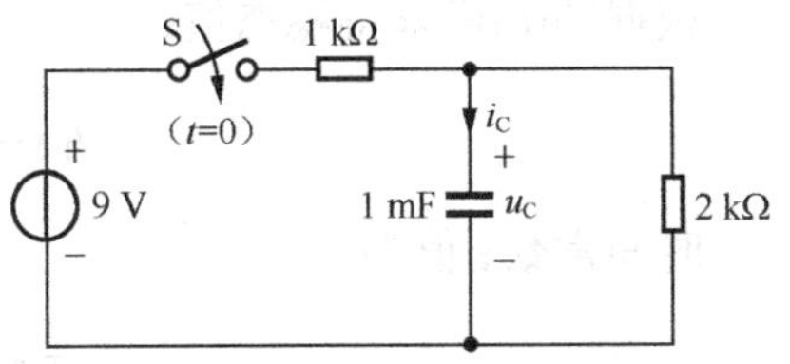

图 4.8 *RC*全响应电路

首先求零输入响应 $u_C'(t)$：

当输入为零时 u_C 将从其初始值 12 V 按指数规律衰减，根据式（4-2）可求得零输入响应为：

$$u'_C(t) = 12e^{-\frac{t}{\tau}}\text{ V}$$

其中

$$\tau = RC = \frac{1\times2}{1+2}\times10^3\times1\times10^{-3} = \frac{2}{3}(\text{s})$$

再求零状态响应 $u''_C(t)$：

电容初始状态为零时，在 9 V 电源作用下引起的电路响应可由式（4-6）求得

$$u''_C(t) = 6(1-e^{-\frac{t}{\tau}})\text{ V}$$（其中的时间常数与零输入响应相同）

因此全响应为

$$u_C(t) = u'_C(t) + u''_C(t) = 12e^{-1.5t} + 6 - 6e^{-1.5t} = 6 + (12-6)e^{-1.5t} = 6 + 6e^{-1.5t}(\text{V})$$

其中第一项是 $u_C(t)$的稳态分量，数值上等于电容电压的稳态值 $u_C(\infty)$，因此也称为全响应的稳态分量，而第二项是按指数规律衰减的，只存在于暂态过程中，因之称为全响应的暂态分量，由此又可把全响应写为：

全响应=稳态分量+暂态分量

电容支路的电流仍然在 $u_C(t)$求出后，按照二者之间的动态关系直接求出：

$$i_C(t) = C\frac{du_C}{dt} = 1\times10^{-3}\times\frac{d(6+6e^{-1.5t})}{dt} = -9e^{-1.5t}(\text{mA})$$

例 4.4 电路如图 4.9(a)所示。在 t=0 时 S 打开。开关打开前电路已达稳态。已知 U_S=24 V，L=0.6 H，R_1=4 Ω，R_2=8 Ω。试求开关 S 打开后电流 i_L 和电压 u_L。

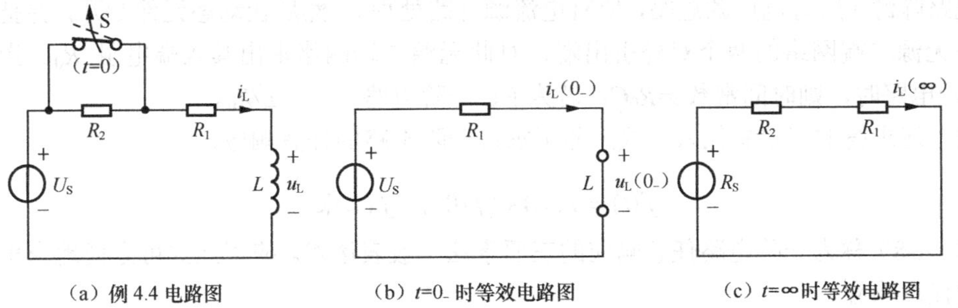

图 4.9 例 4.4 电路

解：由于换路前电路已达稳态，因此电感元件相当于短路，故可得出换路前等效电路如图（b）所示。由图（b）可求得电流的初始值：

$$i_L(0_+) = i_L(0_-) = \frac{U_S}{R_1} = \frac{24}{4} = 6(\text{A})$$

根据图(c)可求得稳态值：

$$i_L(\infty)=\frac{U_S}{R_1+R_2}=\frac{24}{4+8}=2(\text{A})$$

时间常数τ值为：

$$\tau=\frac{L}{R_1+R_2}=\frac{0.6}{4+8}=0.05(\text{s})$$

则零输入响应$i'_L(t)$为

$$i'_L(t)=6\text{e}^{-20t}\text{A}$$

零状态响应$i''_L(t)$为

$$i''_L(t)=2(1-\text{e}^{-20t})\text{A}$$

全响应为：

$$i_L(t)=i'_L(t)+i''_L(t)=6\text{e}^{-20t}+2-2\text{e}^{-20t}=2+4\text{e}^{-20t}\text{A}$$

根据电感元件上的伏安关系可求得：

$$u_L(t)=L\frac{\text{d}i}{\text{d}t}=0.6\frac{\text{d}(2+4\text{e}^{-20t})}{\text{d}t}=-48\text{e}^{-20t}\ \text{V}$$

4.4.2 一阶电路暂态过程的三要素分析法

一阶电路的全响应可表述为零输入响应和零状态响应之和，也可表述为稳态分量和暂态分量之和，其中**响应的初始值、稳态值和时间常数τ称为一阶电路的三要素**。

一阶电路暂态分析的三要素法

一阶电路状态变量的初始值 $i_L(0_+)$和 $u_C(0_+)$，必须在换路前$t=0_-$的等效电路图中进行求解，然后根据换路定律得出；如果是其他各量的初始值，则应根据 $t=0_+$的等效电路图去进行求解。

一阶电路响应的稳态值均要根据换路后重新达到稳态时的等效电路图进行求解。

一阶电路的时间常数τ则应在换路后 $t\geqslant0$ 时的等效电路中求解。求解时首先将 $t\geqslant0$ 时的等效电路除源（所有电压源短路，所有电流源开路处理），然后让动态元件断开，并把断开处看作是无源二端网络的两个对外引出端，对此无源二端网络求出其入端电阻 R_0。当电路为RC一阶电路时，则时间常数$\tau=R_0C$；若为RL一阶电路，则$\tau=L/R_0$。

将上述求得的三要素代入下式，即可求得一阶电路的任意响应：

$$f(t)=f(\infty)+[f(0_+)-f(\infty)]\text{e}^{-\frac{t}{\tau}} \tag{4-8}$$

式（4-8）称为一阶电路任意响应的三要素法一般表达式。应用此式可方便地求出一阶电路中的任意响应。

例 4.5 应用一阶电路的三要素法重新求解例 4.3 中的电容电压 u_C。

解：首先根据换路定律可得出电容电压的初始值：

$$u_C(0_+)=u_C(0_-)=12(\text{V})$$

再根据如图 4.10（a）所示的 $t\geqslant0$ 时的等效电路图求出电容电压的稳态值

$$u_C(\infty)=9\frac{2}{1+2}=6(\text{V})$$

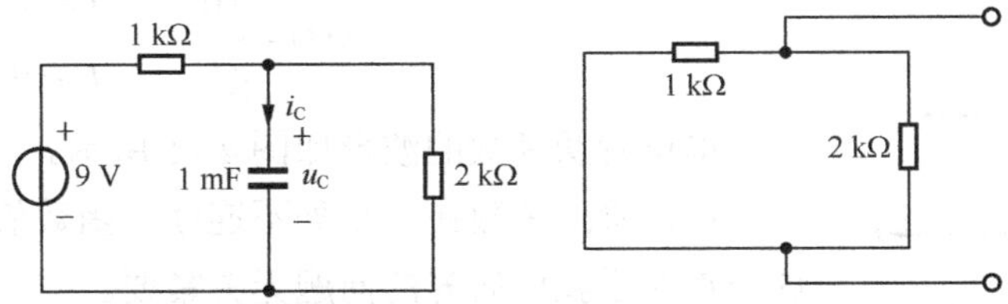

（a）$t \geqslant 0$ 时的等效电路　　（b）求 R_0 时的等效电路

图 4.10　例 4.5 等效电路图

将图（a）除源后，求动态元件两端的等效电阻 R_0，由图（b）可得

$$R_0=1\,//\,2=2/3(\text{k}\Omega)$$

$$\tau = R_0C = 2/3\times10^3\times1\times10^{-3}=2/3(\text{s})$$

将上述求得的三要素值代入式(4-8)可得：

$$\begin{aligned}u_C(t)&=u_C(\infty)+[u_C(0_+)-u_C(\infty)]\text{e}^{-1.5t}\\&=6+(12-6)\text{e}^{-1.5t}\\&=6+6\text{e}^{-1.5t}(\text{V})\end{aligned}$$

例 4.6　应用一阶电路的三要素法重新求解例 4.4 中的电感电流 i_L。

解：例 4.4 前三步已求得电路的三要素，下面我们直接代入到式(4-8)可得

$$\begin{aligned}i_L(t)&=i_L(\infty)+[i_L(0_+)-i_L(\infty)]\text{e}^{-20t}\\&=2+[6-2]\text{e}^{-20t}\\&=2+4\text{e}^{-20t}(\text{A})\end{aligned}$$

计算结果与例 4.4 完全相同，所不同的是，计算步骤大大简化。

思 考 题

1．能否说一阶电路响应的暂态分量等于它的零输入响应？稳态分量等于它的零状态响应？为什么？

2．你能正确画出一阶电路 t=0₋和 t=∞时的等效电路图吗？图中动态元件如何处理？

3．何谓一阶电路的三要素？试述其物理意义。试述三要素法中的几个重要环节应如何掌握？

4.5　一阶电路的阶跃响应

在动态电路的暂态分析中，常引用单位阶跃函数，以便描述电路的激励和响应。

阶跃函数

4.5.1　单位阶跃函数

单位阶跃函数是一种奇异函数，一般用符号 ε（t）表示，其定义为

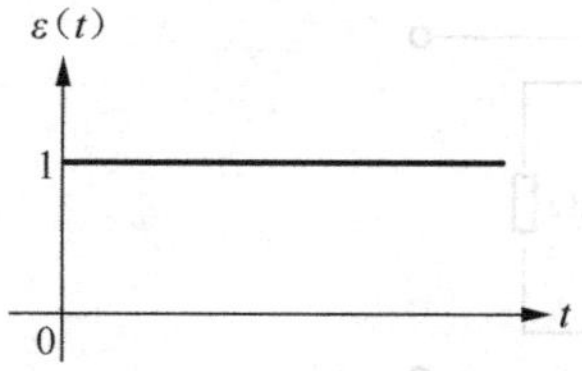

图 4.11　单位阶跃函数

$$\varepsilon(t)=\begin{cases}0 & t<0\\ 1 & t\geqslant 0\end{cases} \tag{4-9}$$

单位阶跃函数的波形如图 4.11 所示。

单位阶跃函数在 t=0 处不连续，函数值由 0 跃变到 1，但这一点对于我们研究的问题无关紧要。

单位阶跃函数既可以表示电压，也可以用来表示电流，它在电路中通常用来表示开关在 t=0 时刻的动作。

单位阶跃函数实质上反映了电路中在 t=0 时刻把一个零状态电路与一个 1 V 或 1 A 的独立源相接通的开关动作。

如图 4.12（a）、图 4.12（c）所示电路中的开关 S 的动作，完全可以用图 4.12（b）、图 4.12（d）中阶跃电压或阶跃电流来描述，即

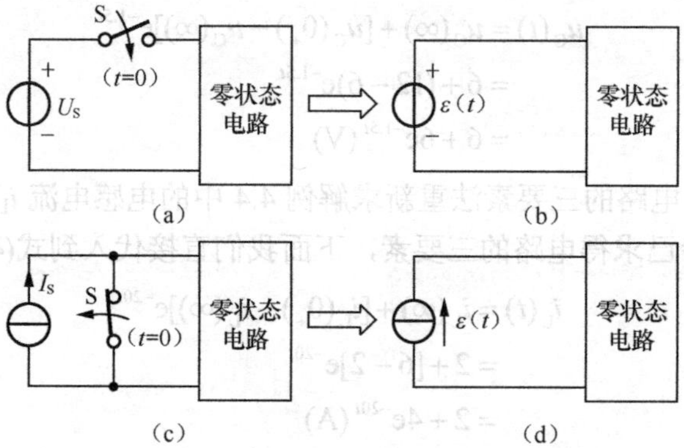

图 4.12　单位阶跃函数表示的开关动作

单位阶跃函数 $\varepsilon(t)$表示的是从 t=0 时刻开始的阶跃，如果阶跃发生在 $t=t_0$ 时刻，则可以认为是 $\varepsilon(t)$在时间上延迟了 t_0 后得到的结果，把此时的阶跃称为延时单位阶跃函数，并记作 $\varepsilon(t-t_0)$，延时单位阶跃函数的波形图如图 4.13 所示。延时单位阶跃函数的定义为

$$\varepsilon(t-t_0)=\begin{cases}0 & t\leqslant t_0\\ 1 & t>t_0\end{cases} \tag{4-10}$$

对于一个如图 4.14 所示的矩形脉冲波，我们可以把它看成是由一个 $\varepsilon(t)$与一个 $\varepsilon(t-t_0)$共同组成的，即

$$f(t)=\varepsilon(t)-\varepsilon(t-t_0)$$

同理，对图 4.15 上面所示的幅度为 1 的矩形脉冲波，则可表示为由下面两个延时单位阶跃函数的叠加，即

$$f(t)=1(t-t_1)-1(t-t_2)$$

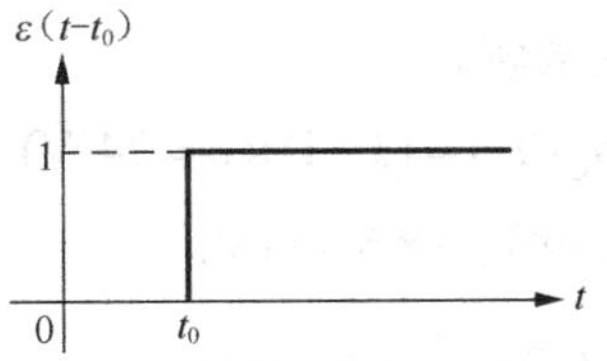

图 4.13 延时单位阶跃函数

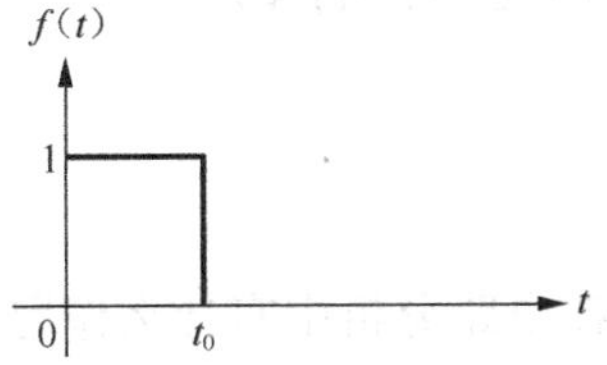

图 4.14 矩形脉冲波

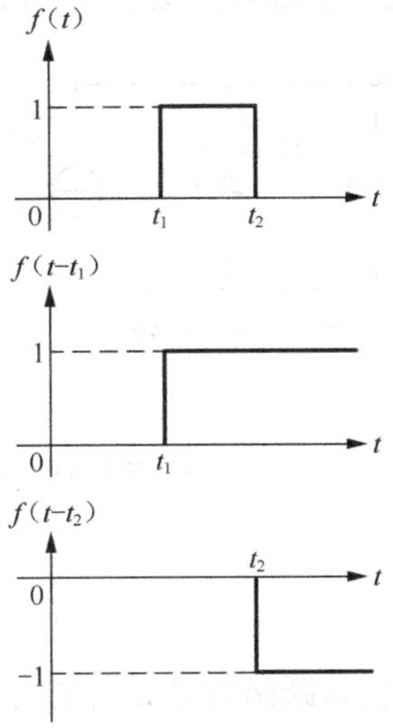

图 4.15 矩形脉冲的组成

4.5.2 单位阶跃响应

单位阶跃响应

零状态电路对单位阶跃信号的响应称为单位阶跃响应，简称阶跃响应，一般用 $S(t)$表示。

如前所述，单位阶跃函数 $\varepsilon(t)$作用于电路时相当于单位独立源(1 V 或 1 A)在 t=0 时与零状态电路接通，因此，电路的零状态响应实际上就是单位阶跃响应。只要电路是一阶的，均可采用三要素法进行求解。

例 4.7 电路如图 4.16 所示，已知 $u=5\cdot 1(t-2)$ V，$u_C(0_+)=10$ V，试求电路响应 i。

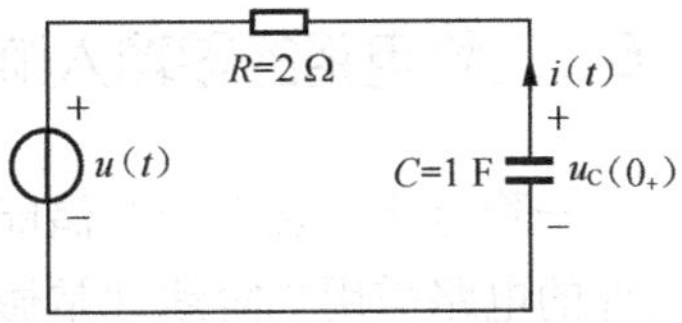

图 4.16 例 4.7 电路

解：利用三要素法求解，首先求 $t=0_+$时电流的初始值

$$i(0_+)=-\frac{10}{2}\cdot 1(t)=-5\cdot 1(t)(\mathrm{A})$$

再求 t=2s 时电流的初始值

$$i(2)=\frac{5}{2}\cdot 1(t-2)=2.5\cdot 1(t-2)(\mathrm{A})$$

RC 一阶电路达到稳态时，电流 i（∞）=0，因此电流只有瞬态分量而没有稳态分量。电路的时间常数为：

$$\tau=RC=2\times 1=2(\mathrm{s})$$

利用三要素法公式可得电流的阶跃响应

$$S(t)=-5\mathrm{e}^{-0.5t}\cdot 1(t)+2.5\mathrm{e}^{-0.5(t-2)}\cdot 1(t-2)\ \mathrm{A}$$

由此例可看出，单位阶跃响应的求解方法与一阶电路响应的求解方法类似，把响应公式中的输入改为单位阶跃响应 $\varepsilon(t)$，就可获得该电路的阶跃响应，为表示响应适用的时间范围，在所得结果的后面要乘以相应的单位阶跃函数。

例 4.8 电路如图 4.17 所示，已知 I_0=3 mA，试求 $t\geqslant 0$ 时的电容电压 $u_C(t)$。

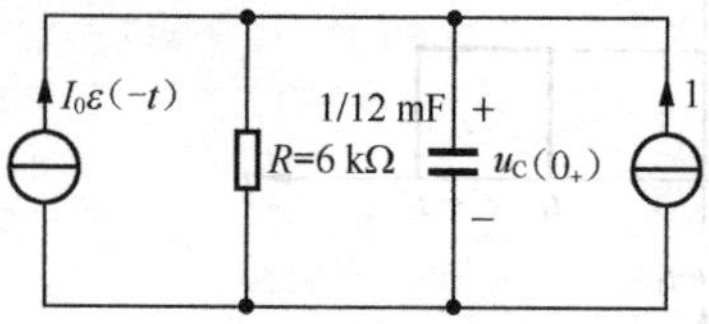

图 4.17 例 4.8 电路

解：用三要素法求解。

$$u_C(0_+)=u_C(0_-)=(3+1)\times 6=24(\text{V})$$

$$u_C(\infty)=1\times 6=6(\text{V})$$

$$\tau=RC=\frac{1}{12}\times 6=0.5(\text{s})$$

所以有

$$u_C(t)=u_C(\infty)+[u_C(0_+)-u_C(\infty)]e^{-\frac{t}{\tau}}=6+18e^{2t}\cdot 1(-t)(\text{V})$$

思 考 题

1．单位阶跃函数是如何定义的？其实质是什么？它在电路分析中有什么作用？

2．说说（$-t$）、（t+2）和（t−2）各对应时间轴上的哪一点？

3．试用阶跃函数分别表示图 4.18 所示电流和电压的波形。

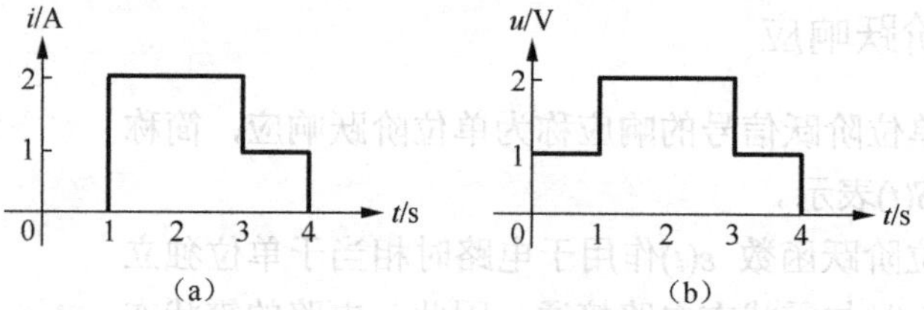

图 4.18 思考题 3 的波形图

4.6 二阶电路的零输入响应

二阶电路的零输入响应

一阶电路只含有一个储能元件（电感或电容）。含有两个储能元件的电路需用二阶线性常微分方程来描述，因此称为二阶电路。

图 4.19 所示为 RLC 相串联的零输入响应电路，已知电容电压的初始值 $u_C(0_-)=U_0$，电流的初始值 $i(0_-)=I_0$，在 $t=0$ 时开关 S 闭合，电路中的过渡过程开始，根据 KVL 定律，过渡过程可用下式描述

$$LC\frac{d^2u_C}{dt^2}+RC\frac{du_C}{dt}+u_C=0$$

显然此式是一个以 u_C 为变量的二阶线性齐次微分方程式，其特征方程为

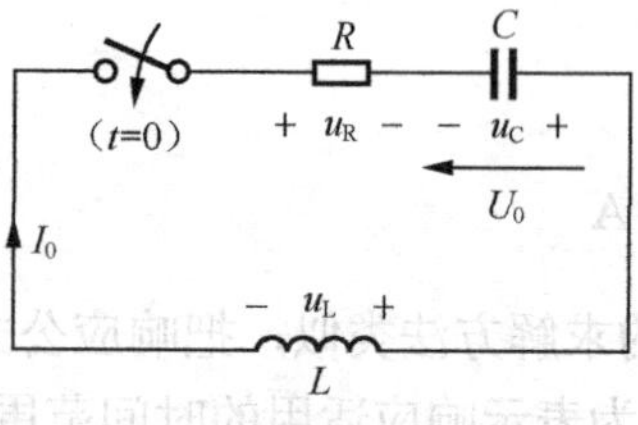

图 4.19 二阶零输入响应电路

$$LCS^2+RCS+1=0$$

$$S=\frac{-R}{2L}+\sqrt{\left(\frac{R}{2L}\right)-\frac{1}{LC}}=-\delta\pm\sqrt{\delta^2-\omega_0^{\ 2}}$$

（其中的 $\delta=\dfrac{R}{2L}$，$\omega_0=\dfrac{1}{\sqrt{LC}}$）

当电路中出现 $\delta > \omega_0$（即 $R > 2\sqrt{\frac{L}{C}}$）、$\delta < \omega_0$（即 $R < 2\sqrt{\frac{L}{C}}$）和 $\delta = \omega_0$（即 $R = 2\sqrt{\frac{L}{C}}$）3 种关系时，电路的响应将各不相同。

（1）当 $R > 2\sqrt{\frac{L}{C}}$ 时，电路中的电流和电压波形如图 4.20（a）所示，这种情况称为“过阻尼”状态。过阻尼状态下，电容电压 u_C 单调衰减而最终趋于零，一直处于放电状态；放电电流 i_C 则从零逐渐增大，达到最大值后又逐渐减小到零，没有正、负交替状况，因此响应是非振荡的。在“过阻尼”状态下，电路既要满足换路定律，还要满足 u_C 和 i_C 最终为零的条件，所以它们不再按指数规律变化了。从能量的角度上看，在 0～t_m 阶段，电容器原来储存的电场能量逐渐放出，一部分消耗在电阻上，一部分随着电流上升而使电感储能增加，由于电阻 R 较大，消耗的能量多，电感储存的能量少。在电流增大到对应 t_m 时刻，电场释放的能量满足不了电阻消耗的时候，电流开始下降，即在 $t_m \sim \infty$ 阶段，磁场能量伴随电流的减小开始释放，电场能量和磁场能量一起消耗在电阻 R 上，直到全部耗尽为止。

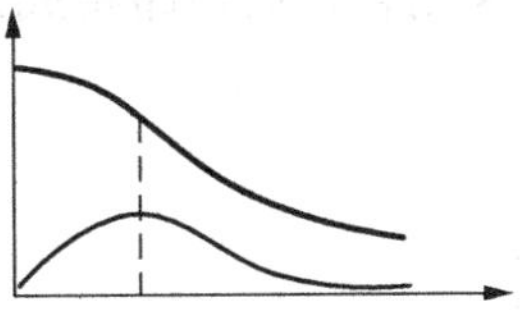
（a）“过阻尼”状态波形图

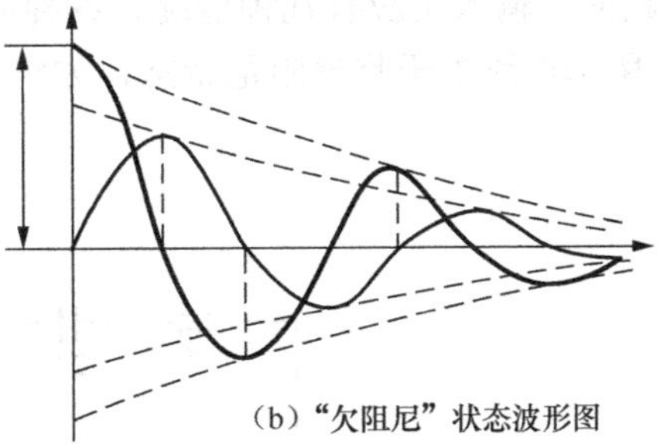
（b）“欠阻尼”状态波形图

图 4.20 “过阻尼”和“欠阻尼”情况下的波形图

（2）当 $R < 2\sqrt{\frac{L}{C}}$ 时，电路中的电流和电压波形如图 4.20（b）所示，这种情况称为“欠阻尼”状态。欠阻尼状态下，随着电容器的放电，电容电压逐渐下降，电流的绝对值逐渐增大，电场放出的能量一部分转化为磁场能量，另一部分转化为热能消耗于电阻上；在电容放电结束时，电流并不为零，仍按原方向继续流动，但绝对值在逐渐减小。当电流衰减为零时，电容器上又反向充电到一定电压，这时又开始放电，送出反方向的电流。此后，电压、电流的变化与前一阶段相似，只是方向与前阶段相反。由此周而复始地进行充放电，就形成了电压、电流的周期性交变，这种现象称为电磁振荡。在振荡过程中，由于电阻的存在，要不断地消耗能量，所以电压和电流的振幅逐渐减小，直至为零，即电路中的原始能量全部消耗在电阻上后，振荡被终止。这种振荡称为减幅振荡。

减幅振荡现象属于一种基本的电磁现象，在电子技术中得到广泛应用。例如外差式收音机、电视机等，只是在实际电路中，为了使减幅振荡成为不减幅的振荡，一般常采用另外的晶体管或其他电路来补偿电阻上的损耗。

（3）当 $R = 2\sqrt{\frac{L}{C}}$ 时，电流和电压的波形仍是非振荡的，其能量转换过程与“过阻尼”状态相同。只是此状态下电路响应临近振荡，故称此时为“临界阻尼”状态。

（4）R=0 是一种理想的电路状态，由于电阻为零，因此电路中没有能量损耗。这种情况下，电容元件通过电感元件反复充放电所达到的电压值始终等于 U_0，因此电路中的电流振幅也不会减小，电场能量与磁场能量之间的相互转换永不停息，这时的振荡就成了按正弦规律变化的**等幅振荡**。在等幅振荡情况下，两个动态元件上的电抗必然相等，即 $X_L=X_C$，由此可导出 LC 等幅振荡时电路的固有频率为

$$f_0=\frac{1}{2\pi\sqrt{LC}}$$

如果电路中存在电阻，所产生的减幅振荡的频率就与电阻有关，上述公式就不能使用。

以上讨论的情况仅适用于 RLC 串联电路的零输入状态，在恒定输入下的全响应与零输入响应类似，仍按以上 3 种情况判断电路是否产生振荡。显然，一个电路是否振荡并不取决于何种激励，而是由电路元件的参数所决定的。

思 考 题

1．二阶电路的零输入响应有几种情况？各种情况下响应的表达式如何？条件是什么？

2．图 4.21 所示电路处于临界阻尼状态，如将开关 S 闭合，问电路将成为过阻尼还是欠阻尼状态？

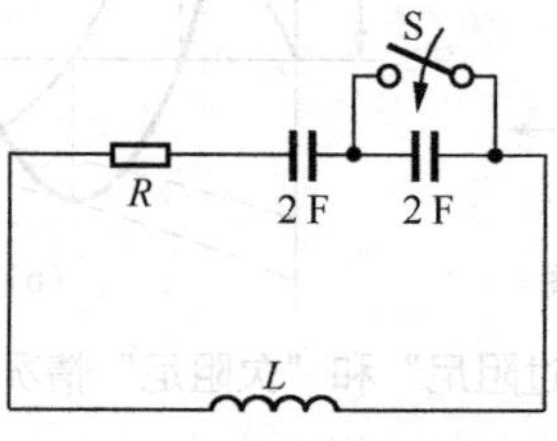

图 4.21 思考题 2 电路

应用能力课题培养：一阶电路的响应测试

1．实验目的

（1）测定 RC 一阶电路的零输入响应、零状态响应及完全响应。

（2）学习电路时间常数的测量方法。

（3）掌握有关微分电路和积分电路的概念。

2．原理说明

（1）动态网络的过渡过程是十分短暂的单次变化过程。要用普通示波器观察过渡过程和测量有关的参数，就必须使这种单次变化的过程重复出现。为此，我们利用信号发生器输出的方波来模拟阶跃激励信号，即利用方波输出的上升沿作为零状态响应的正阶跃激励信号；利用方波的下降沿作为零输入响应的负阶跃激励信号。只要选择方波的重复周期远大于电路的时间常数 τ，那么电路在这样的方波序列脉冲信号的激励下，它的响应就和直流电接通与断开的过渡过程是基本相同。

（2）含动态元件的电路，其电路方程为微分方程：用一阶微分方程描述的电路，称一阶电路。图 4.22 所示电路为一阶 *RC* 电路。

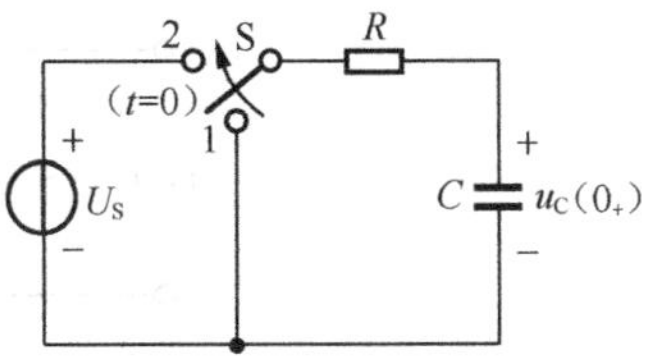

图 4.22 一阶 *RC* 电路

首先将开关 S 的位置打向“1”，使电路处于零状态，在 $t=0$ 时刻把开关 S 由位置“1”扳向位置“2”，电路对激励 U_S 的响应为零状态响应，有

$$u_C(t)=U_S-U_S e^{-\frac{\tau}{RC}}$$

这一暂态过程为电容充电的过程，充电曲线如图 4.23（a）所示。

若开关 S 的位置首先置于“2”，使电路处于稳定状态，在 t=0 时刻把开关 S 由位置“2”扳向位置“1”，电路发生的响应为零输入响应，有

$$u_C(t)=U_S e^{-\frac{\tau}{RC}}$$

这一暂态过程为电容放电的过程，放电曲线如图 4.23（b）所示。

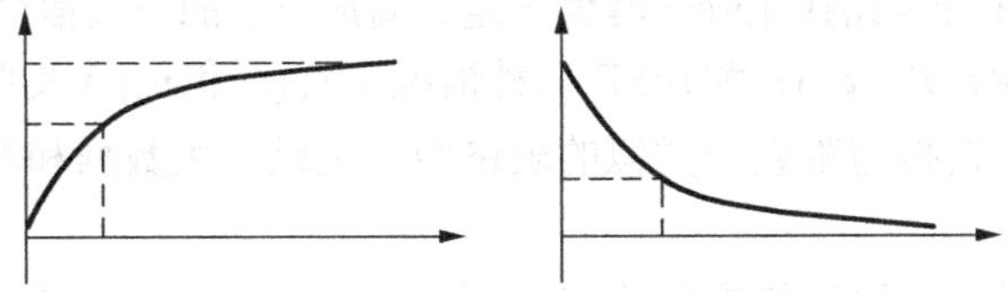

（a）充电曲线　（b）放电曲线

图 4.23 *RC*一阶电路的充、放电曲线

动态电路的零状态响应和零输入响应之和称为全响应。

（3）动态电路在换路以后，一般经过一段时间的暂态。由于这一过程不是重复的，所以不易用普通示波器来观察其动态过程（普通示波器只能用来观察周期性的波形）。为了能利用普通示波器研究上述电路的充放电过程，可由方波激励实现一阶 *RC* 电路重复出现的充放电过程。若方波激励的半周期 $T/2$ 与时间常数 $\tau(=RC)$ 之比保持在 5∶1 左右，可使电容每次充放电的暂态过程基本结束，再开始新一次的充放电过程，如图 4.24 所示。

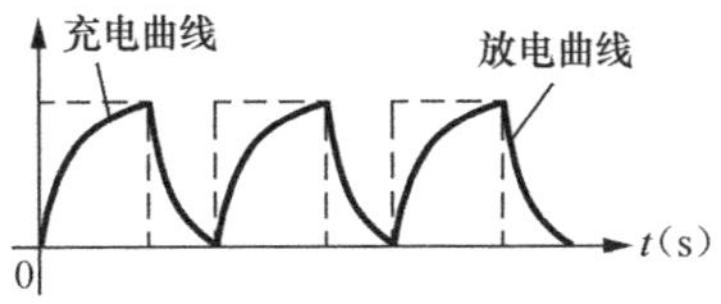

图 4.24 充放电过程曲线图

（4）RC 电路充放电的时间常数 τ 可以从示波器观察的响应波形计算出。设时间坐标单位确定，对于充电曲线，幅值由零上升到终值的 63.2%所需要的时间为时间常数 τ。对于放电曲线幅值下降到初值的 36.8%所需要的时间也为时间常数 τ。

（5）一阶 *RC* 动态电路在一定条件下，可近似构成微分电路和积分电路。当时间常数 τ 远远小于方波周期 T 时，可近似构成图 4.25（a）所示的微分电路；当时间常数 τ 远远大于方波周期 T 时，可近似构成图 4.25（b）所示的积分电路。

3．实验内容

（1）图 4.25（a）微分电路接至峰—峰值一定、周期一定的方波信号源，调节电阻箱阻值和电容箱的电容值，观察并描绘 $\tau=0.01T$、$\tau=0.2T$ 和 $\tau=t$ 三种情况下 $u_S(t)$ 和 $u_0(t)$ 波形。用示波器测出对应三种情况的时间常数，记录于附表一中，与理论值相比较。

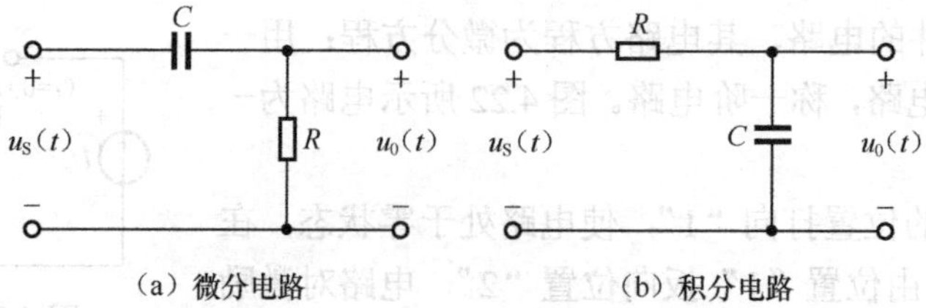

图 4.25　RC一阶微分电路和积分电路

附表一　　一阶微分电路的研究（T=ms）

参数值		时间常数		波形	
R/kΩ	C/μF	τ（理论值）	τ（测试值）	$u_s(t)$	$u_0(t)$
		0.01τ			
		0.2τ			
		τ			

（2）图 4.25（b）积分电路接至峰—峰值一定、周期一定的方波信号源，选取合适的电阻、电容参数，观察并描绘$\tau=T$、$\tau=3T$ 和$\tau=5T$ 三种情况下$u_S(t)$和$u_0(t)$波形。用示波器测出对应三种情况的时间常数，自拟与附表一类似的表格中，记录有关数据和波形，与给定的理论值相比较。

（3）设计一个简单的一阶网络实验线路，要求观察到该网络的零输入响应、零状态响应和全响应。研究零输入响应、初始状态、零状态响应与激励之间的关系。

4．预习与思考

（1）将方波信号转换为尖脉冲信号，可以通过什么电路来实现？对电路的参数有什么要求？

（2）为什么说本实验中所介绍的 RC 微分、积分电路是近似的微分、积分电路？最大误差在什么地方？

（3）将方波信号转换成三角波信号，可以通过什么电路来实现？对电路参数有什么要求？

（4）完成实验内容所要求的数据记录和表格拟定。

（5）完成实验要求的电路设计，并做出相应的理论分析。

5．实验设备

（1）普通双踪示波器一台

（2）函数信号发生器一台

（3）电阻箱一只

（4）电容箱一只

第4章　习题

4.1　图 4.26 所示各电路已达稳态，开关 S 在 $t=0$ 时动作，试求各电路中的各元件电压的初始值。

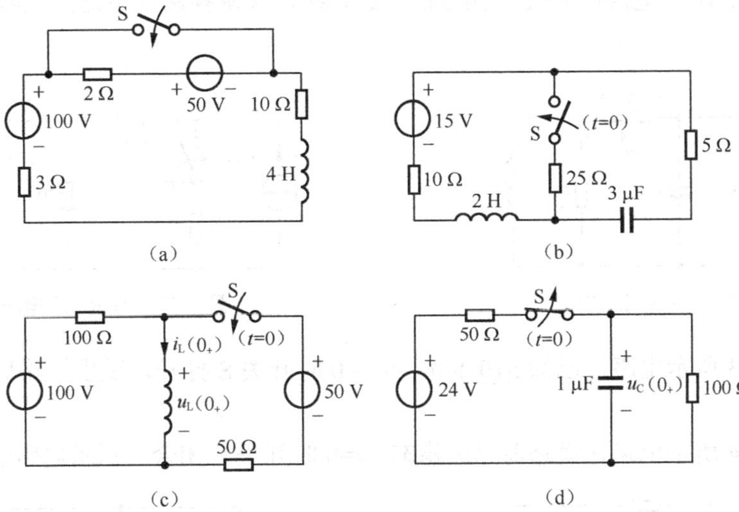

图 4.26　习题 4.1 电路

4.2　图 4.27 示电路在 t=0 时开关 S 闭合，闭合开关之前电路已达稳态。求 $u_C(t)$。

4.3　图 4.28 所示电路在开关 S 动作之前已达稳态，在 $t=0$ 时由位置 a 投向位置 b。求过渡过程中的 $u_L(t)$和 $i_L(t)$。

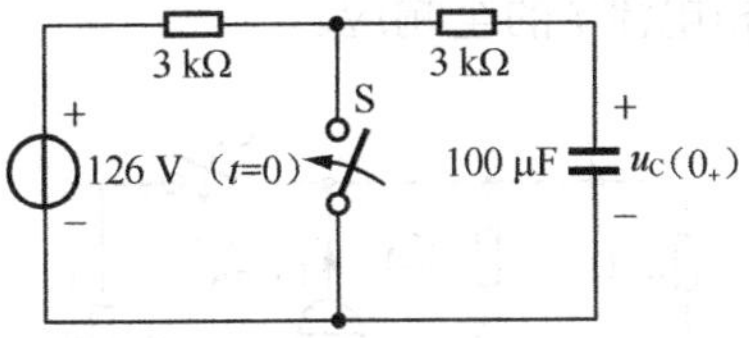

图 4.27　习题 4.2 电路

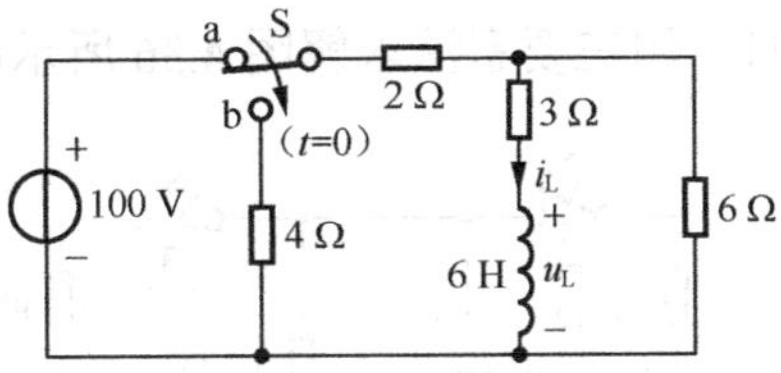

图 4.28　习题 4.3 电路

4.4　在图 4.29 所示电路中，R_1=R_2=100 kΩ，C=1 μF，U_S=3 V。开关 S 闭合前电容元件上原始储能为零，试求开关闭合后 0.2 s 时电容两端的电压为多少？

4.5　在图 4.30 所示电路中，R_1=6 Ω，R_2=2 Ω，L=0.2 H，U_S=12 V，换路前电路已达稳态。t=0 时开关 S 闭合。求响应 i_L（t）。并求出电流达到 4.5 A 时需用的时间。

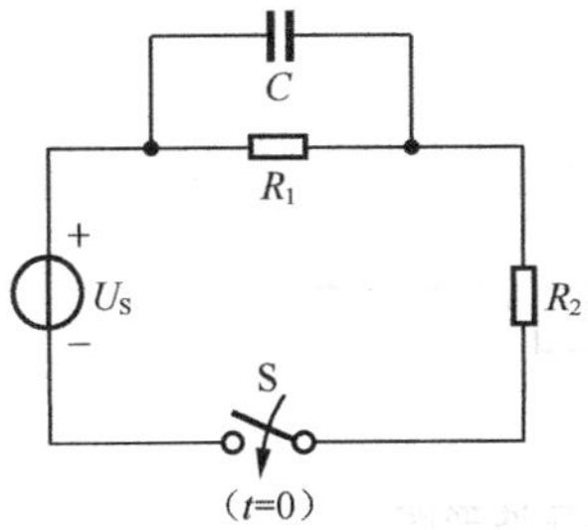

图 4.29　习题 4.4 电路

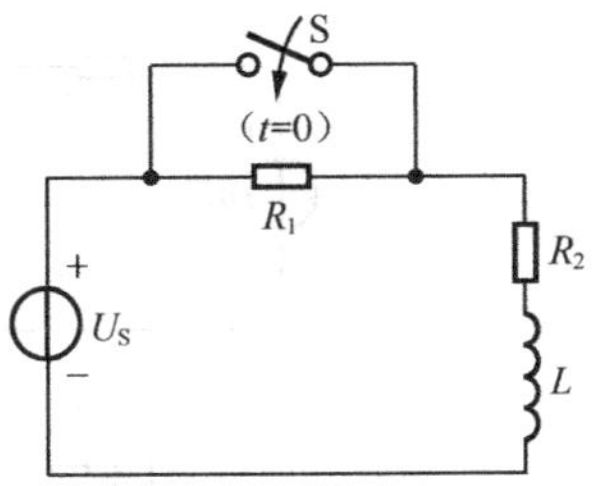

图 4.30　习题 4.5 电路

4.6　图 4.31 所示电路在换路前已达稳态。试求开关 S 闭合后开关两端的电压 $u_K(t)$。

4.7　图 4.32 所示电路在开关 S 闭合前已达稳态，试求换路后电路的全响应 u_C，并画出它的曲线。

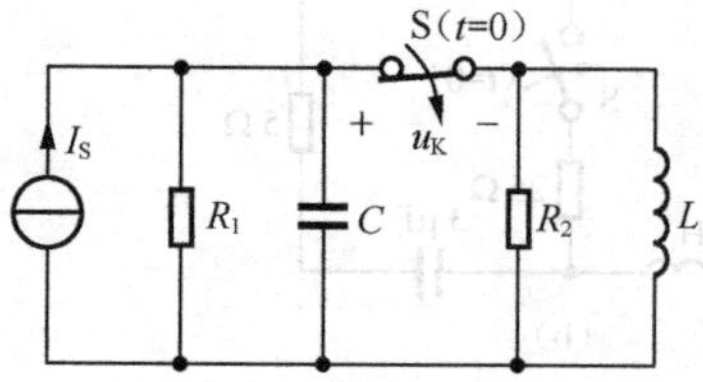

图 4.31　习题 4.6 电路

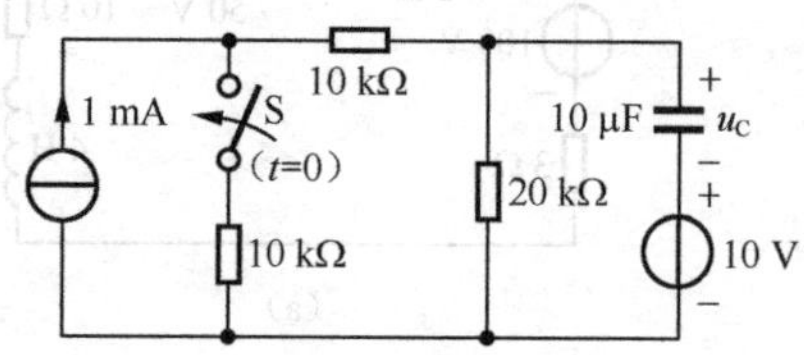

图 4.32　习题 4.7 电路

4.8　图 4.33 所示电路，已知 $i_L(0_-)=0$，在 $t=0$ 时开关 S 打开，试求换路后的零状态响应 $i_L(t)$。

4.9　图 4.34 所示电路在换路前已达稳态，$t=0$ 时开关 S 闭合。试求电路响应 $u_C(t)$。

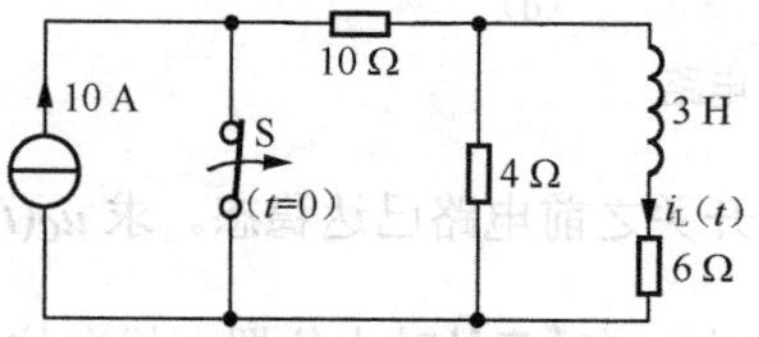

图 4.33　习题 4.8 电路

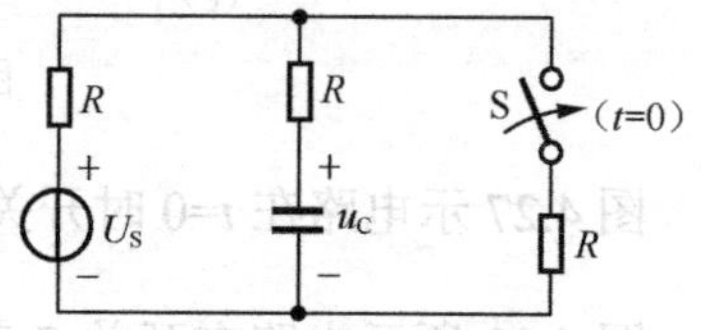

图 4.34　习题 4.9 电路

4.10　图 4.35 所示电路在换路前已达稳态，$t=0$ 时开关 S 动作。试求电路响应 $u_C(t)$。

4.11　用三要素法求解图 4.36 所示电路中电压 u 和电流 i 的全响应。

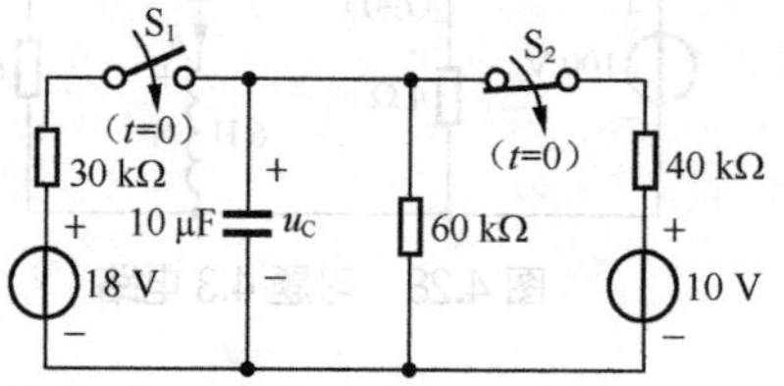

图 4.35　习题 4.10 电路

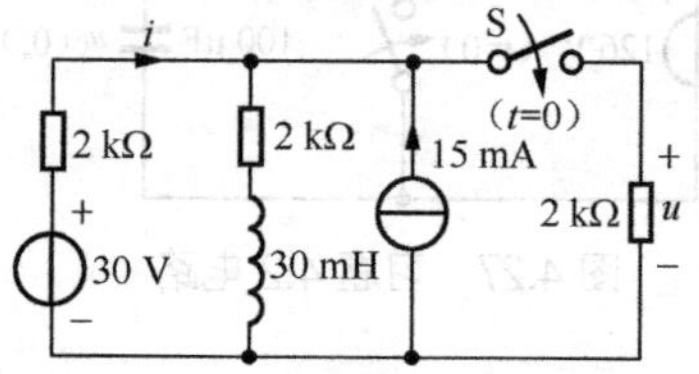

图 4.36　习题 4.11 电路

4.12　图 4.37（a）所示电路中，已知 $R=5\ \Omega$，$L=1\ \text{H}$，输入电压波形如图 4.37（b）所示，试求电路响应 $i_L(t)$。

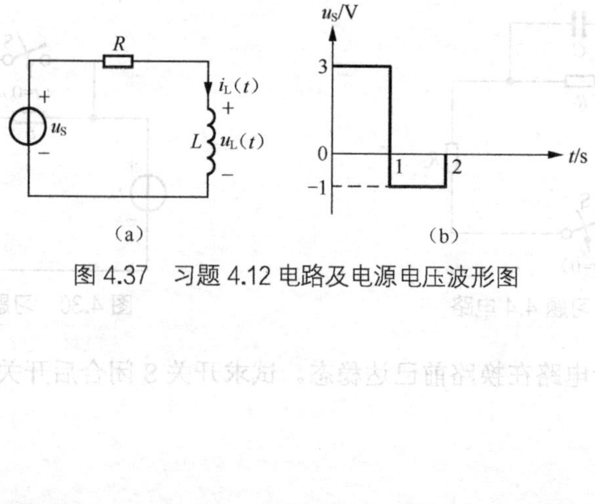

图 4.37　习题 4.12 电路及电源电压波形图

第5章 常用半导体器件与二极管电路

半导体单晶材料硅和锗的发明以及二极管、晶体管等半导体器件的问世，引发了电子工业革命。目前硅单晶的年产量已达 2 万吨以上，8-12 英寸的硅单晶已运用于工业生产；18 英寸的硅单晶已研制成功；8 英寸硅片已广泛用于大规模集成电路的生产；12 英寸 32 纳米工艺也已投入工业生产，实际需要必将极大地推动器件的不断创新，预计 2022 年为 10 纳米。

电子器件的未来充满生机，为了正确和有效地运用各种各样的电子器件和半导体产品，相关工程技术人员须对半导体的特殊性能、PN 结的形成及其单向导电性有一定的了解和认识，掌握二极管、三极管的外部特性和主要技术参数，为正确使用电子器件打下基础。

5.1 半导体基础知识

半导体的导电性能虽然介于导体和绝缘体之间，但是却能够引起人们的极大兴趣，这与半导体材料自身存在的一些独特性能是分不开的。同一块半导体，在不同外界情况下其导电能力会有非常大的差别，有时像地地道道的导体，有时又像典型的绝缘体。利用半导体的这种独特性能，人们研制出各种类型的电子器件。

5.1.1 半导体的独特性能

有些半导体对温度的反应特别灵敏：当周围环境温度增高时，其导电能力显著增加，温度下降时，其导电能力随之明显下降。利用半导体的这种热敏性，人们可以把它制成自动控制用的热敏元件，如市场上销售的双金属片、铜热电阻、铂热电阻、热电偶及半导体热敏电阻等。其中以半导体热敏电阻为探测元件的温度传感器应用非常广泛。

还有一些半导体对光照敏感。当有光线照射在这些半导体上时，它们表现出像导体一样很强的导电能力，当无光照时，它们变得又像绝缘体那样不导电。利用半导体的这种光敏性，人们又研制出各种自动控制用的光电元器件，如基于半导体光电效应的光电转换传感器，广泛应用于精密测量、光通信、计算技术、摄像、夜视、遥感、制导、机器人、质量检查、安全报警以及其他测量和控制装置中的半导体光敏元件等。

半导体材料除了上述的热敏性和光敏性，还有一个更显著的特点——掺杂性：在纯净的半导体中若掺入微量的某种杂质元素后，例如在单晶硅中掺入百万分之一的三价元素硼，单晶硅的电阻率可由大约 $2\times10^{3}\ \Omega\cdot m$ 减小到 $4\times10^{-3}\ \Omega\cdot m$ 左右，即导电能力增至未掺杂之前的几十万乃至几百万倍。正是利用半导体的这些独特性能，人们制成了半导体二极管、稳压管、晶体三极管、场效应管及晶闸管等不同的电子器件。

5.1.2 本征半导体

本征半导体

半导体物质中，用得最多的材料是硅和锗。物质的化学性质通常是由原子结构中的最外层电子数目决定的，我们把物质结构中的最外层电子称为价电子。硅和锗的原子结构中，最外层电子的数目均为 4 个而称为四价元素，如图 5.1 所示。图中的“+4”表示原子核所带正电荷量与核外电子所带负电荷量相等，整个原子呈电中性。

天然的硅和锗是不能制成半导体器件的，必须经过高度提纯工艺将它们提炼成纯净的单晶体。单晶体的晶格结构完全对称，原子排列非常整齐，单晶硅中每个原子的最外层价电子，都两两成为相邻两个原子所共有的价电子，每一对价电子同时受到两个相邻原子核的吸引而被紧紧地束缚在一起，组成共价键结构，平面示意图如图 5.2 所示。单晶体中的各原子靠共价键的作用紧密联系在一起。这种经过提纯工艺后，形成具有共价键结构的单晶体称为本征半导体。

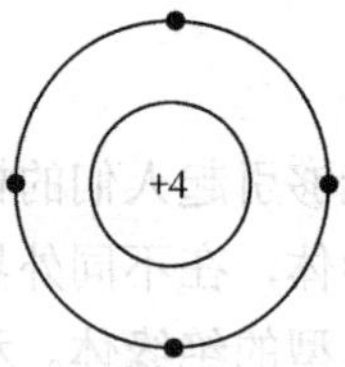

图 5.1 硅和锗原子的简化模型

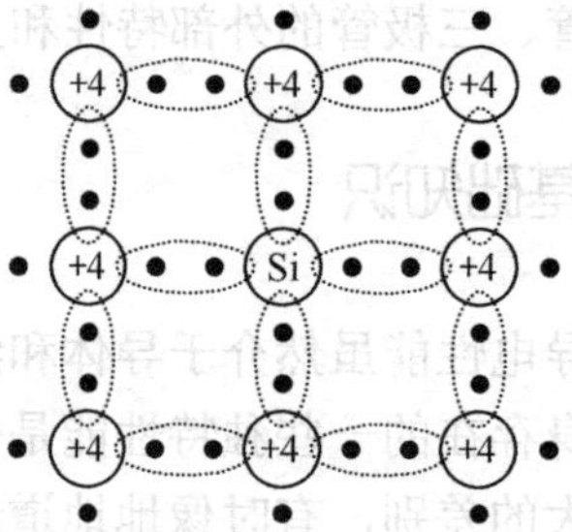

图 5.2 单晶硅共价键结构示意图

从共价键整体结构来看，每个单晶硅原子外面都有 8 个价电子，类似绝缘体的“稳定”结构。因此，在绝对零度下本征半导体就像绝缘体一样不导电。

实际上，共价键中的 8 个价电子并不像绝缘体中的价电子那样被原子核束缚得很紧。当温度升高或受到光照后，共价键中的一些价电子就会由热运动加剧而获得足够的能量，挣脱共价键的束缚游离到晶体中成为可移动的**自由电子**。这种由于光照、辐射、温度等热激发而使共价键中的价电子游离到空间成为自由电子载流子的现象称为本征激发，图 5.3 是本征激发现象的示意图。

本征激发的同时，游离到空间的价电子在共价键上留下一个空位，这个空位很快会被相邻原子中的价电子跳进填补，这些价电子填补空位的同时，它们又会留下一些新的空位，这些新的空位又会被邻近共价键中的另外一些价电子跳进填补上，这些价电子仍会留下新的空位让相邻价电子来填补……，如此在本征半导体中又形成了一种新的电荷迁移现象：价电子定向连续填补空穴的本征复合现象，如图 5.4 所示。本征复合的结果产生了另一种载流子——空穴载流子。

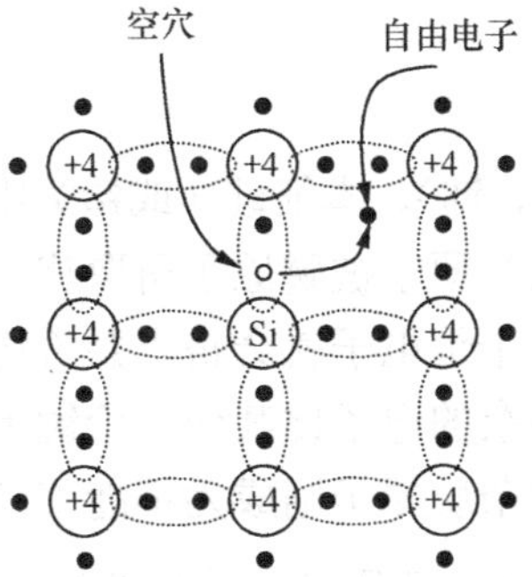

图 5.3　本征激发现象

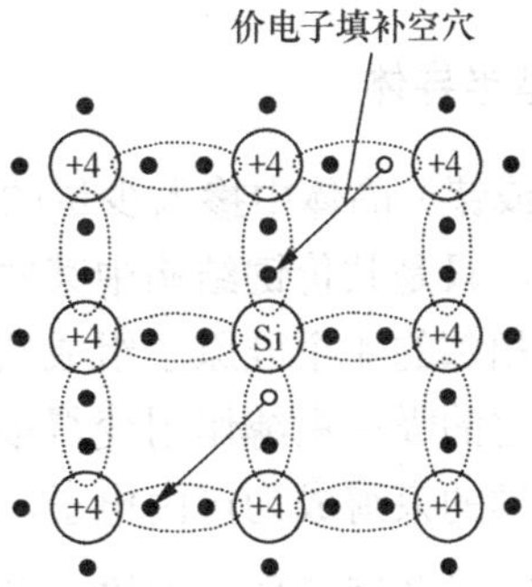

图 5.4　本征复合现象

本征激发产生的自由电子载流子带负电，在电场作用下，自由电子载流子将逆着电场力的方向形成定向迁移；本征复合产生的空穴载流子带正电，在电场作用下，空穴载流子则顺着电场力的方向形成定向迁移。需要理解的是：共价键中的空位本身不能移动，但由于运动具有相对性，我们把共价键中价电子依次“跳进”空穴进行填补，可看作空穴依次反方向移动，所以虚拟出了顺电场方向定向迁移的空穴载流子运动。这就好比电影院的座位，当第一个座位空着时，后面的人依次向前挪动，看起来就象空位向后挪动一样。

“本征激发”和“本征复合”在一定温度下同时进行并维持动态平衡，因此自由电子和空穴两种载流子的浓度基本相等且不变，称为电子空穴对。在 25℃常温下，虽然少数价电子能够挣脱共价键的束缚而产生自由电子载流子和空穴载流子，但此时这两种载流子的数目仅为每立方米单晶硅总电子数的 $1/10^{13}$。这个数据说明，常温下半导体的导电能力仍然很低。当温度升高时，本征激发产生的自由电子载流子增多，同时“本征复合”的机会也增加了，当温度不再继续升高时，最后两种载流子的运动仍会达到一个新的动态平衡状态。温度越高，两种载流子的数目就会越多，半导体的导电性能也就越好。大约温度每升高 8℃，单晶硅中的电子空穴对浓度就会增加一倍；温度每升高 12℃，单晶锗中的电子空穴对浓度约增加一倍。显然，**温度是影响半导体导电性能的重要因素**。

5.1.3　半导体的导电机理

载流子是形成电流的原因。金属导体中存在着大量的自由电子载流子，在外电场作用下，金属导体中的自由电子载流子在电场力的作用下定向移动形成电流。即金属导体内部只有自由电子一种载流子参与导电。

半导体由于本征激发和本征复合产生了自由电子载流子和空穴载流子，因此，当外电场作用于半导体时，半导体中就会有两种载流子同时参与导电。这一点正是半导体区别于金属导体在导电机理上的本质差别，同时也是半导体导电方式的独特之处。

5.1.4　杂质半导体

本征半导体在热激发下产生电子空穴对，但由于电子空穴对的数量不多因而导电能力无法和导体相比。但是，当本征半导体中掺入某种微量杂质元素后，其导电能力将极大地增强。

杂质半导体

1. N型半导体

在硅（或锗）晶体中掺入少量的五价元素磷（或砷、锑），本征硅（或锗）中的共价键结构基本不变，只是共价键结构中某些位置上的硅（或锗）原子被磷原子所取代。当这些掺杂的磷原子与相邻的4个硅原子组成共价键时，多余的一个价电子就会挤出共价键结构，使得磷原子核对它的吸引束缚作用变得很弱，常温下这个多余的电子比其他共价键上的电子更容易挣脱共价键的束缚成为自由电子，而失去一个电子的杂质原子则成为不能移动的带正电离子，由于杂质正电离子是定域的，因此不能参与导电。这种杂质半导体的结构如图5.5所示。

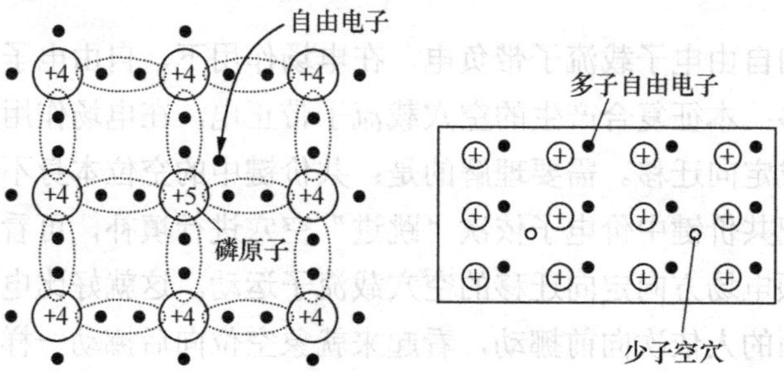

图5.5 N型半导体晶体结构

掺入五价杂质元素的半导体中，除了热运动使一些共价键破裂而产生电子空穴对外，一个杂质原子本身又多出一个自由电子，虽然还是存在两种载流子，但自由电子载流子的浓度远大于空穴载流子的浓度。室温情况下，当本征硅中的杂质数量等于硅原子数量的10^{-6}时，自由电子载流子的数目将增加几十万倍，使半导体的导电性能显著提高。值得注意的是，杂质元素中多余价电子挣脱原子核束缚成为自由电子后，在它们原来的位置上并不能形成空穴，因此掺入五价元素的杂质半导体中，自由电子载流子的数量相对空穴载流子多得多，故把自由电子称为多数载流子，简称多子；而把空穴载流子称为少数载流子，简称少子。显然，**多子由掺杂工艺生成，其数量取决于掺杂浓度；少子是由热激发产生的，其数量取决于温度。**

掺入五价杂质元素的半导体中，导电主流是带负电的自由电子载流子，因此把这种多电子的杂质半导体称为电子型半导体，习惯上又把电子型半导体称为N型半导体。

2. P型半导体

在单晶硅（或锗）内掺入少量三价杂质元素硼（或铟、镓），因硼原子只有3个价电子，它与周围4个硅（或锗）原子组成共价键时，因少一个电子而在共价键中形成一个空位。常温下，相邻硅（或锗）原子共价键中的价电子受到热振动或其他热激发条件下获得能量时，极易“跳入填补”这些空位，这样杂质原子就会因接收跳入空穴的价电子而成为不能移动的带负电离子，这种杂质半导体的结构如图5.6所示。

从结构图可看出，掺入三价杂质元素的单晶体中，空穴载流子的数量远大于自由电子载流子的数量，因此空穴载流子为多子，由热激发产生的电子空穴对数量相对极少称为少子。掺入三价杂质元素的半导体中，由于空穴载流子数量远大于自由电子载流子的数量而被称为空穴型半导体，电子技术中习惯称为P型半导体。

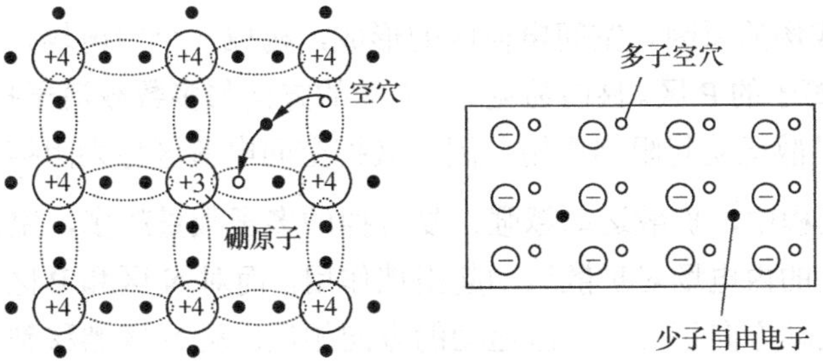

图 5.6　P 型半导体晶体结构

一般情况下，杂质半导体中多数载流子的数量可达到少数载流子数量的 10^{10} 倍或更多，因此，杂质半导体比本征半导体的导电能力将强上几十万倍。这也是半导体器件受到人们青睐的最主要原因之一。

需要指出的是：不论是 N 型半导体还是 P 型半导体，虽然都有一种载流子占多数，但多出的载流子数目与杂质离子所带电荷数目始终相平衡，即整块杂质半导体上既没有失电子，也没有得电子，整个晶体仍然呈电中性。

5.1.5　PN 结及其单向导电性

PN 结的形成

单一的 N 型半导体和 P 型半导体只能起电阻的作用，不能称为半导体器件。但是，当采用不同的掺杂工艺，在一块完整的半导体硅片的两侧分别注入三价元素和五价元素，使其一边形成 N 型半导体，另一边形成 P 型半导体，那么在两种半导体的交界面上就会形成一个 PN 结，PN 结能够使半导体的导电性能受到控制，是一切半导体器件的“元概念”和技术起始点。

1. PN 结的形成

由于 P 区的多数载流子是空穴，少数载流子是自由电子；N 区的多数载流子是自由电子，少数载流子是空穴，因此在 P 区和 N 区的交界面两侧明显地存在着两种载流子的浓度差。由于浓度差，P 区的多子空穴载流子和 N 区的多子自由电子载流子都会从浓度高的区域向浓度低的区域扩散。扩散的结果使交界处 N 区的多子复合掉了 P 区多子，于是在 P 区和 N 区的交界处出现了一个干净的带电杂质离子区，称为空间电荷区，如图 5.7 所示。

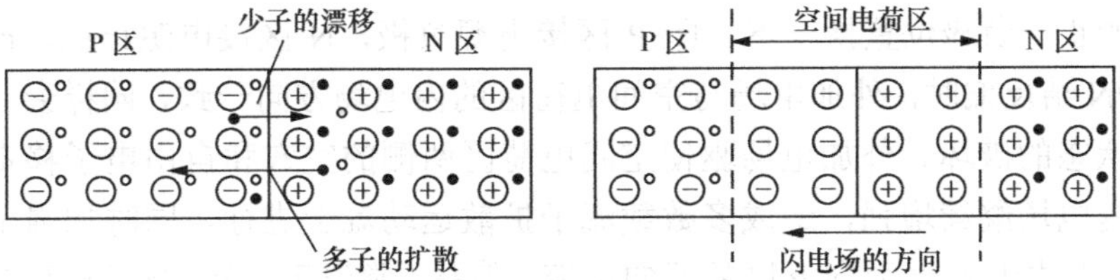

图 5.7　PN 结的形成过程

空间电荷区中的载流子均被扩散的多子“复合”掉了，或者说在扩散过程中被消耗殆尽，因此有时又把空间电荷区称为耗尽层。

带电离子是形成场的原因。空间电荷区的形成，构成一个内电场，内电场的方向是从正离子的N区指向负离子的P区。显而易见，内电场的方向与多数载流子扩散运动的方向相反，即内电场对多子的扩散运动起阻挡作用，因之又把空间电荷区称为阻挡层。

PN 结形成的过程中，扩散运动越强，复合掉的多子数量越多，空间电荷区就越宽。另一方面，空间电荷区的内电场对扩散运动起阻挡作用，而对N区和P区中少子的漂移起推动作用，少子的漂移运动方向正好与扩散运动的方向相反。从N区漂移到P区的空穴补充了原来交界面上 P 区所失去的空穴，从P区漂移到N区的电子补充了原来交界面上 N 区所失去的电子，即漂移运动的结果是使空间电荷区变窄。多子的扩散和少子的漂移既相互联系、又相互矛盾。初始阶段，扩散运动占优势，随着扩散运动的进行，空间电荷区不断加宽，内电场逐步加强；内电场的加强阻碍了扩散运动，使得多子的扩散逐步减弱。扩散运动的减弱显然伴随着漂移运动的不断加强。最后，当扩散运动和漂移运动达到动态平衡时，空间电荷区的宽度将维持不变，PN 结形成。

空间电荷区内基本不存在导电的载流子，因此导电率很低，相当于介质。而P N结两侧的 P 区和 N 区则导电率相对较高，类似于导体。可见，PN 结具有电容效应，称为 PN 结的结电容。

2. PN 结的单向导电性

PN 结的单向导电性

PN 结在无外加电压的情况下，扩散运动和漂移运动处于动态平衡状态，PN 结的宽度固定且保持不变。如果在 PN 结两端加上电压，扩散与漂移运动的动态平衡就会被破坏。

把电源电压的正极与 P 区引出端相连，负极与 N 区引出端相连时，PN 结为正向偏置，简称 PN 结正偏。PN 结正偏时，外部电场的方向是从 P 区指向 N 区，与 PN 结内电场的方向相反，外电场驱使 P 区的空穴进入空间电荷区抵消一部分负空间电荷，同时 N 区的自由电子进入空间电荷区抵消一部分正空间电荷，结果使空间电荷区变窄，内电场被削弱。内电场的削弱使多数载流子的扩散运动得以增强，形成较大的扩散电流（扩散电流即通常称谓的导通电流，主要由多子的定向移动形成）。在一定范围内，外电场愈强，正向电流愈大，PN 结对正向电流呈现的电阻越小，PN 结的这种低阻状态在电子技术中称为 PN 结正向导通，正向导通作用原理如图 5.8 所示。

把电源的正、负极位置换一下，即 P 区接电源负极，N 区接电源正极，即构成 PN 结反向偏置。PN 结反偏时，外加电场与空间电荷区的内电场方向一致，同样会导致扩散与漂移运动平衡状态的破坏。外加电场驱使空间电荷区两侧的空穴和自由电子移走，使空间电荷区变宽，内电场继续增强，造成多数载流子扩散运动难于进行，同时加强了少数载流子的漂移运动，形成由 N 区流向 P 区的反向电流。但是，常温下少数载流子恒定且数量不多，故反向电流极小，极小的电流说明 PN 结的反向电阻极高，通常可以认为 PN 结不导电，处于截止状态，这种情况在电子技术中称为 PN 结的反向阻断。PN 结的反向偏置阻断原理如图 5.9 所示。

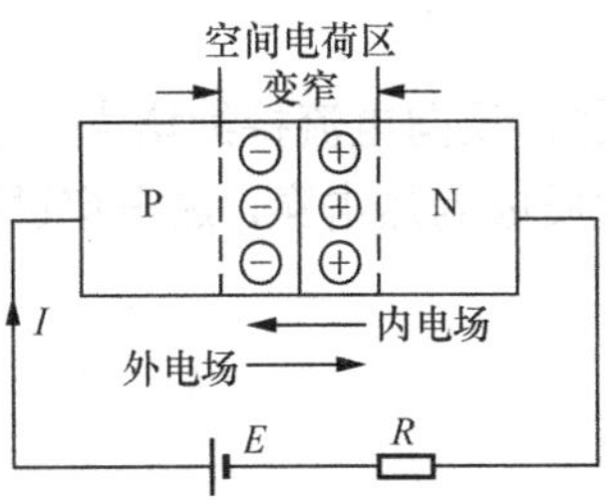

图 5.8 PN 结正向偏置

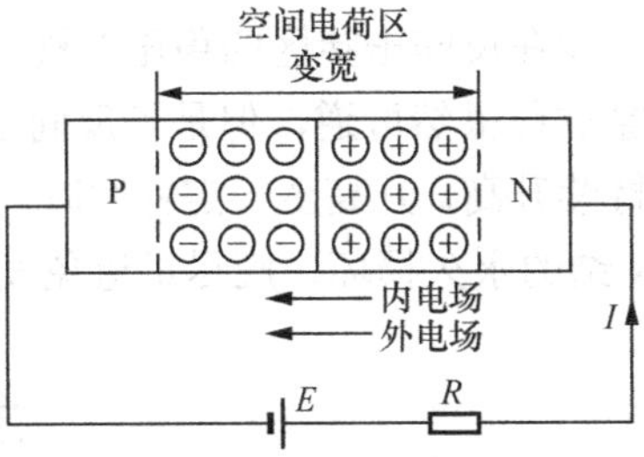

图 5.9 PN 结反向偏置

当外加反向电压在一定范围内变化时，反向电流几乎不随外加电压的变化而变化。这是因为反向电流是由少子漂移形成的，只要温度不发生变化，少数载流子的浓度就不变，即使反向电压在允许的范围内增加再多，也无法使少子的数量增加，因此反向电流又称为**反向饱和电流**。反向电流是造成电路噪声的主要原因之一，因此，在设计电子电路时，通常要考虑温度补偿问题。

PN 结的上述“正向导通，反向阻断”作用，说明 PN 结具有**单向导电性**。PN 结的单向导电性是构成半导体器件的主要工作机理。

5.1.6 PN 结的反向击穿问题

PN 结的反向击穿问题

PN 结反向偏置时，在一定的电压范围内，流过 PN 结的电流很小，通常可忽略不计。但是，当反向电压超过某一数值时，反向电流将骤然增大，这种现象称为 PN 结**反向击穿**。PN 结的反向电击穿现象包括雪崩击穿和齐纳击穿。

雪崩击穿：当 PN 结反向电压增加时，空间电荷区中的内电场随着增强。在强电场作用下，少子漂移速度加快，动能增大，致使当它们在快速漂移运动过程中与中性原子相碰撞，碰撞电离的结果使更多的价电子脱离共价键的束缚形成新的电子空穴对。新产生的电子空穴对在强电场作用下，再去碰撞其他中性原子，又产生新的电子空穴对。如此连锁反应使得 PN 结中载流子的数量剧增，造成 PN 结的反向电流急剧增大而发生**雪崩击穿**。雪崩击穿发生在掺杂浓度较低、外加反向电压较高的情况下。掺杂浓度低使 PN 结阻挡层比较宽，少子在阻挡层内漂移过程中与中性原子碰撞的机会比较多，发生碰撞电离的次数也比较多。同时因掺杂浓度较低，阻挡层较宽，产生雪崩击穿的电场相对较强，一般出现雪崩击穿的电压至少要在 7 V 以上。

齐纳击穿：当 PN 结两边的掺杂浓度很高，且 PN 结制作很薄时，PN 结内载流子与中性原子碰撞的机会大为减少，因而不会发生雪崩击穿。但正因为 PN 结很薄，即使所加反向电压不太大，对很薄的 PN 结来说也相当于处在强大电场中，这个强电场足以把空间电荷区内中性原子的价电子从共价键中拉出来，产生出大量的电子空穴对，使 PN 结反向电流剧增出现反向击穿现象。这种场效应的击穿称为**齐纳击穿**。齐纳击穿发生在高掺杂的 PN 结中，相应的击穿电压较低，一般小于 5 V。

综上所述，雪崩击穿是一种碰撞的击穿，齐纳击穿是一种场效应的击穿，二者均属于电击穿。电击穿过程可逆，当加在 PN 结两端的反向电压降低后，PN 结仍可恢复到原来的状态而不会造成永久损坏。利用电击穿时电流变化很大但 PN 结两端电压变化却很小的特点，人们研制出工作在反向击穿区的稳压二极管。

电击穿过程虽然可逆，但是当反向击穿电压持续增加，反向电流持续增大时，PN 结的结温也会持续升高，升高至一定程度时，电击穿将转变性质成为热击穿，热击穿过程不可逆，会造成 PN 结的永久损坏，应尽量避免发生。

思 考 题

1. 半导体具有哪些独特性能？在导电机理上，半导体与金属导体有何区别？
2. 何谓本征半导体？什么是“本征激发”？什么是“复合”？
3. N 型半导体和 P 型半导体有何不同？各有何特点？它们是半导体器件吗？
4. 何谓 PN 结？PN 结具有什么特性？
5. 电击穿和热击穿有何不同？试述雪崩击穿和齐纳击穿的特点。

5.2 半导体二极管

5.2.1 二极管的结构类型

二极管的结构类型

一个 PN 结外引两个铝电极即可构成半导体二极管。按材料的不同可分为硅二极管和锗二极管；按结构不同又可分为点接触型二极管、面结合型二极管和平面型二极管三类。

1. 点接触型二极管

如图 5.10（a）所示。点接触型是用一根细金属丝和一块半导体熔焊在一起构成 PN 结的，因此 PN 结的结面积很小，结电容量也很小，不能通过较大电流；但点接触型二极管的高频性能好，常常用于高频小功率场合，如高频检波、脉冲电路及计算机里的高速开关元件。

2. 面接触型二极管

如图 5.10（b）所示。面接触型二极管一般用合金方法制成较大的 PN 结，由于其结面积较大，因此结电容量也大，允许通过较大的电流（几安至几十安），适宜用作大功率低频整流器件，主要用于把交流电变换成直流电的“整流”电路中。

3. 平面型二极管

如图 5.10（c）所示。这类二极管采用二氧化硅作保护层，可使 PN 结不受污染，而且大大减少了 PN 结两端的漏电流，由于半导体表面被制作得平整，故而得名平面型二极管。平面型二极管的质量较好，批量生产中产品性能比较一致。平面型二极管结面积较小的用作高频管或高速开关管，结面积较大的用作大功率调整管。

目前，大容量的整流元件一般都采用硅管。二极管的型号中，通常硅管用 C 表示，如 2CZ31 表示为 N 型硅材料制成的管子型号；锗管一般用 A 表示，如 2AP1 为 N 型锗材料制成的管子型号。

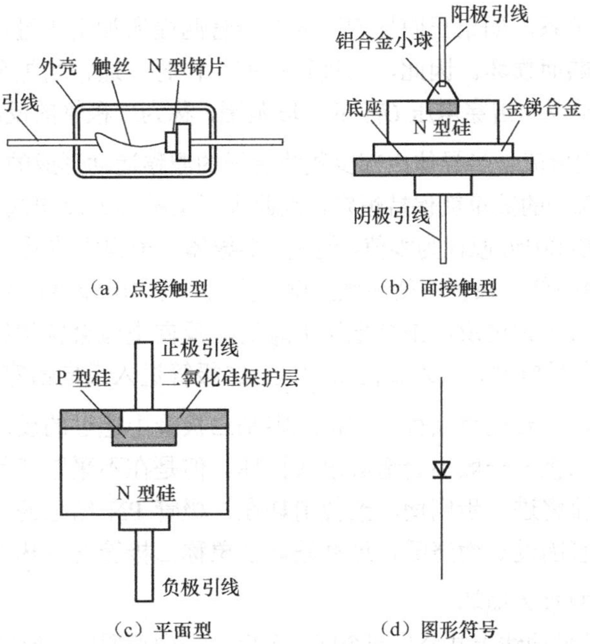

图 5.10 半导体二极管的结构类型及电路图符号

普通二极管的电路图符号如图 5.10（d）所示，P 区引出的电极为正极，又称为阳极；N 区引出的电极为负极，又称为阴极。

5.2.2 二极管的伏安特性

二极管的伏安特性

自由是被认识了的必然。只有在认识了半导体二极管特性的基础上，我们才能正确掌握和使用它。二极管的伏安特性如图 5.11 所示。

观察二极管的伏安特性曲线，当二极管两端的正向电压较小时，通过二极管的电流基本为零。这说明：较小的正向电压电场还不足以克服 PN 结内电场对扩散运动的阻挡作用，二极管仍呈高阻态而处于截止状态，我们把这段区域称为死区。通常硅管死区电压的典型值取 0.5 V，锗管死区电压的典型值取 0.1 V。

当外加正向电压超过死区电压后，PN 结的内电场作用大大削弱而使二极管导通。处于正向导通区的普通二极管，正向电流在一定范围内变化时，其管压降基本不变，硅管导通压降约为 0.6～0.8 V，其典型值通常取 0.7 V；锗管约为 0.2～0.3 V，其典型值常取 0.3 V。这些数值表明二极管的正向电流大小通常取决于半导体材料的电阻。工作在正向导通区的二极管，其正向导通电流与二极管两端所加正

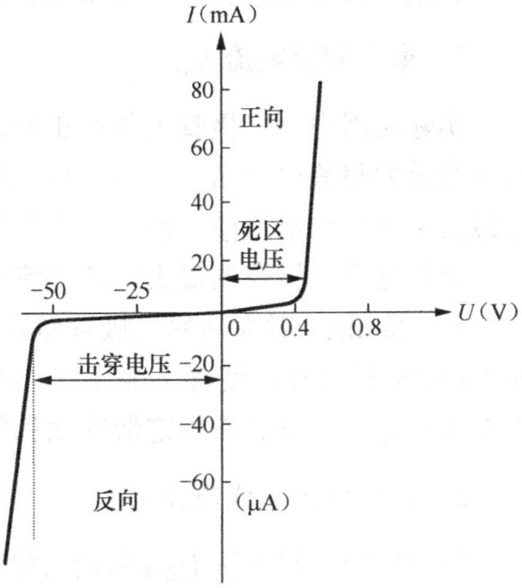

图 5.11 二极管的伏安特性曲线

向电压具有一一对应关系，如果正向导通区内二极管两端所加电压过高时，必然造成正向电流过大而使二极管过热而损坏。因此，二极管正偏工作时，通常需加分压限流电阻。

外加反向电压低于反向击穿电压 U_{BR} 的一段范围，称为二极管的反向截止区。反向截止区内，通过二极管的反向电流是半导体内部少数载流子的漂移运动形成的，只要二极管工作环境的温度不变，少数载流子的数量就保持恒定，因此少子又被称为反向饱和电流。反向饱和电流的数值很小，在工程实际中近似视为零值。但是，半导体少子构成的反向电流对温度十分敏感，当由于光照、幅射等原因使二极管所处环境温度上升时，反向电流将随温度的增加而大大增加。

反向电压继续增大至超过反向击穿电压 U_{BR} 时，反向电流会骤然剧增，特性曲线向下骤降，二极管失去其单向导电性，进入反向击穿区。二极管进入反向击穿区将发生电击穿现象，由于电击穿过程可逆，只要设置某种保护措施限制二极管中通过的反向电流或降低加在二极管两端的反向电压，二极管一般不会造成永久损坏。但是在不采取任何措施的情况下继续增大反向电压，反向电流将进一步剧增，致使消耗在二极管 PN 结上的功率超过 PN 结所能承受的限度，致使二极管因过热而烧毁，这种破坏现象称二极管发生热击穿，热击穿过程不可逆，极易造成二极管的永久损坏。

可见，二极管的特性曲线上共分为四个区：死区、正向导通区、反向截止区和反向击穿区。

5.2.3 二极管的主要技术参数

二极管的参数很多，有些参数仅仅表示管子性能的优劣，而另一些参数则属于至关重要的极限参数，熟悉和理解二极管的主要技术参数，可以帮助我们正确使用二极管。

二极管的主要技术参数

1. 最大耗散功率 P_{max}

二极管的最大允许耗散功率用它的极限参数 P_{max} 表示，数值上等于通过管子的电流与加在管子两端电压的乘积。过热是电子器件的大敌，二极管能耐受住的最高温度决定它的极限参数 P_{max}，使用二极管时一定要注意，不能超过此值，如果超过则二极管将烧损。

2. 最大整流电流 I_{DM}

实际应用中，二极管工作在正向范围时的压降近似为一个常数，所以它的最大耗散功率通常用最大整流电流 I_{DM} 表示。最大整流电流是指二极管长期安全使用时，允许流过二极管的最大正向平均电流值，也是二极管的重要参数。

点接触型二极管的最大整流电流通常在几十个毫安以下；面接触型二极管的最大整流电流可达 100 mA；对大功率二极管而言可达几个安培。二极管使用过程中电流若超出此值，可能引起 PN 结过热而使管子烧坏。因此，大功率二极管为了降低结温，增加管子的负载能力，通常都要把管子安装在规定散热面积的散热器上使用。

3. 最高反向工作电压 U_{RM}

最高反向工作电压 U_{RM} 是指二极管反向偏置时允许加的最大电压瞬时值。若二极管工作时的反向电压超过了 U_{RM} 值，二极管有可能被反向击穿而失去单向导电性。为确保安全，手册上给出的最高反向工作电压 U_{RM} 通常为反向击穿电压的 50%～70%，即留有余量。

4. 反向电流 I_R

二极管未击穿时的反向电流值称为反向电流 I_R。I_R 值越小，二极管的单向导电性越好。反向电流 I_R 随温度的变化而变化较大，这一点要特别加以注意。

5. 最高工作频率 f_M

最高工作频率 f_M 的值由 PN 结的结电容大小决定。二极管的工作频率若超过该值，则二极管的单向导电性能变差。

除上述参数外，二极管的参数还有最高使用温度、结电容等。实际应用中，我们要认真查阅半导体器件手册，合理选择二极管。

5.2.4 二极管的应用

几乎在所有的电子电路中，都要用到半导体二极管，二极管是诞生最早的半导体器件之一，在许多电路中都起着重要的作用，应用范围十分广泛。

二极管整流电路

1. 二极管整流电路

利用二极管的单向导电性，可以把交变的正弦波变换成单一方向的脉动直流电。

图 5.12（a）所示电路是一个单相半波整流电路。图中变压器 T_r 的输入电压为单相正弦交流电压，波形如图 5.12（b）所示。变压器的输出和二极管 VD 相串联后与负载电阻 R_L 相接。由于二极管的单向导电性，变压器 T_r 的输出电压正半周大于死区的部分才能使二极管 VD 导通，其余输出均被二极管阻断，因此，负载 R_L 上获得的电压是如图 5.12（c）所示的单向半波整流，电路实现了对输入的半波整流。

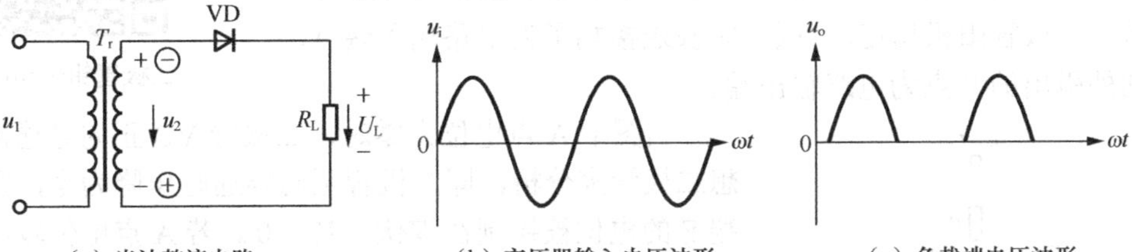

（a）半波整流电路　（b）变压器输入电压波形　（c）负载端电压波形

图 5.12　二极管半波整流电路及其输入、输出电压波形

图 5.13（a）所示是单相全波整流电路。图 5.13（b）是电路输入的正弦交流电压波形。

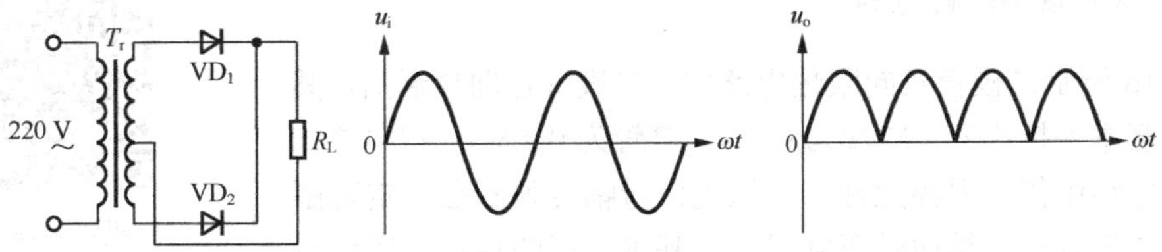

（a）全波整流电路　（b）变压器输入电压波形　（c）负载端电压波形

图 5.13　二极管全波整流电路及输入、输出电压波形

当变压器 T_r 输出正半周时，二极管 VD_1 导通、VD_2 截止，电流由变压器次级上引出端→VD_1→负载 R_L→回到变压器次级中间引出端，R_L 上得到了第一个输出电压正向半波；变压器 T_r 输出负半周时，二极管 VD_2 导通、VD_1 截止，电流由变压器次级下引出端→VD_2→负载 R_L→回到变压器次级中间引出端，R_L 上得到了第二个输出电压正向半波。如此不断循环往复，负载 R_L 两端就得到一个如图 5.14（c）所示的单向整流电压，实现了对输入的全波整流。

图 5.14（a）所示是桥式全波整流电路。图 5.14（b）是电路输入的正弦交流电压波形。当变压器 T_r 输出正半周时，二极管 VD_1、VD_3 导通，VD_4、VD_2 截止，电流由变压器次级上引出端→VD_1→负载 R_L→VD_3→回到变压器次级下引出端，R_L 上得到了第一个输出电压正向半波；变压器 T_r 输出负半周时，二极管 VD_2、VD_4 导通，VD_3、VD_1 截止，电流由变压器次级下引出端→VD_2→负载 R_L→VD_4→回到变压器次级上引出端，R_L 上得到了第二个输出电压正向半波。如此不断循环往复，负载 R_L 两端就得到一个如图 5.14（c）所示的单方向的输出电压，从而实现了对输入的全波整流。

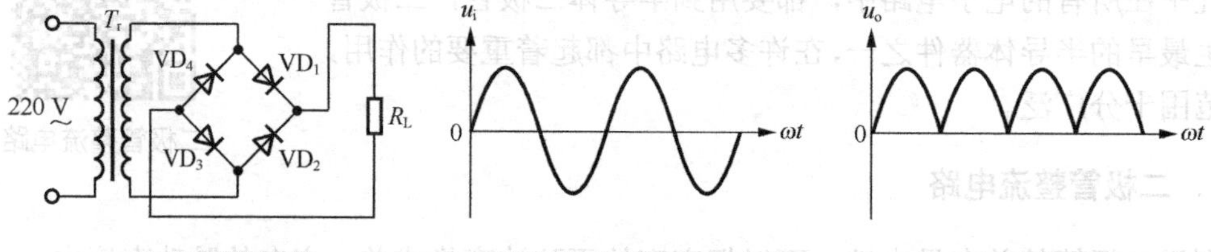

（a）桥式整流电路　　（b）变压器输入电压波形　　（c）负载端电压波形

图 5.14　二极管桥式全波整流电路及输入、输出电压波形

2. 二极管钳位电路

图 5.15 所示为二极管钳位电路，此电路利用了二极管正向导通时压降很小的特性。限流电阻 R 的一端与直流电源 $U(+)$相连，另一端与二极管阳极相连，二极管阴极连接端子为电路输入端 A，阳极向外引出的 F 点为电路输出端。

二极管钳位电路

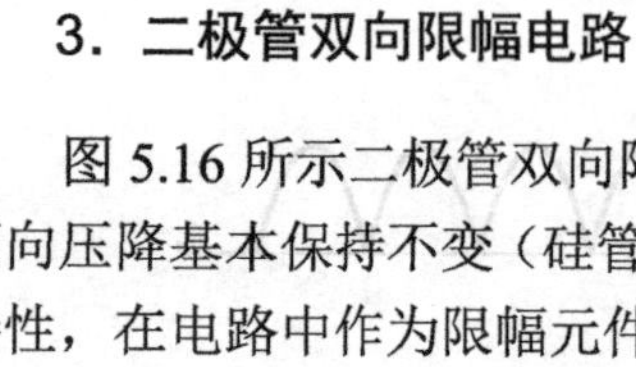

图 5.15　二极管钳位电路

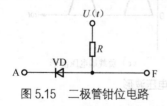

当图中 A 点电位为零时，二极管 VD 正向导通，按理想二极管来分析，即二极管正向导通时压降为零，则输出端 F 的电位被钳制在零伏，$V_F \approx 0$。若 A 点电位较高，不能使二极管导通时，电阻上无电流通过，输出端 F 的电位就被钳制在 $U(+)$。

3. 二极管双向限幅电路

图 5.16 所示二极管双向限幅电路中，二极管正向导通后，其正向压降基本保持不变（硅管为 0.7 V，锗管为 0.3 V）。利用这一特性，在电路中作为限幅元件，可以把信号幅度限制在一定范围内。利用二极管正向导通时压降很小且基本不变的特点，还可以组成各种限幅电路。

二极管限幅电路

例 5.1　图 5.16（a）为二极管双向限幅电路。已知 $u_i = 1.41\sin\omega t$ 伏，图中 VD_1、VD_2 均

为硅管，导通时管压降 U_D=+0.7 V。试画出输出电压 u_o 的波形。

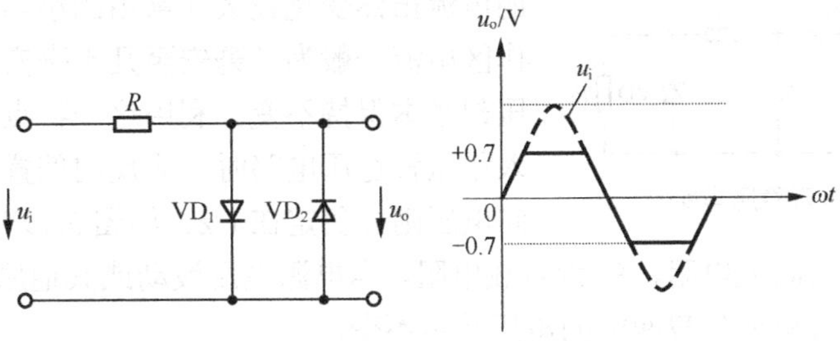

（a）电路图　　（b）波形图

图 5.16　二极管限幅电路

解：由图 5.16（a）可知，$u_i>U_D$ 时，二极管 VD_1 导通、VD_2 截止，输出 $u_o=U_D$=+0.7 V；当 $u_i<-U_D$ 时，二极管 VD_2 导通、VD_1 截止，输出 $u_o=-U_D$=−0.7 V；若输入电压在±0.7 V 之间时，两个二极管都不能导通，因此，电阻 R 上无电流通过，$u_o=u_i$。

由上述分析结果可画出输出电压波形如图 5.16（b）所示波形图。显然，图示电路中的两个二极管起到了对输出限幅在±0.7 V 的作用。

除此之外，二极管还应用于检波、元件保护以及在脉冲与数字电路中用作开关元件等。总之，电子工程实用中，二极管的应用很广，在此不一一赘述了。

5.2.5　特殊二极管

1．稳压二极管

稳压二极管

稳压二极管是电子电路特别是电源电路中常见的元器件之一。与普通二极管不同的是，稳压管的正常工作区域是反向齐纳击穿区，故而也称为齐纳二极管，实物及图符号如图 5.17 所示。由于稳压二极管的反向击穿可逆，因此工作时不会发生“热击穿”。

稳压二极管是由硅材料制成的特殊面接触型晶体二极管，其伏安特性如图 5.18 所示。显然稳压管的反向击穿特性更加陡直，说明其反向电压基本不随反向电流变化而变化，是稳压二极管的稳压特性。

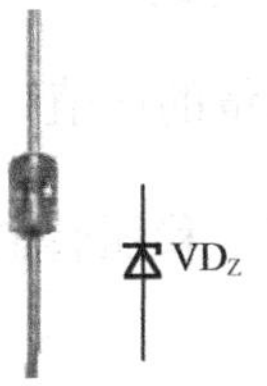

图 5.17　稳压二极管实物图及电路图符号

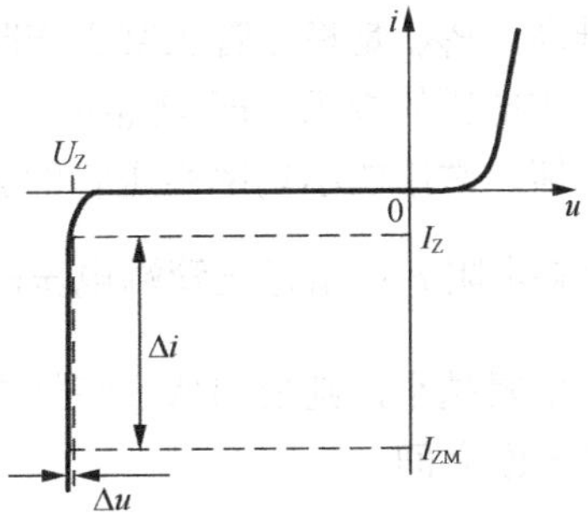

图 5.18　稳压二极管伏安特性

由稳压管的伏安特性曲线可看出：稳压二极管反向电压小于其稳压值 U_Z 时，反向电流很小，可认为在这一区域内反向电流基本为零。当反向电压增大至其稳压值 U_Z 时，稳压管

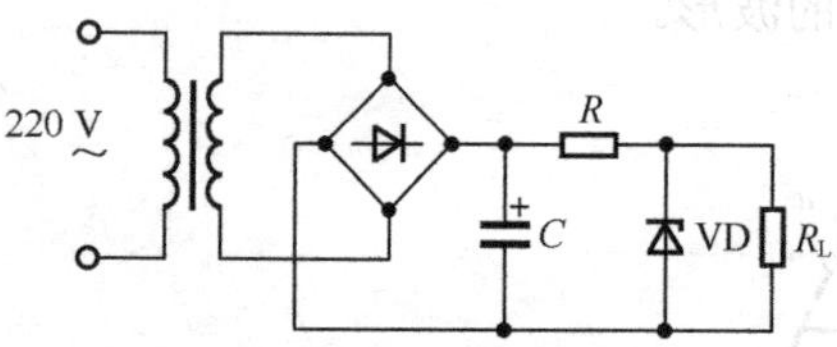

图 5.19 稳压管稳压电路

进入反向击穿工作区。在反向击穿工作区，通过管子的电流虽然变化较大（常用的小功率稳压管，反向工作区电流一般为几毫安至几十毫安），但管子两端的电压却基本保持不变。利用这一特点，把稳压二极管接入稳压管稳压电路时，应反向偏置，稳压二极管的反向电压则会稳定在 U_Z。如图 5.19 所示。

图 5.19 中，R 为限流电阻，R_L 为负载电阻，当电源电压波动或其他原因造成电路各点电压变动时，稳压管可保证负载两端的电压基本不变。

稳压二极管与其他普通二极管的最大不同之处就是它的反向击穿可逆，当去掉反向电压时稳压管也随即恢复正常。但任何事物都不是绝对的，如果反向电流超过稳压二极管的允许范围，稳压二极管同样会发生热击穿而损坏。因此，实际电路中，为确保稳压管工作于可逆的齐纳击穿状态而不会发生热击穿，使用时稳压二极管一般需串联分压限流电阻 R，以确保工作电流不超过最大稳定电流 I_{ZM}。

稳压管常用在小功率电源设备中的整流滤波电路之后，起到稳定直流输出电压的作用。除此之外，稳压管还常用于浪涌保护电路、电视机过压保护电路、电弧控制电路、手机电路等。例如在手机电路中，手机电路中所用的受话器、振动器都带有线圈，当这些电路工作时，由于线圈的电磁感应常会导致一个个很高的反向峰值电压，如果不加以限制就会引起电路损坏，而用稳压二极管构成一定的浪涌保护电路后，就可以起到防止反向峰值电压所引起的电路损坏。

描述稳压管特性的主要参数为稳压值 U_Z 和最大稳定电流 I_{ZM}。

稳定电压 U_Z 是稳压管正常工作时的额定电压值。由于半导体生产的离散性，手册中的 U_Z 往往给出的是一个电压范围值。例如，型号为 2CW18 的稳压管，其稳压值为 10～12 V。这种型号的某个管子的具体稳压值是这范围内的某一个确定的数值。

最大稳定电流 I_{ZM}：是稳压管的最大允许工作电流。在使用时实际电流不得超过该值，超过此值时，稳压管将出现热击穿而损坏。

除此之外，稳压管还有如下参数。

稳定电流 I_Z：指工作电压等于 U_Z 时的稳定工作电流值。

耗散功率 P_{ZM}：反向电流通过稳压二极管的 PN 结时，会产生一定的功率损耗使 PN 结的结温升高。P_{ZM} 是稳压管正常工作时能够耗散的最大功率。它等于稳压管的最大工作电流与相应工作电压的乘积，即 $P_{ZM}=U_ZI_{ZM}$。如果稳压管工作时消耗的功率超过了这个数值，管子将会损坏。常用的小功率稳压管的 P_{ZM} 一般约为几百毫瓦至几瓦。

动态电阻 r_Z：指稳压管端电压的变化量与相应电流变化量的比值，即 $r_Z=\dfrac{\Delta U_Z}{\Delta I_Z}$。稳压管的动态电阻越小，则反向伏安特性曲线越陡，稳压性能越好。稳压管的动态电阻值一般在几欧至几十欧之间。

2. 发光二极管

发光二极管

半导体发光二极管 LED 是一种把电能直接转换成光能的固体发光元件，发明于 20 世纪 60 年代，在随后的数十年中，其基本用途是作为收录机等电子设备的指示灯。与普通二极管一样，发光管的管芯也是由 PN 结组成，具有单向导电性。在发光二极管中通以正向电流，可高效率发出可见光或红外辐射，半导体发光二极管的电路图符号与普通二极管一样，只是旁边多了两个指向外的箭头，如图 5.20 所示。

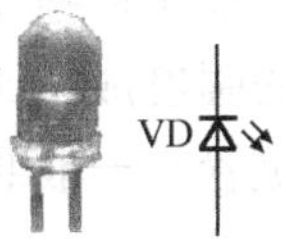

图 5.20 发光二极管实物图及电路图符号

发光二极管两端加上正向电压时，空间电荷区变窄，引起多数载流子的扩散，P 区的空穴扩散到 N 区，N 区的电子扩散到 P 区，扩散的电子与空穴相遇并复合而释放出能量。对于发光二极管来说，复合时释放出的能量大部分以光的形式出现，而且多为单色光：发光二极管的发光波长除了与使用材料有关外，还与 PN 结所掺入的杂质有关，一般用磷砷化镓材料作成的发光二极管发红光，磷化镓发光二极管发绿光或黄光。随着正向电压的升高，正向电流增大，发光二极管产生的光通量也随之增加，光通量的最大值受发光二极管最大允许电流的限制。

发光二极管属于功率控制型器件，因此其正向导通压降通常最小也要在 1.3 V 以上。由于发光二极管发射准单色光、尺寸小、寿命长和价格低廉，被广泛用作电子设备的通断指示灯或快速光源、光电耦合器中的发光元件、光学仪器的光源和数字电路的数码及图形显示的七段式或阵列式器件等领域。发光二极管的工作电流一般为几毫安至几十毫安之间。

随着近年来发光二极管发光效能逐步提升，充分发挥发光二极管的照明潜力，将发光二极管作为发光光源的可能性也越来越高，发光二极管无疑为近几年来最受重视的光源之一。一方面凭借其轻、薄、短、小的特性，另一方面借助其封装类型的耐摔、耐震及特殊的发光光形，发光二极管的确给了人们一个很不一样的光源选择，但是在人们只考虑提升发光二极管发光效能的同时，如何充分利用发光二极管的特性来解决将其应用在照明时可能会遇到的困难，目前已经是各国照明厂家研制的目标。有资料显示，近年来科学家开发出用于照明的新型发光二极管灯泡。这种灯泡具有效率高、寿命长的特点，可连续使用 10 万小时，比普通白炽灯泡寿命长 100 倍。

3. 光电二极管

光电二极管

光电二极管也是一种 PN 结型半导体元件，可将光信号转换成电信号，广泛应用于各种遥控系统、光电开关、光探测器，以及以光电转换的各种自动控制仪器、触发器、光电耦合、编码器、特性识别、过程控制、激光接收等方面。在机电一体化时代，光电二极管已成为必不可少的电子元件。光电二极管的实物及电路图符号如图 5.21 所示，注意光电二极管图符号上的两个箭头是向内指向光电二极管，与发光二极管箭头向外不同。

光电二极管结构上为了便于接收入射光照，其电极面积尽量做得小一些，PN 结的结面积尽量做得大一些，而且结深较浅，一般小于 1 μm。光电二极管工作在反向偏置的反向截止区，光电管的管壳上有一个能射入光线的“窗口”，这个“窗口”用有机玻璃透镜进行封闭，入射光通过透镜正好照射在管芯上。当没有光照时，光电二极管的反向电流很小，一般小于 0.1 μA，称为暗电流。当有光照时，携带能量的光子进入 PN 结后，把能量传给共价键上的束缚电子，使部分价

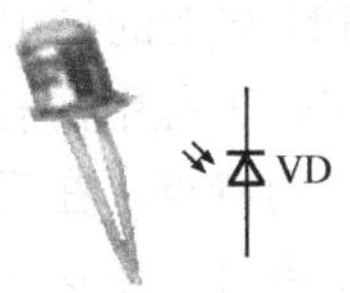

图 5.21 光电二极管实物图及电路图符号

电子获得能量后挣脱共价键的束缚成为电子空穴对，称为光生载流子。光生载流子的数量与光照射的强度成正比，光的照射强度越大，光生载流子数目越多，这种特性称为“光电导”。光电二极管在一般照度的光线照射下，所产生的电流叫作光电流。如果在外电路中接上负载，负载上就获得了电信号，而且这个电信号随着光的变化而相应变化。

光电二极管用途很广，有用于精密测量的从紫外到红外的宽响应光电二极管，紫外到可见光的光电二极管，用于一般测量的可见至红外的光电二极管以及普通型的陶瓷/塑胶光电二极管。精密测量光电二极管的特点是高灵敏度，高并列电阻和低电极间电容，以降低和外接放大器之间的噪音。光电二极管还常常用作传感器的光敏元件，或将光电二极管作成二极管阵列，用于光电编码，或用在光电输入机上作光电读出器件。

光电二极管的种类很多，多应用在红外遥控电路中。为减少可见光的干扰，常采用黑色树脂封装，可滤掉 700 nm 波长以下的光线。光电二极管对长方形的管子，往往做出标记角，指示受光面的方向。一般情况下管脚长的为正极。

光电二极管的管芯主要用硅材料制作。检测光电二极管好坏可用以下三种方法。

电阻测量法：用万用表 $R\times100$ 或 $R\times1\text{k}$ 挡。像测普通二极管一样，正向电阻应为 10 kΩ 左右，无光照射时，反向电阻应为∞，然后让光电二极管见光，光线越强反向电阻应越小。光线特强时反向电阻可降到 1 kΩ以下的管子是较好的。若正反向电阻都是∞或零，说明管子是坏的。

电压测量法：把指针式万用表接在直流 1 V 左右的挡位。红表笔接光电二极管正极，黑表笔接负极，在阳光或白炽灯照射下，其电压与光照强度成正比，一般可达 0.2～0.4 V。

电流测量法：把指针式万用表拨在直流 50 μA 或 500 μA 挡，红表笔接光电二极管正极，黑表笔接负极，在阳光或白炽灯照射下，短路电流可达数十到数百微安。

4．变容二极管

变容二极管

变容二极管结构如图 5.22 所示。PN 结的结电容 C_i 包含有两部分：扩散电容 C_D 和势垒电容 C_B，其中扩散电容 C_D 反映了 PN 结形成过程中，外加正偏电压改变时引起扩散区内存储的电荷量变化而造成的电容效应；势垒电容 C_B 反映的则是 PN 结这个空间电荷区的宽度随外加偏压而改变时，引起累积在势垒区的电荷量变化而造成的电容效应。因此，PN 结的结电容 C_i 除了与空间电荷区的宽度、PN 结两边半导体的介电常数以及 PN 结的截面积大小有关，还随工作电压的变化而变动，当 PN 结正偏时，由于扩散电容 C_D 与正偏电流近似成正比，因此 PN 结的结电容以扩散电容 C_D 为主，即 $C_i\approx C_D$；而当 PN 结反偏时，C_i 虽然很小，但 PN 结的反向电阻很大，此时 PN 结的结电容 C_i 的容抗将随工作频率的提高而降低，势垒电容 C_B 随反向偏置电压的增大而变化，这时 PN 结上的结电容 C_i 又以势垒电容 C_B 为主，即 $C_i\approx C_B$。实际工程中，利用二极管的结电容随反向电压的变化而变化的特点，在反偏高频条件下，若二极管可取代可变电容使用时，则这样的二极管称为变容二极管。

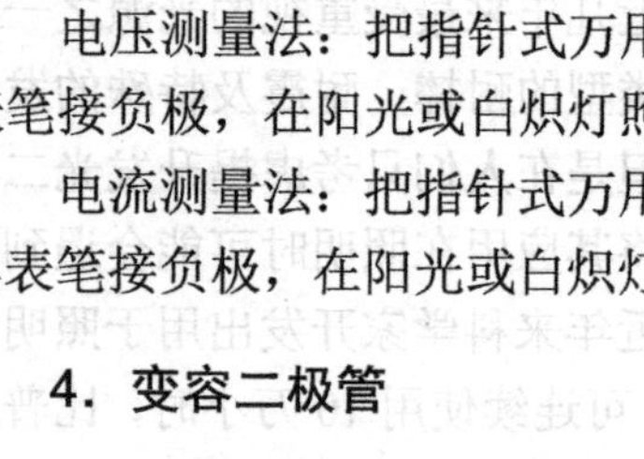

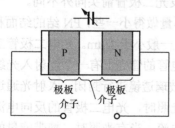

图 5.22　变容二极管结构图

变容二极管在电子技术中通常用于高频技术中的调谐回路、振荡电路、锁相环路以及电视机高频头的频道转换和调谐电路作为可变电容使用，正常工作时应反向偏置。变容二极管制造所用材料多为硅或砷化镓单晶，并采用外延工艺技术。

5. 激光二极管

激光二极管

激光二极管是在发光二极管的 PN 结间安置一层具有光活性的半导体，构成一个光谱振腔，工作时正向偏置，可发射出激光。

激光二极管的应用非常广泛，在计算机的光盘驱动器、激光打印机中的打印头，激光唱机、激光影碟机中都有激光二极管。

二极管电路分析法

思 考 题

1. 二极管的伏安特性曲线上共分几个工作区？试述各工作区的电压、电流、关系。

2. 普通二极管进入反向击穿区后是否一定会被烧损？为什么？

3. 反向截止区的电流具有什么特点？为何称为反向饱和电流？

4. 试判断图 5.23 所示电路中二极管各处于什么工作状态？设各二极管的导通电压为 0.7V，求输出电压 U_{AO}。

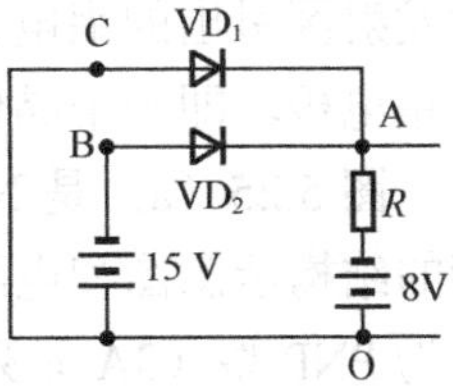

图 5.23　思考题 4 电路图

5. 把一个 1.5 V 的干电池直接正向联接到二极管的两端，有可能出现什么问题？

6. 理想二极管电路如图 5.24 所示。已知输入电压 $u_i=10\sin\omega t$ V，试画出输出电压 u_o 的波形。

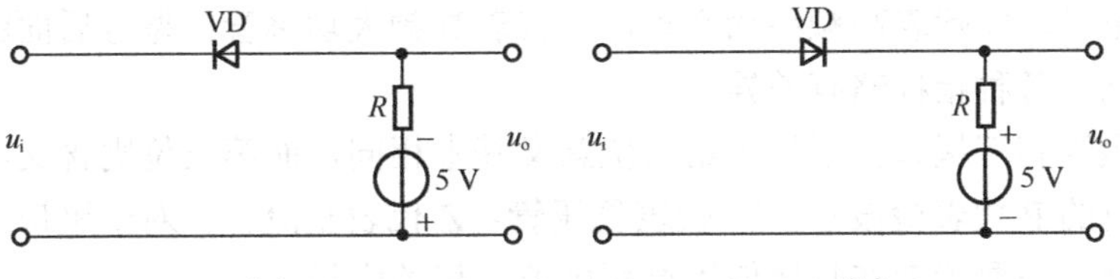

图 5.24　思考题 6 电路图

5.3 双极型半导体三极管 BJT

半导体三极管又称为晶体三极管，是组成各种电子线路的核心器件。三极管的问世使 PN 结的应用发生了质的飞跃。

5.3.1 BJT 的结构组成

BJT 是双极型三极管的英文简称，由于 BJT 工作时多数载流

双极型三极管的结构组成

子和少数载流子同时参与导电，故而称为双极型三极管。BJT 按照 PN 结的组合方式，可分为 PNP 型和 NPN 型两种，其结构示意图和电路图符号如图 5.25 所示。

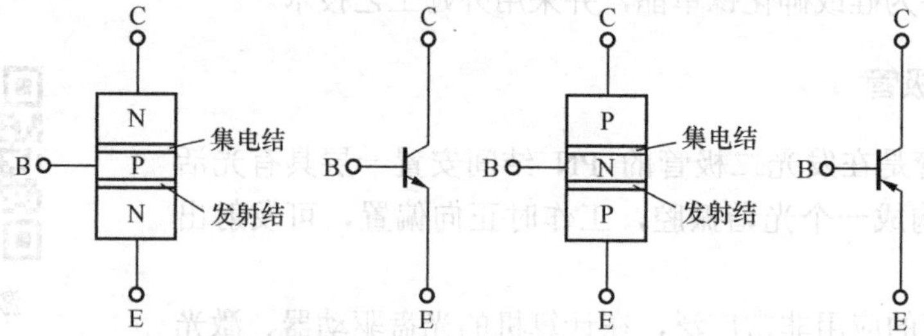

（a）NPN 型晶体管　　　　　（b）PNP 型晶体管

图 5.25　两种三极管的结构示意图

双极型三极管按频率高低又可分为高频管、低频管；根据功率大小还可分为大功率管、中功率管和小功率管；按照材料的不同还可分为硅管和锗管等。

双极型三极管无论何种类型，基本结构都包括发射区、基区和集电区；其中发射区和集电区类型相同，或为 P 型（或为 N 型），而基区或为 N 型（或为 P 型），因此，发射区和基区之间、基区和集电区之间必然各自形成一个 PN 结；由三个区分别向外各引出一个铝电极，由发射区引出的铝电极称为发射极，由基区引出的铝电极叫做基极，由集电区引出的铝电极是集电极。即一个晶体管内部有三个区、两个 PN 结和三个外引铝电极。

图 5.25（a）是 NPN 型晶体管的结构示意图和电路图符号，图 5.25（b）是 PNP 型晶体管的结构示意图和电路图符号。当前国内生产的硅晶体管多为 NPN 型（3D 系列），锗晶体管多为 PNP 型（3A 系列）。国产管的型号中，每一位都有特定含义：如 3 A X 31，第一位 3 代表三极管，2 代表二极管；第二位代表材料和极性，A 代表 PNP 型锗材料，B 代表 NPN 型锗材料，C 为 PNP 型硅材料，D 为 NPN 型硅材料；第三位表示用途，X 代表低频小功率管，D 代表低频大功率管，G 代表高频小功率管，A 代表高频大功率管；型号后面的数字是产品的序号，序号不同，各种指标略有差异。

注意：二极管和三极管在型号的第二位意义基本相同，而第三位则含义不同。对于二极管来说，第三位的 P 代表检波管；W 代表稳压管；Z 代表整流管。对于进口三极管来说，又与上述不同之处，需要读者在具体使用过程中留心相关资料。

5.3.2　BJT 的电流放大作用

三极管的特性不同于二极管，三极管在模拟电子技术中的基本功能是电流放大。

BJT 的电流放大作用

1．双极型三极管的结构特点

若要让三极管起电流放大作用，把两个 PN 结简单地背靠背连在一起是不行的。因此，首先应在结构上考虑满足三极管的电流放大条件。

制造三极管时，为了有足够的电子供发射，有意识地在三极管内部的发射区（e 区）进行较高浓度的掺杂；而发射出来的电子为了减少其在基区的复合数量，以尽量减小基极电流，需把基区（b 区）的掺杂质浓度降至很低且制作很薄，厚度仅为几～几十微米；为使发射到集电结边缘的电子能够顺利地被集电区收集而形成较大的集电极电流，把集电区的掺杂质浓度介于发射区和基区之间，且把集电工体积做得最大。这样形成的结构使得发射区和基区之间的 PN 结（发射结）的结面积较小，集电区和基区之间的 PN 结（集电结）的结面积较大，这种结构特点保证了三极管实现电流放大的关键所在和内部条件。

显然，由于各区内部结构上的差异，双极型三极管的发射极和集电极在使用中是绝不能互换的。

2. 双极型三极管电流放大的外部条件

三极管的发射区面积小且高掺杂，作用是发射足够的载流子；集电区掺杂浓度低且面积大，作用是顺利收集扩散到集电区边缘的载流子；基区制造得很薄且掺杂浓度最低，作用是传输和控制发射到基区的载流子。但三极管真正在电路中起电流放大作用，还必须遵循发射结正偏、集电结反偏的外部条件。

（1）发射结正偏

发射结正向偏置时，发射区和基区的多数载流子很容易越过发射结互相向对方扩散，但因发射区载流子浓度大大于基区的载流子浓度，因此通过发射结的扩散电流基本上是发射区向基区扩散的多数载流子，即发射区向基区扩散的多子构成发射极电流 I_E。

另外，由于基区的掺杂质浓度较低且很薄，从发射区注入到基区的大量多数载流子，只能有极少一部分与基区中的多子相“复合”，复合掉的载流子又会由基极电源不断地予以补充，这是形成基极电流 I_B 的原因。

（2）集电结反偏

在基区被复合掉的载流子仅为发射区发射载流子中的极少数，剩余大部分发射载流子由于集电结反偏而无法停留在基区，绝大多数载流子继续向集电结边缘进行扩散。集电区掺杂质浓度虽然低于发射区，但高于基区，且集电结的结面积较发射结大很多，因此这些聚集到集电结边缘的载流子在反向结电场作用下，很容易被收集到集电区，从而形成集电极电流 I_C。三极管内部载流子运动与外部电流的形成如图 5.26 所示。

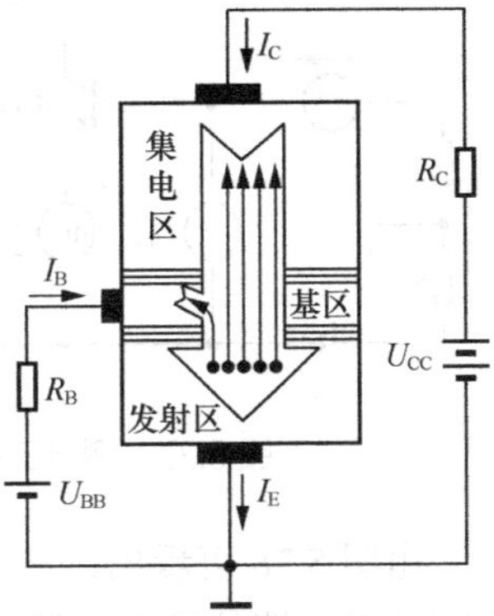

图 5.26　三极管内部载流子运动与外部电流情况

根据自然界的能量守恒定律及电流的连续性原理，三极管的发射极电流 I_E、基极电流 I_B 和集电极电流 I_C 遵循 KCL 定律，即：

$$I_E = I_B + I_C \tag{5-1}$$

三极管的集电极电流 I_C 稍小于 I_E，但远大于 I_B，I_C 与 I_B 的比值在一定范围内保持基本不变。特别是基极电流有微小的变化时，集电极电流将发生较大的变化。例如，I_B 由 40 μA 增加到 50 μA 时，I_C 将从 3.2 mA 增大到 4 mA，即：

$$\beta = \frac{\Delta I_C}{\Delta I_B} = \frac{(4-3.2)\times 10^{-3}}{(50-40)\times 10^{-6}} = 80 \tag{5-2}$$

式（5-2）中的β值称为三极管的电流放大倍数。不同型号、不同用途的三极管，它们的β值相差也较大，多数三极管的β值通常在几十至一百多的范围。

综上所述，在双极型三极管中，两种载流子同时参与导电，微小的基极电流 I_B 可以控制较大的集电极电流 I_C，故而人们把双极型三极管称作电流控制型器件（CCCS）。

由于双极型三极管分有 NPN 型和 PNP 型，所以在满足发射极正偏，集电极反偏的外部条件时，对于 NPN 型三极管，外部三个引出电极的电位必定为：$V_C>V_B>V_E$；对于 PNP 型三极管，则三个外引电极的电位应具有：$V_E>V_B>V_C$。

5.3.3 BJT 的外部特性

BJT 的输入特性

1．输入特性

图 5.27 所示实验电路中，当集电极与发射极之间电压 U_{CE} 为常数时，输入电路中的基极电流 I_B 与发射结端电压 U_{BE} 之间的关系曲线 $I_B=f(U_{BE})$称为三极管的输入特性。

假如实验电路中的三极管是硅管，当 $U_{CE}\geqslant 1$ V 时，集电结已处反向偏置，并且内电场也足够大，且基区又很薄，足以把从发射区扩散到基区的绝大多数载流子拉入集电区。继续增大 U_{CE} 并保持 U_{BE} 不变时，则 I_B 基本稳定。即 $U_{CE}>1$ V 以后的输入特性曲线基本上与 $U_{CE}=1$ V 的特性相重合。因此，我们通常是以 $U_{CE}\geqslant 1$ V 的这条输入特性曲线作为三极管的输入特性，如图 5.28 所示。

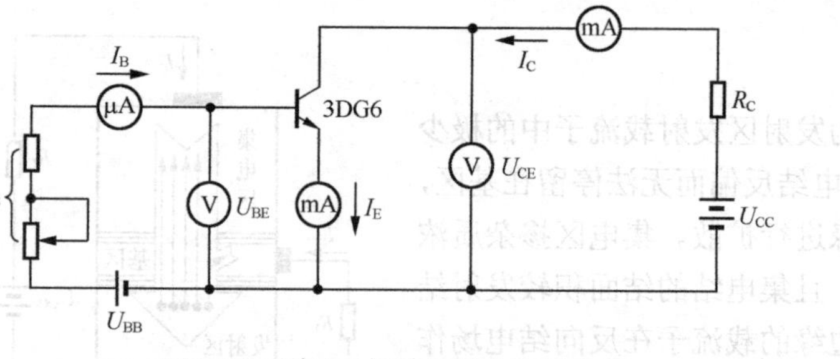

图 5.27　测量三极管特性的实验电路

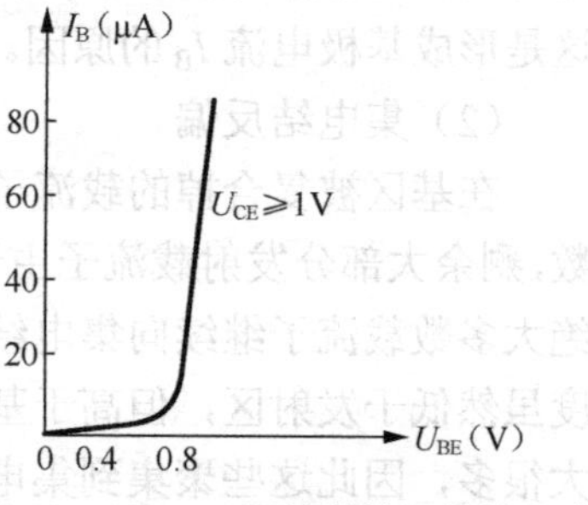

图 5.28　3DG6 三极管的输入特性曲线

由图 5.28 可看出，三极管的输入特性与二极管的正向伏安特性相似，也存在一段死区，原因是三极管的输入是发射结，只有在发射结外加电压大于 PN 结的死区电压时，三极管才会产生基极小电流 I_B。三极管的死区电压通常硅管约为 0.5 V，锗管的死区电压不超过 0.2 V。正常工作情况下，NPN 型硅管的发射结电压 U_{BE} 的典型值为 0.7 V，PNP 型锗管的 U_{BE} 典型值为 0.3 V。

2．输出特性

三极管的基极电流 I_B 为某一常数时，输出回路中集电极电流 I_C 与三极管集电极和发射极之间的电压、U_{CE} 之间的关系特性 $I_C=f(U_{CE})$称为输出特性。不同的基极电流 I_B，可得到不同的输出特性，所以三极管的输出特性曲线是一簇曲线，如图 5.29 所示。

BJT 的输出特性

当 I_B=100 μA 时，在 U_{CE} 超过一定的数值（约 1 V）以后，从发射区扩散到基区的多数载流子数量大致一定。这些多数载流子的绝大多数被拉入集电区而形成集电极电流，以致当 U_{CE} 继续增高时，集电极电流 I_C 也不再有明显的增加，集电极电流不随 U_{CE} 的增大而变化的现象，说明集电极电流在三极管电流放大时具有恒流特性。

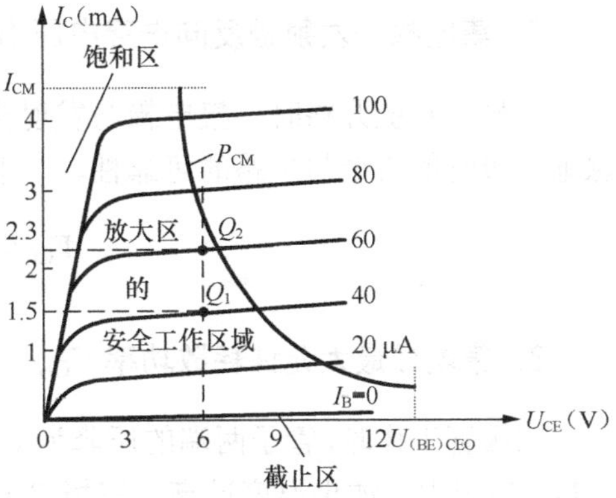

图 5.29 3DG6 三极管的输出特性曲线

当基极电流 I_B 减小时，如 I_B=80 μA、I_B=60 μA……I_B=20 μA 等情况下，对应的的集电极电流 I_C 也随之减小，输出特性曲线依次下移。特性曲线中 I_B 是 μA 级，I_C 是 mA 级，不同的基极电流对应不同的集电极电流，但是集电极电流要比基极电流变化大得多，当基极电流减小到零时，集电极电流也基本为零。即输出特性充分反映了双极型三极管工作于放大状态下的以小控大作用。

观察图 5.29 还可看出，输出特性曲线上划分出了放大、截止和饱和三个工作区域。

放大区：输出特性曲线近于平顶部分的是放大区。放大区有两个特点：一是三极管在放大区遵循 $I_C=\beta I_B$，即集电极电流 I_C 的大小主要受基极电流 I_B 的控制。二是随着三极管输出电压 u_{CE} 的增加，曲线微微上翘。这是因为 u_{CE} 增加时，基区有效宽度变窄，使载流子在基区复合的机会减少，在 I_B 不变的情况下，i_C 将随 u_{CE} 略有增加。三极管工作于放大区的典型外部特征是：发射结正偏，集电结反偏。

截止区：输出特性中 I_B=0 以下区域称为截止区。在截止区内，NPN 型硅管 U_{BE} <0.5 V 时，就开始了截止，工程实际中为了截止可靠，常使 $U_{BE}\leqslant 0$。所以三极管工作在截止区的显著特征：发射结电压为零或反向偏置。

饱和区：输出特性与纵轴之间的区域称为饱和区。在饱和区，因 I_B 的变化对 I_C 的影响较小，所以三极管的放大能力大大下降，两者不再符合以小控大的 β 倍数量关系。三极管工作在饱和区的显著特点：发射结和集电结均正偏，饱和区内通常有 u_{CE}<1V。

5.3.4 BJT 的主要技术参数

BJT 的主要技术参数

为保证三极管的安全及防止其性能变坏或烧损，规定了三极管正常工作时电流、电压和功率的极限值，使用时要求不能超过任一极限值。常用的极限参数有：

1. 集电极最大允许电流 I_{CM}

当集电极电流增大时，三极管的 β 值就要减小。当 $I_C=I_{CM}$ 时，三极管的 β 值通常下降到正常额定值的三分之二。因此把 I_{CM} 称为集电极最大允许电流。显然，当 $I_C>I_{CM}$ 时，说明三极管的电流放大能力下降，但并不意味三极管会因过流而一定损坏。

2．集电极—发射极反向击穿电压 $U_{(BR)CEO}$

三极管基极开路时，集电极与发射极之间的最大允许电压称为集射极反向击穿电压。为保证三极管的安全与电路的可靠性，一般应取集电极电源电压

$$V_{CC} \leqslant \left(\frac{1}{2} \sim \frac{2}{3}\right) U_{(BR)CEO} \tag{5-3}$$

3．集电极最大允许耗散功率 P_{CM}

三极管工作时，管子两端的压降为 U_{CE}，集电极流过的电流为 I_C，管子的耗散功率 $P_C=U_{CE}\times I_C$。使用中，如果温度过高，三极管的性能恶化甚至被损坏，所以集电极损耗有一定的限制，规定集电极所消耗的最大功率不能超过最大允许耗散功率 P_{CM} 值。如果超过 P_{CM} 值，则三极管定会因过热而损坏。在图 5.29 所示输出特性曲线上作出的 P_{CM} 是一条双曲线，P_{CM} 弧线以内的平顶区域才是三极管的安全工作区。P_{CM} 值的大小通常与管子的散热条件有关，增加散热片可提高 P_{CM} 的数值。

5.3.5 复合晶体管

在一个管壳内装有两个以上的电极系统，且每个电极系统各自独立通过电子流，实现各自的功能，这种三极管称为复合管。换言之，复合管就是指用两只三极管按一定规律进行组合，等效成一只三极管，复合管又称达林顿管，如图 5.30 所示。

复合晶体管

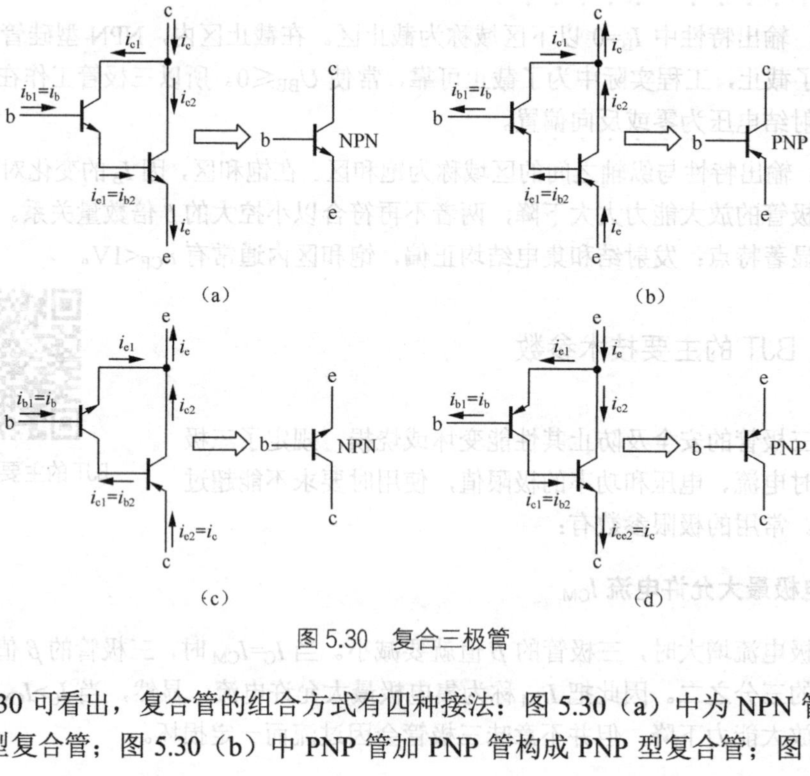

图 5.30 复合三极管

由图 5.30 可看出，复合管的组合方式有四种接法：图 5.30（a）中为 NPN 管加 NPN 管构成 NPN 型复合管；图 5.30（b）中 PNP 管加 PNP 管构成 PNP 型复合管；图 5.30（c）中

NPN 管加 PNP 管构成 NPN 型复合管；图 5.30（d）中 PNP 管加 NPN 管构成 PNP 型复合管。前两种是同极性接法，后两种是异极性接法。显然复合管也有 NPN 型和 PNP 型两种，其类型与第一只管子相同。

以图（a）为例，有：$i_c=i_{c1}+i_{c2}=\beta_1 i_b+\beta_2(1+\beta_1)i_{b1}=(\beta_1+\beta_2+\beta_1\beta_2)i_b$

显然，复合管的电流放大系数比普通三极管大得多。

由于复合管具有很大的电流放大能力，所以用复合管构成的放大电路具有更高的输入电阻。鉴于复合管的这种特点，常常用于音频功率放大电路、电源稳压电路、大电流驱动电路、开关控制电路、电机调速电路及逆变电路等。

思 考 题

1．双极型三极管的发射极和集电极是否可以互换使用？为什么？

2．三极管在输出特性曲线的饱和区工作时，其电流放大系数是否也等于 β？

3．使用三极管时，只要①集电极电流超过 I_{CM} 值；②耗散功率超过 P_{CM} 值；③集-射极电压超过 $U_{(BR)CEO}$ 值，三极管就必然损坏。上述说法哪个是对的？

4．用万用表测量某些三极管的管压降得到下列几组数据，说明每个管子是 NPN 型还是 PNP 型？是硅管还是锗管？它们各工作在什么区域？

① $U_{BE}=0.7$ V，$U_{CE}=0.3$ V；

② $U_{BE}=0.7$ V，$U_{CE}=4$ V；

③ $U_{BE}=0$ V，$U_{CE}=4$ V；

④ $U_{BE}=-0.2$ V，$U_{CE}=-0.3$ V；

⑤ $U_{BE}=0$ V，$U_{CE}=-4$ V。

5．为什么使用复合管？复合管和普通三极管相比，具有何特点？

5.4 单极型半导体三极管 FET

5.4.1 单极型三极管概述

单极型三极管可用英文缩写 FET 表示，与双极型三极管 BJT 相比，无论是内部的导电机理还是外部的特性曲线，二者都截然不同。FET 属于一种较为新型的半导体器件，尤为突出的是：FET 具有高达 10^7～10^{15} 的输入电阻，几乎不取用信号源提供的电流，因而具有功耗小，体积小、重量轻、热稳定性好、制造工艺简单且易于集成化等优点。这些优点扩展了单极型三极管的应用范围，尤其在大规模和超大规模的数字集成电路中得到了更为广泛的应用。

根据结构的不同，单极型三极管 FET 分有结型和绝缘栅型两大类。

结型管是利用半导体内的电场效应控制管子输出电流的大小；绝缘栅型管子则是利用半导体表面的电场效应来控制漏极输出电流的大小。两种管子都是利用是电场效应进行以小控大作用，因此电子技术中通常把单极型三极管称为场效应管。

两类场效应管中，其中绝缘栅型场效应管制造工艺更为简单，更便于集成化，且性能优于结型场效应管，因而在集成电路及其他场合获得了更广泛地应用。本书中，我们仅以绝缘栅型场效应管为例，向读者介绍单极型三极管的结构组成和工作原理。

5.4.2 场效应管的基本结构组成

增强型 N 沟道 MOS 管的结构组成

绝缘栅型场效应管按其工作状态的不同可分为增强型和耗尽型两种类型，各类都有N沟道和P沟道之分。图5.31（a）所示为N沟道增强型场效应管结构示意图，它以一块掺杂浓度较低，电阻率较高的P型硅半导体薄片作为衬底，并在其表面覆盖一层很薄的二氧化硅绝缘层，再将二氧化硅绝缘层刻出两个窗口，通过扩散工艺在P型硅中形成两个高掺杂浓度的N^+区，并用金属铝向外引出两个电极，分别称为漏极D和源极S，然后在半导体表面漏极和源极之间的绝缘层上制作一层金属铝，由此向外引出的电极称为栅极G，最后在衬底上引出一个电极B作为衬底引线，这样就构成了N沟道增强型的场效应管。

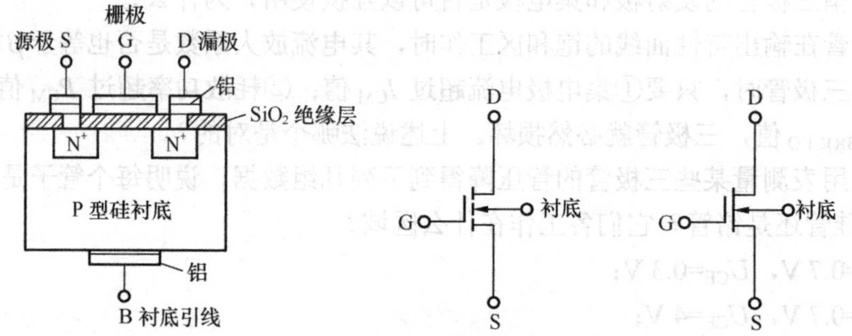

（a）N 沟道 MOS 管结构示意图　（b）N 沟道增强型符号　（c）N 沟道耗尽型符号

图 5.31　FET 结构示意图

图示FET由于其栅极和其他电极之间相互绝缘，因此称其为绝缘栅型场效应管。绝缘栅场效应管采用了金属铝（Metal）作为引出电极，以二氧化硅（Oxide）作为其绝缘介质，这样的半导体（Semiconductor）器件，习惯上人们简称为MOS管。

N沟道增强型MOS管的电路符号如图5.31（b）所示，N沟道耗尽型场效应管的电路符号如图5.31（c）所示。观察电路图符号可看出：增强型MOS管衬底箭头相连的是虚线，耗尽型衬底箭头相连的是实线；衬底箭头方向向里时为N沟道MOS管，若衬底箭头方向背离虚线（或实线）时，则为P沟道MOS管（结型场效应管的图符号可参看其他书）。

5.4.3 场效应管的工作原理

MOS 管的工作原理

以N沟道增强型MOS管为例，由图5.32（a）可以看出，MOS管的源极和衬底是接在一起的（大多数管子在出厂前已连接好），增强型MOS管的源区（N^+）、衬底（P型）和漏区（N^+）三者之间形成了两个背靠背的PN^+结，漏区和源区被P型衬底隔开。当栅-源极之间的电压$U_{GS}=0$时，不管漏源极之间的电源U_{DS}极性如何，总有一个PN^+结反向偏置，此时反向电阻很高，不能形成导电沟道；若栅极悬空，即使在漏极和源极之间加上电压U_{DS}，也不会产生漏极电流I_D，MOS管处于截止状态。

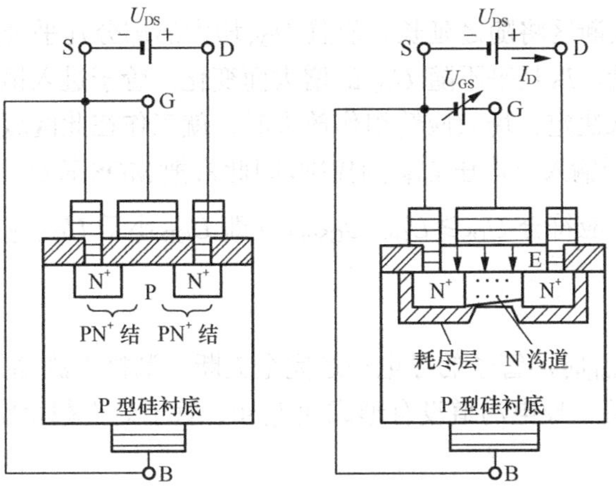

（a）$U_{GS}<U_T$ 时无导电沟道　　（b）$U_{GS}>U_T$ 时导电沟道形成

图 5.32　N 沟道增强型 MOS 管导电沟道的形成

1．导电沟道的形成

如果在栅极和源极形成的输入端加入正向电压 U_{GS}，情况就会发生变化，如图 5.32（b）所示。当 MOS 管的输入电压 $U_{GS}\neq0$ 时，且极性设置如图 5.32 所示，栅极铝层和 P 型硅片衬底间相当于以二氧化硅层 SiO_2 为介质的平板电容器。由于 U_{GS} 的作用，在介质中产生一个垂直于半导体表面、由栅极指向 P 型衬底的电场。因为 SiO_2 绝缘层很薄，即使 U_{GS} 很小，也能让该电场高达 10^5～10^6 V/cm 数量级的强度。这个强电场排斥空穴吸引电子，把靠近 SiO_2 绝缘层一侧的 P 型硅衬底中的多子空穴排斥开，留下不能移动的负离子形成耗尽层；若 U_{GS} 继续增大，耗尽层将随之加宽；同时 P 型衬底中的少子自由电子载流子受到电场力的吸引向上运动到达表层，除填补空穴形成负离子的耗尽层外，还在 P 型硅表面形成一个 N 型薄层，称为反型层，该反型层将两个 N^+ 区连通，于是，在漏极和源极之间形成了一个 N 型导电沟道。我们把形成导电沟道时的栅源电压 U_{GS} 称为开启电压，用 U_T 表示。

2．可变电阻区

场效应管的特性曲线

很明显，在 $0<U_{GS}<U_T$ 的范围内，漏-源极之间的 N 沟道尚未连通，管子处截止状态，漏极电流 $I_D=0$。当 U_{GS} 一定，且 U_{DS} 从 0 开始增大，当 $U_{GD}=U_{GS}-U_{DS}<U_{GS(off)}$ 时，即 U_{DS} 很小情况下，U_{DS} 的变化直接影响整个沟道的电场强度，在此区域随着 U_{DS} 的增大，I_D 增大很快。当 U_{DS} 再继续增大到 $U_{GD}=U_{GS}-U_{DS}=U_{GS(off)}$ 时，导电沟道在漏极一侧出现了夹断点，称为预夹断。对应预夹断状态的漏源电压 U_{DS} 和漏极电流 I_D 称为饱和电压和饱和电流，这种情况下，U_{DS} 的变化直接影响着 I_D 的变化，导电沟道相当于一个受控电阻，阻值的大小与 U_{GS} 相关。U_{GS} 越大，管子的输出电阻变得越大。利用管子的这种特性可把 MOS 管作为一个可变电阻使用。

3．恒流区

当 $U_{GS}\geqslant U_T$ 且在漏源间加正向电压 U_{DS} 时，便会产生漏极电流 I_D。当 U_{DS} 使沟道产生预夹断后仍继续增大，夹断区将随之延长，而且 U_{DS} 增大的部分几乎全部用于克服夹断区对 I_D 的阻力。这时从外部看，I_D 几乎不随 U_{DS} 的增大而变化，管子进入恒流区。在恒流区，I_D 的大小仅由 U_{GS} 的大小来决定。场效应管用作放大时，就工作在此区域。在线性放大区，场效应管的输出大电流 I_D 受输入小电压 U_{GS} 的控制，因此常把 MOS 管称为电压控制型器件。MOS 管工作在放大区的条件应符合 $U_{DS} \geqslant U_{GS}-U_{GS(off)}$（即 U_{GD} 小于 $U_{GS(off)}$）。

4. 截止区

当 U_{GD} 小于 $U_{GS(off)}$ 时，管子的导电沟道完全夹断，漏极电流 I_D=0，场效应管截止；在 U_{GS} 小于 U_T 时，由于管子导电沟道没有形成使 I_D=0，管子处于截止状态。

5. 击穿区

随着 U_{DS} 的增大，当漏栅间的 PN 结上反向电压 U_{DG} 增大使 PN 结发生反向雪崩击穿时，I_D 急剧增大，管子进入击穿区，如果不加以限制，可以烧毁管子。

由上述分析可知，场效应管导电沟道形成后，只有一种载流子参与导电，因之称为单极型三极管。单极型三极管中参与导电的载流子是多数载流子，由于多数载流子不受温度变化的影响，因此单极型三极管的热稳定性要比双极型三极管好得多。

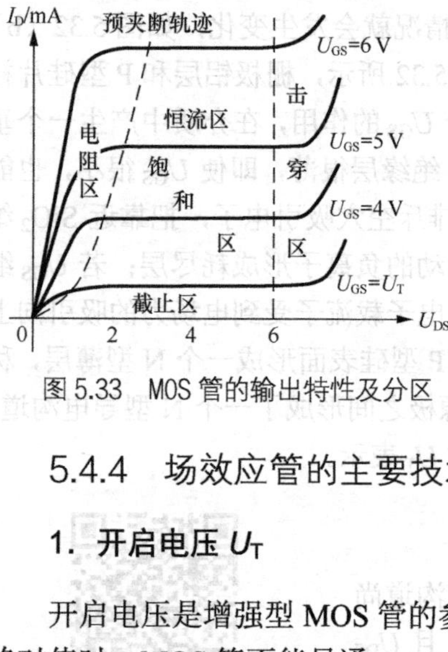

图 5.33 MOS 管的输出特性及分区

如果在制造中将衬底改为 N 型半导体，漏区和源区改为高掺杂的 P^+ 型半导体，即可构成 P 沟道 MOS 管，P 沟道 MOS 管也有增强型和耗尽层之分，其工作原理的分析步骤与上述分析类同。单极型管的输出特性如图 5.33 所示。

5.4.4 场效应管的主要技术参数

MOS 管的主要技术参数

1. 开启电压 U_T

开启电压是增强型 MOS 管的参数，栅源电压 U_{GS} 小于 U_T 的绝对值时，MOS 管不能导通。

2. 输入电阻 R_{GS}

场效应管的栅源输入电阻的典型值，对于绝缘栅场型 MOS 管，输入电阻 R_{GS} 在 1～100 MΩ 之间。由于高阻态，所以基本可认为场效应管的输入栅极电流等于零。

3. 最大漏极功耗 P_{DM}

最大漏极功耗可由 $P_{DM}= U_{DS}\ I_D$ 决定，与双极型三极管的 P_{CM} 相当，管子正常使用时不得超过此值，否则将会由过热而造成管子的损坏。

从上述极限参数的分析可知，单极型的 MOS 管的参数类似双极型管，只是 MOS 管有非常高的输入电阻。另外，双极型管的击穿原理是 PN 结击穿，在有限流电阻的情况下，电击穿过程可逆。而 MOS 管的击穿机理是栅极下面的二氧化硅绝缘层被击穿，这种过程是不可逆的。

5.4.5　场效应管的使用注意事项

MOS 管的使用注意事项

FET 在使用中需要注意的事项如下。

1．在 MOS 管中，有的产品将衬底引出（即管子有 4 个管脚），以便使用者视电路需要而任意连接。这时 P 型硅衬底一般应接 U_{GS} 的低电位，即保证二氧化硅绝缘层中的电场方向自上而下；N 型硅衬底通常应接高电位，即保证二氧化硅绝缘层中的电场方向自下而上。但在特殊电路中，当源极的电位很高或很低时，为了减轻源衬间电压对管子导电性能的影响，可将源极与衬底连在一起（大多产品出厂时已经把衬底与源极连在了一起）。

2．当衬底和源极未连在一起时，场效应管的漏极和源极可以互换使用，互换后其伏安特性不会发生明显变化。若 MOS 管在出厂时已将源极和衬底连在一起，则管子的源极与漏极就不能再对调使用，这一点在使用时必须加以注意。

3．场效应管的栅源电压不能接反，但可以在开路状态下保存。为保证其衬底与沟道之间恒为反偏。一般 N 沟道 MOS 管的衬底 B 极应接电路中的最低电位。还要特别注意可能出现栅极感应电压过高而造成绝缘层的击穿问题，因为 MOS 管的输入电阻很高，使得栅极的感应电荷不易泄放，在外界电压影响下，容易导致在栅极中产生很高的感应电压，造成管子击穿事故。所以，MOS 管在不使用时应避免栅极悬空及减少外界感应，储存时，务必将 MOS 管的三个电极短接。

4．当把管子焊到电路中或从电路板上取下时，应先用导线将各电极绕在一起；所用电烙铁必须有外接地线，以屏蔽交流电场，防止损坏管子，特别是焊接 MOS 管时，最好断电后利用其余热焊接。

思 考 题

1．双极型三极管和单极型三极管的导电机理有什么不同？为什么称双极型三极管为电流控制型器件？MOS 管为电压控制型器件？

2．当 U_{GS} 为何值时，增强型 N 沟道 MOS 管导通？当 U_{GD} 等于何值时，漏极电流表现出恒流特性？

3．双极型三极管和 MOS 管的输入电阻有何不同？

4．MOS 管在不使用时，应注意避免什么问题？否则会出现何种事故？

5．为什么说场效应管的热稳定性比双极型三极管的热稳定性好？

应用能力培养课题：常用电子仪器的使用

1．函数信号发生器简介

函数信号发生器产品类型很多，各实验室所使用的型号也各不相同。函数信号发生器是电子线路的常用仪器。产品示意图如图 5.34 所示。

不论什么型号的函数信号发生器，通常都能产生正弦波、方波、三角波等几种不同的波形信号。

函数信号发生器产生的信号频率一般都能在 0.2 Hz～1 MHz 甚至更高频率的范围内任意调节，型号不同的函数信号发生器频率调节的方法各不相同，应根据各实验室购买产品的说明书进行频率调节。

函数信号发生器输出信号的幅度调节通常在 10 mVp-p～10 Vp-p(50 Ω)，20 mVp-p～20 Vp-p(1 MΩ)的范围内可调，一般可以用电子毫伏表连接函数信号发生器的输出数据端子进行测量和调节，电子毫伏表测量数据为信号的有效值。

总之，函数信号发生器可为电子实验电路提供一个一定波形、一定频率和一定幅度的输入信号。

2. 电子毫伏表简介

图 5.35 所示双路电子毫伏表是一种用于测量频率范围较宽广的电子线路电压有效值的仪器。具有输入阻抗高、灵敏度高和测量频率宽等优点，也是电子线路测量中的常用仪器。

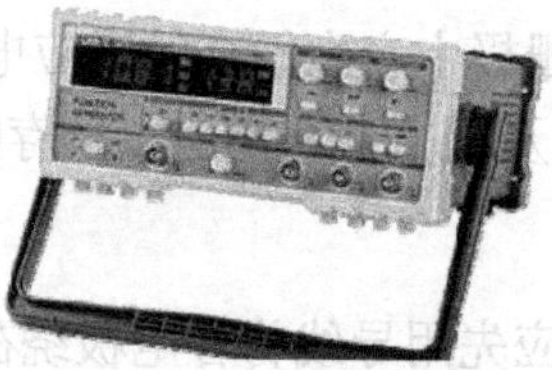

图 5.34 函数信号发生器

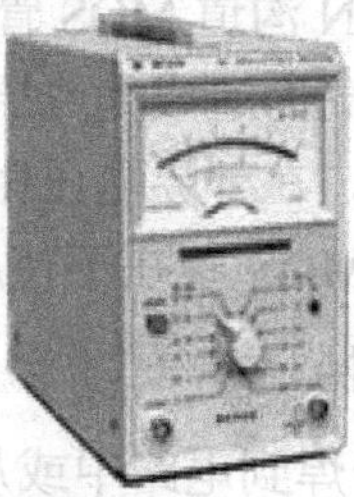

图 5.35 电子毫伏表

电子线路测量技术中之所以使用电子毫伏表而不用普通电压表，是因为普通电压表只能测量工频交流电，而对于电子线路频率范围很宽的电压有效值测量时会出现很大的误差，即普通电压表受频率影响。而电子毫伏表则对频率宽广的电子线路电压有效值测量时，不受其影响。

电子毫伏表的频率响应通常在 10 Hz～1 MHz；测量范围在 3 mV～300 V；精度通常可达到±3%。

3. 双踪示波器

双踪示波器是一种带宽从直流至 20 MHz 的便携式常用电子仪器，其产品外形如图 5.36 所示。

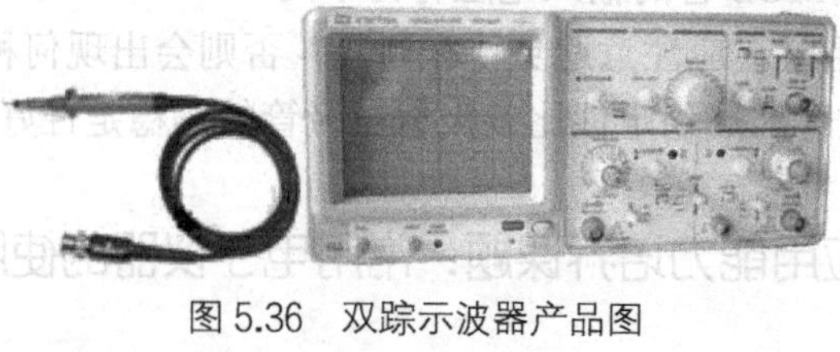

图 5.36 双踪示波器产品图

双踪示波器不能产生信号，但是它能够对信号踪迹进行合理、准确的显示。双踪示波器可以同时显示实验电路中的输入、输出两个信号波形的踪迹，通过周期挡位合理选择信号显示的宽度；通过幅度挡位的选择可以合理显示信号的高度，并且从挡位选择上正确读出信号的周期和幅度。

4. 实验内容及步骤

① 认识实验台的布置及函数信号发生器、示波器、电子毫伏表等常用电子仪器，熟悉其面板布置。

② 将函数信号发生示波器与电源连通。根据产品说明书按实验要求调出一定波形、一定频率、一定幅度的信号波。

③ 把电子毫伏表与电源相连接。选择合适的挡位，对函数信号发生器产生的信号波进行测量，直到调节函数信号发生器，使信号幅度满足实验要求的信号有效值为止。

④ 将双踪示波器与实验台电源相接通，把示波器探针与示波器内置电源引出端相连，观察屏幕上内置电源的波形（方波），屏幕上横向方格指示的为波形的周期，内置电源周期为 1 ms；屏幕上纵向方格指示的为内置电源电压的幅度值，内置电源的峰峰值为 2 V。如屏幕上方波的波形显示与内置电源的相等，则示波器可以正常测试使用。如指示值与实际值有差别，应请指导教师帮助查找原因。

⑤ 按照信号的频率选择合适的周期挡位，按照信号的有效值选择合适的幅度挡位，让双踪示波器的某一踪与信号接通，观察示波器中显示的信号踪迹，并根据挡位读出信号的周期和幅度。

⑥ 调节信号发生器产生波形的输出频率时，应以频率显示数码管的显示数值为基本依据，分别调节出附表中要求的频率值。

⑦ 分析实验数据的合理性，如没有问题可以让指导教师审阅，合格后实验结束，断开电源，拆卸连接导线，设备复位。

5. 思考题

① 电子实验中为什么要用晶体管毫伏表来测量电子线路中的电压？为什么不能用万用表的电压挡或交流电压表来测量？

② 用示波器观察波形时，要满足下列要求，应调节哪些旋钮？移动波形位置，改变周期格数，改变显示幅度，测量直流电压。

6. 附表

常用电子仪器使用的测量数据

晶体管毫伏表读出的电压	0.5 V	2.0 V	100 mV
信号发生器产生的信号频率	500 Hz	1000 Hz	1500 Hz
示波器“VOLT/div”挡位值×峰-峰波形格数			
峰-峰值电压 $U_{P\text{-}P}$（V）读数			
根据示波器显示计算出的波形有效值（V）			
示波器（TIME/div）挡位值×周期格数			
信号周期 T 值（ms）			
信号频率 f=1/T（Hz）			

第 5 章　习题

1．半导体二极管由一个 PN 结构成，三极管则由两个 PN 结构成，那么，能否将两个二极管背靠背地连接在一起构成一个三极管？如不能，说说为什么？

2．如果把晶体三极管的集电极和发射极对调使用？三极管会损坏吗？为什么？

3．两个硅稳压管 VD_{Z1} 和 VD_{Z2} 的稳压值分别为 6 V 和 10 V，两管的正向电压降均为 0.6 V，如果想得到 1.2 V、6.6 V、10.6 V 和 16 V 这 4 种稳定电压，两个稳压管应如何连接？画出电路图。

4．在图 5.37 所示电路中，已知 E=5 V，$u_i=10\sin\omega t$ V，二极管为理想元件（即认为正向导通时电阻 R=0，反向阻断时电阻 R=∞），试对应 u_i 画出各输出电压 u_o 的波形。

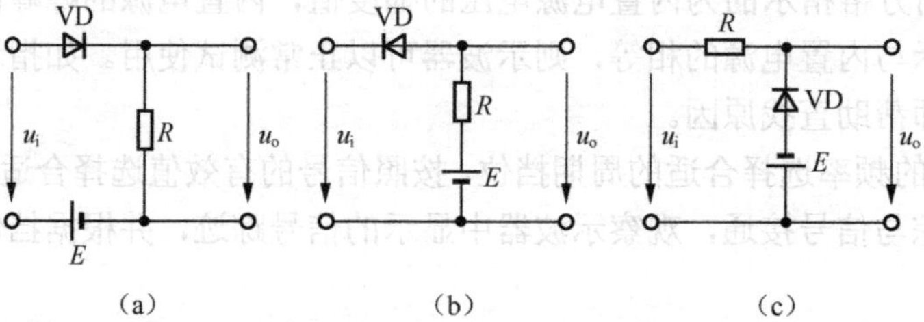

图 5.37　习题 4 电路图

5．判断下列说法的正确与错误。

（1）本征半导体中掺入三价元素后可形成电子型半导体。（　）

（2）光电二极管正常工作时应反向偏置，工作在特性曲线的反向击穿区。（　）

（3）场效应管的漏源电压较小时，可做为一个可变电阻使用。（　）

（4）晶体三极管的发射区和集电区杂质类型相同，可以互换使用。（　）

6．由理想二极管组成的电路如图 5.38 所示，试求图中电压 U 及电流 I 的大小。

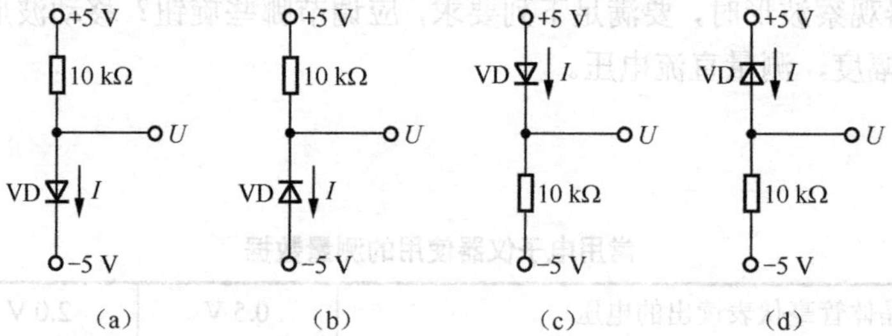

图 5.38　习题 6 电路图

7．由理想二极管构成的电路如图 5.39 所示，求图中电压 U 及电流 I 的大小。

8．在图 5.40 所示电路图中，已知 U_S=5 V，$u=10\sin\omega t$ V，其中的 VD 为理想二极管，试在输入波形的基础上画出 u_R 和 u_D 的波形图。

9．稳压管的稳压电路如图 5.41 所示。已知稳压管的稳定电压 U_Z=6 V，最小稳定电流 I_{Zmin}=5 mA，最大功耗 P_{ZM}=150 mW，试求电路中的限流电阻 R 的取值范围。

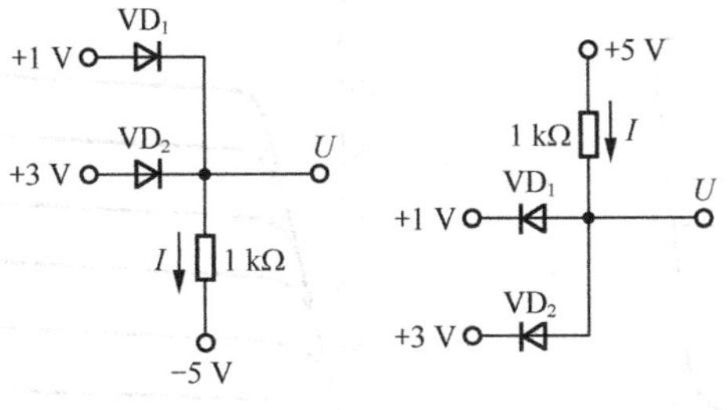

（a）　　　　（b）

图 5.39　习题 7 电路图

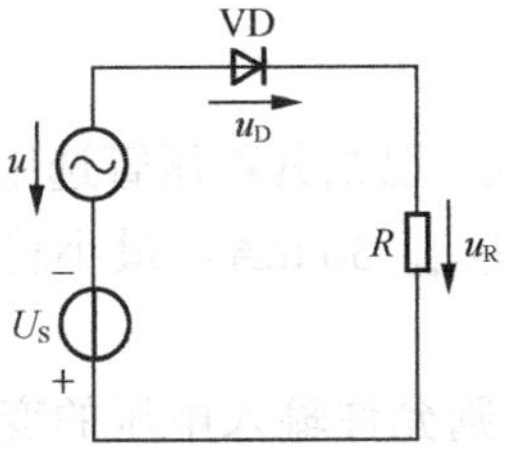

图 5.40　习题 8 电路图

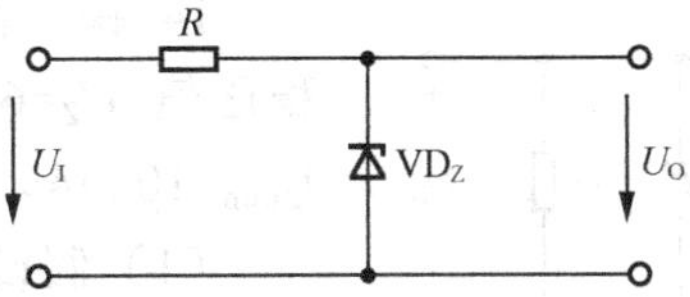

图 5.41　习题 9 电路图

10．三极管的各极电位如图 5.42 所示，试判断各管的工作状态（截止、放大或饱和）。

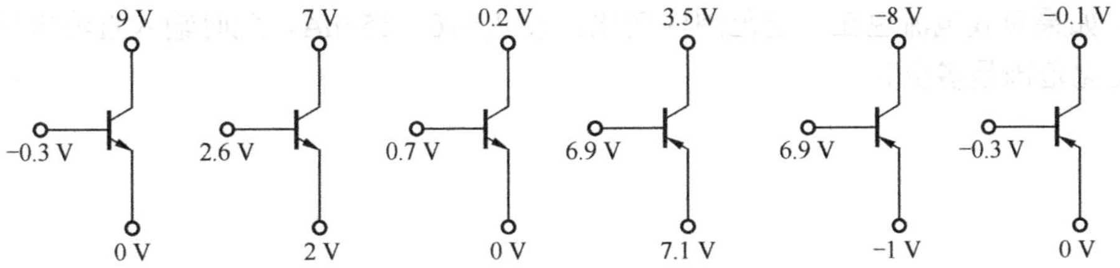

（a）　（b）　（c）　（d）　（e）　（f）

图 5.42　习题 10 电路图

11．测得某放大电路中晶体三极管的三个电极对地电位分别是：V_1=4 V，V_2=3.4 V，V_3=9.4 V，判断该管的类型及三个电极。如果测得另一管子的三个管脚对地电位分别是 V_1=−2.8 V，V_2=−8 V，V_3=−3 V，判断此管的类型及三个电极。

12．三极管的输出特性曲线如图 5.43 所示。试指出各区域名称并根据所给出的参数进行分析计算。

（1）U_{CE}=3 V，I_B=60 μA，I_C=?

（2）I_C=4 mA，U_{CE}=4 V，I_B=?

（3）U_{CE}=3 V，I_B 由 40～60 μA 时，β=?

13．已知 NPN 型三极管的输入、输出特性曲线如图 5.44 所示，当

（1）U_{BE}=0.7 V，U_{CE}=6 V，I_C=?

（2）I_B=50 μA，U_{CE}=5 V，I_C=?

（3）U_{CE}=6 V，U_{BE} 从 0.7 V 变到 0.75 V 时，求 I_B 和 I_C 的变化量，此时的 β = ?

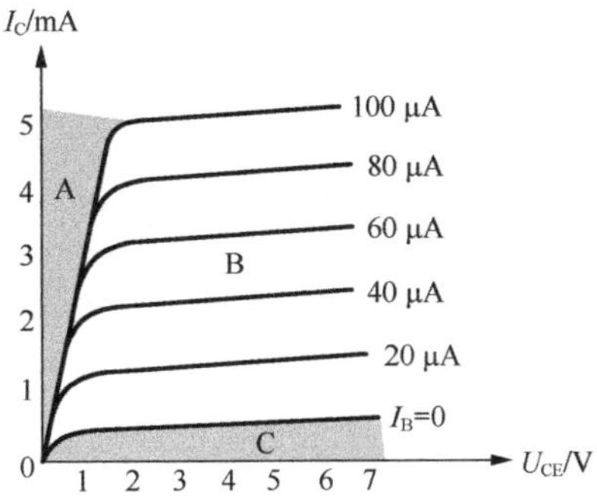

图 5.43　习题 12 输出特性图

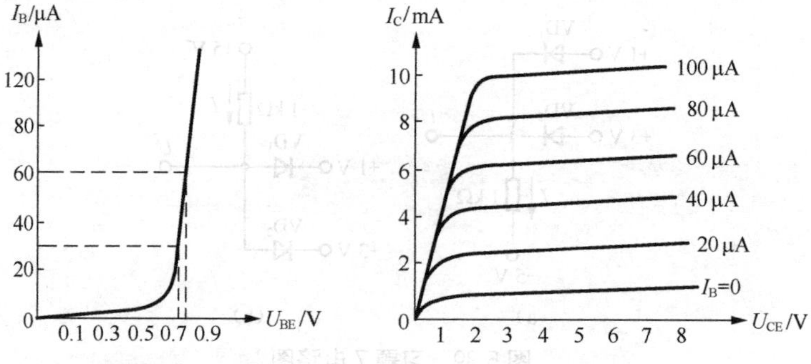

（a）输入特性曲线　　（b）输出特性曲线

图 5.44　习题 13 输入、输出特性图

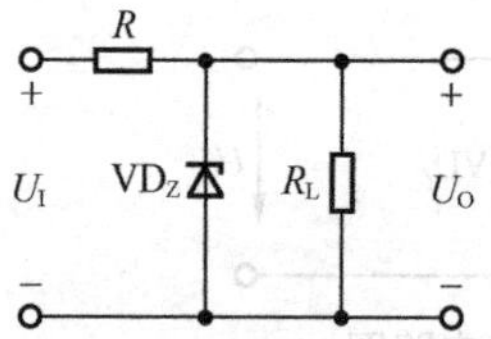

图 5.45　习题 14 电路图

14. 稳压管稳压电路如图 5.45 所示。已知其稳压管选用 2DW7B，稳压值 U_Z=6 V，最大稳定电流为 I_{Zmax}=30 mA，最小稳定电流为 I_{Zmin}=10 mA，限流电阻 R=200 Ω。

（1）假设负载电流 I_L=15 mA，则允许输入电压的变化范围为多大才能保证稳压电路正常工作？

（2）假设给定输入电压 U_I=13 V，则允许负载电流 I_L 的变化范围为多大？

（3）如果负载电流也在一定范围内变化，设 I_L=10～15 mA，此时输入直流电压 U_I 的最大允许变化范围是多少？

第6章 小信号放大电路基础

晶体管、场效应管的主要用途之一就是利用其电流放大作用组成各种类型的放大电路，从而将电子技术中传输的微弱电信号加以放大。基本放大电路在模拟电子技术中的地位非常重要，它作为模拟电子技术的基本单元，可以构成各种复杂放大电路和线性集成电路。通过本章的学习，要求学习者能够掌握常见放大电路的基本构成及特点，理解基本放大电路静态工作点的设置目的及其求解方法；熟悉非线性失真的概念；了解微变等效电路法的思想，掌握求解放大电路性能指标的方法；了解多级放大电路的常用耦合方式；掌握放大电路的频率特性，理解波特图。

6.1 小信号单级放大电路

6.1.1 小信号单级放大电路的基本组态

单级放大电路一般指由一个三极管或一个场效应管组成的放大电路。放大电路的功能是利用晶体管的控制作用，把输入的微弱电信号不失真地放大到所需的数值，实现将直流电源的能量部分地转化为按输入信号规律变化且有较大能量的输出信号。因此，放大电路实质上就是一种用较小的能量去控制较大能量转换的一种能量转换装置。

电子技术中以晶体管为核心元件，利用晶体管的以小控大作用，可组成各种形式的放大电路。其中基本放大电路共有三种组态：共发射极放大电路、共集电极放大电路和共基极放大电路，如图 6.1 所示。

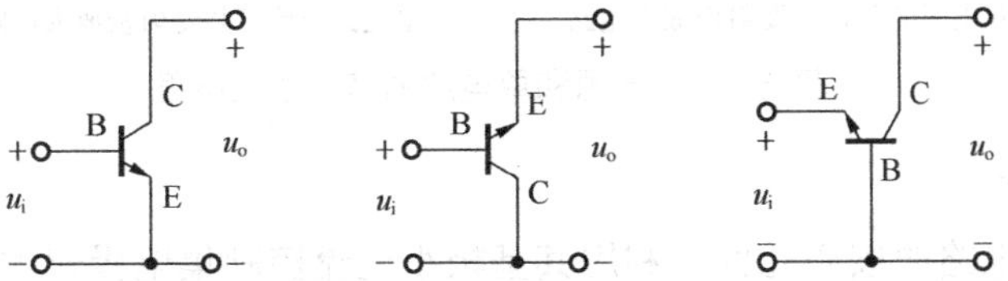

（a）共发射极放大电路　（b）共集电极放大电路　（c）共基极放大电路

图 6.1　基本放大电路的三种组态

无论何种组态的放大电路，构成电路的主要目是相同的：让输入的微弱小信号通过放大电路后，输出时其信号幅度显著增强。

6.1.2 共射组态的单级放大电路

1. 共射放大电路的组成原则

放大电路首先必须有直流电源，而且电源的设置应保证晶体管工作在线性放大状态。其次，放大电路中各元件的参数和安排上，要保证被传输信号能够从放大电路的输入端尽量不衰减地输入，在信号传输过程中能够不失真地放大，最后经放大电路输出端输出，并满足放大电路性能指标的要求。因此，放大电路的组成原则如下。

放大电路及其组成原则

（1）保证放大电路的核心元件晶体管工作在放大状态，即要求放大电路中的三极管保证发射结正偏，集电结反偏。

（2）输入回路的设置应使输入信号尽量不衰减地耦合到晶体管的输入电极，并形成变化的基极小电流 i_B，进而产生晶体管的电流控制关系，变成集电极大电流 i_C 的变化。

（3）输出回路的设置应保证晶体管放大后的电流信号能够转换成负载需要的电压形式。

（4）信号通过放大电路时不允许出现失真。

需要理解的是：输入的微弱小信号通过放大电路，输出时幅度得到较大增强，并非来自于晶体管自身的电流放大能力，其能量的提供来自于放大电路中的直流电源。晶体管只是在放大的过程中实现了对直流电源供出能量的控制作用，使之转换成放大的信号能量，并传递给负载。

2. 共射放大电路各部分的作用

图 6.2（a）所示是一个双电源的基本放大电路，电路中各元器件作用如下。

放大电路的组成及各部分功能

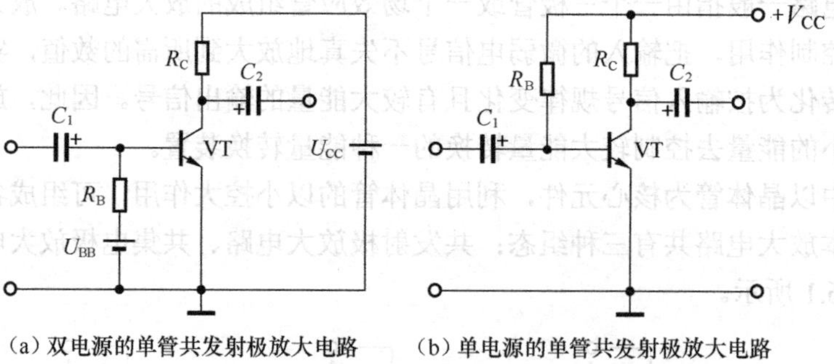

（a）双电源的单管共发射极放大电路　（b）单电源的单管共发射极放大电路

图 6.2　双电源和单电源的基本放大电路

（1）晶体管 VT

晶体管是放大电路的核心元件。利用其基极小电流控制集电极较大电流的作用，使输入的微弱电信号通过直流电源 V_{CC} 提供的能量，获得一个能量较强的输出电信号。

（2）集电极电源 V_{CC}

实用中通常采用图 6.2（b）所示的单电源供电方式，在这个电路图中，直流电源常用 V_{CC} 表示，V_{CC} 的作用有两个：一是为放大电路提供能量，二是保证晶体管的发射结正偏，集电结反偏。交流信号下的 V_{CC} 呈交流接地状态，V_{CC} 的数值一般为几伏至几十伏。

（3）集电极电阻 R_C

R_C 的阻值一般为几千欧到几十千欧。其作用是将集电极的电流变化转换成晶体管集、射极之间的电压变化，以满足放大电路负载上需要的电压放大要求。

（4）固定偏置电阻 R_B

放大器的直流电源 V_{CC} 通过 R_B 可产生一个直流量 I_B，作为输入小信号 i_b 的载体，使 i_b 能够不失真地通过晶体管进行放大和传输。R_B 的数值一般为几十千欧至几百千欧，主要作用是保证晶体管的发射结处于正偏。

（5）耦合电容 C_1 和 C_2

C_1 和 C_2 在电路中的作用是通交隔直。电容器的容抗 X_C 与频率 f 为反比关系，因此在直流情况下，电容相当于开路，使放大电路与信号源、负载之间可靠隔离；在电容量足够大的情况下，耦合电容对规定频率范围内的交流输入信号呈现的容抗极小，可近似视为短路，从而使交流信号无衰减地通过。实用中 C_1 和 C_2 均选择容量较大、体积较小的电解电容器，一般为几微法至几十微法。放大器连接电解电容时，必须注意电解电容器的极性不能接错。

放大电路中的公共端用“⊥”号标出，作为电路的参考点。电源 U_{CC} 改用+V_{CC} 表示电源正极的电位，这也是电子电路的习惯画法。

3. 共射放大电路的工作原理

放大电路的放大原理

晶体管交流放大电路内部实际上是一个交、直流共存的电路。电路中各电压和电流的直流分量及其注脚均采用大写英文字母表示；交流分量及其注脚均采用小写英文字母表示；而总量用英文小写字母，其注脚采用大写英文字母。如基极电流的直流分量用 I_B 表示；交流分量用 i_b 表示；总量用 i_B 表示，如图 6.3 所示。

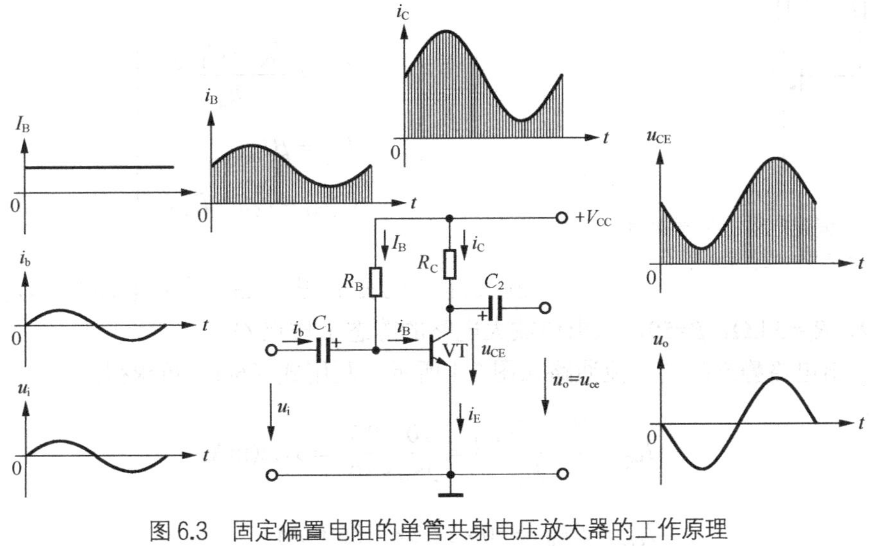

图 6.3　固定偏置电阻的单管共射电压放大器的工作原理

放大电路的工作原理：输入信号电压 u_i 通过耦合电容 C_1 变化为输入小信号电流 i_b，i_b 加载到直流量 I_B 上以后进入晶体管的基极，在直流电源 V_{CC} 的作用下，晶体管的以小控大能力得以实现：输出的 $i_C=\beta i_b$，i_C 通过集电极电阻 R_C 时将变化的电流转换为变化的电压：$u_{CE}=V_{CC}-i_CR_C$。且 i_C 增大时，u_{CE} 减小，i_C 减小时，u_{CE} 增大，即 u_{CE} 与 i_C 为反相关系。经过电容 C_2 时，u_{CE} 中的直流分量被滤掉，成为输出电压 u_o。若电路中各元件的参数选取适当，u_o 的幅度将比 u_i 幅度大很多且频率不变，即输入的小信号 u_i 被放大了。

可见，放大电路在对输入小信号进行传输和放大的过程中，无论是输入信号电流、放大后的集电极电流还是晶体管的输出电压，都是加载在放大电路内部产生的直流量上通过的，最后经过耦合电容 C_2，滤掉了直流量，从输出端提取的只是放大后的交流信号。因此，在分析放大电路时，可以采用将交、直流信号分开的办法，单独对直流通道和交流通道的情况进行分析和讨论。

4．静态分析

静态分析的目的，就是通过估算法和图解法，找出放大电路合适的静态工作点，使放大电路能够不失真地传输和放大输入的微弱小信号。

固定偏置的共射放大电路静态分析

（1）静态分析的估算法

由晶体管的输出特性可知，晶体管工作在放大区上的某点，是平顶部分的 I_B、横轴上 U_{CE}、纵轴上 I_C 的交点。因此，静态分析就是找出 $u_i=0$ 时，放大器的静态工作点 Q 对应的 I_B、U_{CE} 和 I_C 这三个座标值。

静态时，放大电路内部在直流电源 V_{CC} 的作用下，内部所有电压、电流都是直流量，因此，耦合电容 C_1、C_2 相当于开路。所以，把图 6.3 所示固定偏置电阻的单管共射放大器中的耦合电容 C_1、C_2 开路处理后，可得到其等效的直流通道如图 6.4 所示。

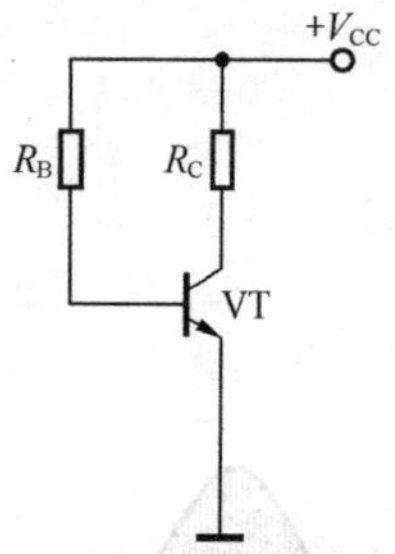

图 6.4　固定偏置电阻的单管共射放大器电路的直流通道

由图 6.4 所示直流通道，可求出固定偏置电阻的共射放大电路的静态工作点 Q：

$$\left.\begin{aligned} I_{BQ} &= \frac{V_{CC}-U_{BEQ}}{R_B} \\ I_{CQ} &= \beta I_{BQ} \\ U_{CEQ} &= V_{CC}-I_{CQ}R_C \end{aligned}\right\} \tag{6-1}$$

例 6.1　已知：图 6.3 所示电路中 V_{CC}=10 V，R_B=250 kΩ，R_C=3 kΩ，β=50，试求该放大电路的静态工作点 Q。

解：画出电路静态时的直流通路如图 2.4 所示。利用式（6-1）可求得：

$$I_{BQ}=\frac{V_{CC}-U_{BEQ}}{R_B}=\frac{10-0.7}{250\times 10^3}=37.2(\text{mA})$$

$$I_{CQ}=\beta I_{BQ}=50\times 37.2=1.86(\text{mA})$$

$$U_{CEQ}=V_{CC}-I_{CQ}R_C=10-1.86\times 3=4.42(\text{V})$$

以上 I_{BQ}、I_{CQ}、U_{CEQ} 在晶体管输出特性曲线上的交点即静态工作点。

问题提出：不设置静态工作点行吗？

如果不设置静态工作点，输入的交流小信号中，小于和等于晶体管死区电压的部分就不能通过晶体管进行放大，由此造成传输过程中信号严重的截止失真，如图 6.5 所示。

设置静态工作点的必要性

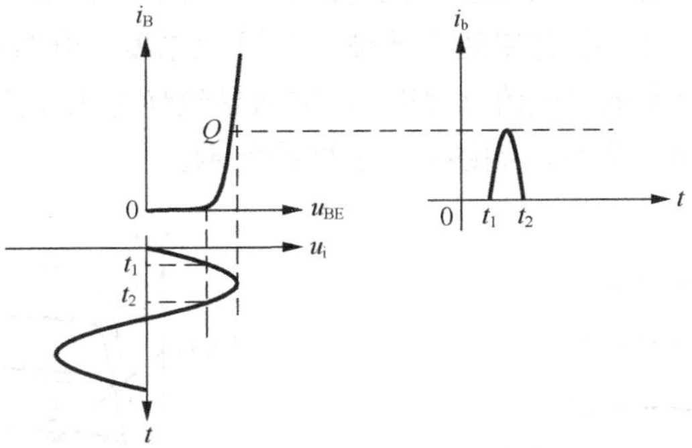

图 6.5 设置静态工作点的必要性分析

结论：为保证放大电路在传输过程中，信号不失真地输入到放大器中得到放大，必须在放大电路中设置静态工作点。

（2）用图解法确定静态工作点

利用晶体管的输入、输出特性曲线求解静态工作点的方法称为图解法。

图解法是分析非线性电路的一种基本方法，它能直观地分析和了解静态值的变化对放大电路的影响。图解法求解静态工作点的一般步骤如下。

图解法求静态工作点

① 按已选好的管子型号描绘出管子的输入、输出特性。

② 在输出特性曲线上画出直流负载线。

③ 确定合适的静态工作点。

图解法分析静态工作点的具体步骤如下。

首先由电子手册查出或从晶体管图示仪中获得相应管子的输出特性曲线，绘制出来。在输出特性曲线上令 I_C=0，由公式 $U_{CE}=V_{CC}-I_CR_C$ 得出 V_{CC} 的一个特殊点；再令 U_{CE}=0，由公式 $U_{CE}=V_{CC}-I_CR_C$ 得出另一个特殊点 $I_C= V_{CC}/R_C$，用直线将两点相连即得到直流负载线，如图 6.6 所示。

直流负载线与晶体管输出特性的平顶部分有许多交点，其中能够最大化传输信号的交点才是合适的静态工作点。根据传输信号的最大化原则，可选择图 6.6 中 I_{BQ}=40 μA 与直流负载线的交点作为静态工作点 Q，Q 在横轴及纵轴上的投影分别为 U_{CEQ} 和 I_{CQ}。

显然，I_B 的大小直接影响静态工作点的位置。因此，在给定的 V_{CC} 和 R_C 不变的情况下，静态工作点的合适与否取决于基极偏流 I_B。

当 I_B 比较大时（如 60 μA），静态工作点由 Q 点沿直流负载线上移至 Q_1 点，Q_1 点的位置距离饱和区较近，因此易使信号正半周进入到晶体管的饱和区而造成输入信号在传输和放大过程中的饱和失真。当 I_B 较小时（如 20 μA），静态工作点由 Q 点沿直流负载线下移至 Q_2 点，由于 Q_2 点距离截止区较近，因此易使输入信号负半周进入晶体管的截止区而造成输入信号在传输和放大过程中的截止失真。显然，静态工作点 Q 设置的合适与否，直接影响到信号的传输和放大质量。

除基极电流对静态工作点的影响外，影响静态工作点的因素还有电压波动、晶体管老化和温度的变化等。这些因素当中以温度变化对静态工作点的影响最为严重。当环境温度发生变化时，几乎所有的晶体管参数都要随之改变。当环境温度上升时，晶体管内部的载流子运动加剧，直接引起晶体管集电极电流 I_C 增大，进而导致静态工作点 Q 沿直流负载线上移至 Q_1 处，造成放大电路的饱和失真，如图 6.7 中虚线所示。

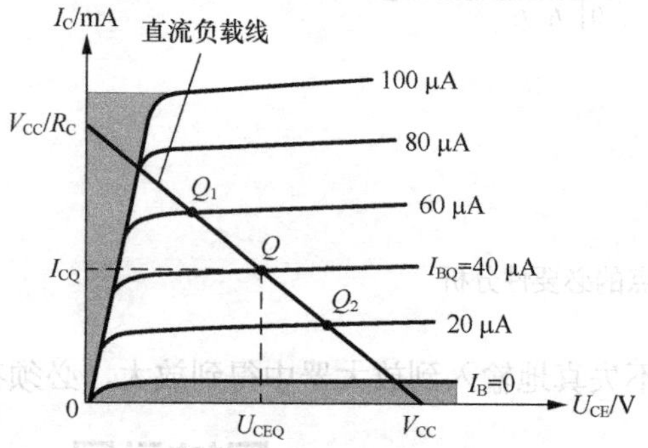

图 6.6 图解法确定静态工作点 Q

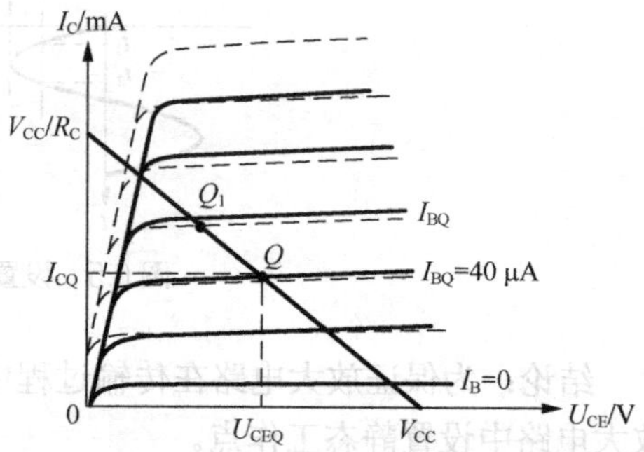

图 6.7 温度对静态工作点 Q 的影响

可见，固定偏置电阻的单管共射电压放大器存在很大的缺点，即温度 $T\uparrow \rightarrow Q\uparrow \rightarrow I_C\uparrow \rightarrow U_{CE}\uparrow \rightarrow V_C\downarrow$，若 V_C 下降至小于 V_B 时，晶体管的集电结也将变为正偏，放大电路出现饱和失真。为解决上述实际问题，人们研制出在环境温度发生变化时能够自动调节电路静态工作点的分压式偏置的共射放大电路。

5. 分压式偏置的共射放大电路

（1）电路组成原理

为保证信号传输过程中不受温度的影响，分压式偏置的共射放大电路在共射极串入一个电阻 R_E，R_E 两端并联了旁路滤波电容 C_E，构成了一个直流负反馈环节，有效地抑制了温度对静态工作点的影响。其电路如图 6.8 所示。

分压式偏置的共射放大电路的组成

分压式偏置的共射放大电路，把固定偏置电阻 R_B 由两个分压式偏置电阻 R_{B1} 和 R_{B2} 替换，分压式偏置的共射放大电路名称也由此而得。

通常，分压式偏置的共射放大电路均满足 $I_1 \approx I_2 >> I_B$ 的小信号条件。即设置 R_{B1} 上通过的电流 I_1 和 R_{B2} 上通过的电流 I_2，均比晶体管基极电流 I_B 大得多。因此，在估算法中，可把晶体管的基极电流 I_B 忽略不计，把 R_{B1} 和 R_{B2} 视为串联，串联电阻可以分压，由此可得晶体管的基极电位：

$$V_B \approx V_{CC}\frac{R_{B2}}{R_{B1}+R_{B2}} \tag{6-2}$$

式（6-2）说明：晶体管的基极电位 V_B 只与直流电源和分压电阻有关，与放大电路中晶体管本身的参数无关。当温度发生变化时，由于 V_{CC}、R_{B1} 和 R_{B2} 固定不变，V_B 值显然不会受温度变化的影响而发生变化。

以图 6.8 所示分压式偏置的共射电压放大器为例说明其稳定静态工作点的作用。

静态时，电路中的各电容开路处理，由此得到如图 6.9 所示的分压式偏置的共射放大电路的直流通道。

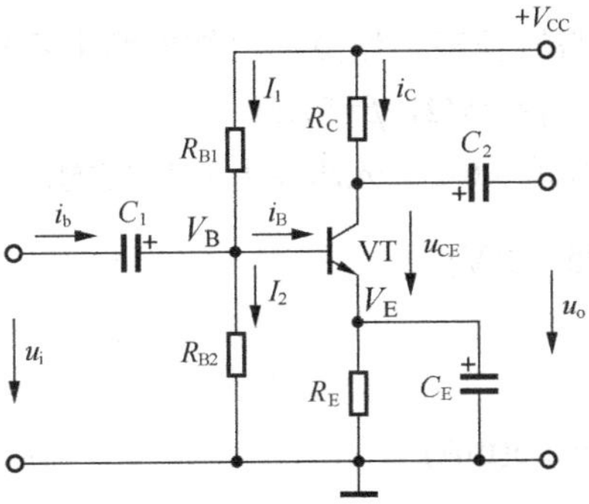

图 6.8　分压式偏置共发射极放大电路

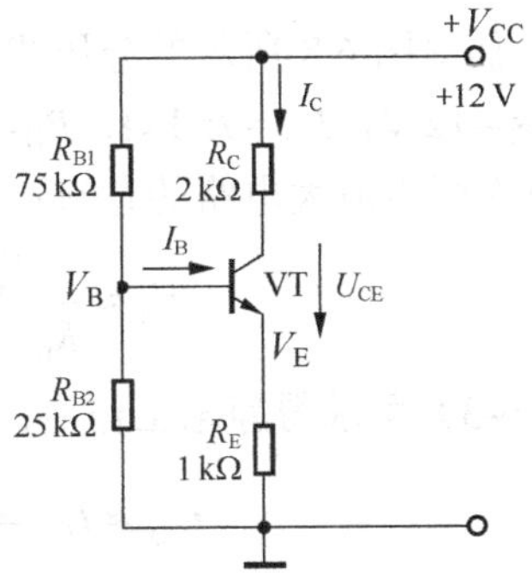

图 6.9　分压式偏置共射电压放大电路的直流通路

当温度上升时，集电极电流 I_C 随温度升高而增大，射极反馈电阻 R_E 上通过的电流 I_E 相应增大，从而使发射极对地电位 V_E 升高，因基极电位 V_B 不变，故放大电路的静输入量 $U_{BE}=V_B-V_E$ 减小。从晶体管输入特性曲线可知，U_{BE} 的减小必然引起基极电流 I_B 的减小，根据晶体管的以小控大作用有 $I_C=\beta I_B$，集电极电流 I_C 随之减小。

R_E 在电路中的调节过程可归纳为：当环境温度变化时，集电极电流 I_C↑（或↓）→I_E↑（或↓）V_E↑（或↓）$\xrightarrow{V_B\text{不变}}$ U_{BE}↓（或↑）→I_B↓（或↑）→I_C↓（或↑），静态工作点基本维持不变。显然，分压式偏置的共射极放大电路具有温度变化时的自调节能力，从而有效地抑制了温度对静态工作点的影响。

射极直流反馈电阻 R_E 的数值通常为几百至几千欧，它不但能够对直流信号产生负反馈作用，同样对交流信号也能产生负反馈作用，从而造成电压增益下降过多，甚至不再具有放大作用。为了不使交流信号削弱，一般在直流反馈电阻 R_E 的两端并联一个为几十微法的射极旁路滤波电容 C_E。直流下 C_E 开路，不影响 R_E 的直流负反馈作用；交流下 R_E 被 C_E 短路，发射极可看成交流“接地”，从而保证了 R_E 对交流信号不会降低其电压放大倍数。

静态工作点的高低对放大电路的影响

（2）静态分析

估算静态工作点时，一般硅管净输入电压 U_{BE} 取 0.7 V，锗管净输入电压 U_{BE} 取 0.3 V。

估算法求解放大电路的静态工作点

分压式偏置的共射放大电路静态工作点的估算法如下：

① 应用式（6-2）首先求出基极电位 V_B；

② 根据图 6.9 所示的直流通道求出电路的静态工作点：

$$\left.\begin{aligned} I_{CQ} &\approx I_{EQ}=\frac{V_B-U_{BE}}{R_E} \\ I_{BQ} &= \frac{I_{CQ}}{\beta} \\ U_{CEQ} &= V_{CC}-I_C(R_C+R_E) \end{aligned}\right\} \qquad (6\text{-}3)$$

例 6.2 估算图 6.8 所示的分压式偏置的共射放大电路的静态工作点。已知电路中各参数分别为：V_{CC}=12 V，R_{B1}=75 kΩ，R_{B2}=25 kΩ，R_C=2 kΩ，R_E=1 kΩ，β=57.5。

解：首先画出放大电路的直流通路如图 6.9 所示，由式（6-2）先求得基极电位为：

$$V_B \approx \frac{V_{CC}}{R_{B1}+R_{B2}}R_{B2}=\frac{12}{75+25}25=3(\text{V})$$

由式（6-3）可求得静态工作点：

$$I_{CQ}\approx I_{EQ}=\frac{V_B-U_{BE}}{R_E}=\frac{3-0.7}{1}=2.3(\text{mA})$$

$$I_{BQ}=\frac{I_{CQ}}{\beta}=\frac{2.3}{57.5}=0.04(\text{mA})=40(\mu\text{A})$$

$$U_{CEQ}=V_{CC}-I_C(R_C+R_E)=12-2.3(2+1)=5.1(\text{V})$$

由此得出电路的静态工作点 Q={40 μA、2.3 mA、5.1 V}。

静态分析的图解法有助于加深对“放大”作用本质的理解。但小信号放大电路直流通道的估算法比图解法简便，所以分析和计算静态工作点时通常采用估算法。如果放大电路不满足小信号条件时，则必须采用图解法分析静态工作点。

（3）动态分析

对放大电路进行动态分析，目的就是找出放大电路的动态性能指标，根据性能指标判断该放大电路所具有的性能特点，根据其特点运用到恰当的场合。

动态和动态分析的概念及交流通道

动态分析时，静态工作点已经设置合适不再考虑，放大电路只需考虑交流小信号作用下，对放大电路的各项性能指标的影响。

1）交流通道的画法

动态分析时，研究的对象仅限于交流量，因此图 6.8 所示的分压式偏置的共射放大电路中的直流电源 V_{CC} 视为交流“接地”；耦合电容、旁路滤波电容均按“交流短路”处理，由此可获得如图 6.10 所示的分压式偏置共射放大电路的交流通路。

交流通道中存在非线性器件晶体管，所以是非线性电路，非线性电路的分析显然无法运用我们所学过的线性电路分析法，因此求解电路的动态性能指标极不方便。为解决这一难题，在小信号条件下，人们把非线性器件三极管用它的线性等效模型来代替，从而使非线性的交流通道等效为小信号条件下的线性微变等效电路。对放大电路的线性微变等效电路，可运用线性电路求解法，较为方便地获得放大电路的动态指标。

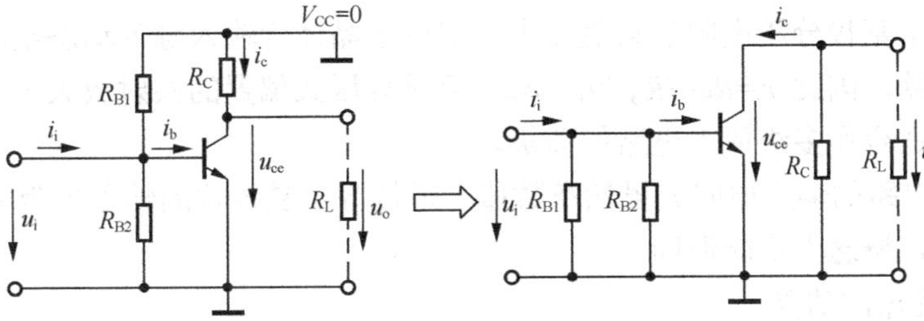

图 6.10 分压式偏置共射放大电路的交流通道

2）微变等效电路分析法

微变等效的思想：满足小信号条件时，可把非线性元件晶体管用它的线性理想模型-电流控制的受控电流源等效代替，得到与交流通道对应的微变等效电路，如图 6.11 所示。微变等效电路是一个线性电路，因此运用线性电路分析法可方便快捷地求出放大电路的各项性能指标输入电阻 r_i、输出电阻 r_o 和交流电压放大倍数 A_u。

微变等效电路分析法

图 6.11 中虚框所包围的部分，是晶体管的微变等效模型，其中电阻 r_{be} 为晶体管对交流信号电流 i_b 所呈现的动态电阻，在微弱小信号情况下，r_{be} 可视为一个常数。晶体管的动态等效电阻 r_{be} 的阻值与静态工作点 Q 的位置有关。对低频小功率晶体管而言，r_{be} 常用下式来估算：

$$r_{be}=r_{bb'}(\text{通常为}300\Omega)+(1+\beta)\frac{26\ \text{mV}}{I_E\ \text{mA}} \tag{6-4}$$

由于晶体管的输出电流 i_c 受基极小电流 i_b 控制且具有恒流特性，因此可用一个电流控制的电流源在图中表示，为区别于电路中的独立源，受控源的图形符号不是圆形而是菱形，其电流值等于集电极电流 $i_c=\beta i_b$。

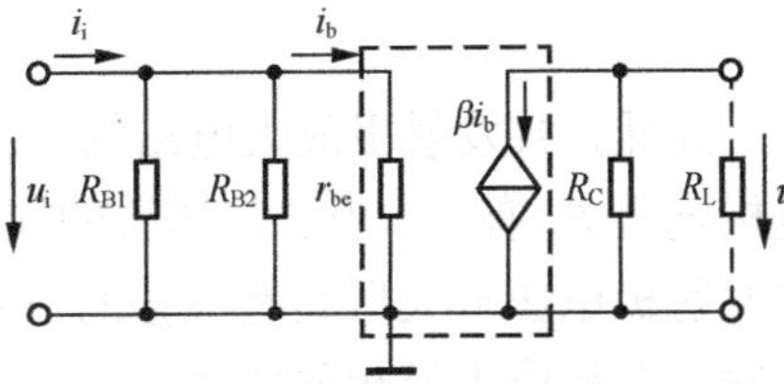

图 6.11 分压式偏置共射放大电路的微变等效电路

① 输入电阻 r_i 的估算。

放大电路的输入电阻 r_i，是用来衡量放大电路对输入信号产生影响的性能指标。根据微变等效电路可得，r_i 等于输入电压 u_i 与输入电流 i_i 之比，即：

$$r_i=\frac{u_i}{i_i}=R_{B1}//R_{B2}//r_{be} \tag{6-5}$$

对信号电压源而言，可以看作是一个理想电压源 u_S 和内阻 R_S 的串联组合，而放大电路则相当于电压源所带的负载。根据电路原理可知，信号电压源总是存在内阻的，且内阻往往很小，负载电阻即放大电路的动态输入电阻 r_i 显然越大越好：r_i 越大，分压越多，信号电压源传输时衰减就小；r_i 越小，分压越少，信号电压源传输时衰减就严重。因此放大电路的信号源为电压源形式时，希望放大电路的输入电阻越大越好。

因为大多信号都是以信号电压的形式输入，所以我们希望放大电路的输入电阻 r_i 尽量大些，这样从信号电压源取用的电流就会小一些，输入信号电压的衰减相应也小一些。由式（6-5）

可看出，尽管两个基极分压电阻的数值较大，但由于晶体管输入等效动态电阻 r_{be} 一般较小，仅为几百至几千欧，因此 $r_i=R_{B1}//R_{B2}//r_{be}\approx r_{be}$，可见分压式偏置的共射放大电路的输入电阻 r_i 不够大，通常不适合作多级放大电路的前级。

注意：放大电路的输入电阻 r_i 虽然在数值上近似等于晶体管的输入电阻 r_{be}，但它们具有不同的物理意义，概念上不能混同。

② 输出电阻 r_o 的估算。

放大电路的输出经常是以输出负载所需要的电压形式出现，对负载或对后级放大电路来说，放大电路相当于一个信号电压源，信号电压源的内阻即为放大电路的输出电阻 r_o。输出电阻 r_o 是用来衡量放大电路负载能力的性能指标。由图 6.11 所示的微变等效电路中，可直接观察到分压式偏置的共射放大电路的输出电阻：

$$r_o=R_C \tag{6-6}$$

一般情况下，希望放大器的输出电阻 r_o 尽量小一些，以便向负载输出电流后，输出电压没有很大的衰减。而且放大器的输出电阻 r_o 越小，负载电阻 R_L 变化时输出电压的波动也会越趋于平稳，放大器的带负载能力就越强。

③电压放大倍数 A_u 的估算。

共发射极电压放大电路的主要任务是对输入的小信号进行电压放大，因此电压放大倍数 A_u 是衡量放大电路性能的主要指标。在放大电路的实验中，我们可把 A_u 定义为输出电压的幅值与输入电压的幅值之比。对图 6.11 所示微变等效电路，假设负载电阻 R_L 开路，应用线性电路的相量分析法求得放大电路的电压放大倍数为：

$$\dot{A}_u=\frac{\dot{U}_O}{\dot{U}_I}\approx\frac{-\beta\dot{I}_B R_C}{\dot{I}_B r_{be}}=-\beta\frac{R_C}{r_{be}} \tag{6-7}$$

显然，共发射极放大电路的电压放大倍数与晶体管的电流放大倍数 β、动态电阻 r_{be} 及集电极电阻 R_C 有关。由于晶体管的放大倍数 β 和集电极电阻 R_C 远大于 1，且大大于 r_{be}，因此，共发射极电压放大器具有很强的信号放大能力。式中负号反映了共发射极电压放大器的输出与输入在相位上反相的关系。

当共发射极放大电路输出端带上负载 R_L 后，电路的电压放大倍数变为：

$$\dot{A}'_u=\frac{\dot{U}_O}{\dot{U}_I}\approx\frac{\beta\dot{I}_B R_C//R_L}{\dot{I}_B r_{be}}=\beta\frac{R'_L}{r_{be}} \tag{6-8}$$

式（6-8）说明，分压式偏置的电压放大器，虽然对信号的放大能力很强，但带上负载后，电压放大能力下降很多，即分压式偏置的共射电压放大器的带负载能力不强。

例 6.3 试求例 6.2 所示电路中的电压放大倍数 A_u、输入电阻 r_i 和输出电阻 r_o。若接上 R_L=3 kΩ，放大倍数 A'_u 为多少？

解： 由例 6.2 可知：I_E=2.3 mA，所以

$$r_{be}=300\,\Omega+(\beta+1)\frac{26\text{ mV}}{I_E(\text{mA})}$$

$$=300\,\Omega+(57.5+1)\frac{26\text{ mV}}{2.3\text{ mA}}\approx 961\,\Omega$$

电路输入电阻：$r_i \approx r_{be}$=961 Ω

电路的输出电阻：$r_o=R_C$=2 kΩ

电路的电压放大倍数：

$$A_a = -\beta \frac{R_C}{r_{be}} = -57.5 \times \frac{2}{0.961} \approx -120$$

当接上负载电阻 R_L=3kΩ，放大倍数 A_u'为：

$$A_a' = -\beta \frac{R_C \,//\, R_L}{r_{be}} = -57.5 \times \frac{2 \,//\, 3}{0.961} \approx -71.8$$

此例说明，共发射极电压放大器带上负载 R_L 后，其电压放大能力减小。

归纳：共发射极电压放大器电路的特点如下。

a．电路的输入电阻 r_i 近似等于晶体管的动态等效电阻 r_{be}，数值比较小；

b．输出电阻 r_o 等于放大电路的集电极电阻 R_C，数值比较大；

c．共发射极电压放大器电路的 A_u 较大，具有很强的信号放大能力。

由于共发射极电压放大器具有较高的电流放大能力和电压放大倍数，通常多用于放大电路的中间级。

6.1.3　共集电极电压放大器

1．共集电极电压放大器的组成

共集电极放大电路的分析

利用晶体管 $i_b = \frac{i_e}{1+\beta}$ 的关系，把输入信号由晶体管的基极输入，而把负载电阻接在发射极上，即可构成如图 6.12 所示的共集电极电压放大器。

观察图 6.12 可知，对交流信号而言，直流电源 V_{CC}=0，集电极相当于交流“接地”。显然，“地端”是集电极输入回路与输出回路的公共端，因此称为共集电极电压放大器。由电路图还可看出，电路的输出取自于发射极，所以又常称之为**射极输出器**。

2．静态分析

在没有交流信号输入的情况下，可画出射极输出器的直流通道如图 6.13 所示。

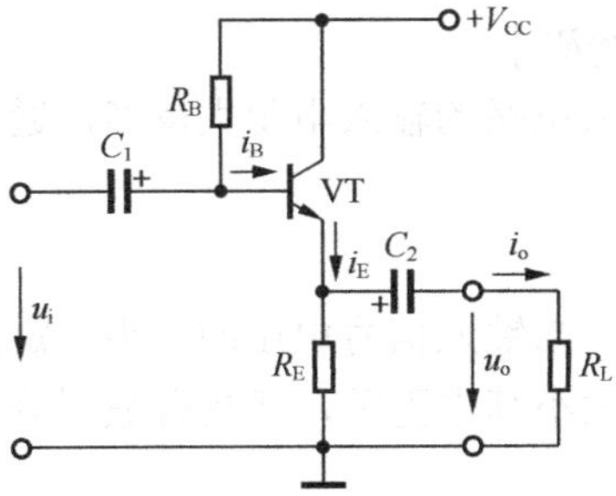

图 6.12　共集电极电压放大器电路图

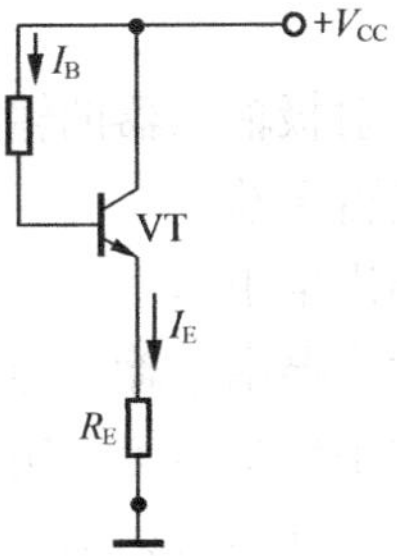

图 6.13　射极输出器的直流通道

由图可得：

$$V_{CC}=I_BR_B+U_{BE}+(1+\beta)I_BR_E$$

所以静态工作点的基极电流 I_{BQ} 为

$$I_{BQ}=\frac{V_{CC}U_{BE}}{R_B+(1+\beta)R_E}\approx\frac{V_{CC}}{R_B+(1+\beta)R_E} \tag{6-9}$$

集电极电流为：

$$I_{CQ}=\beta I_{BQ}\approx I_{EQ} \tag{6-10}$$

晶体管输出电压：

$$U_{CEQ}=V_{CC}-I_{EQ}R_E\approx V_{CC}-I_{CQ}R_E \tag{6-11}$$

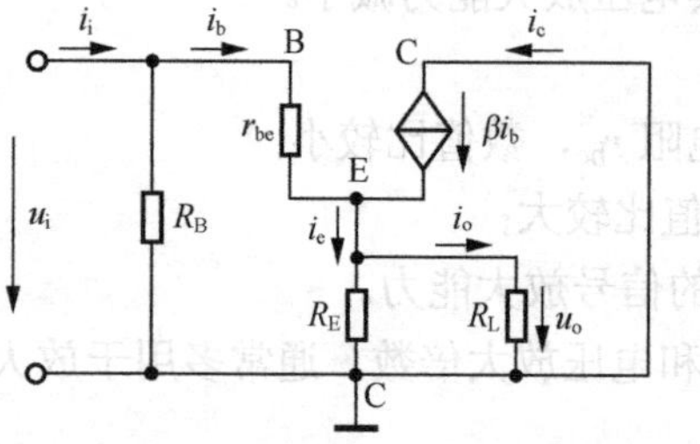

图 6.14　射极输出器的交流微变等效电路

3．动态分析

（1）电压放大倍数

动态情况下，直流电源 V_{CC} 交流“接地”处理，耦合电容 C_1、C_2 交流短路处理。这样就可画出共集电极电压放大器的交流通道，再让交流通道中的非线性器件在小信号条件下用其微变线性电路模型代替，即可得到如图 6.14 所示的交流微变等效电路。

图 6.14 所示微变等效电路中，电压放大倍数为：

$$A_u'=\frac{(1+\beta)R'_L}{r_{be}+(1+\beta)R'_L}\approx\frac{\beta R'_L}{r_{be}+\beta R'_L}<1 \tag{6-12}$$

如不接负载电阻 R_L 时

$$A_u=\frac{(1+\beta)R_E}{r_{be}+(1+\beta)R_E}\approx\frac{\beta R_E}{r_{be}+\beta R_E} \tag{6-13}$$

通常 $\beta R'_L$（或 βR_E）>>r_{be}，故 A_u 小于 1 但近似等于 1，即 u_o 近似等于 u_i。电路没有电压放大作用。但因 $i_e=(1+\beta)i_b$，所以电路中仍有电流放大和功率放大作用。此外，因输出电压跟随输入电压变化而变化（同相位），共集电极放大电路又称为电压跟随器。

（2）输入电阻 r_i

射极输出器的输入电阻在不接入负载电阻 R_L 的情况下

$$r_i=R_B//[r_{be}+(1+\beta)R_E]\approx R_B//(1+\beta)R_E \tag{6-14}$$

若接上负载电阻 R_L，则 $R_L'=R_E//R_L$，电路输入电阻

$$r'_i=R_B//[r_{be}+(1+\beta)R'_L] \tag{6-15}$$

可见，射极输出器的输入电阻要比共发射极放大电路的输入电阻大得多，通常可高达几十千欧至几百千欧。

（3）输出电阻 r_o

射极输出器由于输出电压与输入电压近似相等，当输入信号电压的大小一定时，输出信号电压的大小也基本上一定，与输出端所接负载的大小基本无关，即具有恒压输出特性，输出电阻很低，其大小约为：

$$r_o\approx\frac{r_{be}}{\beta} \tag{6-16}$$

由上述经验公式可看出，射极输出器的输出电阻数值一般为几十到几百欧，比共发射极放大电路的输出电阻低得多。

4．射极输出器的电路特点

由射极输出器的动态指标可知，电路特点如下。

① 电压增益（放大倍数）小于1但近似等于1，但具有电流放大能力，输出电压与输入电压同相位。

② 输入电阻高。当信号源（或前级）提供给放大电路同样大小的信号电压时，由于较高的输入电阻，使所需提供的电流减小，从而减轻了信号源的负载。

③ 输出电阻低。低输出电阻可以减小负载变动对输出电压的影响，使其保持基本不变，由此增强了放大电路的带负载能力。因此，射极输出器常用在多级放大电路的输出端。

根据上述特点，射极输出器可用作阻抗变换器。利用它输入电阻高，对前级放大电路影响小，输出电阻低有利于与后级输入电阻较小的共发射极放大电路相配合，以达到阻抗匹配。此外，还可把射极输出器用作隔离级，以减少后级对前级电路的影响。

射极输出器在检测仪表中也得到了广泛应用，用射极输出器作为其输入级，可以减小对被测电路的影响，以提高测量精度。

6.1.4 共基组态的单级放大电路

共基放大电路的分析

1．共基放大电路的组成

共基放大电路如图6.15（a）所示。电路输入信号 u_i 经耦合电容 C_1 从晶体管VT的发射极输入，放大后从集电极经耦合电容 C_2 输出；较大的电容 C_B 是基极旁路滤波电容，R_e 为发射极偏置电阻，R_C 为集电极电阻；R_{B1} 和 R_{B2} 为基极分压偏置电阻，它们共同构成分压式偏置电路。图6.15（b）是共基放大电路的交流通道，交流情况下 C_B 使基极对地交流短路；由于信号从发射极输入，从集电极输出，因基极是输入、输出回路的公共端，所以得名为共基放大电路。

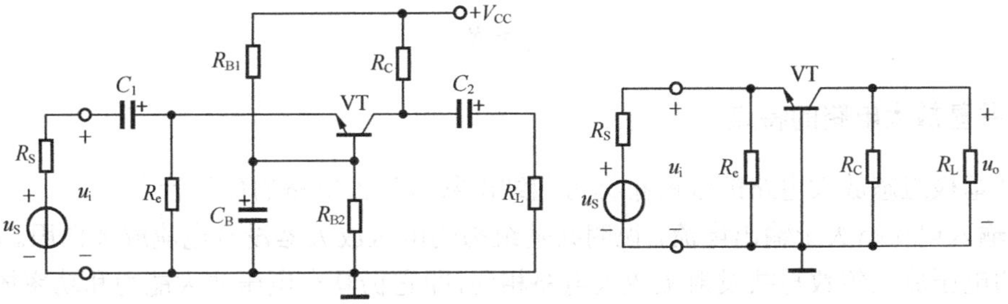

（a）原理电路　　（b）交流通路

图6.15 共基极放大电路

2．静态分析

共基放大电路的直流偏置方式是分压式偏置电路，故静态工作点为：

$$\begin{cases} V_{BQ} \approx \dfrac{R_{B2}}{R_{B1}+R_{B2}} V_{CC} \\ I_{CQ} \approx I_{EQ} = \dfrac{V_{BQ} U_{BEQ}}{R_e} \\ I_{BQ} = \beta I_{CQ} \\ U_{CEQ} \approx V_{CC} - I_{CQ}(R_C + R_e) \end{cases} \tag{6-17}$$

从公式的形式上看，共基放大电路的静态工作计算公式与共射放大电路相同，但是两种组态的放大电路有着本质的不同。

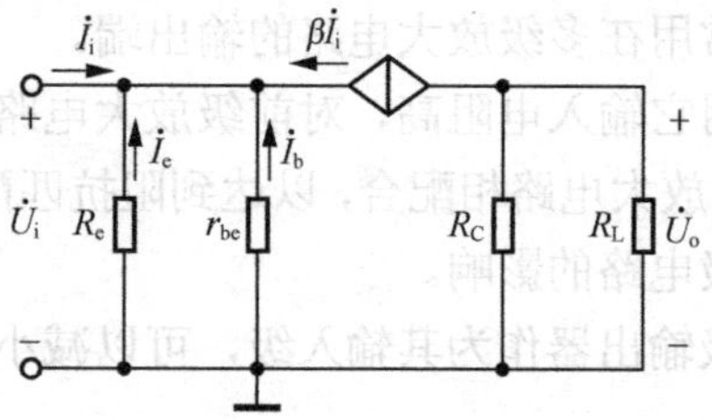

图 6.16　共基电压放大器的微变等效电路

3．动态分析

在共基组态电压放大器的电路图基础上，令直流电源 V_{CC} 交流接地，所有电容短路处理，即可得到如图 6.16 所示的微变等效电路。

由微变等效电路可得如下参数。

（1）电压放大倍数 A_u

因为 $\dot{U}_i = -\dot{I}_b r_{be}$　　$\dot{U}_o = -\beta \dot{I}_b R'_L$

所以

$$A_u = \frac{\dot{U}_o}{\dot{U}_i} = \beta \frac{R'_L}{r_{be}} \tag{6-18}$$

式中，$R'_L = R_C // R_L$

（2）输入电阻 r_i

$$r_i = \frac{\dot{U}_i}{\dot{I}_i} \approx \frac{r_{be}}{1+\beta} \tag{6-19}$$

（3）输出电阻 r_o

$$r_o \approx R_C \tag{6-20}$$

4．共基放大电路的特点

由共基极组态放大电路的性能指标可归纳出共基放大电路的如下特点。

① 输入电流略大于输出电流，说明共基组态的电压放大器没有电流放大作用。但共基放大电路的电压放大倍数与共发射极放大电路相同，即它仍具有电压放大能力和功率放大能力。需要注意的是：共基组态的放大电路输入、输出同相，因此电压放大倍数为正值。

② 共基放大电路的输入电阻很低，一般只有几个欧姆到几十个欧姆。

③ 共基放大电路的输出电阻很高。

由共基放大电路的特点来看，它与共射组态电压放大器以及共集电组态电压放大器有着很大的不同。鉴于共基放大电路自身的特殊性，即它允许的工作频率较高，高频特性比较好，所以共基放大电路多用于高频和宽频带电路或恒流源电路中。

思考题

1．放大电路的基本组态有几种？分别是哪些组态？

2．静态工作点的确定对放大器有什么意义？放大器的静态工作点一般应该处于三极管输入输出特性曲线的什么区域？

3．设计放大器时，对输入输出电阻来说，其取值原则是什么？放大器的输入输出电阻对放大器有什么影响？

4．放大器的工作点过高会引起什么样的失真？工作点过低呢？

5．微变等效电路分析法的适用范围是什么？微变等效电路分析法有什么局限性？

6．共集电极组态的放大电路和共射组态的放大电路相比，其特点有什么不同？

7．共集电极放大电路的电压放大倍数等于和略小于1，是否说明该组态放大电路没有放大能力？

8．射极输出器的发射极电阻 R_E 能否像共发射极放大器一样并联一个旁路电容 C_E 来提高电路的电压放大倍数？为什么？

9．共基组态的放大电路与共射组态的放大电路相比，电路特点有何不同？

10．共基组态的放大电路能对输入电流和输入电压进行放大吗？

11．共基放大电路有功率放大吗？它通常适用于哪些场合？

6.2 三种组态放大电路的性能比较

共发射极、共集电极和共基极是放大电路的三种基本组态，各种实际的放大电路都是由这三种基本组态的放大电路变型或组合而成。三种组态的放大电路，其性能各有特点，可用表6-1比较如下。

表6-1　　放大电路三种基本组态的比较

电路形式	共发射极放大电路	共集电极放大电路	共基极放大电路
电流放大系数	较大，例如200	较大，例如201	≤1
电压放大倍数	较大，例如200	≤1	较大，例如100
功率放大倍数	很大，例如20000	较大，例如300	较大，例如200
输入电阻	中等，例如5 kΩ	较大，例如50 kΩ	较小，例如50 Ω
输出电阻	较大，例如10 kΩ	较小，例如100 Ω	较大，例如5 kΩ
输出与输入电压相位	相反	相同	相同

由表6-1可以看出，共射组态的放大电路输入电阻 r_i、输出电阻 r_o 都属于中等，且其电压、电流放大倍数都较高，所以共射放大电路是一种最常用的组态，而且将多个共射放大电路级联起来后，还可组成多级放大电路，以获得较高的放大倍数。

共集电极组态的放大电路具有输入电阻 r_i 高、输出电阻 r_o 较小的特点，因此适合作为信号电压源多级放大电路的前级或阻抗变换器，还适合用于多级放大电路的后级。但共集电极组态的放大电路电压放大倍数小于接近于1，不适合用作多级放大电路的中间级。

共基组态的放大电路的输入电阻 r_i 较低，并且不具有电流放大能力，但其电压放大倍数较高，通频带很宽，适宜在超高频和宽频带领域内应用。

思 考 题

1．影响静态工作点稳定的因素有哪些？其中哪个因素影响最大？如何防范？

2．静态时耦合电容 C_1、C_2 两端有无电压？若有，其电压极性和大小如何确定？

3．放大电路的失真包括哪些？失真情况下，集电极电流的波形和输出电压的波形有何不同？消除这些失真一般采取什么措施？

4．试述 R_E 和 C_E 在共射放大电路中所起的作用。

5．放大电路中为什么要设置静态工作点？静态工作点不稳定对放大电路有何影响？

6．电压放大倍数的概念是什么?电压放大倍数是如何定义的？共射放大电路的电压放大倍数与哪些参数有关？

7．试述放大电路输入电阻的概念。为什么希望放大电路的输入电阻 r_i 尽量大一些？

8．试述放大电路输出电阻的概念。为什么希望放大电路的输出电阻 r_o 尽量小一些呢？

9．何谓放大电路的动态分析？动态分析的步骤？能否说出微变等效电路法的思想？

10．图 6.17 所示各电路，分析其中哪些具有放大交流信号的能力？为什么？

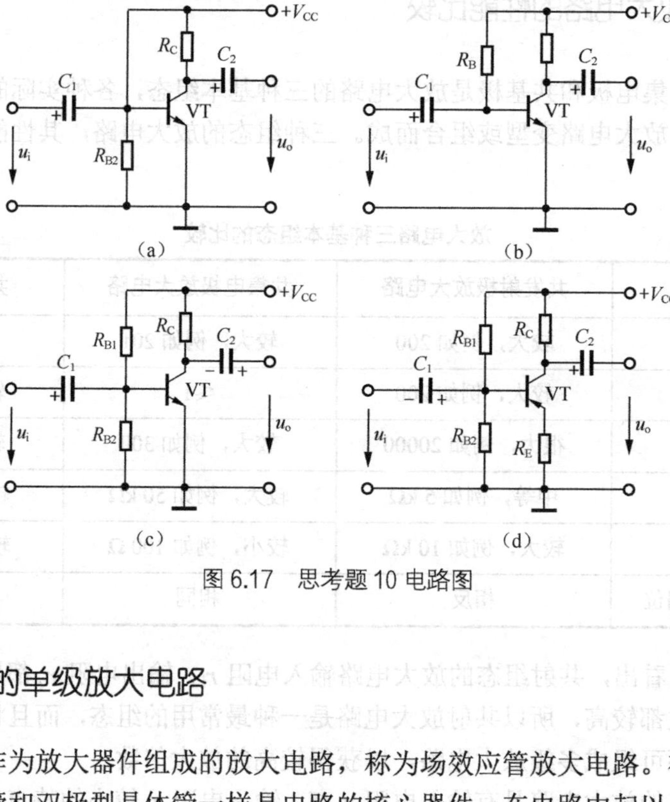

图 6.17　思考题 10 电路图

6.3 单极型管的单级放大电路

用场效应管作为放大器件组成的放大电路，称为场效应管放大电路。在场效应管的放大电路中，场效应管和双极型晶体管一样是电路的核心器件，在电路中起以小控大作用。在场效应管的放大电路中，为实现电路对信号的放大作用，也必须要建立偏置电路以提供合适的偏置电压，使场效应管工作在输出特性的恒流区。

根据场效应管放大电路输入、输出回路公共端选择不同，可把场效应管放大电路分成共源、共漏和共栅三种基本组态。由于场效应管具有输入电阻极高的特点，通常很少将场效应管接成共栅组态的放大电路，所以本节只简单介绍两种自给偏压电路、共源、共漏两种组态的单极型管电压放大器。

6.3.1 自给偏压电路

1. 自给栅偏压电路

自给栅偏压电路

图 6.18 所示电路是 N 沟道耗尽型 MOS 管组成的共源极放大电路。直流偏置为自给栅偏压电路。

图中场效应管的栅极通过电阻 R_g 接地，源极通过电阻 R_S 接地。这种偏置方式靠漏极电流 I_D 在源极电阻 R_S 上产生的电压为栅源极间提供一个偏置电压 V_{GS}，故称为自给栅偏压电路。

静态时，源极电位 $V_S=I_DR_S$。由于栅极电流为零，R_g 上没有电压降，栅极电位 $V_G=0$，所以栅源偏压 $U_{GS}=V_G-V_S=-I_DR_S$。

2. 分压式自偏压电路

分压式栅偏压电路

图 6.19 所示分压式自偏压电路是在自偏压电路的基础上，连接分压环节后构成的。

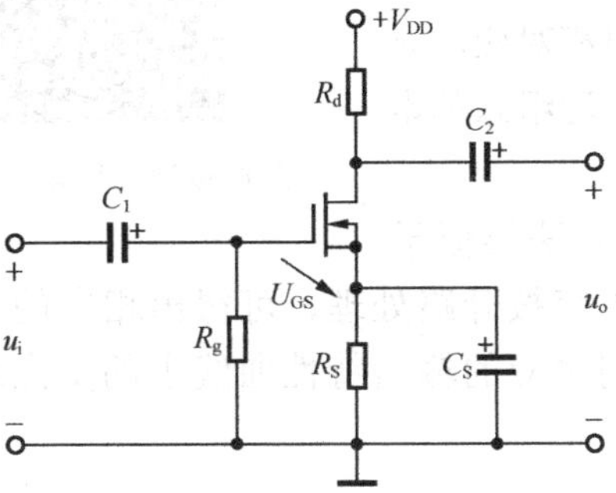

图 6.18 自给栅偏压电路

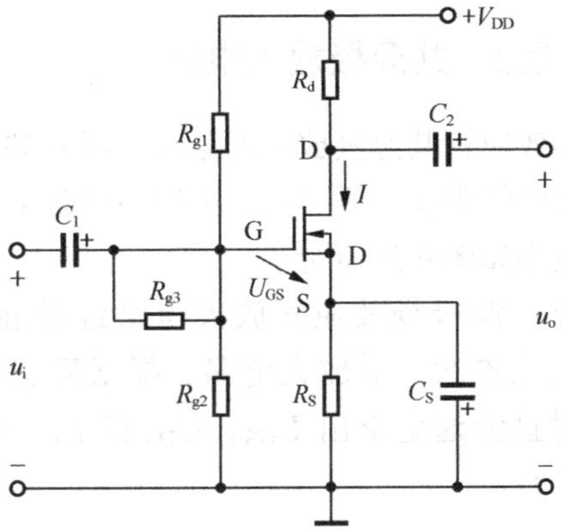

图 6.19 分压式自偏压电路

分压式自偏压电路为增大输入电阻，一般 R_{g3} 的数值取得较大，可达几兆欧。静态时，由于栅极电流为零，R_{g3} 上没有电压降，所以栅极电位由 R_{g2} 与 R_{g1} 对电源 V_{DD} 分压得到。源极电位 $V_S=I_DR_S$。故栅极电位

$$V_G = V_{DD}\frac{R_{g2}}{R_{g1}+R_{g2}}$$

则栅偏压为：

$$U_{GS} = V_G - V_S = V_{DD}\frac{R_{g2}}{R_{g1}+R_{g2}} - I_D R_S$$

可见，适当选取 R_{g1}、R_{g2} 和 R_S 值，共源放大电路就可得到各类场效应管放大电路所需要的正偏压、负偏压或零偏压。

6.3.2 场效应管的微变等效电路

场效应管的微变等效电路模型

场效应管也是非线性器件，在满足小信号条件下，可用它的线性模型来等效，如图 6.20 所示。图中 g_m 称为低频跨导，g_m 反映了栅源电压对漏极电流的控制作用。这种微变等效思想与建立双极型三极管小信号模型相似，栅极与源极之间为输入端口，漏极与源极之间为输出端口。无论是哪种类型的场效应管，均可认为栅极电流为零，输入端口视为开路，栅源极间只要有小信号电压 u_{gs} 存在，在输出端口，漏极电流 i_d 是 u_{gs} 的函数。

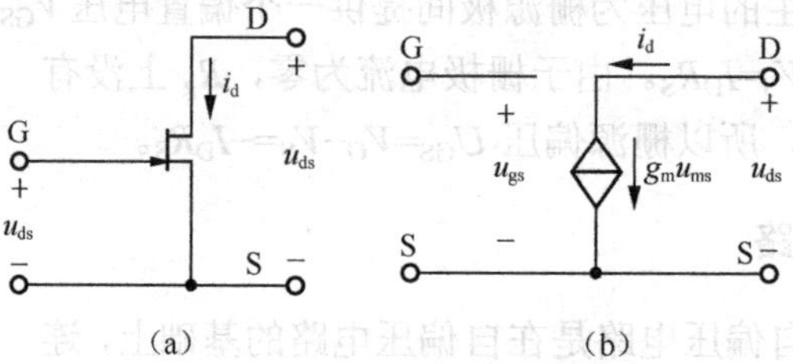

图 6.20 场效应管微变等效电路

6.3.3 共源极放大电路

共源极放大电路的分析

场效应管共源极放大电路与三极管共射放大电路相对应，只是受控源的类型有所不同，由结型场效应管构成的共源组态基本放大电路如图 6.21 所示。

对共源极场效应管放大电路进行静态分析的方法类似于分压式偏置的共射放大电路。根据静态情况下各电容按开路处理，可得出相应的直流通道，对直流通道求出 U_{GS}、U_{DS} 和 I_D 三个值，它们对应的输出特性曲线上的交点就是静态工作点。

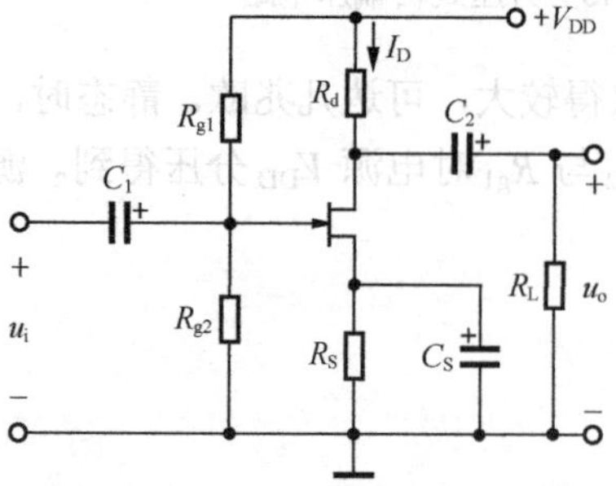

图 6.21 MOS 管的共源放大电路

1. 静态分析

因场效应管输入电阻极高，所以输入电流近似为零，栅极相当于开路，R_{g1} 和 R_{g2} 相当于串联，可得：

$$V_G = V_{DD}\frac{R_{g2}}{R_{g1}+R_{g2}}$$

$$V_S \approx I_D R_S$$

$$V_{GSQ} = V_G V_S \approx V_{DD}\frac{R_{g2}}{R_{g1}+R_{g2}} I_D R_S \tag{6-21}$$

$$V_{DSQ} \approx V_{DD} I_D (R_S + R_D) \tag{6-22}$$

$$I_{DQ} \approx V_S / R_S \tag{6-23}$$

2. 动态分析

共源极场效应管放大电路的微变等效电路如图 6.22 所示。

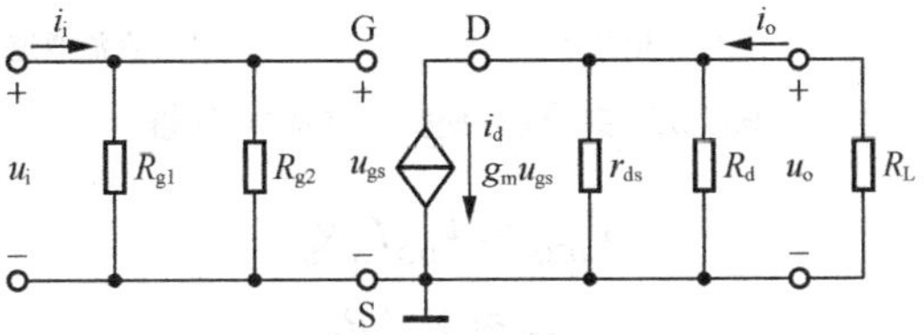

图 6.22 共源场效应管的微变等效电路

在共源极场效应管放大电路的微变等效电路中，场效应管栅源之间的电阻极大，可视为开路；输出回路中场效应管可看作是一个电压控制的受控电流源，大小是 $g_m u_{gs}$，电流源并联一个输出电阻 r_{ds}，一般 r_{ds} 的数值有几十千欧至几百千欧，在估算时一般可忽略不计。

对共源极场效应管的微变等效电路求解其性能指标。

① 输入电阻： $r_i \approx R_{g1} // R_{g2}$ （6-24）

即场效应管虽然具有输入电阻极高的特点，但是由于偏置电阻并联的影响，放大电路的输入电阻并不一定很高。

② 输出电阻： $r_o = r_{ds} // R_d \approx R_d$ （6-25）

输出电阻并联的 r_{ds} 数值和 R_d 相比较大，通常可忽略不计，所以场效应管的输出电阻约等于 R_d，数值通常较小。

③ 电压放大倍数：

$$\dot{A}_u = \frac{\dot{U}_O}{\dot{U}_I} \approx \frac{-g_m \dot{U}_{GS} R_d}{\dot{U}_{GS}} = -g_m R_d \tag{6-26}$$

如果电路带上负载 R_L 后，则放大倍数下降至：

$$\dot{A}_u = \frac{\dot{U}_O}{\dot{U}_i} \approx -g_m R_d // R_L$$

6.3.4 共漏极放大电路

共漏极放大电路又称为源极输出器或源极跟随器，同样具有与共集电极放大电路相同的特性：输入电阻高、输出电阻低和电压放大倍数约等于 1，电路如图 6.23 所示。

共漏极放大电路的分析

1. 静态分析

图 6.23（b）为共漏极场效应管的直流通道，根据直流通道可求出静态工作点如下：

$$V_{GSQ} = V_G V_S \approx V_{DD} \frac{R_{g2}}{R_{g1} + R_{g2}} I_D R_S \tag{6-27}$$

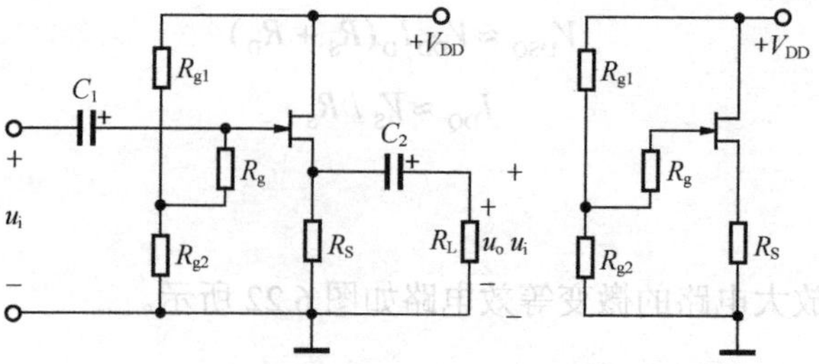

（a）电路图　　　　（b）直流通道

图 6.23 共漏极场效应管放大电路

$$V_{DSQ} \approx V_{DD} I_D R_S \tag{6-28}$$

$$I_{DQ} \approx V_S / R_S \tag{6-29}$$

2．动态分析

动态分析首先应画出原电路的交流通道，然后根据微变等效思想画出其小信号条件下的微变等效电路，如图 6.24 所示。

由微变等效电路可求出共漏极场效应管的性能指标。

① 电路输入电阻

$$r_i = R_{g3} + R_{g1} // R_{g2} \tag{6-30}$$

② 电路输出电阻

令输入电压 $\dot{U}_i = 0$，采用加压求流法求解输出电阻 r_o，画出等效电路如图 6.25 所示。

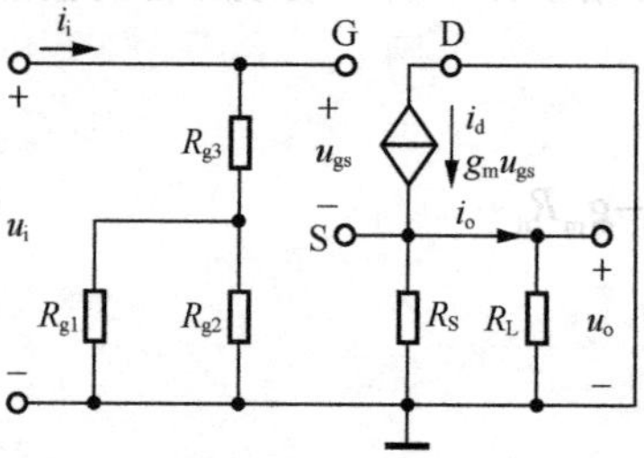

图 6.24 共漏场效应管的微变等效电路

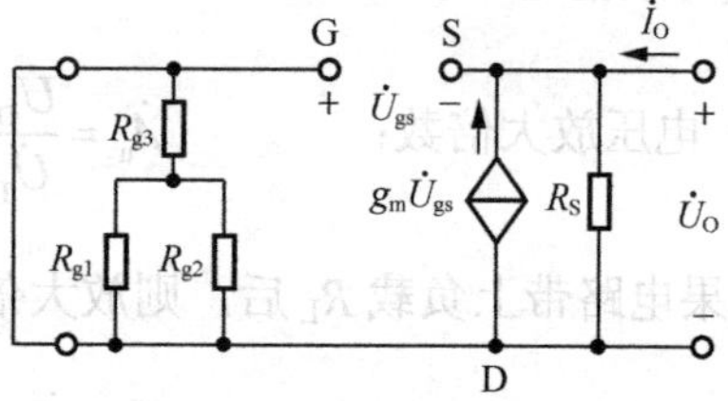

图 6.25 求源极输出器 r_o 的等效电路

由图可得输出电流为：

$$\dot{I}_O = \frac{\dot{U}_O}{R_S} - g_m \dot{U}_{gS}$$

由于输入端短路，所以：

$$\dot{U}_{gS} = -\dot{U}_O$$

于是有：

$$\dot{I}_O = \frac{\dot{U}_O}{R_S} + g_m \dot{U}_O = \left(\frac{1}{R_S} + g_m\right)\dot{U}_O$$

输出电阻：

$$r_{\mathrm{o}}=\frac{\dot{U}_{\mathrm{O}}}{\dot{I}_{\mathrm{O}}}=\frac{1}{\dfrac{1}{R_{\mathrm{S}}}+g_{\mathrm{m}}}=\frac{1}{g_{\mathrm{m}}}//R_{\mathrm{S}} \tag{6-31}$$

③ 电路的电压放大倍数：

$$\dot{A}_{\mathrm{u}}=\frac{\dot{U}_{\mathrm{O}}}{\dot{U}_{\mathrm{i}}}\approx\frac{g_{\mathrm{m}}R_{\mathrm{L}}'}{1+g_{\mathrm{m}}R_{\mathrm{L}}'} \tag{6-32}$$

电压增益为正，说明电路的输入、输出同相。另外，由于 $g_{\mathrm{m}}R_{\mathrm{L}}'>>1$，所以电路的电压增益约等于 1。

思 考 题

1．选择题：

（1）场效应管是利用外加电压产生的______效应来控制漏极电流的大小的。

A．电流　　B．电场　　C．电压

（2）场效应管是______器件。

A．电压控制电压　　B．电流控制电压　　C．电压控制电流　　D．电流控制电流

（3）场效应管漏极电流由______的运动形成。

A．少子　　B．电子　　C．多子　　D．两种载流子

2．场效应管放大电路共有几种组态？共源和共漏放大电路分别对应双极型晶体管哪种组态的放大电路？

6.4 多级放大电路

多级放大电路

6.4.1 多级放大电路的组成

实际应用中，放大电路的输入信号通常很微弱（一般为毫伏或微伏级），为了使放大后的信号能够驱动负载工作，仅仅通过前面所讲到的单级放大电路进行信号放大，很难满足负载驱动的实际要求。为推动负载工作，必须将多个放大电路连接起来，组成多级放大电路，以有效地提高放大电路的各种性能，如提高电路的电压增益、电流增益、输入电阻、带负载能力等。例如，要求一个放大电路输入电阻大于 2 MΩ，电压放大倍数大于 2 000，输出电阻小于 100 Ω 等。由于单级放大电路的放大倍数有限，有时无法满足实际放大电路的需要，这时可选择多个基本放大电路，并将它们合理连接，从而构成能满足要求的多级放大电路。

多级放大电路中，相邻两级放大电路之间的连接方式称为耦合。常用的级间耦合方式通常有直接耦合、阻容耦合、变压器耦合和光电耦合等。

6.4.2 多级放大电路的级间耦合方式

多级放大电路各级之间的连接方式称为耦合。耦合方式应满足下列要求。

① 耦合后，各级电路仍具有合适的静态工作点。

② 保证信号在级与级之间能顺利而有效地传输，不引起信号失真。

③ 耦合后，多级放大电路的性能指标必须满足实际负载的要求，尽量减少信号在耦合电路的损失。

1. 阻容耦合

通过电容和电阻将信号由一级传输到另一级的方式称为阻容耦合，如图 6.26 所示的典型两级阻容耦合放大电路。

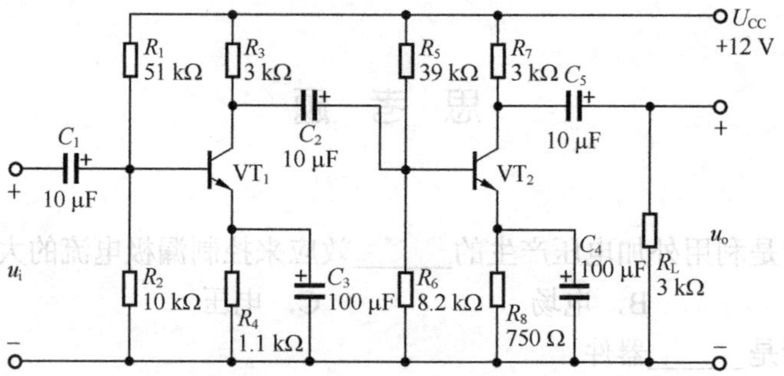

图 6.26　阻容耦合的两级放大电路

电路特点：级与级之间通过电容器连接。

优点：耦合电容具有隔直通交作用，使各级电路的静态工作点相互独立，给设计和调试带来了方便，且电路体积小、重量轻。

缺点：耦合电容的存在对输入信号产生一定的衰减，从而使电路的频率特性受到影响，加之不便于集成化，因而在应用上也就存在一定的局限性。

2. 直接耦合

多级放大电路中各级之间直接连接或通过电阻进行连接的方式，称为直接耦合，如图 6.27 所示。

直接耦合的多级放大电路，各级的静态工作点将相互影响。如图中 VT_1 管的 U_{CE1} 受到 U_{BE2} 的限制，仅有 0.7 V 左右。因此，第一级输出电压的幅值将很小。为了保证第一级有合适的静态工作点，必须提高 VT_2 管的发射极电位，为此，常在 VT_2 的发射极接入电阻、二极管或稳压管等。

优点：直接耦合放大电路既可放大交流信号，也可放大直流和变化非常缓慢的信号，且信号传输效率高，具有结构简单、便于集成化等优点，所以集成电路中多采用这种耦合方式。

缺点：存在着各级静态工作点相互牵制和零点漂移这两个问题。

3. 变压器耦合

变压器耦合的多级放大电路如图 6.28 所示。

特点：级与级间通过变压器连接。

优点：静态工作点相互独立、互不影响；因容易实现阻抗变换，而容易获得较大的输出功率。

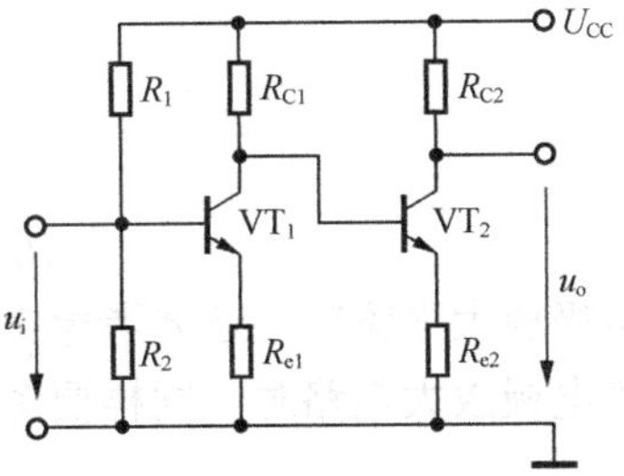

图 6.27　直接耦合的两级放大电路

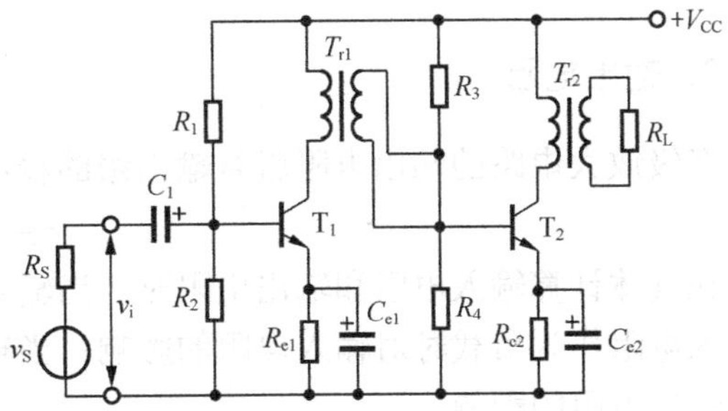

图 6.28　变压器耦合的两级放大电路

缺点：变压器体积大而重，不便于集成，频率特性较差，也不能传输直流和变化非常缓慢的信号,所以其应用受到很大限制，目前使用这种耦合方式极少。

4．光电耦合

光电耦合是以光信号为媒介实现电信号的耦合和传递的，因其抗干扰能力强而得到越来越广泛的应用。实现光电耦合的基本器件是光电耦合器，如图 6.29 所示。

光电耦合器将发光元件（发光二极管）与光敏元件（光电三极管）相互绝缘地组合在一起，其中发光二极管构成输入回路，发光二极管的亮度随电流 i_D 的控制，发光二极管发出的光强照射到光电三极管，使光电三极管产生电流 i_C 作为输出回路，光电三极管的电流 i_C 随光强而变化，将光能转换成电能，实现了两部分电路的电气隔离。为了增大放大倍数，输出回路的光电三极管通常采用复合管（也称达林顿结构）形式。

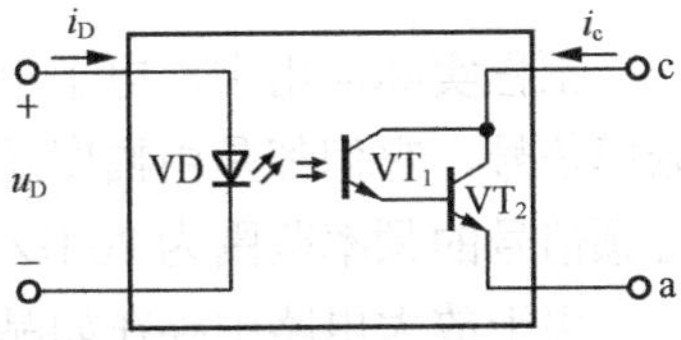

图 6.29　光电耦合器

光电耦合的多级放大电路的特点：前级的输出信号通过光电耦合器传输到后级的输入端，由于前、后级的电气部分完全隔离，因此可有效地抑制电干扰。光电耦合器的传输特性曲线与三极管的输出特性曲线类似，光电耦合器输入电流 i_D 相当于晶体管的输入电流 i_B，只要 u_{CE} 足够大，i_C 只随 i_B 按正比例变化，比例常数通常比电流放大倍数 β 小得多，一般为 0.1～1.5。

6.4.3　多级放大电路的性能指标估算

多级放大电路的基本性能指标与单级放大电路相同，即有电压放大倍数、输入电阻和输出电阻。

多级放大电路的性能指标

1．电压放大倍数

总电压放大倍数等于各级电压放大倍数的乘积，即

$$A_u = A_{u1} \times A_{u2} \times A_{u3} \times \cdots \times A_{un} \tag{6-33}$$

2．输入电阻

多级放大电路的输入电阻就是输入级的输入电阻

$$r_i = r_{i1} \tag{6-34}$$

3．输出电阻

多级放大电路的输出电阻就是输出级的输出电阻。

$$r_o=r_{on} \tag{6-35}$$

在具体计算输入电阻和输出电阻时，当输入级为共集电极放大电路时，还要考虑第 2 级的输入电阻作为负载时对输入电阻的影响；当输出级为共集电极放大电路时，同样要考虑前级对输出电阻的影响。

思 考 题

1．多级放大电路通常有哪些耦合方式？它们各自具有什么优缺点？

2．多级放大电路的性能指标有哪些？与单级放大电路有何不同？

6.5 放大电路的频率响应

工程实际应用中，电子电路所处理的信号，如语音信号、电视信号等都不是简单的单一频率信号，它们都是由幅度及相位都有固定比例关系的多频率分量组合而成的复杂信号。如音频信号的频率范围为 20 Hz～20 MHz，而视频信号的频率范围从直流到几十兆赫。

由于放大电路中存在如晶体管的极间电容，电路的负载电容、分布电容、耦合电容、射极旁路电容等电抗元件，使得放大器可能对不同频率的信号分量放大能力不同，相移能力也不同。

如放大电路对不同频率的信号成分放大能力不同时，会引起幅度失真；当放大电路对不同频率的信号成分相移能力不同则会引起相位失真。两种失真总称为频率失真。

6.5.1 频率响应的基本概念

频率响应是衡量放大电路对不同频率的信号适应能力的一项技术指标。频率响应表达式为：

$$\dot{A}_u = A_u(f)\angle\varphi(f) \tag{6-36}$$

频率响应的基本概念

$A_u(f)$ 表示电压放大倍数的模与频率 f 之间的关系，称为幅频响应。

$\varphi(f)$ 表示放大器输出电压与输入电压之间的相位差 φ 与频率 f 之间的关系，称为相频响应。

放大电路的幅频响应和相频响应合称为放大电路的频率响应。考虑到分布电容和耦合电容作用时的共射放大电路示意图如图 6.30 所示。

6.5.2 放大电路的频率特性

单管共射放大电路的幅频特性和相频特性如图 6.31 所示。

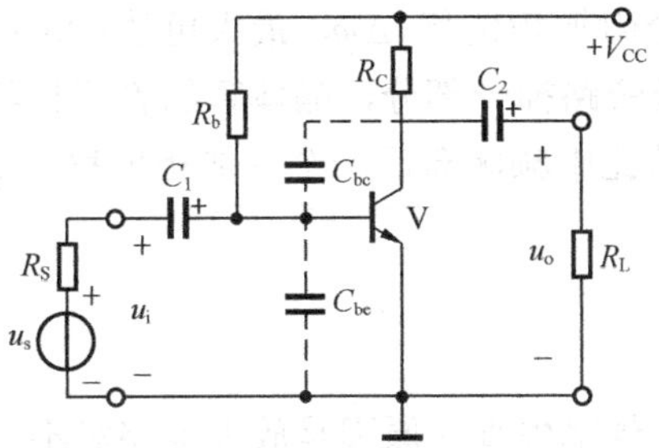

图 6.30　考虑电容作用时的共射放大电路

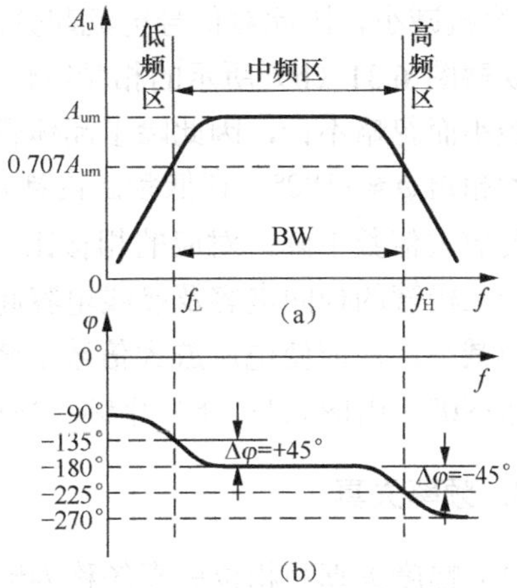

图 6.31　单管共射放大电路频率特性曲线

1．上限频率、下限频率和通频带

由幅频特性可观察到，信号频率下降或上升而使电压放大倍数下降到中频区的 0.707 倍 A_{um} 时，所对应的频率分别为下限截止频率 f_L（简称下限频率）和上限截止频率 f_H（简称上限频率）。

上限频率 f_H 至下限频率 f_L 的一段频率范围称为通频带，用 BW 表示，即

$$BW=f_H-f_L \tag{6-37}$$

2．频率特性

在分析共射放大电路时，前面的讨论都是假定信号频率在中频范围，因此耦合电容 C_1、C_2 和旁路电容 C_E 可视为交流短路，将三极管极间电容及分布电容视为开路。但实际上，当输入信号的频率改变时，这些因素均不能忽略。

观察图 6.31（a）所示的幅频特性，幅频特性曲线中间有一个较宽的频率范围比较平坦，说明这一频段的放大倍数基本上不随信号频率的变化而变化，该段频率范围称为放大电路的中频区，中频区的电压放大倍数用 A_{um} 表示。

对于共射放大电路，其中频区的频率范围内，电压放大倍数 A_{um} 和相位差 $\varphi=-180°$ 基本不随频率变化。这是因为该区内的 C_1、C_2、C_E 的数值很大，相应的容抗很小，可视为短路；而三极管的极间分布电容 C_{be} 和 C_{bc} 的数值很小，相应的容抗很大，可视为开路，即所有电容对电路的影响均可以忽略不计，所以中频段的电压放大倍数基本上是一个与频率无关的常数。

$f<f_L$ 的一段频率范围称为低频区。该区的频率通常约小于几十赫兹，因此在低频区，三极管的极间分布电容 C_{be} 和 C_{bc} 的容抗增大，可视为开路；耦合电容 C_1、C_2 和旁路滤波电容 C_e 的容抗增大，损耗了一部分信号电压，因此在低频段，共射电压放大器的电压增益将随信号频率和下降而减小。

$f>f_H$ 的一段频率范围称为高频区。高频区的频率通常约大于几十千赫至几百千赫。高频范围内，耦合电容 C_1、C_2、C_E 的容抗减小，可视为短路；但三极管的极间分布电容 C_{be} 和

C_{bc}的容抗减小，因此对信号电流起分流作用，故电压增益将随频率的增加而减小。

观察图 6.31（b）所示的相频特性，在通频带以内的频率范围 BW 区间，由于各种容抗影响极小而忽略不计，因此除了晶体管的反相作用外，无其他附加相移，所以中频电压放大倍数的相角$\varphi \approx -180°$；在低频区内耦合、旁路电容的容抗不可忽略，因此要损耗掉一部分信号，使放大倍数下降，对应的相移比中频区超前一个附加相位移$+\Delta\varphi$，最大可达+90°；高频区由于三极管的极间电容及接线电容起作用，将信号旁路掉一部分，晶体管的β值也随频率升高而减小，从而使电压放大倍数下降，对应的相移比中频区滞后一个附加相位移$-\Delta\varphi$，最大可达−90°，由图 6.31（b）相频特性可观察到。

3．频率失真

（1）幅度失真和相位失真统称为频率失真，产生频率失真的原因是放大电路对不同频率的信号成分放大能力和相移能力均不相同而造成的。

幅度失真：由于放大电路对不同频率分量的放大倍数不同而引起的输出与输入轨迹不同的现象。

相位失真：由于放大电路对不同频率分量的相移能力不同而造成输出与输入轨迹不同的现象。

（2）线性失真和非线性失真

频率响应中出现的幅度失真和相位失真统称为频率失真。所谓失真，都是指输出信号的波形与输入信号的波形相比，不能按照输入信号波的轨迹变化，即输出波出现了畸变。看起来频率失真和前面所讲的放大电路的饱和失真和截止失真都是输出与输入波形轨迹不同，但实际上，频率失真不产生新的频率成分，因此称为**线性失真**。

前面讲的饱和失真和截止失真，是因放大电路中的非线性器件三极管的工作点设置不当而造成的。这两种失真所造成的输出出现削顶现象，说明输出不再和输入波一样是单纯的正弦波，而是产生了新的频率成分，因此称为**非线性失真**。

应注意对线性失真和非线性失真的正确认识和区别它们的不同点。

6.5.3 波特图

在研究放大电路的频率响应时，由于信号的频率范围很宽，从几赫到几百兆赫以上，另外电路的放大倍数可高达百万倍，为压缩坐标，扩大视野，在有限坐标空间内完整地描述频率特性曲线，我们把幅频特性和相频特性的频率坐标采用对数刻度，幅频特性的纵坐标改用电压增益分贝数$20\lg|\dot{A}_u|$表示，相频特性纵坐标仍把相位差φ用线性刻度，这种半对数坐标所对应的频率特性曲线，称为对数频率特性或**波特图**。共射放大电路的完全频率响应波特图如图 6.32 所示。

波特图的概念及其绘制方法

波特图的画法步骤如下。

（1）根据电路参数计算出中频电压放大倍数A_{um}以及上限频率f_H和f_L。

（2）画幅频特性波特图。确定中频区的高度，从f_L至f_H画一条高度等于$20\lg|\dot{A}_{um}|$的水平直线，再自f_L处至左下方，做一条斜率为 20dB 每 10 倍频的直线，从f_H处开始向右下方做

一条斜率为−20 dB 每 10 倍频的直线，这三条直线所构成的折线，即幅频特性波特图。如图 6.32 上边折线所示。

（3）画相频特性波特图。在中频区，由于共射放大电路输出、输入为反相关系，故从 $10f_L$～$0.1f_H$ 画一条 $\varphi=-180°$ 的水平直线。在低频区，当 $\varphi<0.1f_L$ 时，$\varphi=-180°+90°=-90°$；在从 $0.1f_L$～$10f_L$ 之间画一条斜率为−45°每十倍频的直线，该直线的 f_L 处 $\varphi=-135°$。高频区，当 $\varphi>10f_H$ 时，$\varphi=-180°-90°=-270°$；在从 $0.1f_H$～$10f_H$ 之间画一条斜率为 −45° 每十倍频的直线，该直线的 f_H 处 $\varphi=-225°$。上述 5 条直线构成的折线，即相频特性波特图。如图 6.32 下边折线所示。

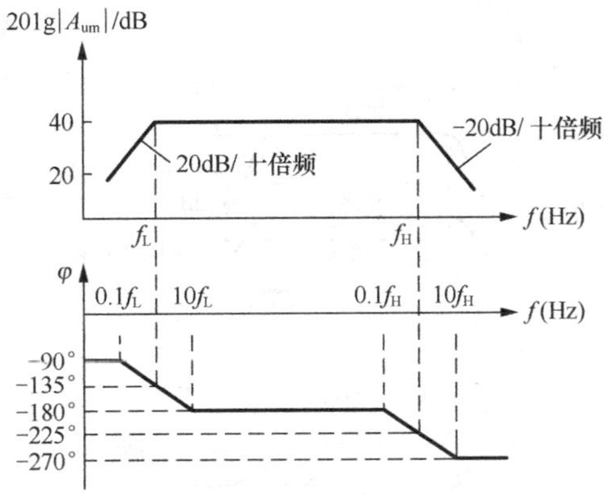

图 6.32 共射放大电路的频率特性波特图

放大电路的电压放大倍数与对数 $20\lg|A_u|$ 之间的对应关系如表 6-2 所示。

表 6-2 **电压放大倍数与对数 $20\lg|A_u|$ 之间的对应关系**

$\lvert A_u\rvert$	0.01	0.1	0.707	1	$\sqrt{2}$	2	10	100
$20\lg\lvert A_u\rvert$	−40	−20	−3	0	3	6	20	40

波特图的横坐标频率 f 采用 lgf 对数刻度，这样将频率的大幅度变化范围压缩在一个小范围内，幅频特性的纵坐标是电压增益，用分贝（dB）表示为 $20\lg|A_u|$，当 $|A_u|$ 从 10 倍变化到 100 倍时，分贝值只从 20 dB 变化到 40 dB。显然压缩了坐标，扩大了视野。

6.5.4 多级放大电路的频率响应

多级放大电路的频率响应

1. 多级放大电路的幅频特性

因多级放大电路的电压放大倍数 $A_u=A_{u1}\cdot A_{u2}\cdot A_{u3},\cdots,A_{un}$，故其幅频特性为

$$20\lg|\dot{A}_u|=20\lg|\dot{A}_{u1}|+20\lg|\dot{A}_{u2}|+\cdots+20\lg|\dot{A}_{un}| \tag{6-38}$$

相频特性为

$$\varphi=\varphi_1+\varphi_2+\cdots+\varphi_n \tag{6-39}$$

2. 多级放大电路的幅频响应和相频响应

只要将各级对数频率特性的电压增益相加，相位相加，就能得到多级放大电路的幅频特性和相频特性。两级放大电路总的幅频特性和相频特性，如图 6.33 所示。

图 6.33（a）所示为两级放大电路的幅频特性波特图，显然两级放大电路的下限频率 f_L 比单级放大电路的下限频率 f_{L1} 大，上线频率 f_H 比单级上限频率 f_{H1} 小，由此可得出结论：多级放大电路的通频带总是比组成它的每一级的通频带窄。从幅频特性波特图还可看出，对应单级幅频特性上 f_{L1}、f_{H1} 两处下降 3 dB，在两级放大电路的幅频特性上将下降 6 dB。

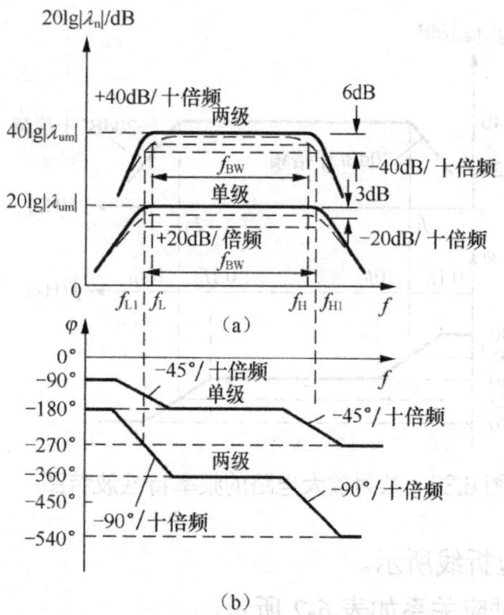

图 6.33 多级放大电路的频率特性波特图

多级放大电路与单级放大电路相比，总的频带宽度 f_{BW} 虽然变窄了，但换来的是整个放大电路的放大倍数得到很大的提高。

多级放大电路的上限截止频率和下限截止频率，可用下列公式估算：

$$f_L \approx 1.1\sqrt{f_{L1}^2 + f_{L2}^2 + \cdots + f_{Ln}^2} \tag{6-40}$$

$$\frac{1}{f_H} \approx 1.1\sqrt{\frac{1}{f_{H1}^2} + \frac{1}{f_{H2}^2} + \cdots + \frac{1}{f_{Hn}^2}} \tag{6-41}$$

图 6.33（b）所示为多级放大电路的相频特性波特图。显然两级共射放大电路的输出经过了又一次反相后，在通频带范围内与输入同相。低频区最高可达180° 的超前相移；高频区最高可达到−180° 的滞后相移。

思 考 题

1．何谓放大电路的频率响应？何谓波特图？

2．试述单级和多级放大电路的通频带和上、下限频率有何不同？

3．试述线性失真和非线性失真概念的不同点，说明频率响应属于哪种失真。

应用能力培养课题：分压式偏置共射放大电路静态工作点的调试

1．实验目的

（1）了解和初步掌握单管共发射极放大电路静态工作点的调整方法；学习根据测量数据计算电压放大倍数、输入电阻和输出电阻的方法。

（2）观察静态工作点的变化对电压放大倍数和输出波形的影响。

（3）进一步掌握双踪示波器、函数信号发生器、电子毫伏表的使用方法。

2．实验主要仪器设备

（1）模拟电子实验装置	一套
（2）双踪示波器	一台
（3）函数信号发生器	一台
（4）电子毫伏表、万用表	各一台
（5）其他相关设备及导线	若干

3．实验原理图

实验原理图如图 6.34 所示。

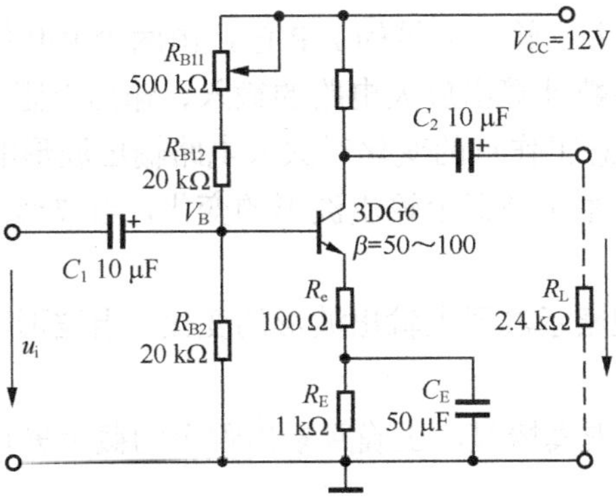

图 6.34 分压式偏置共射放大实验电路原理图

4. 实验原理

（1）为了获得最大不失真输出电压，静态工作点应选在交流负载线的中点。为使静态工作点稳定，必须满足小信号条件。

（2）静态工作点可由下列关系式计算：

$$V_{BQ}=\frac{R_{B2}}{R_{B1}+R_{B2}}V_{CC}，\quad I_{CQ}\approx I_{EQ}=\frac{V_{BQ}U_{BEQ}}{R_E+R_e}，\quad U_{CEQ}\approx V_{CC}-I_{CQ}(R_E+R_e+R_C)$$

（3）电压放大倍数、输入、输出电阻计算

$$A_u=\frac{u_o}{u_i}=-\frac{|U_{oP\text{-}P}|}{|U_{iP\text{-}P}|}$$

式中负号表示输入、输出信号电压的相位相反。式中的输入、输出电压峰–峰值根据示波器上波形的踪迹正确读出。

$$r_i=R_{B1}//R_{B2}//r_{be}\approx r_{be},$$

$$r_{be}=300\,\Omega+(1+\beta)\frac{26\text{ mA}}{I_{EQ}(\text{mA})}\quad(选择\beta=60)$$

$$r_o=R_C$$

5. 实验步骤

（1）调节函数信号发生器，产生一个输出为 u_i=80 mV、f=1000 Hz 的正弦波，将此正弦信号引入共射放大电路的输入端。

（2）把示波器 CH1 探头与电路输入端相连，电路与示波器共“地”，均连接在实验电路的“地”端。

（3）调节电子实验装置上的直流电源，使之产生 12 V 直流电压输出，引入到实验电路中 +V_{CC} 端子上。

（4）实验电路的输出端子与示波器 CH2 探头相连。用数字电压表的直流电压挡 20 V，红表笔与在实验电路中的 V_B 处相接，黑表笔与“地”接触，测量 V_B 值。

（5）调节 R_{B11}，观察示波器屏幕中的输入、输出波形，若静态工作点选择合适，本实验电路中 V_B 的数值通常在 3～4 V。把读出的数据和输入、输出信号波形填写于附表。

（6）从示波器中读出输入、输出信号的 P-P 值，由两个 P-P 值的比值算出放大电路的电压放大位倍数 A_u。由电路参数计算出放大电路的输入、输出电阻。

（7）调节 R_{B11}，观察静态工作点的变化对放大电路输出波形的影响。

1）逆时针旋转 R_{B11}，观察示波器上输出波形的变化，当波形失真时，观察波形的削顶情况，记录在表格中；

2）顺时针旋转 R_{B11}，观察示波器上输出波形的变化，当波形失真时，观察波形的削顶情况，仍记录在表格中。

（8）根据观察到的两种失真情况，正确判断出哪个为截止失真，哪个是饱和失真。

6．思考题

（1）电路中 C_1、C_2 的作用你了解吗？说一说。

（2）静态工作点偏高或偏低时对电路中的电压放大倍数有无影响？

（3）饱和失真和截止失真是怎样产生的？如果输出波形既出现饱和失真又出现截止失真是否说明静态工作点设置得不合理？为什么？

7．实验原始数据记录

附表　　常用电子仪器使用的测量数据

测量值	V_B（V）	U_{OP-P}（V）	U_{IP-P}（V）	输入波形	输出波形
R_{B11} 合适					
R_{B11} 减小					
R_{B11} 增大					
测量估算值	A_u	r_i	r_o		
R_{B11} 合适					

第 6 章　习题

1．试画出 PNP 型三极管的基本放大电路，并注明电源的实际极性以及三极管各电极上实际电流的方向。

2．放大电路中为何设立静态工作点？静态工作点的高、低对电路有何影响？

3．指出图 6.35 所示各放大电路能否正常工作，如不能，请校正并加以说明。

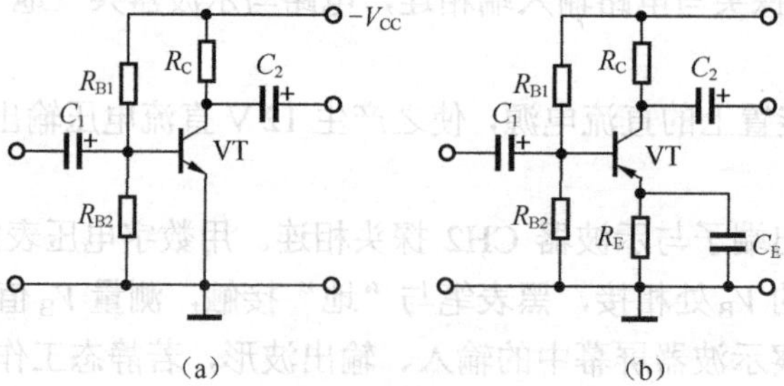

图 6.35　习题 3 电路图

4．共发射极放大器中集电极电阻 R_C 起的作用是什么？

5．如图 6.36 所示分压式偏置放大电路中，已知 R_C=3.3 kΩ，R_{B1}=40 kΩ，R_{B2}=10 kΩ，R_E=1.5kΩ，β=70。求静态工作点 I_{BQ}、I_{CQ} 和 U_{CEQ}（图中晶体管为硅管）。

6．画出图 6.36 所示电路的交流通道，并根据交流通道画出其微变等效电路。根据微变等效电路进行动态分析。求解电路的电压放大倍数 A_u，输入电阻 r_i 和输出电阻 r_o。

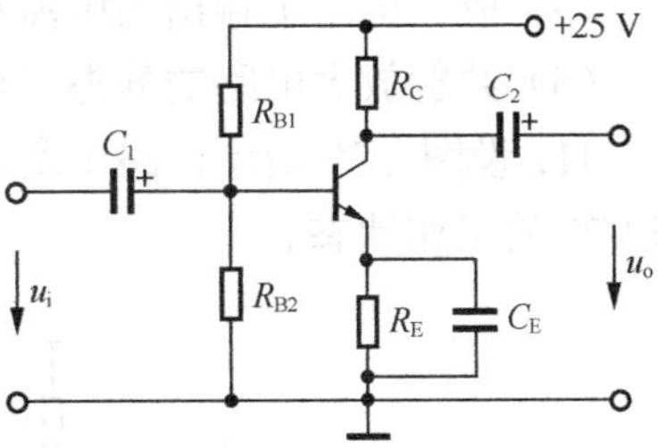

图 6.36　习题 5 电路图

7．图 6.36 所示电路中，如果接上负载电阻 R_L=3 kΩ，电路的输出等效电阻和电压放大倍数发生变化吗？分别等于多少？

8．图 6.37 所示两电路中，当信号源电压均为 $u_S = 5\sin\omega t$ V，V_{CC}=+12 V，β=70，r_{be}=1.39 kΩ。试分别计算图 6.37（a）、图 6.37（b）两电路的输出电压 u_o，并比较计算结果。

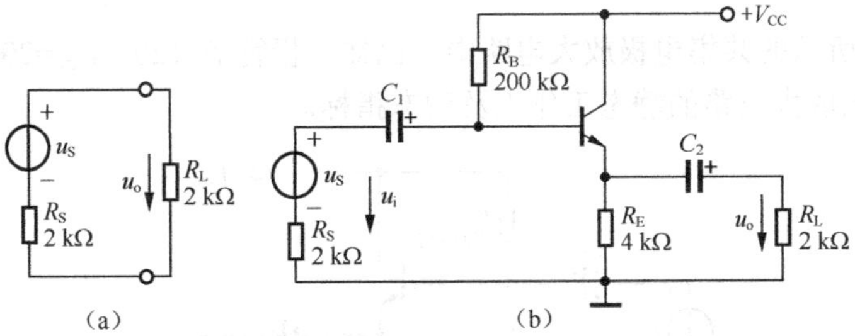

图 6.37　习题 8 电路图

9．两级交流放大电路如图 6.38 所示，其中两个三极管的电流放大倍数 β_1=β_2=50，两个三极管的输入电阻 r_{be1}= r_{be2}=1 kΩ，试求放大电路的电压放大倍数 A_u、电路的输入电阻 r_i 及输出电阻 r_o。

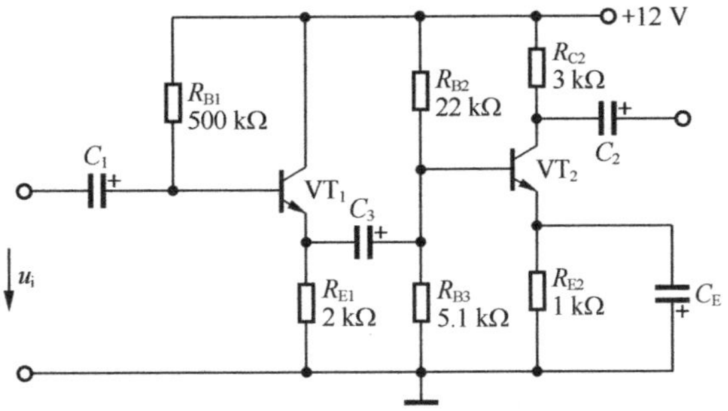

图 6.38　习题 9 电路图

10．判断下列说法的正确与错误。

（1）现测得两个共射放大电路空载时的 A_u 均等于−100，将它们连成两级放大电路，其两级放大电路的电压增益为 10 000。（　　）

（2）阻容耦合多级放大电路各的 Q 点相互独立，且只能放大交流信号。（　　）

（3）直接耦合的多级放大电路各级 Q 点相互影响，且只能放大直流信号。（　　）

（4）可以说，任何放大电路都有功率放大作用。（　　）

（5）放大电路中输出的电流和电压都是由有源元件提供的。（ ）

（6）共射放大电路的静态工作点 Q 设置合适时，它才能正常工作。（ ）

11．设图 6.39 所示电路中所有的二极管、三极管均为硅管，试判断图中三极管 VT_1、VT_2 和 VT_3 的工作状态。

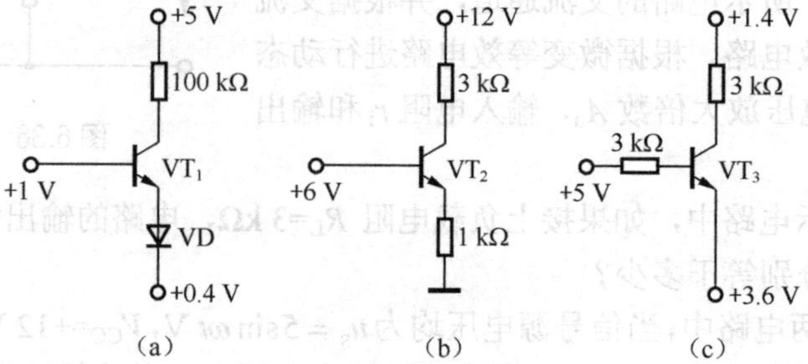

图 6.39 习题 11 电路图

12．图 6.40 所示的共集电极放大电路中，已知三极管 β=120，r'_{bb}=200 Ω，U_{BE}=0.7 V，V_{CC}=12 V，试求该放大电路的静态工作点及动态指标。

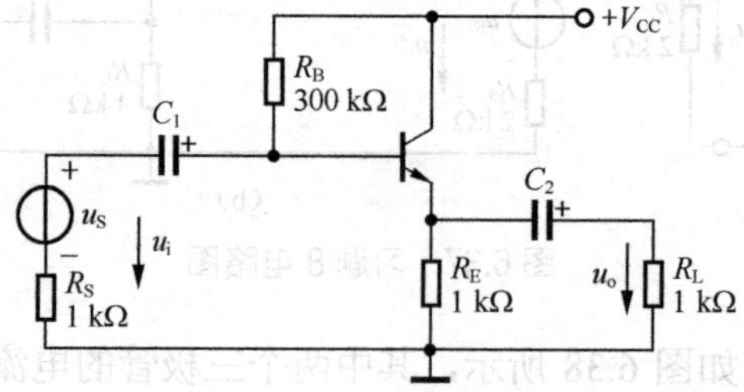

图 6.40 习题 12 电路图

第 7 章 集成运算放大器

将一个或多个成熟的单元电路应用半导体工艺集成在一块半导体硅片上，再从这个硅片上引出几个管脚，作为电路供电和外界信号的通道，这种产品称为集成电路。

7.1 集成运算放大器的组成特点

集成运算放大器概述

7.1.1 集成电路概述

自 1959 年世界上第一块集成电路问世至今，只不过才经历了近六十年时间，但它已深入到工农业、日常生活及科技领域的众多产品中。例如在导弹、卫星、战车、舰船、飞机等军事装备中；在数控机床、仪器仪表等工业设备中；在通信技术和计算机中；在音响、电视、录像、洗衣机、电冰箱、空调等家用电器中都采用了集成电路。用集成电路装配的电子设备，其装配密度比晶体管可提高几十倍至几千倍，设备的稳定工作时间也可大大提高。从总体上看，集成电路相当于一种电压控制的电压源器件，即它能在外部输入信号控制下输出恒定的电压。实际上集成电路又不是一个器件，而是具有一个完整电路的全部功能。目前集成电路正向材料、元件、电路、系统四合一上过渡，熟练掌握集成运放电路的分析方法，是今后实际工作中灵活应用运算放大器的重要基础。

集成电路（IC）按其功能、结构的不同，可以分为模拟集成电路、数字集成电路和数/模混合集成电路三大类。模拟电子技术中的集成电路，主要用来产生、放大和处理各种幅度随时间变化的模拟信号。例如半导体收音机的音频信号、录放机的磁带信号等。模拟集成电路的输入、输出信号均随时间数值上连续变化、且成一定比例关系。数字集成电路主要用来产生、放大和处理各种在时间上和幅度上离散取值的数字信号。例如 3G 手机、数码相机、计算机 CPU、数字电视的逻辑控制和重放的音频信号和视频信号等。

集成电路按外型封装形式分为单列直插式、圆壳式、双列直插式、扁平式等，如图 7.1 所示。目前国内应用最多的是双列直插式。

7.1.2 集成电路的组成及特点

集成电路的基片上所包含的元器件数称为它的**集成度**。按照集成度的不同，集成电路有小规模、中规模、大规模和超大规模之分。小规模集成电路一般含有十几到几十个元器件，它是单元电路的集成。芯片面积约为几平方毫米；中规模运放含有一百到几百个元器件，是一个电路系统中分系统的集成，芯片面积约十平方毫米左右；大规模和超大规模集成电路中含有数以千计或更多的元器件，它是把一个电路系统整个集成在基片上。集成电路的型号类型很多，内部电路也各有差异，但它们的基本组成是相同的，主要由输入级、中间放大级、输出级和偏置电路四部分构成，如图 7.2 所示。

（a）单列直插式　（b）圆壳式　（c）双列直插式　（d）扁平式

图 7.1　集成电路产品外形示意图

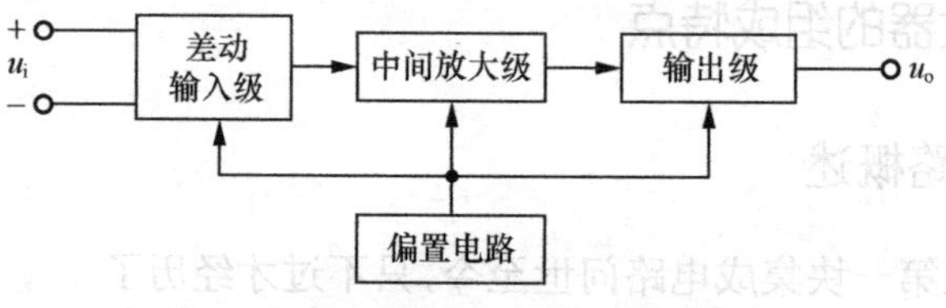

图 7.2　集成电路的基本组成框图

集成电路的输入级通常由双端输入差动放大电路构成，主要作用是有效地抑制零点漂移，提高整个集成电路的共模抑制比，以获得较好的输入特性和输出特性。

中间放大级的作用是实现电压放大，一般采用多级直接耦合的共射放大电路。

输出级的作用是给负载提供足够的功率，大多由射极输出方式的互补对称功率放大器组成，以达到降低输出电阻，提高电路的负载能力，输出级通常都装有过载保护。

偏置电路主要由各种恒流源电路构成，其作用是向各级放大电路提供合适的偏置电流，以保证各级放大电路的静态工作点的稳定。

除上述几部分外，集成电路一般还装有外接调零电路、相位补偿电路以及过压、过流保护电路。

模拟集成电路中应用最多的是集成运算放大器。集成运放是一种微型电子器件，其主要特点为：具有体积小、重量轻、引出线和焊接点少、寿命长、可靠性高、性能好等优点，同时成本低，便于大规模生产。

思 考 题

1．集成运算放大器通常由哪几部分组成？各部分的作用是什么？

2．集成运算放大器的主要特点是什么？

7.2 差动放大电路

直接耦合放大电路需要解决的问题

输入级又称为前置级，是决定运放性能好坏的关键。

7.2.1 直接耦合放大电路需要解决的问题

阻容耦合的多级放大电路无法传递变化缓慢的信号和直流信号，为此，集成运算放大器电路通常采用的都是直接耦合方式。但是，直接耦合的放大电路存在一些问题。

1. 各级静态工作点相互影响，互相牵制

直接耦合的多级放大电路前后级之间存在直流通道，当某一级静态工作点发生变化时，会对后级产生影响，因此需要合理地安排各级的直流电平，使它们之间能够正确配合。

2. 存在零点漂移现象

实验研究发现，直接耦合的多级放大电路，当输入信号为零时，由于温度的变化、电源电压的波动以及元器件老化等原因，使放大电路的工作点发生变化，这个不为零的、无规则的、持续缓慢的变化量会被直接耦合的放大电路逐级加以放大并传送到输出端，使输出电压偏离原来的起始点而上下漂动，这种现象称为零点漂移，简称零漂或温漂，如图 7.3 所示。

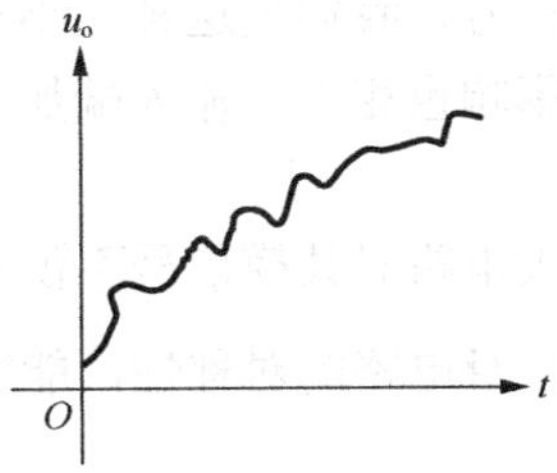

图 7.3 零点漂移现象

这种缓慢变化的漂移电压如果在阻容耦合放大电路中，通常不会传递到下一级电路进一步放大。但在直接耦合的多级放大电路中，由于前后级直接相连，其静态工作点相互影响，当温度、电源电压、晶体管内部的杂散参数等变化时，虽然输入为零，但第一级的零漂经第二级放大，第二级再传给第三级放大……，依次传递的结果使外界参数的微小变化，在输出级产生很大的变化，且放大电路级数越多，放大倍数越大，零点漂移现象就越严重。零点漂移现象如果不能有效抑制，严重时甚至会把有用信号淹没。

为了抑制零漂现象，必须采用相应措施，其中最有效的措施就是采用差动放大电路。

7.2.2 差动放大电路的组成

集成运放的输入级采用差动放大电路，主要是从源头上解决零点漂移现象，提高整个运放电路的共模抑制比。

差动放大健康和国内差模、共模信号

1. 差动放大电路的组成

集成运算放大器中常用的基本差动放大电路如图 7.4 所示。图中差动放大电路是一种具有两个输入端且电路结构对称，基本特点如下。

（1）电路中的两个三极管 VT_1 和 VT_2 特性参数完全相同，对称位置上的电阻元件参数也相同。

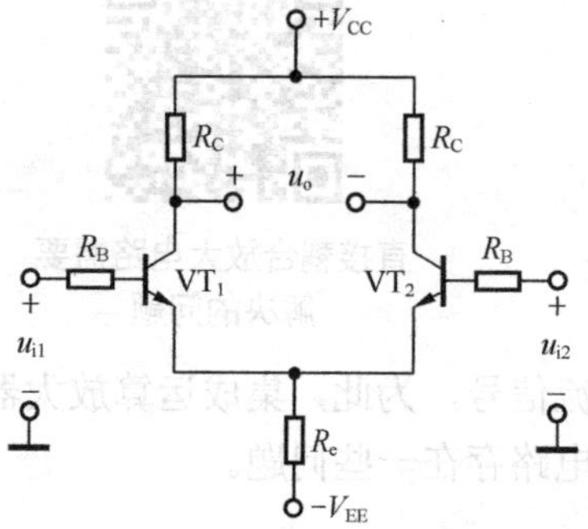

图 7.4　基本差动放大电路

（2）电路采用正、负两个电源供电。VT_1 和 VT_2 的发射极经同一反馈电阻 R_e 接至负电源 $-V_{EE}$，即电路是由两个完全对称的共射放大电路组合而成。

2．差模信号

差动放大电路中两个晶体管的基极信号电压 u_{i1}、u_{i2} 大小相等、相位相反，用 u_{id} 表示，u_{id} 在数值上等于两输入信号的差值

$$u_{id}=u_{i1}-u_{i2}$$

显然，两个输入信号的差值实际上就是加在多级放大电路输入级的信号电压，信号电压只要不为零就可以得到传输和放大。由于差动放大电路放大的是两个输入信号的差值，所以又称之为差动放大电路。差动放大电路的输入信号电压称之为差模信号，差模信号是放大电路中需要传输和放大的有用信号。

3．共模信号

温度变化、电源电压波动等引起的零点漂移折合到放大电路输入端的漂移电压，相当于在差动放大电路的两个输入端同时加了大小和极性完全相同的输入信号，我们把这种大小和极性完全相同的信号称为“共模信号”。外界电磁干扰对放大电路的影响也相当于输入端加了“共模信号”。

可见，共模信号对放大电路是一种有害的干扰信号，因此，放大电路对共模信号不仅不应放大，反而应当具有较强的抑制能力。差动放大电路正是利用了自身电路的对称性，能够有效地抑制有害的“共模信号”。

7.2.3　差动放大电路的工作原理

以图 7.4 所示的双端输入、双端输出模式的差动放大电路为例分析其工作原理。

差动放大电路分析

1．静态分析

静态时，$u_{i1}=u_{i2}=0$，其直流通道如图 7.5 所示。由于电路对称，即 $I_{B1}=I_{B2}$，$I_{C1}=I_{C2}$，$I_{E1}=I_{E2}=I_E/2$，$U_{CE1}=U_{CE2}$，所以 $U_O=U_{CE1}-U_{CE2}=0$。即当温度变化时，因两管电流变化规律相同，两管集电极电压漂移量也完全相同，从而使双端输出电压始终为零。也就是说，依靠电路的完全对称性，使两管的零点漂移在输出端相互抵消，因此，零点漂移得到了有效地抑制。

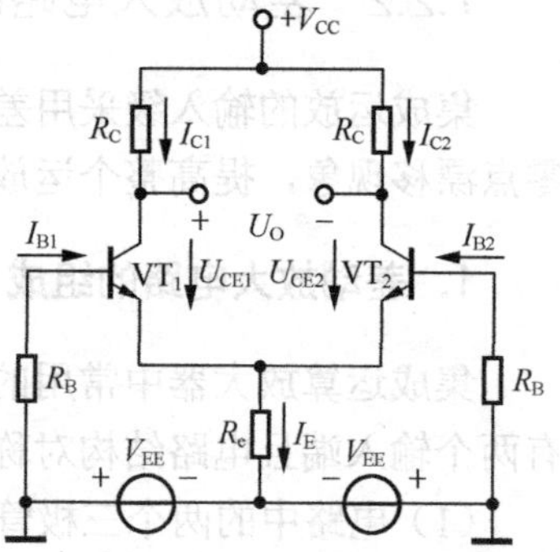

图 7.5　差放电路的直流通道

由于两个单边电路完全对称，所以静态工作点只按单边求解即可。

由图 7.5 的单边直流通道可得

$$V_{EE}=I_BR_B+U_{BE1}+2(1+\beta)I_BR_e$$

所以有 $I_{B1}=\dfrac{V_{EE}-U_{BE1}}{R_B+2(1+\beta)R_e}$

基极电流 $I_{C1}=\beta I_{B1}$

集射极电压 $U_{CE1}\approx V_{CC}+V_{EE}-I_{C1}(R_C+2R_e)$

2. 动态分析

首先画出图 7.6（a）所示的差动放大电路的交流通道。由于差动放大电路两边对称，所以只需画出交流通道的半边电路的微变等效电路，如图 7.6（b）所示。

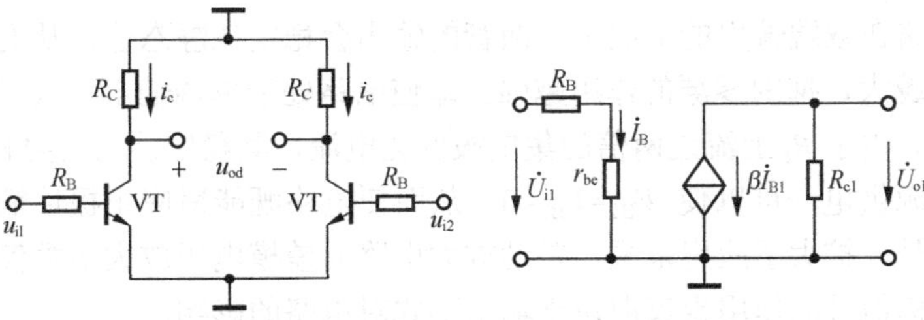

（a）交流通道　　（b）半边交流通道的微变等效电路

图 7.6　差动放大电路的交流通道与半边微变等效电路

由图 7.6（b）可得出半边微变等效电路的动态指标

$$\dot{A}_{u1}=\frac{\dot{U}_{o1}}{\dot{U}_{i1}}=\frac{-\beta\dot{I}_BR_C}{\dot{I}_Br_{be}}=-\beta\frac{R_C}{r_{be}}$$

显然，整个差动放大电路的电压增益 $\dot{A}_u=\dot{A}_{u2}=\dot{A}_{u1}=-\beta_1\dfrac{R_{C1}}{r_{be1}}$，与半边电路相同。

但是，整个差动放大电路的输入电阻和输出电阻均应为半边电路的 2 倍，即

$$r_i=2r_{i1}=2r_{be}\,,\qquad r_o=2r_{o1}=2R_C$$

显然，当差动放大电路输入差模信号时，有 $u_{i1}=-u_{i2}=u_{id}/2$，从电路看，当 u_{i1} 增大时，使得 i_{B1} 增大，i_{B1} 控制 i_{c1} 增大，使得 u_{o1} 减小，因电路对称，u_{i1} 增大时 u_{i2} 减小，u_{i2} 减小又使得 i_{B2} 减小，i_{B2} 控制 i_{c2} 减小，使 u_{o2} 增大。由此可推出：$u_o=u_{o1}-u_{o2}=2u_{o1}$，每个变化量都不等于 0，所以有信号输出。

在差动放大电路的交流通道中，射极电阻 R_e=0 的原因：仅在差模信号 $u_{i1}=-u_{i2}$ 的作用下，两个三极管的发射极电流的交流增量大小相等，方向相反，其作用相互抵消（使得流过发射极 R_e 的电流仍保持为静态值不变，其压降也不变），对差模信号而言，R_e 上交流电压分量为零，相当于交流短路。

公共发射极电阻 R_e 是保证静态工作点稳定的关键元件。当温度 T 升高时→两个管子的发射极电流 I_{E1}、I_{E2}、集电极电流 I_{C1} 和 I_{C2} 均增大→由于两管基极电位 V_{B1} 和 V_{B2} 均保持不变→两管的发射极电位 V_E 升高→引起两管的发射结电压 U_{BE1} 和 U_{BE2} 降低→两管的基极电流 I_{B1} 和 I_{B2} 随之减小→I_{C2} 下降。显然上述过程类似于分压式射极偏置电路的温度稳定过程，即 R_e 的存在使集电极电流 I_C 得到了稳定。

若在输入端加共模信号，即 $u_{i1}=u_{i2}$，由于电路的对称性和射极电阻 R_e 的存在，理想情况下 $u_o=0$，无输出。这就是所谓"差动"的意思，即两个输入端之间有差别，输出端才有变动，差动放大电路也由此而得名。

7.2.4 差动放大电路的类型

差动放大电路有两个输入端子和两个输出端子，因此信号的输入和输出均有双端和单端两种方式。双端输入时，信号同时加到两输入端；单端输入时，信号加到一个输入端与地之间，另一个输入端接地。双端输出时，信号取于两输出端之间；单端输出时，信号取于一个输出端到地之间。因此，差动放大电路有双端输入双端输出、单端输入双端输出、双端输入单端输出、单端输入单端输出 4 种应用形式。

差动放大电路在双端输出的情况下，两管的输出会稳定在静态值，从而有效地抑制了零点漂移。R_e 数值越大，抑制零漂的作用越强。即使电路处于单端输出方式时，电路仍有较强的抑制零漂能力。由于 R_e 上流过两倍的集电极变化电流，其稳定能力比射极偏置电路更强。此外，采用双电源供电，可以使 $V_{B1}=V_{B2}\approx 0$，从而使电路既能适应正极性输入信号，也能适应负极性输入信号，扩大了应用范围。差动放大电路的差模电压放大倍数仅决定于电路的输出形式，抑制共模信号的作用也仅取决于输出形式对电路的影响。

7.2.5 恒流源式差动放大电路

恒流源式差动放大电路

基本差动放大电路中的射极电阻 R_e 的阻值越大，电路抑制零漂的效果越好。但是，射极电阻 R_e 的阻值如果选取较大时，在同样工作电流条件下所需要的负电源 $-V_{EE}$ 的数值也越大。为使射极电阻增大的同时不提高 $-V_{EE}$ 的数值，可采用恒流源代替 R_e，因为恒流源内阻很高，可以得到较好地抑制零漂效果，同时利用恒流源的恒流特性还可给三极管提供更稳定的静态偏置电流。

恒流源式差动放大电路如图 7.7 所示。电路中的 VT_3 作为恒流源，采用 R_{b1}、R_{b2} 和 R_e 构成分压式偏置电路。恒流管 VT_3 的基极电位由 R_{b1}、R_{b2} 分压后得到，基本上不受温度变化的影响。当温度变化时，VT_3 的发射极电位和发射极电流基本保持稳定，而两个放大管的集电极电流 i_{c1} 和 i_{c2} 之和近似等于 i_{c3}，所以 i_{c1} 和 i_{c2} 不会因温度的变化而同时增大和减小。可见，接入恒流三极管后，更加有效地抑制了共模信号。

例 7.1 已知图 7.8 所示电路中 $+V_{CC}=12\text{ V}$，$-V_{EE}=-12\text{ V}$，3 个三极管的电流放大倍数 β 均为 50，$R_e=33\text{ k}\Omega$，$R_C=100\text{ k}\Omega$，$R=10\text{ k}\Omega$，$R_W=200\ \Omega$，稳压管的 $U_Z=6\text{ V}$，$R_1=3\text{ k}\Omega$。试估算：①该放大电路的静态工作点 Q；②差模电压放大倍数；③差模输入电阻和差模输出电阻。

解：①

$$I_{CQ3}\approx I_{EQ3}=\frac{U_Z-U_{BE3}}{R_e}=\frac{6-0.7}{33}\approx 0.16(\text{mA})$$

$$I_{CQ1}=I_{CQ2}=I_{CQ3}/2\approx 0.08(\text{mA})$$

$$V_{CQ1}=V_{CQ2}=U_{CC}-I_{CQ}R_C=12-0.08\times 100=4(\text{V})$$

$$I_{BQ1}=I_{BQ2}\approx I_{CQ1}/\beta=0.08/50=1.6\times 10^{-3}(\text{mA})$$

$$V_{BQ1}=V_{BQ2}=-I_{BQ1}R=-1.6\times10^{3}\times10=-16\times10^{3}(\text{mV})$$

$$U_{CEQ}=V_{CQ1}-V_{BQ1}+U_{BE1}=4-(-0.016)+0.7=4.716(\text{V})$$

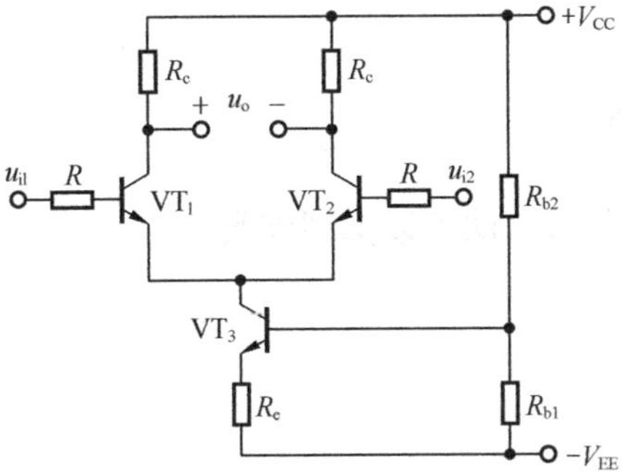

图 7.7　恒流源式差动放大电路

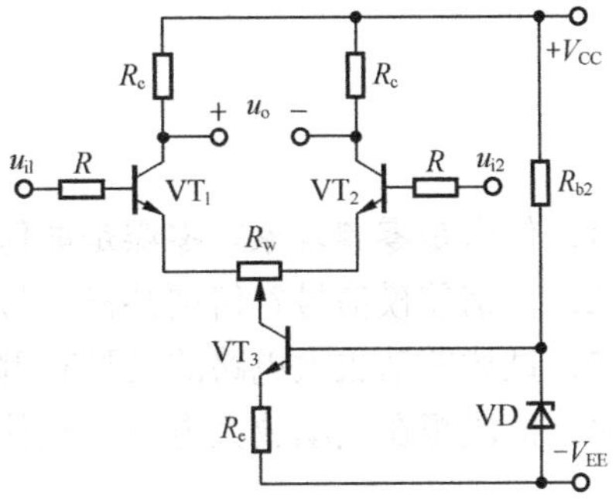

图 7.8　例 7.1 电路图

② 由于恒流源上的电流恒定，当差模信号输入时，对称的两个三极管就会一个射极电流增大，另一个射极电流减小，且增大和减小的数值相同，所以 R_W 上的中点交流电位为零，其交流通路和微变等效电路如图 7.9 所示。

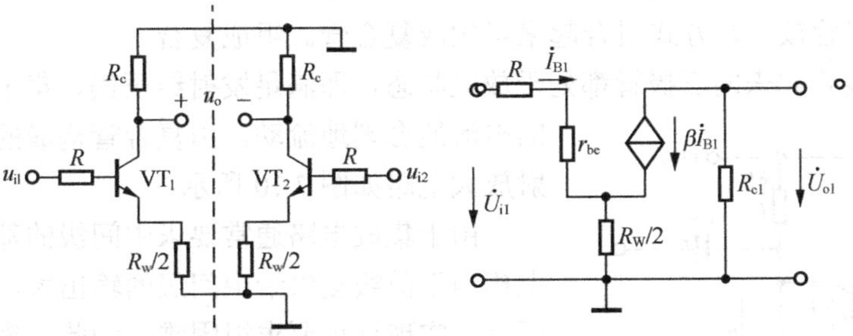

（a）交流通道　　（b）半边微变等效电路

图 7.9　例 7.1 的交流通道与半边微变等效电路

由半边微变等效电路可得差模电压放大倍数

$$A_u=\frac{-(1+\beta)R_C}{R+r_{be}+(1+\beta)R_W/2}$$

$$=-\frac{51\times100}{10+16.8+51\times0.1}\approx-160$$

式中　$r_{be}\approx200\,\Omega+51\times\dfrac{26}{0.08}\approx16.8(\text{k}\Omega)$

$$r_i=2\left[R+r_{be}+(1+\beta)\frac{R_W}{2}\right]=2[10+16.8+51\times0.1]\approx63.8(\text{k}\Omega)$$

$$r_o=2R_C=2\times100=200(\text{k}\Omega)$$

归纳：对于单端输出的差动放大电路，要提高共模抑制比，首先应当提高 R_e 的数值。但集成电路中不易制作大阻值的电阻，因为静态工作点不变时，加大 R_e 的数值，势必增加其直流压降，提高电源 V_{EE} 的数值，采用过高数值的 V_{EE} 显然是不可取的。采用恒流源代替电阻

R_e，不但可以大大提高电路的共模抑制比，还可减小其直流压降，进一步提高电路的稳定性；而且作为有源负载，能够明显提高电路的电压增益。恒流源不仅在差动放大电路中使用，而且在模拟集成电路中常用作偏置电路和有源负载。

思 考 题

1．什么是零漂现象？零漂是如何产生的？采用什么方法可以抑制零漂？
2．何谓差模信号？何谓共模信号？
3．试述差动放大电路的类型有哪几种？
4．恒流源在差动放大电路中起什么作用？

7.3 复合管放大电路

复合管放大电路和电平移动电路

集成运算放大电路的中间放大级是整个集成运放的主放大器，其性能的好坏，直接影响集成运放的放大倍数，在集成运放中，通常采用复合管的共发射极电路作为中间级电路。

把两个三极管按一定方式组合起来可构成复合管。组成复合管的原则是使复合起来的三极管都处于放大状态，即满足发射结正偏、集电结反偏，各电极的电流能合理地流动。由复合管构成的分压式偏置的共射放大电路如图 7.10 所示。

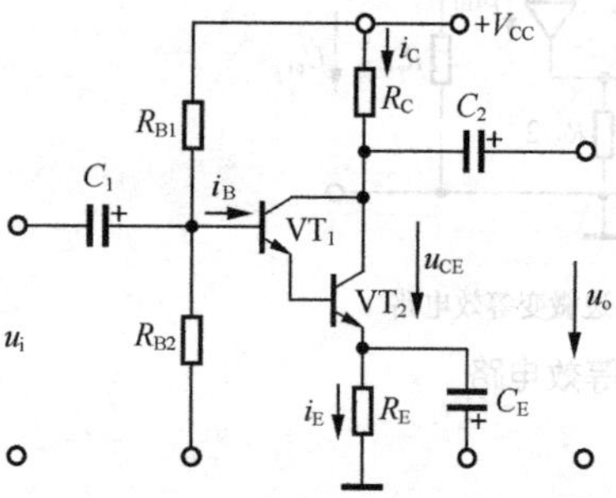

图 7.10 复合管构成的电压放大器

由于集成电路通常要求中间级的基级电流大，实际上相当于前级提供给中间级的输出大，对单管放大电路而言，实现这种要求很困难。为此，集成运放中通常采用复合管的共发射极电路作为中间级电路，以解决这个难题。

采用复合管的主要目的是进一步提高电路的电压增益，因为复合管的 $\beta=\beta_1\beta_2$。

思 考 题

1．放大电路为什么采用复合管？
2．构成复合管的原则是什么？

7.4 功率放大电路

功率放大器

实际集成电路应用中，当负载为喇叭、记录仪表、继电器或伺服电动机等设备时，要求运放的输出级能为负载提供足够大的交流功率，以能够驱动负载。因此，集成运放大的输出级常采用互补对称的功率放大电路，目的是进一步降低输出电阻，提高电路的带负载能力。

功率放大电路简称“功放”。功放电路中的晶体管称为功率放大管，简称“功放管”。功放电路广泛用于各种电子设备、音响设备、通信及自动控制系统中。

7.4.1 功率放大器的特点及主要技术要求

1. 功率放大器的特点

功放电路和前面介绍的基本放大电路都是能量转换电路，从能量控制的观点来看，功率放大器和电压放大器并没有本质上的区别。但是，从完成任务的角度和对电路的要求来看，它们之间有着很大的差别。低频电压放大器工作在小信号状态，动态工作点摆动范围小，非线性失真小，因此可用微变等效电路法分析、计算电压放大倍数，输入电阻和输出电阻等性能指标，一般不考虑输出功率。而功率放大电路是在大信号情况下工作，具有动态工作范围大的特点，通常只能采用图解法进行分析，而分析的主要性能指标是输出功率和效率。

2. 功率放大器的主要技术要求

功率放大器主要考虑获得最大的交流输出功率，而功率是电压与电流的乘积，因此功放电路不但要有足够大的输出电压，而且还应有足够大的输出电流。

对功放电路具有以下几点要求。

（1）效率尽可能高

功放是以输出功率为主要任务的放大电路。由于输出功率较大，造成直流电源消耗的功率也大，效率的问题突显。在允许的失真范围内，我们期望功放管除了能够满足所要求的输出功率外，应尽量减小其损耗，首先应考虑尽量提高管子的效率。

（2）具有足够大的输出功率

为了获得尽可能大的功率输出，要求功放管工作在接近“极限运用”的状态。选管子时应考虑管子的三个极限参数 I_{CM}、P_{CM} 和 $U_{(BR)CEO}$。

（3）非线性失真尽可能小

功放工作在大信号下，不可避免地会产生非线性失真，而且同一功放管的失真情况会随着输出功率的增大而越发严重。技术上常常对电声设备要求其非线性失真尽量小，最好不发生失真。而对控制电机和继电器等方面，则要求以输出较大功率为主，对非线性失真的要求不是太高。由于功率管处于大信号工况，所以输出电压、电流的非线性失真不可避免。但应考虑将失真限制在允许范围内，亦即失真也要尽可能得小。

另外，由于功率管工作在“极限运用”状态，因此有相当大的功率消耗在功放管的集电结上，从而造成功放管结温和管壳的温度升高。所以管子的散热问题及过载保护问题也应充分予以重视，并采取适当措施，使功放管能有效地散热。

7.4.2 功率放大电路中的交越失真

图 7.11 所示是一个互补对称电路。其中功放管 VT_1 和 VT_2 分别为 NPN 型管和 PNP 型管，两管的基极和发射极相互连接在一起，信号从基极输入，从射极输出，R_L 为负载。

观察电路，可看出此电路没有基极偏置，所以 $u_{BE1}=u_{BE2}=u_i$。当 $u_i=0$ 时，VT_1、VT_2 两个管子均处于截止状态。考虑到晶体管发射结处于正向偏置时才导电，因此当信号处于正半周时，$u_{BE1}=u_{BE2}>0$，VT_2截止，VT_1承担放大任务，有电流通过负载 R_L；而当信号处于负半周时，$u_{BE1}=u_{BE2}<0$，则 VT_1截止，VT_2承担放大任务，仍有电流通过负载 R_L。

由晶体管的输入特性可知，实际上晶体管都存在正向死区。因此，在输入信号正、负半周的交替过程中，两个功放管都处于截止状态，由此造成输出信号的波形不跟随输入信号的波形变化，在波形的正、负交界处出现了如图 7.12 所示的失真，把这种出现在过零处的失真现象称为交越失真。

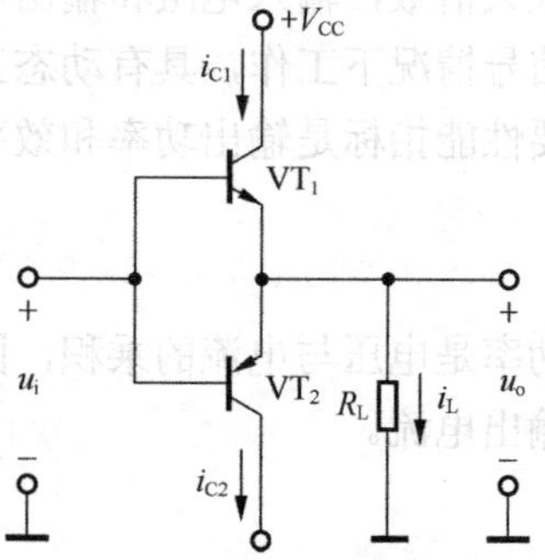

图 7.11　互补对称电路

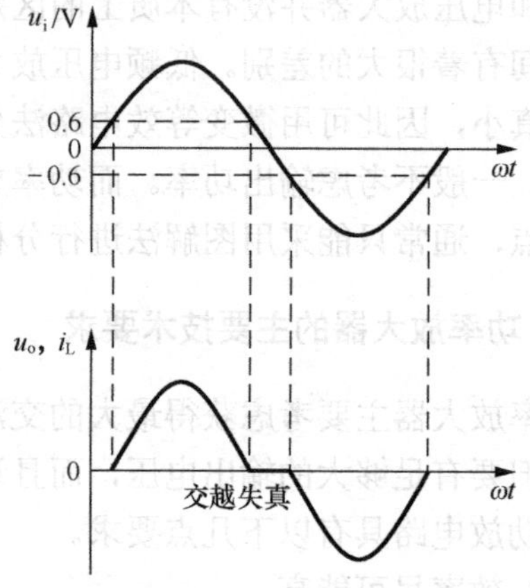

图 7.12　交越失真原理

7.4.3　功率放大器的分类

功率放大器按工作状态一般可分为以下几类。

1．甲类放大器

甲类功放的工作方式具有最佳的线性，甲类功放电路中的晶体管能够放大信号全波，完全不存在交越失真。即使甲类功放电路不使用负反馈，其开环路失真度仍十分低，因此被称为是声音最理想的放大线路设计。

甲类功放是由多组配对（N 结及 P 结）的三极管所组成。当没有外加电压时，多组配对的三极管处截止状态。当外加一个高于三极管门限电压的偏置电压时，三极管的 N 结（或 P 结）才会导通有电流通过，三极管才开始工作。甲类功放是把正向偏置定在最大输出功率的一半处，使功放在没有信号输入时也处于满负载工作状态，使得功放在整个信号周期内都导通且有电流输出，因此甲类功放使三极管始终工作于线性区而几乎无失真，听觉上质感特别好，音质平滑、音色圆润温暖、高音透明开扬，尤其是小信号时，整个声音饱满通透、细节丰富。

但这种设计有利有弊，甲类功放最大的缺点是效率低，因为无信号传输时甲类功放仍有满电流流入，这时的电能全部转为高热量。当有信号传输和放大时，有些功率可进入负载，但仍有许多电能转变为热量。特别是百分之百的甲类功放，假设这种甲类功放的一对音箱标称阻抗是 8 Ω，但在工作时它的实际阻抗会随频率而变化，时高时低，有时会低至 1 Ω，这就要求功放的输出功率能随阻抗降低而倍增。即无论音箱阻抗怎样随频率变化，功放都能保持甲类工作而且输出功率足够。因此，甲类功放的电耗非常严重，不夸张地说，它就相当于一部空调，为此需要甲类功放的供电器保证提供充足的电流。一部 25 W 的甲类功放的供电器，其能力至少够 100 W 的甲乙类功放使用。所以甲类功放机的体积和重量都比甲乙类大得多，这些都使得甲类功放的制造成本增加。

纯甲类功放常工作于 60～85℃的高温环境下，因此对元器件及工艺水平的要求非常苛刻，联机调校繁琐而费时，一些高档的甲类功放其末级每声道一般有 2～12 对晶体管，这些功放管都是在数百上千对优质正品大功率晶体管中选择出的，这也是甲类功放售价昂贵的因素之一。

由此得出甲类功放的特点是：高保真，效率低（最大只能为 50%），功率损耗大。由于甲类功放传输和放大的音频信号非常保真，但却因选材昂贵功耗较大，只用于家庭的高档机或者对音效要求较高的专业音效场合。

2. 乙类放大器

图 7.11 所示电路是典型的乙类功放电路。观察电路，输入电压 u_i 总是同时加在两个三极管 VT_1 和 VT_2 的基极，两管的发射极连在一起与负载 R_L 相接。两个三极管的类型分别为 NPN 型和 PNP 型，其性能完全一致且互补对称，配对使用的这两只晶体管在交流信号输入时交替工作，每只晶体管在信号的半个周期内导通，另半个周期内截止。

乙类功放采用的是双电源供电方式。无信号输入时，两只晶体管不导电均处于截止状态，此时不消耗功率。当有交流信号输入时，每只晶体管只放大输入信号的半波，即一个正半波导通、另一只截止，负半周另一只导通，正半波导通的管子截止，彼此轮流工作共同完成一个输入信号的全波传输和放大。但由于晶体管本身在传输过程中存在死区，而死区内的信号部分得不到传输和放大，因此在传输过程中就会在过零处出现交越失真。

乙类功放的主要优点是效率高，理想情况下乙类功放的效率可高达 78.5%，平均效率可达到 75%或以上，产生的热量较甲类功放低得多，容许使用较小的散热器。但是乙类功放具有交越失真的严重缺点，特别是在输入信号非常低时交越失真越发严重，可造成音频信号变得粗糙和难听，这也是纯乙类功放实用中使用较少的主要原因。

归纳乙类功放的特点：效率较高，约为 78%，但存在交越失真。

3. 甲乙类放大器

鉴于甲类功放音质好、高保真和乙类功放的高效率都是功放电路所需要和追求的目标，人们在乙类功放的基础上进行了改造。改造的目的就是要消除乙类功放存在的交越失真问题。在乙类功放的基础上做出电路改造的功放电路称为甲乙类功率放大器。甲乙类功放电路被广泛应用于家庭、专业、汽车音响系统中。典型的甲乙类集成功放电路有 OCL 和 OTL 两种。

（1）OTL 电路

典型 OTL 电路如图 7.13 所示，电路由乙类功放改造而得。乙类功放存在交越失真，OTL 电路加了 VT_1 和两个二极管 VD_1 和 VD_2 及若干电阻用来消除交越失真。OTL 电路的特点是：采用互补对称电路，单电源供电方式，有输出电容，电路轻便可靠。

甲乙类的 OTL.功放电路

1）工作原理

① 静态时，在正电源 V_{CC} 作用下，两只二极管正偏导通，三极管 VT_1 处于微导通，它们为两个互补对称的功放管 VT_2 和 VT_3 提供微偏压。由于两个功放管参数对称，因此使输出端发射极结点电位为电源电压的一半，即 $V_K=V_{CC}/2$，耦合电容 C_L 两端的电压 $U_{CL}=V_{CC}/2$，对右回路列 KVL 可得：负载电阻 R_L 两端的电压 $u_o=0$。

② 动态时，由于 VT_2、VT_3 已经处于微导通，所以克服了交越失真。

在输入信号正半周时，VT_2 管导通，VT_3 管截止。VT_2 管以射极输出器的形式将正向信号传送给负载，同时对电容 C_L 充电。

在输入信号负半周时，VT_2 管截止，VT_3 管导通。电容 C_L 放电，充当 VT_3 管的直流工作电源，使 VT_3 管也以射极输出器形式将输入信号传送给负载。这样，负载上得到一个完整的信号波形。

2）集成 OTL 电路的应用

LM386 是一种音频集成功放，具有自身功率低、电压增益可调整、电源电压范围大、外接元件少和总谐波失真小等优点。

LM386 的典型应用电路如图 7.14 所示。

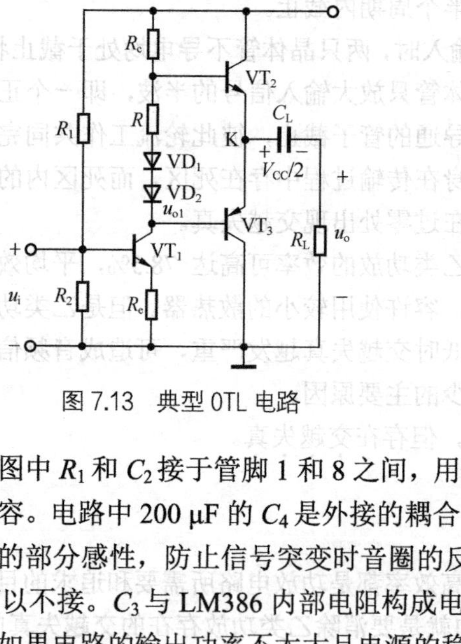

图 7.13　典型 OTL 电路

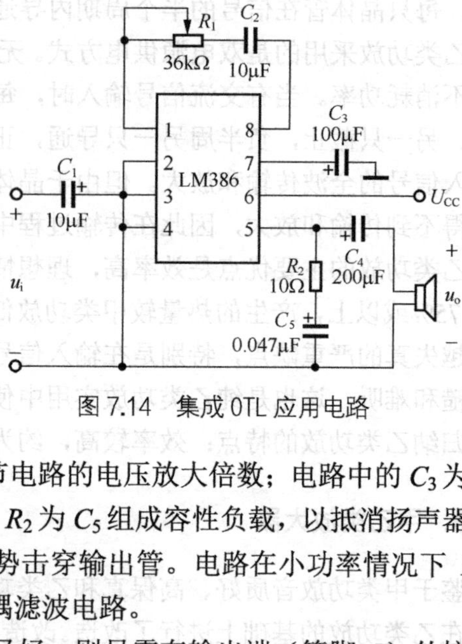

图 7.14　集成 OTL 应用电路

图中 R_1 和 C_2 接于管脚 1 和 8 之间，用来调节电路的电压放大倍数；电路中的 C_3 为输出大电容。电路中 200 μF 的 C_4 是外接的耦合电容；R_2 为 C_5 组成容性负载，以抵消扬声器音圈电感的部分感性，防止信号突变时音圈的反电动势击穿输出管。电路在小功率情况下 R_2 和 C_5 可以不接。C_3 与 LM386 内部电阻构成电源去耦滤波电路。

如果电路的输出功率不太大且电源的稳定性又好，则只需在输出端（管脚 5）外接一个耦合电容和在管脚 1 和 8 两端外接放大倍数调节电路就可以使用了。

静态时，输出电容上电压为 $V_{CC}/2$，LM386 的最大不失真输出电压的峰-峰值约为电源电压。设负载电阻为 R_L，最大输出功率表达式为

$$P_{om}=\frac{V_{CC}^2}{8R_L} \tag{7-1}$$

此时的输入电压有效值表达式为

$$U_{im}=\frac{\dfrac{V_{CC}}{2}\Big/\sqrt{2}}{A_u} \tag{7-2}$$

当 V_{CC}=16 V、R_L=32 Ω 时，P_{om}≈1 W，U_{im}≈283 mV。

LM386 集成功放广泛应用于收音机、对讲机、方波和正弦波发生器等电子电路中。

（2）OCL 电路

甲乙类互补对称功放电路按电源供给的不同，分为双电源互补对称功率放大器和单电源互补对称功率放大器两类。

甲乙类的 OCL.功放电路

图 7.15 所示为双电源互补对称、无输出电容的功率放大器原理图，电路中的 VT_1 和 VT_2 是两个导电类型互补且性能参数完全相同的功放管，接成射极输出电路以增强带负载能力。电子技术中把这种功放电路简称为 OCL 电路。

为减小交越失真改善输出波形，OCL 电路中的晶体管设置在静态时有一个较小的基极电流，以避免两个晶体管同时截止，从而克服功率放大管的死区电压。为此，在两个晶体管的基极之间接入两个二极管 VD_1 和 VD_2，使得在 u_i=0 时在两个晶体管的基极之间产生一个微小的偏压 U_{b1b2}（二极管的管压降）。

1）静态分析

静态时，从 $+V_{CC}$ 经 R_1、VD_1、VD_2、R_2 至 $-V_{CC}$ 有一直流电流，在 VT_1 和 VT_2 两基极之间产生的电压为 $U_{b1b2}=U_{VD1}+U_{VD2}$，通常设置合适的偏置电阻 R_1、R_2 和二极管，使 VT_1 和 VT_2 两管均处于微导通状态，两管的基极相应产生较小的 I_{B1} 和 I_{B2}，它们的集电极相应各有一个较小的集电极电流 I_{C1} 和 I_{C2}，由于两管性能相同，所以它们的射极电流大小相等，方向相反，负载电流 $I_L=I_{E1}-I_{E2}=0$，故 $U_{CE1}=-U_{CE2}=+V_{CC}$，$U_{CE2}=-U_{CE1}=-V_{CC}$，$V_E=0$，输出电压 u_o=0。

图 7.16 表示了消除交越失真的输入特性图解分析。由图可见，在 u_i 的一个周期中，VT_1 和 VT_2 的导通时间都大于 u_i 的半个周期，所以两管工作于一种接近乙类的甲乙类工作状态。为简单起见，在分析估算的过程中仍可把 OCL 看成乙类功放电路，所引起的误差在工程上是允许的。

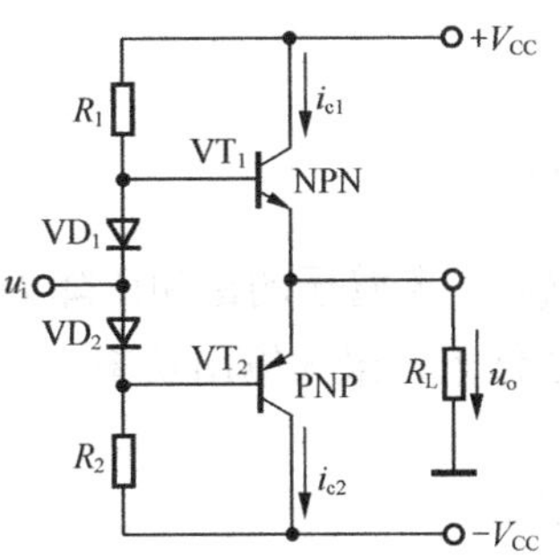

图 7.15　甲乙类 OCL 电路

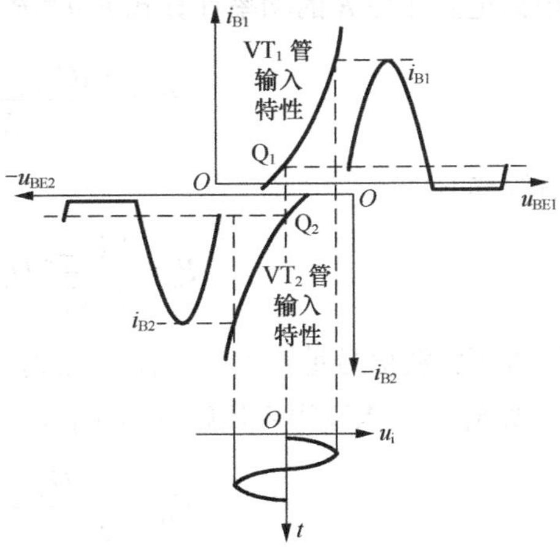

图 7.16　OCL 功放的输入特性图解

2）动态分析

设外加输入信号为单一频率的正弦波信号。

① 在输入信号的正半周，由于 $u_i>0$，因此三极管 VT_1 导通、VT_2 管截止，VT_1 管的电流 i_{c1} 经电源 $+V_{CC}$ 自上而下流过负载电阻 R_L，在负载上形成正半周输出电压，即 $u_o>0$。

② 在输入信号的负半周，由于 $u_i<0$，因此三极管 VT_2 导通、VT_1 管截止，VT_2 管的电流 i_{c2} 经电源 $-V_{CC}$ 自下而上流过负载电阻 R_L，在负载上形成负半周输出电压，即 $u_o<0$。

可见，甲乙类 OCL 功率放大器中的两个晶体管轮流导电的交替过程比较平滑，最终得到的负载电流波形非常接近于理想的正弦波，基本上消除了交越失真，如图 7.17 所示。

功放电路中的管子是在大信号下工作，只能采用图解法分析。为了便于观察两个功放管的电压、电流波形，把一只晶体管的特性曲线倒置于另一只晶体管特性曲线的下方，且令两者在 $U_{CEQ}=V_{CC}$ 处对准，负载线为通过 Q 点（$U_{CEQ}=V_{CC}$、$I_C=0$）、斜率为 $-1/R_L$ 的直线，如图 7.18 所示。

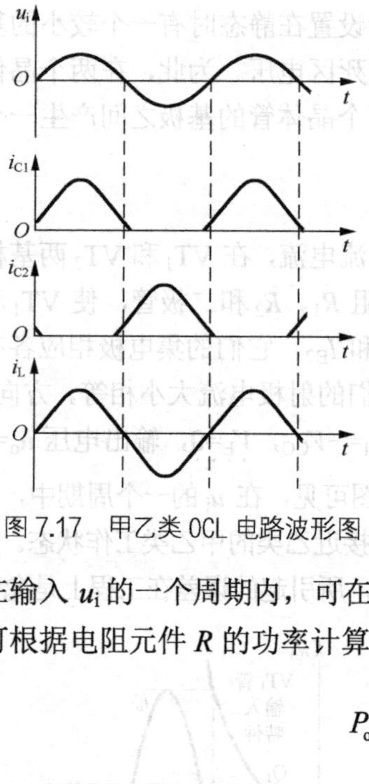

图 7.17 甲乙类 OCL 电路波形图

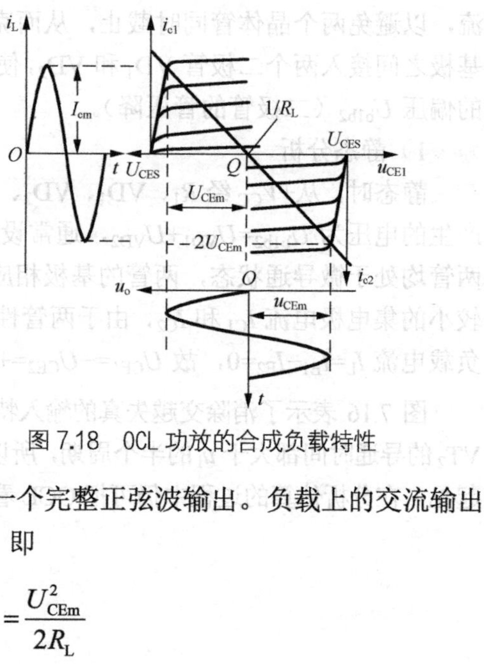

图 7.18 OCL 功放的合成负载特性

在输入 u_i 的一个周期内，可在 R_L 上得到 u_o 的一个完整正弦波输出。负载上的交流输出功率可根据电阻元件 R 的功率计算式 $P=U^2/R$ 求得，即

$$P_o=\frac{1}{2}\frac{(U_{CEm}/\sqrt{2})^2}{R_L}=\frac{U_{CEm}^2}{2R_L}$$

或者写作

$$P_o=\frac{1}{2}\frac{U_{CEm}}{R_L}U_{CEm}=\frac{1}{2}I_{CM}U_{CEm}$$

若输入正弦波信号足够大，U_{CEm} 可达到最大值 $U_{CC}-U_{CES}$。若管子的饱和压降 U_{CES} 也能忽略时，则 R_L 上最大输出电压幅度 $U_{CEm}\approx V_{CC}$。在此理想条件下，最大输出功率

$$P_{om}=\frac{1}{2}\cdot\frac{(V_{CC}-U_{CES})^2}{R_L}\approx\frac{V_{CC}^2}{2R_L} \tag{7-3}$$

OCL 由 $\pm V_{CC}$ 两组电源轮流供电，具有很好的对称性，所以直流电源总功率是一组电源功

率的 2 倍。在 $U_{CEm}\approx V_{CC}$ 的理想条件下，电路中最大效率 $\eta=\frac{\pi}{4}\frac{U_{OEm}}{V_{CC}}\approx 78.5\%$ 。电路的最大管耗约为 $0.4P_{om}$，即单管的最大管耗为 $0.2P_{om}$。

3）功放管的选择

功放管的极限参数有 P_{CM} 、 I_{CM} 和 $U_{(BR)CEO}$ ，选择功放管时应满足下列条件：

①功放管单管集电极的最大允许功耗

$$P_{CM}\geqslant P_{Cm1}\approx 0.2P_{om} \tag{7-4}$$

② 功放管的最大耐压 $U_{(BR)CEO}$

$$U_{(BR)CEO}\geqslant 2V_{CC} \tag{7-5}$$

即一只管子饱和导通时，另一只管子承受的最大反向电压为 $2U_{CC}$。

③ 功放管的最大集电极电流

$$I_{CM}\geqslant\frac{V_{CC}}{R_L} \tag{7-6}$$

例 7.2　图 7.19 所示电路中的功放管输出特性曲线如图 7.19 所示。若已知功放管的饱和压降 U_{CES}=2 V，$\pm V_{CC}$=±15 V，R_L=8 Ω，试求该电路的最大不失真输出功率及此时的效率和最大管耗各为多少。

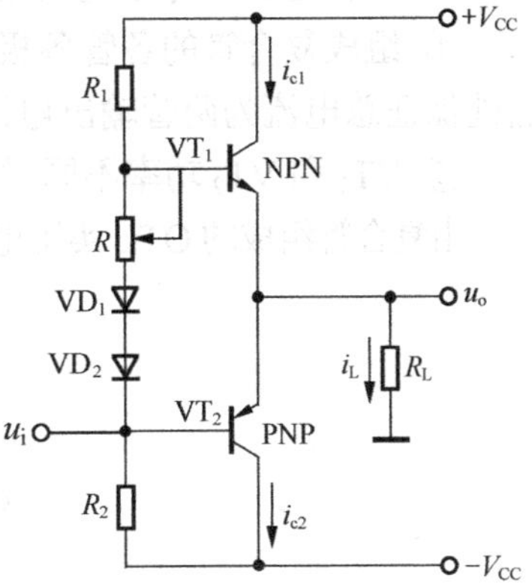

图 7.19　例 7.2 电路图

解：该电路的最大不失真输出功率为

$$P_{om}=\frac{1}{2}\cdot\frac{(U_{CC}-U_{CES})^2}{R_L}=\frac{(15-2)^2}{2\times 8}\approx 10.6(\mathrm{W})$$

此时的效率

$$\eta=\frac{\pi}{4}\frac{U_{OEm}}{V_{CC}}=\frac{\pi(15-2)}{4\times 15}\approx 68\%$$

功放管单管的最大管耗为 $0.2P_{om}$，即

$$P_{Tmax}=0.2P_{om}\approx 0.2\frac{U_{CC}^2}{2R_L}=0.2\times\frac{15^2}{2\times 8}\approx 2.81(\mathrm{W})$$

这个管耗是在理想情况下估算的，实际应用中还应留有裕量。

7.4.4　采用复合管的互补对称功率放大电路

当输出功率较大时，输出级的推动级应该是一个功率放大器。大功率管的 β 值一般都不大。为了得到较高 β 值的功放管，往往采用复合管结构。

典型的复合管互补对称功率放大器电路如图 7.20 所示。这种电路中的两个复合管分别由两个 NPN 管和两个 PNP 管构成的，由于 VT_3 和 VT_4 类型不同，因此要得到较大功率通常难以实现。为此，最好选择 VT_3 和 VT_4 为同一型号晶体管，通过复合管的接法来实现互补，这样组成的电路称为准互补对称电路，如图 7.21 所示。

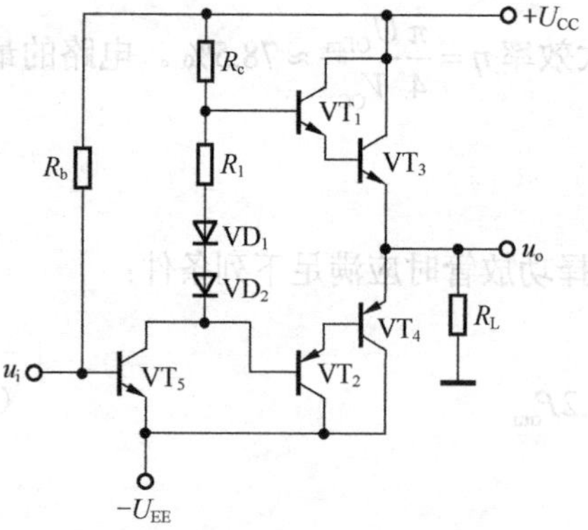

图 7.20　复合管互补对称电路

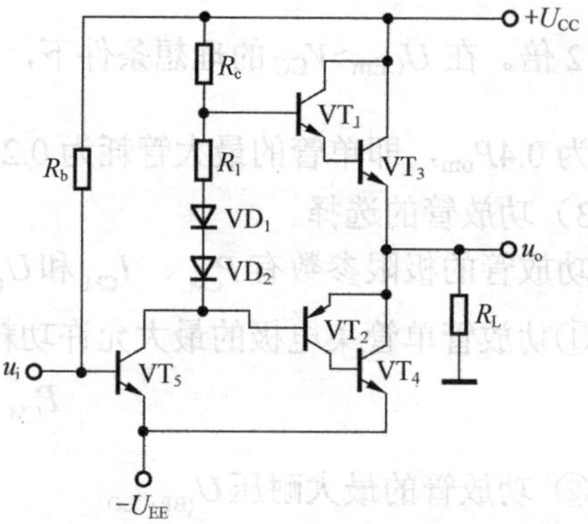

图 7.21　复合管的准互补对称电路

集成运算放大器的功放输出级采用复合管，目的为了提高管子的电流放大倍数。两个复合管复合后等效为一个功放管，其特点是：

① 复合管电流放大倍数 $\beta = \beta_1\beta_2$；

② 输入电阻 $r_{\text{be}} \approx r_{\text{be1}} + (1+\beta_1)r_{\text{be2}}$；

③ 复合管三个等效电极由前面的一个三极管 VT_1 决定；

④ 组成复合管的各管各极电流应满足电流一致性原则，即串接点处电流方向一致，并接点处保证总电流为两管输出电流之和；

⑤ VT_1 和 VT_2 功率不同时，VT_2 为大功率管，使复合管成为大功率管。

由复合管组成的 OTL 实用电路如图 7.22 所示。这种电路实际上就是准互补对称功率放大器。

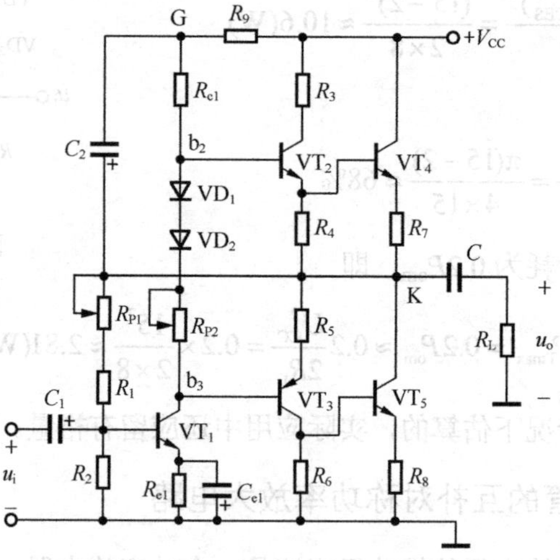

图 7.22　采用复合管的 OTL 实用电路

电路中各元器件的作用如下。

VT_1：激励级，其基极偏压取自于中点电位 $V_{\text{CC}}/2$。

R_{P1} 和 R_1 是 VT_1 管的偏置电阻，其作用是引入交直流电压并联负反馈。

R_{P2}、VD_1、VD_2 为功放复合管提供偏压，其作用是克服交越失真和提供温度补偿。

R_4、R_5 的作用是减小复合管穿透电流。

R_7、R_8为负反馈电阻，起稳定静态工作点Q的作用，以减小电路失真。

思考题

1．与一般电压放大器相比，功放电路在性能要求上有什么不同点？
2．能说出甲类、乙类和甲乙类三种功放电路的特点吗？
3．何谓“交越失真”？哪种电路存在“交越失真”？如何克服“交越失真”？
4．OTL 互补输出级是如何工作的，与负载串联的大容量电容器有何作用？

7.5 放大电路的负反馈

反馈不仅是改善放大电路性能的重要手段，而且也是电子技术和自动控制原理中的一个基本概念。通过反馈技术，可以改善放大电路的工作性能，以达到预定的指标。凡在精度、稳定性等方面要求比较高的放大电路中，大多存在着某种形式的反馈，或者说工程实际中的实用放大电路几乎都带有反馈，因此反馈问题是模拟电子技术中最重要的内容之一。

7.5.1 反馈的基本概念

反馈的基本概念

所谓“反馈”，就是通过一定的电路形式，把放大电路输出信号的一部分或全部按一定的方式回送到放大电路的输入端，并对放大电路的输入信号产生影响。如果反馈信号对输入产生的影响是使输入信号的净输入量削弱，则反馈形式称为负反馈，利用负反馈可以提高基本放大电路的工作稳定性。

如果放大电路输出信号的一部分或全部，通过反馈网络回送到输入端后，造成净输入信号增强，则这种反馈称为正反馈。正反馈通常可以提高放大电路的增益，但正反馈电路的性能不稳定，一般不用于放大电路。

7.5.2 负反馈的基本类型及其判别

负反馈的类型判别

1．负反馈的基本类型

放大电路中普遍采用的是负反馈。根据反馈网络与基本放大电路在输出、输入端连接方式不同，负反馈电路具有4种典型形式：电压串联负反馈、电压并联负反馈、电流串联负反馈和电流并联负反馈。

2．负反馈类型的判别

（1）电压反馈和电流反馈的判别

电压负反馈能稳定输出电压，减小输出电阻，具有恒压输出特性。电流负反馈能稳定输出电流，增大输出电阻，具有恒流输出特性。

判断放大电路是电压反馈还是电流反馈，可以根据反馈信号和输出信号在电路输出端的连接方式及特点依据两种方法来判别。

① 若反馈信号取自于输出电压，为电压负反馈；若取自于输出电流，则为电流负反馈。

② 将输出信号交流短路，若短路后电路的反馈作用消失，判断为电压负反馈；若短路后反馈作用仍然存在，则为电流负反馈。

（2）串联反馈和并联反馈的判别

判断负反馈类型是串联负反馈还是并联负反馈，主要根据反馈信号、原输入信号和净输入信号在电路输入端的连接方式和特点，具体可采用 3 种方法进行判别。

① 若反馈信号、输入信号、净输入信号三者在输入端以电压的形式相加减，可判断为串联负反馈；若反馈信号、输入信号和净输入信号三者在输入端是以电流的形式相加减，可判断为并联负反馈。

② 将输入信号交流短路后（输入回路与输出回路之间没有联系着的元件或网络），若反馈作用不再存在，可判断为并联负反馈；否则为串联反馈。

③ 如果反馈信号和输入信号加到放大元件的同一电极，则为并联反馈；否则为串联反馈。

图 7.23 所示 4 个具有反馈的放大电路方框图，各属于何种反馈的分析方法如下。

方框图 7.23（a），反馈网络与输出相并联，因此反馈量取自于输出电压，为电压反馈；反馈信号 u_f 与输入信号 u_i、净输入信号 u_{id} 三者在输入端以电压代数和形式出现，为串联反馈，即该电路反馈形式为：电压串联负反馈。

方框图 7.23（b），反馈网络与输出相并联，因此反馈量取自于输出电压，为电压反馈；反馈信号 i_f 与输入信号 i_i、净输入信号 i_{id} 三者在输入端以电流代数和形式出现，为并联反馈，即该电路反馈形式为：电压并联负反馈。

方框图 7.23（c），反馈网络与输出相串联，因此反馈量取自于输出电流，为电流反馈；反馈信号 u_f 与输入信号 u_i、净输入信号 u_{id} 三者在输入端以电压代数和形式出现，为串联反馈，即该电路反馈形式为：电流串联负反馈。

方框图 7.23（d），反馈网络与输出相串联，因此反馈量取自于输出电流，为电流反馈；反馈信号 i_f 与输入信号 i_i、净输入信号 i_{id} 三者在输入端以电流代数和形式出现，为并联反馈，即该电路反馈形式为：电流并联负反馈。

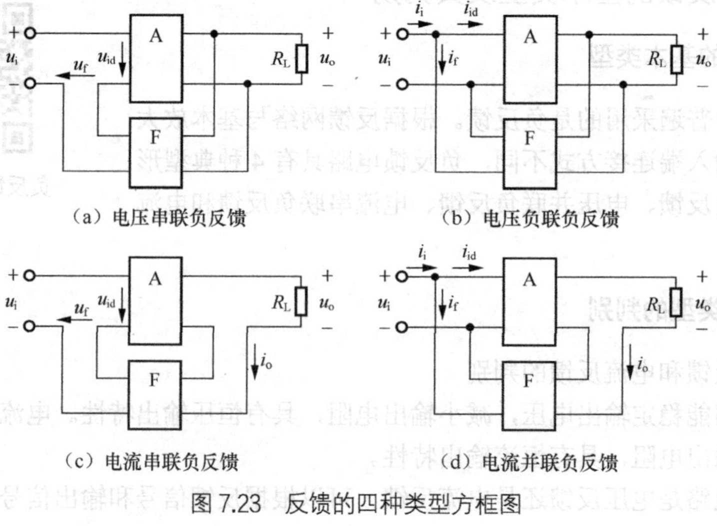

图 7.23 反馈的四种类型方框图

在具有负反馈的放大电路中，开环电压增益

$$A=X_o/X_{id} \tag{7-7}$$

反馈网络的反馈系数

$$F=X_o/X_i \tag{7-8}$$

反馈量、输入量和净输入量三者之间的关系为

$$X_{id}=X_i-X_f \tag{7-9}$$

闭环电压增益

$$A_f=X_o/X_i \tag{7-10}$$

把式（7-7）、式（7-8）和式（7-9）代入式（7-10），有

$$\begin{aligned} A_f &= \frac{X_o}{X_i}=\frac{X_o}{X_{id}+X_f}=\frac{X_o/X_{id}}{1+X_f/X_{id}} \\ &= \frac{X_o/X_{id}}{1+X_f/X_o \cdot X_o/X_{id}}=\frac{A}{1+AF} \end{aligned} \tag{7-11}$$

式（7-11）是负反馈放大电路的放大倍数一般表达式，它反映了闭环电压放大倍数与开环电压放大倍数及反馈系数之间的关系，在电子线路的分析中经常使用。式（7-11）中的 $1+AF$ 是开环电压增益与闭环电压增益之比，反映了反馈对放大电路影响的程度，称为反馈深度。

3．反馈深度对放大电路的影响

（1）当 $1+AF>1$，则 $A_f<A$。说明引入负反馈后，放大倍数减小了。负反馈的引入虽然减小了放大器的放大倍数，但是它却可以改善放大器很多其他性能，而这些改善一般是采用别的措施难以做到的，至于放大倍数的下降，可以通过增加放大电路的级数来弥补。

（2）若 $1+AF<1$，则 $A_f>A$。这种反馈的引入加强了将输入信号，显然属于正反馈。

（3）若 $1+AF=0$，则 $A_f\to\infty$。这就是说，即使没有输入信号，放大电路也有信号输出，此时的放大电路处于“自激”状态。除振荡电路外，自激状态一般情况下是应当避免或消除的。

（4）若 $AF>>1$，则有

$$AF=\frac{A}{1+AF}\approx\frac{1}{F} \tag{7-12}$$

式（7-12）说明，当 $AF>>1$ 时，放大器的闭环电压增益仅由反馈系数来决定，而与开环电压增益 A 几乎无关，这种情况称为深度负反馈。因为反馈网络一般由 R、C 等无源元件组成，它们的性能十分稳定，所以反馈系数 F 也十分稳定。因此，深度负反馈时，放大器的闭环电压增益比较稳定。

7.5.3 负反馈对放大电路性能的影响

放大电路引入负反馈后，可以稳定相应的输出变量，还可以改变输入、输出电阻，这些都是我们需要的。其实负反馈的效果不止这些，引入负反馈后还会使放大倍数稳定，展宽通频带，减小非线性失真等。当然，放大电路性能的改善也都是以降低放大倍数为代价的，下面分别进行讨论。

负反馈对放大电路性能的影响

1. 提高放大倍数的稳定性

放大器的放大倍数是由电路元件的参数决定的。若元件老化、电源不稳、负载变动或环境温度变化时，都会引起放大器的放大倍数发生变化。为此，通常要在放大器中引入负反馈，用以提高放大倍数的稳定性。

负反馈之所以能够提高放大倍数的稳定性，是因为负反馈对相应的输出量有自动调节作用。以典型的电压串联负反馈电路射极输出器为例说明：当放大倍数由于某种原因增大时，反馈电压将随之增大，使净输入电压减小，从而抑制了输出电压的增大，即稳定了电路的放大倍数。通常负反馈的引入可使放大器的放大倍数稳定性提高 $1+AF$ 倍。

例如某负反馈放大器的 $A=10^4$，反馈系数 $F=0.01$，可求出其闭环放大倍数

$$A_f = \frac{A}{1+AF} = \frac{10^4}{1+10^4\times10^{-2}} \approx 100$$

即闭环电压增益的稳定性比开环电压增益的稳定性提高了约 100 倍，负反馈越深，稳定性越高。

2. 展宽通频带

由于电路中电抗元件的存在以及寄生电容和晶体管结电容的存在，无反馈时，它们都会造成放大器放大倍数随频率而变，使中频段放大倍数较大，而高频段和低频段放大倍数较小，这些我们在频率特性中已经有所了解。加入负反馈后，利用负反馈的自动调整作用，可纠正放大倍数随频率而变的特性，使放大电路的通频带得到展宽。

具体过程分析如图 7.24 所示。中频段由于放大倍数大，输出信号大，因此反馈信号也大，使净输入信号减少得越多，结果是中频段放大倍数比无负反馈时下降较多；在高频段和低频段，由于放大倍数小，输出信号小，而反馈系数不随频率而变，因此反馈信号也小，使净输入信号减少的程度比中频段小，结果高频段和低频段放大倍数比无负反馈时下降较少。这样，从高、中、低三个频段总体考虑，放大倍数随频率的变化因负反馈的引入而减小了，幅度特性变得比较平坦，相当于通频带得以展宽。

3. 减小非线性失真

放大电路由于存在非线性元件晶体管等，因而会引起非线性失真。一个无反馈的放大器，即使设置了合适的静态工作点，当信号超出小信号范围时，仍会使输出信号产生非线性的饱和失真和截止失真。引入负反馈后，这种失真可以减小或得到抑制。

图 7.25 所示是引入负反馈前后非线性失真情况的对比示意图。图 7.25（a）中的输入信号为标准正弦波，经放大电路 A 后的输出信号产生了正半周大、后半周小的非线性失真。引入负反馈后的情况如图 7.25（b）所示，失真的输出反馈到输入后与输入信号叠加后，使净输入信号成为一个正半周小、负半周大的失真波，这样的净输入信号经放大器放大后，由于净输入信号的“前半周小、后半周大”和基本放大器的“前半周大、后半周小”二者相互补偿，因而使得输出波形前后两个半周幅度趋于一致，接近原输入的标准正弦波，即减小了非线性失真。

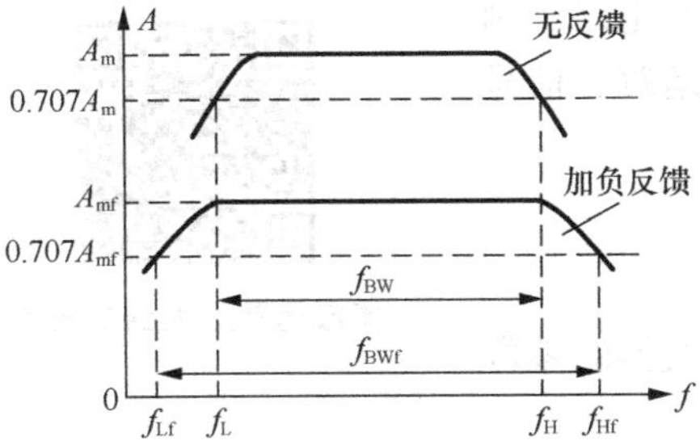

图 7.24 负反馈对通频带的影响

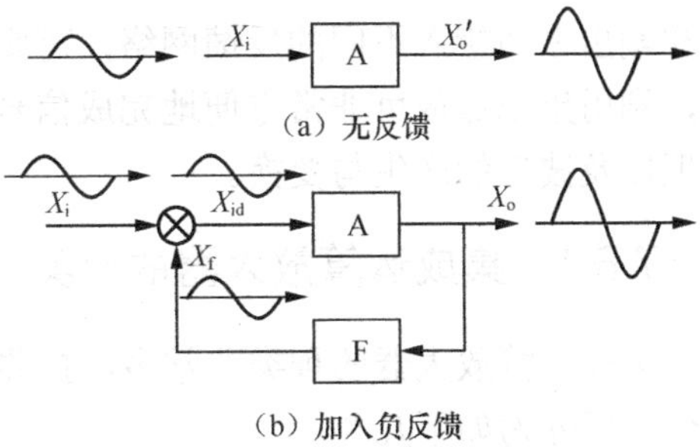

图 7.25 负反馈减小非线性失真示意图

从本质上讲放大器加入了负反馈后，是利用失真的波形改善了输出波形的失真，并不能理解为负反馈能使放大器本身的波形失真情况消除。

4．对输入、输出电阻的影响

（1）对输入电阻的影响

不同类型的负反馈对放大电路输入电阻的影响各不相同。引入串联负反馈后，放大器的输入电阻是未加负反馈时的 $1+AF$ 倍，如果引入的是深度负反馈，则 $1+AF>>1$,即 $r_{if}>>r_i$，因此，串联负反馈具有提高输入电阻的作用。引入并联负反馈后，放大器的输入电阻是未加负反馈时的 $1/(1+AF)$倍，如果引入的是深度负反馈，则 $1/(1+AF)<<1$,即 $r_{if}<<r_i$，所以并联负反馈使输入电阻减小。

（2）对输出电阻的影响

加入电压负反馈时，输出电阻是未加负反馈时的 $1/(1+AF)$倍，如果引入的是深度负反馈，则 $1/(1+AF)<<1$,即 $r_{of}<<r_o$，因此加入电压负反馈起到减小输出电阻的作用。加入电流负反馈时，放大器的输出电阻是未加负反馈时的 $1+AF$ 倍，如果引入的是深度负反馈，则 $1+AF>>1$,即 $r_{of}>>r_o$，即电流负反馈具有增大输出电阻的作用。

另外，电压负反馈不但能减小输出电阻，还能起到稳定输出电压的作用；电流负反馈可使输出电阻增大，但同时稳定了输出电流。实际放大电路究竟采用哪种反馈形式比较合适，必须根据不同用途确定引入不同类型的负反馈。

思 考 题

1．什么叫反馈？正反馈和负反馈对电路的影响有何不同？

2．放大电路一般采用哪种反馈形式？如何判断放大电路中的各种反馈类型？

3．放大电路引入负反馈后，对电路的工作性能带来什么改善？

4．放大电路的输出信号本身就是一个已产生了失真的信号，引入负反馈后能否使失真消除？

7.6 集成运算放大器及其理想电路模型

目前广泛应用的电压型集成运放是一种高放大倍数的直接耦合放大器，在集成电路的输入和输出之间接入不同的反馈网络，可实现不同用途的电路。例如，利用集成运放可非常方便地完成信号放大、信号运算、信号处理以及波形的产生与变换。

集成运算放大器的分类

7.6.1 集成运算放大器的分类

集成运算放大器的种类非常多，按照集成运算放大器的参数来分，可分为如下几类。

1. 通用型运算放大器

通用型运算放大器就是以通用为目的而设计的。这类器件的主要特点是价格低廉、产品量大面广，其性能指标能适合于一般性使用。通用型集成运算放大器有 μA741（单运放）、LM358（双运放）、LM324（四运放）及以场效应管为输入级的 LF356 等，是目前应用最为广泛的集成运算放大器。

2. 高阻型运算放大器

这类集成运算放大器的特点是差模输入阻抗非常高，输入偏置电流非常小，一般 $r_{id}>(10^9\sim10^{12})\ \Omega$，$I_{IB}$ 为几 pA 到几十 pA。实现这些指标的主要措施是利用场效应管高输入阻抗的特点，用场效应管组成运算放大器的差分输入级。用 FET 作输入级，不仅输入阻抗高，输入偏置电流低，而且具有高速、宽带和低噪声等优点，但输入失调电压较大。常见的集成器件有 LF356、LF355、LF347（四运放）及更高输入阻抗的 CA3130、CA3140 等。

3. 低温漂型运算放大器

在精密仪器、弱信号检测等自动控制仪表中，总是希望运算放大器的失调电压尽量小且不随温度的变化而变化。低温漂型运算放大器就是为此而设计的。目前常用的高精度、低温漂运算放大器有 OP-07、OP-27、AD508 及由 MOS 场效应管组成的斩波稳零型低漂移器件 ICL7650 等。

4. 高速型运算放大器

在快速 A/D 和 D/A 转换器、视频放大器中，要求集成运算放大器的转换速率 S_R 足够高，单位增益带宽 BW_G 要足够大，显然通用型集成运放不能适合于高速应用的场合。高速型运算放大器的主要特点是具有较高的转换速率和较宽的频率响应。常见的高速型集成运放有 LM318、μA715 等，其 S_R=50～70 V/μs，BW_G＞20 MHz。

5. 低功耗型运算放大器

电子电路集成化的最大优点就是能使复杂电路小型轻便。随着便携式仪器应用范围的扩大，集成电路必须使用低电源电压供电、低功率消耗的运算放大器。常用的低功耗型运算放大器有 TL-022C、TL-060C 等，其工作电压为−18 V～−2 V，+2 V～+18 V，消耗电流为 50～250 μA。目前有的产品功耗已达微瓦级，例如 ICL7600 的供电电源为 1.5 V，功耗为 10 μW，可采用单节电池供电。

6. 高压大功率型运算放大器

运算放大器的输出电压主要受供电电源的限制。在普通的运算放大器中，输出电压的最大值一般仅几十伏，输出电流仅几十毫安。若要提高输出电压或增大输出电流，集成运放外部必须要加辅助电路。高压大电流集成运算放大器外部不需附加任何电路，即可输出高电压和大电流。例如 D41 集成运放的电源电压可达±150V，μA791 集成运放的输出电流可达 1A。

7.6.2　集成运放管脚功能及元器件特点

集成运放管脚功能及元器件特点

集成运放总是采用金属或塑料封装在一起，是一个不可拆分的整体，所以也常把集成运放称之为器件。作为一个器件，人们首先关心的是它们的外部连接和使用，对其内部情况仅有一些简单了解即可。因此，本书只重点介绍集成运放的管脚用途、管脚连接方式及运放的主要特点。

1. 集成运放各管脚的功能

图 7.26 所示为 μA741（F007C）集成运放的管脚排列图、外部接线图及集成运放的电路图符号。

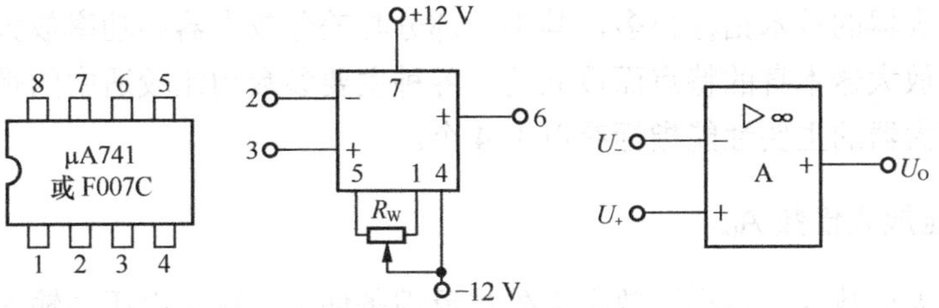

（a）管脚排列图　（b）外部接线示意图　（c）图形符号

图 7.26　μA741 运放芯片的引脚排列图、外部接线示意图及图形符号

由图形符号和外部接线示意图可知，单运放 μA741 除了有同相、反相两个输入端，一个输出端，还有两个±12 V 的电源端，两个外接大电阻调零端，所以是多脚元件。

芯片引脚 2 为运放的反相输入端，引脚 3 为同相输入端，这两个输入端对于运放的应用极为重要，绝对不能接错。

引脚 6 为集成运放输出级的输出端，与外接负载相连。

引脚 1 和引脚 5 是外接调零补偿电位器端，集成运放的电路参数和晶体管特性不可能完全对称，因此，在实际应用当中，若输入信号为零而输出信号不为零时，就需调节引脚 1 和引脚 5 之间电位器 R_W 的数值，直至输入信号为零、输出信号也为零时为止。

引脚 4 为负电源端，接−12 V 电位；引脚 7 为正电源端，接+12 V 电位，这两个芯片引脚都是集成运放的外接直流电源引入端，使用时不能接错。

引脚 8 是空脚，使用时可悬空处理。

2．集成电路元器件的特点

与分立元器件相比，集成电路元器件有以下特点。

① 单个元器件的精度不高，受温度影响也较大，但在同一硅片上用相同工艺制造出来的元器件性能比较一致，对称性好，相邻元器件的温度差别小，因而同一类元器件温度特性也基本一致。

② 集成电阻及电容的数值范围窄，数值较大的电阻、电容占用硅片面积大。集成电阻一般在几十欧姆～几十千欧姆范围内，电容一般为几十微微法拉。电感目前不能集成。

③ 元器件性能参数的绝对误差比较大，而同类元器件性能参数之比值比较精确。

④ 纵向 NPN 管 β 值较大，占用硅片面积小，容易制造。而横向 PNP 管的 β 值很小，但其 PN 结的耐压高。

7.6.3 集成运放的主要性能指标

集成运放的性能指标

由运算放大器组成的各种系统中，由于应用要求不一样，对运算放大器的性能要求也不一样。如果在没有特殊要求的场合，尽量选用通用型集成运放，这样即可降低成本，又容易保证货源。当一个系统中使用多个运放时，尽可能选用多运放集成电路，例如 LM324、LF347 等都是将 4 个运放封装在一起的集成电路。而评价一个集成运放性能的优劣，应看其综合性能。

集成运算放大器的技术指标很多，其中一部分与差分放大器和功率放大器相同，另一部分则是根据运算放大器本身的特点而设立的。各种主要参数均比较适中的是通用型运算放大器，这类运算放大器的主要性能指标有以下 4 个。

1．开环电压放大倍数 A_{uo}

开环电压放大倍数 A_{uo} 是指运放在无外加反馈条件下，输出电压与输入电压的变化量之比。一般集成运放的开环电压放大倍数 A_{uo} 很高，可达 10^4～10^7，不同功能的运放，A_{uo} 的数值相差比较悬殊。

2．差模输入电阻 r_i

电路输入差模信号时，运放的输入电阻，其值很高，一般可达几十千欧至几十兆欧。

3．闭环输出电阻 r_o

大多数运放的输出电阻在几十欧至几百欧之间。由于运放总是工作在深度负反馈条件下，因此其闭环输出电阻更小。

4．最大共模输入电压 U_{icmax}

最大共模输入电压 U_{icmax} 是指在保证运放正常工作条件下，运放所能承受的最大共模输入电压。共模电压若超过该值，输入差分对管子的工作点将进入非线性区，使放大器失去共模抑制能力，共模抑制比显著下降，甚至造成器件损坏。

7.6.4 集成运算放大器的理想化条件及传输特性

运放的理想化条件及传输特性

1. 集成运算放大器的理想化条件

为了简化分析过程，同时又满足工程的实际需要，通常把集成运放理想化，满足下列参数指标的运算放大器可以视为理想运算放大器。

① 开环电压放大倍数 $A_{uo}=\infty$，实际上 $A_{uo}\geqslant 80$ dB 即可。

② 差模输入电阻 $r_i=\infty$，实际上 r_i 比输入端外电路的电阻大 2～3 个量级即可。

③ 输出电阻 $r_o=0$，实际上 r_o 比输入端外电路的电阻小 2～3 个量级即可。

④ 共模抑制比足够大，理想条件下视为 $K_{CMR}\to\infty$。

在做集成运放的一般原理性分析时，只要实际应用条件不使运放的某个技术指标明显下降，均可把运算放大器产品视为理想的。这样，根据集成运放的上述理想特性，可以大大简化运放的分析过程。

集成运放工作在线性区的特点

2. 集成运算放大器的传输特性

图 7.27 所示为集成运放的电压传输特性。

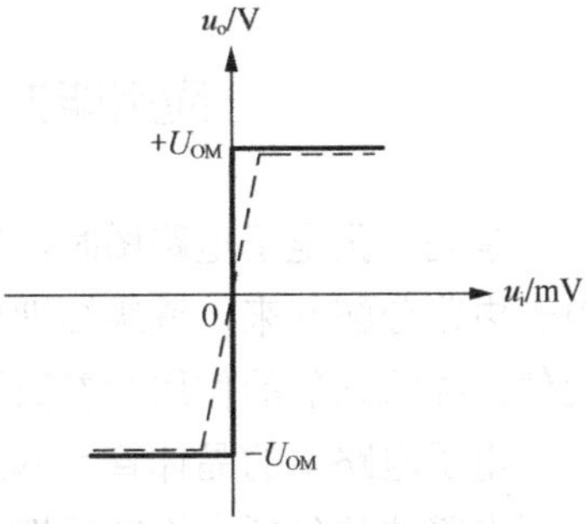

图 7.27 集成运放的电压传输特性

电压传输特性表示开环时输出电压与输入电压之间的关系。图中虚线表示实际集成运放的电压传输特性。由实际的电压传输特性可知，平顶部分对应$\pm U_{OM}$，表示输出正、负饱和状态的情况。斜线部分实际上非常靠近纵轴，说明集成运放的线性区范围很小；输出电压 u_o 和两个输入端之间的电压 U_-与 U_+的函数关系是线性的（斜线范围），可用下式表示

$$u_o=A_{uo}(U_+-U_-)=A_{uo}\cdot u_i \qquad (7\text{-}7)$$

由于运放的开环电压放大倍数很大，即使输入信号是微伏数量级的，也足以使运放工作于饱和状态，使输出电压保持稳定。当 $U_+>U_-$时，输出电压 u_o 将跃变为正饱和值$+U_{OM}$，接近于正电源电压值；当 $U_+<U_-$，输出电压 u_o 又会立刻跃变为负饱和值$-U_{OM}$，接近于负电源电压值。根据此特点，可得出集成运放在理想条件下的电压传输特性，如图中粗实线所示。

根据集成运放的理想化条件，可以在输入端导出两条重要结论。

（1）虚短

因为理想运放的开环电压放大倍数很高，因此，当运放工作在线性区时，相当一个线性放大电路，输出电压不超出线性范围。这时，运算放大器的同相输入端与反相输入端两电位十分接近。在运放供电电压为−15 V～−12 V，+12 V～+15 V 时，输出电压的最大值一般在 10 V～13 V。所以运放两输入端的电位差在 1 mV 以下，近似等电位。这一特性称为“虚短”。显然，“虚短”不是真正的短路，只是分析电路时在允许误差范围之内的合理近似。“虚短”也可直接由理想条件化导出：理想情况下 $A_{uo}=\infty$，则 $U_+-U_-=0$，即 $U_+=U_-$，运放的两个输入

端等电位，可看作它们为虚假短路。

（2）虚断

差模输入电阻 $r_i=\infty$，因此可认为没有电流能流入理想运放，即 $i_+=I_-=0$。集成运放的输入电流恒为零，这种情况称为“虚断”。实际集成运放流入同相输入端和反相输入端中的电流十分微小，比外电路中的电流小几个数量级，因此流入运放的电流往往可以忽略不计，这一现象相当于运放的输入端开路，显然，运放的输入端并不是真正断开。

运用“虚短”和“虚断”这两个重要概念，对各种工作于线性区的应用电路进行分析，可以大大简化应用电路的分析过程。运算放大器构成的运算电路均要求输入与输出之间满足一定的函数关系，因此可以应用这两条重要结论。如果运放不在线性区工作，则“虚短”的概念不再成立，但仍具有“虚断”的特性。如果在测量集成运放的两个输入端电位时，若发现有几个毫伏之多，那么该运放肯定不在线性区工作，或者已经损坏。

思 考 题

1．集成运算放大器 μA741 和 LM386 哪个属于单运放？哪个属于双运放？

2．试述集成运放的理想化条件有哪些？

3．工作在线性区的理想运放有哪两条重要结论？试说明其概念。

应用能力培养课题：电子电路识图、读图训练

拿到一张电子电路图时，应该从输入端开始，一级一级地往输出端观看，按次序把整个电子电路分解开来，逐级细细分析。逐级分析时要分清主电路和辅助电路、主要元件和次要元件，弄清它们的作用和参数要求等。

电子电路中的晶体管有 NPN 和 PNP 型两类，某些集成电路要求双电源供电，所以一个电子电路往往包括有不同极性不同电压值和好几组输出。读图时必须分清各组输出电压的数值和极性。在组装和维修时也要仔细分清晶体管和电解电容的极性，防止出错。

1．较为简单的电子电路识、读图

读电子电路图时，要首先熟悉某些习惯画法和简化画法，还要把整个电路从前到后全面综合贯通起来。这张电子电路图也就能够读懂了。

例如图 7.28 所示的电热毯控温电路。图中开关在“1”的位置是低温挡。220 V 市电经二极管整流后接到电热毯，因为是半波整流，电热毯两端所加的电压约为 100 V 的脉动直流电，发热不高，所以在保温或低温状态。开关扳到“2”的位置时，220 V 市电直接接到电热毯上，所以是高温挡。

图 7.29 所示为高压电子灭蚊蝇器电路图。此电路利用倍压整流原理得到小电流直流高压电的灭蚊蝇器。

220 V 交流市电经过四倍压整流后输出电压可达 1100 V，把这个直流高压加到平行的金属丝网上。网下放诱饵，当苍蝇停在网上时造成短路，电容器上的高压通过蚊蝇身体放电把

蚊蝇击毙。蚊蝇尸体落下后，电容器又被充电，电网又恢复高压。这个高压电网电流很小，因此对人体无害。

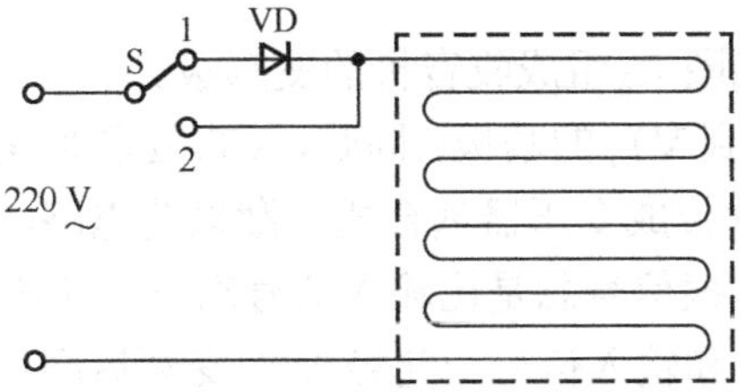

图 7.28 电热毯控温电路

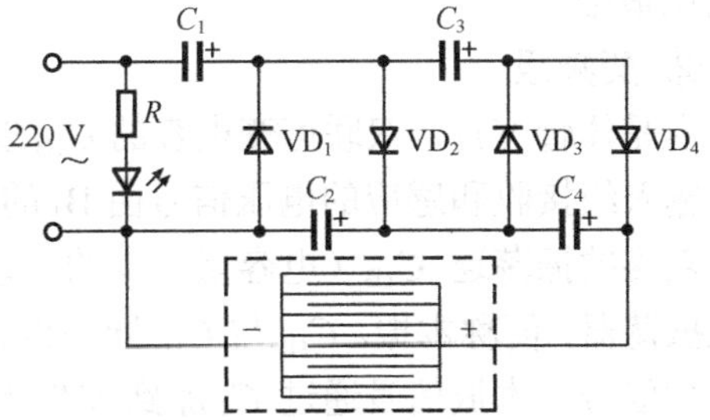

图 7.29 高压电子灭蚊蝇器电路

另外，由于昆虫夜间有趋光性，因此如在这电网后面放一个 3 W 荧光灯或小型黑光灯，就可以诱杀蚊虫和有害昆虫。

2. 较为复杂的电子电路识、读图

图 7.30 所示为六管超外差收音机的电路原理图。

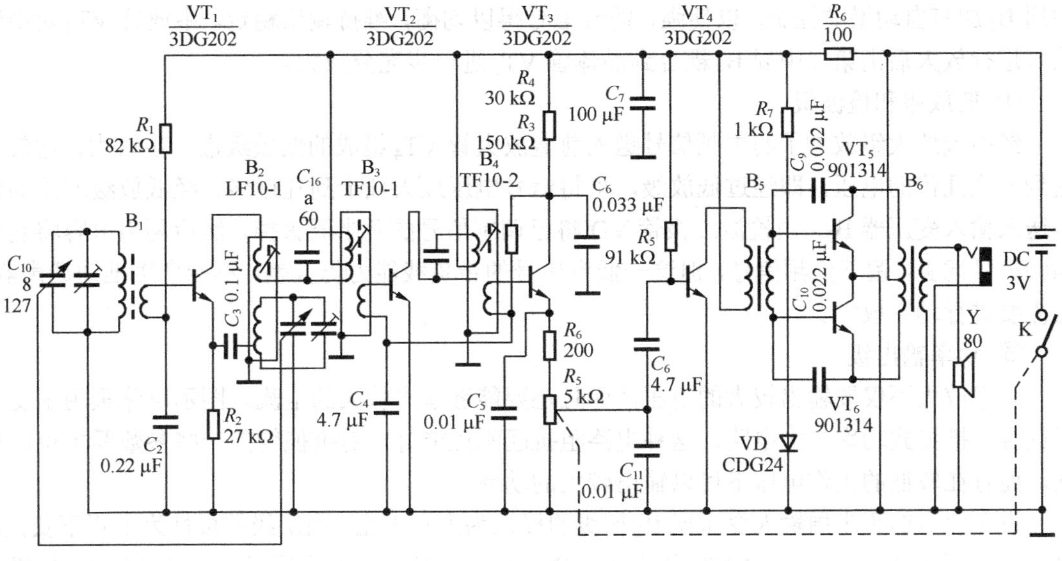

图 7.30 六管超外差收音机的电路原理图

六管超外差收音机属于中波段袖珍式半导体收音机，采用可靠的全硅管线路，具有机内磁性天线，体积小巧、音质清晰、携带方便，并设有外接耳机插口。该收音机的频率范围为 535～1605 kHz；输出功率为 50～150 mW；扬声器为 Φ57 mm、8 Ω；电源采用两节 5 号电池共 3 V。收音机主要由输入回路、变频级、中放级、检波级、低放级、功率输出级组成。对此类较为复杂的电子电路，识图、读图可从输入回路开始。

（1）六管超外差收音机的识图和读图

① 输入回路

输入回路由双联可变电容的 C_{1A} 和磁性天线线圈 B_1 组成。B_1 的初级绕组与可变电容

C_{1A}（电容量较大的一联）组成串联谐振回路对输入信号进行选择。转动 C_{1A} 使输入调谐回路的自然谐振频率刚好与某一电台的载波频率相同，这时，该电台在磁性天线中感应的信号电压最强。

② 变频级

由晶体管 VT_1、双联可变电容的 C_{1B} 以及本振线圈 B_2 组成收音机的变频级。

输入级接收和感应的电压信号由 B_1 的次级耦合到 VT_1 的基极；同时，VT_1 还和振荡线圈 B_2、双连的振荡连 C_{1B}（电容量较少的一联）等元件接成变压器耦合式自激振荡电路，称为本机振荡器，简称本振。C_{1B} 与 C_{1A} 同步调谐，所以本振信号总是比输入信号高一个 465 kHz，即中频信号。本振信号通过 C_4 加到 VT_1 的发射极，和输入信号一起经 VT_1 变频后产生了中频，中频信号从第一中周 B_3 输出，再由次级耦合到中放管 VT_2 的基极。

③ 两级中放

中放级由两级中放管 VT_2、VT_3 和两级中频变压器（中周）B_3 和 B_4 组成。两个晶体管构成两级单调谐中频选频放大电路，由于中放管采用了硅管，其温度稳定性较好。VT_2 管因加有自动增益控制，静态电流不宜过大，一般取 0.2～0.6 mA；VT_3 管主要是提高增益，采用了固定偏置电路以提供低放级所必须的功率，故静态电流取得较大些，在 0.5～0.8 mA 范围。两级中周均调谐于 465 kHz 的中频频率上，以提高整机的灵敏度、选择性和减小失真。第一中周 B_2 加有自动增益控制，以使强、弱台信号得以均衡，维持输出稳定。中放管 VT_2 对中频信号进行放大后由第二中周 B_4 耦合到晶体管 VT_3 进一步充分放大。

④ 低放级和检波级

经中频放大级放大了的中频信号送入前置放大管 VT_4 组成的低放级进一步放大，通常可达到一至几伏的电压，即经过低放级，可将信号电压放大几十到几百倍。经低放级取出的信号送入输入变压器 B_5，由检波二极管 VD 将已调制信号的负半周去掉，然后利用电容将剩余高频信号滤去，留下低频信号，但这一低频信号的带负载能力仍很差，不能直接推动扬声器，还需要进行功率放大。

⑤ 功率输出级

功率放大不仅要输出较大的电压，而且还要能够输出较大的电流。图示电路采用了变压器耦合、推挽式功率放大电路，这种电路阻抗匹配性能好，对推挽管的一些参数要求也比较低，而且在较低的工作电压下可以输出较大的功率。

设在信号的正半周输入变压器 B_5 初级的极性为上负下正，则次级的极性为上正下负，这时 VT_5 导通而 VT_6 截止，由 VT_5 放大正半周信号；当信号为负半周时输入变压器 B_5 初级的极性为上正下负，则次级的极性为上负下正，于是 VT_5 由导通变为截止，VT_6 则由截止变为导通，负半周的信号由 VT_6 来放大。这样，在信号的的一个周期中 VT_5 和 VT_6 轮流导通和截止，这种工作方式就好像两人推磨一样，一推一挽，故称为推挽式放大。放大后的两个半波再由输出变压器 B_6 合成一个完整的波形，送到扬声器发出声音。另外，由 VT_3 的发射极输出到电位器 R_W 的信号成分与开关 K 相接，旋转 R_W 可以改变电位器的阻值，以控制音量的大小。

（2）认识电路原理图上的图符号和文字符号

① 根据电路原理图划分出收音机的输入级、变频级、中放级、低放与检波级、功放级。

② 搞清楚各级的工作原理。

③ 识别电路图上的图符号和文字符号含义。

第 7 章　习题

1．说一说零点漂移现象是如何形成的？哪一种电路能够有效地抑制零漂？

2．何谓交越失真？哪一种功放电路存在交越失真？如何消除交越失真？

3．图 7.31 所示差动放大电路中，已知 R_C=20 kΩ，R_L=40 kΩ，R_B=4 kΩ，r_{be}=1 kΩ，β=50。求①差模电压放大倍数 A_{ud}、差模输入电阻 r_{id}、差模输出电阻 r_{od}；②若 u_{i1}=10 mV，u_{i2}=5 mV，求此时输出电压 u_o。

4．图 7.32 所示电路中，设 VT_1、VT_2 两管的饱和压降 U_{CES}=0，I_{CEO}=0，VT_3 管发射结导通电压为 U_{BE3}。写出：①电压 U_{AB} 的表达式；②最大不失真功率表达式；③功放管的极限参数；④电路可能产生失真吗？

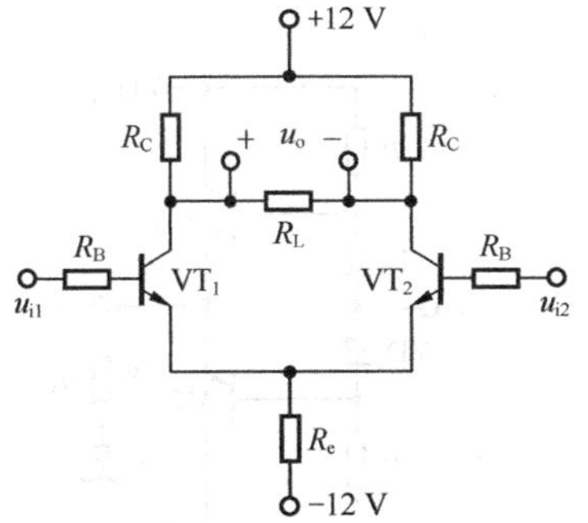

图 7.31　习题 3 电路图

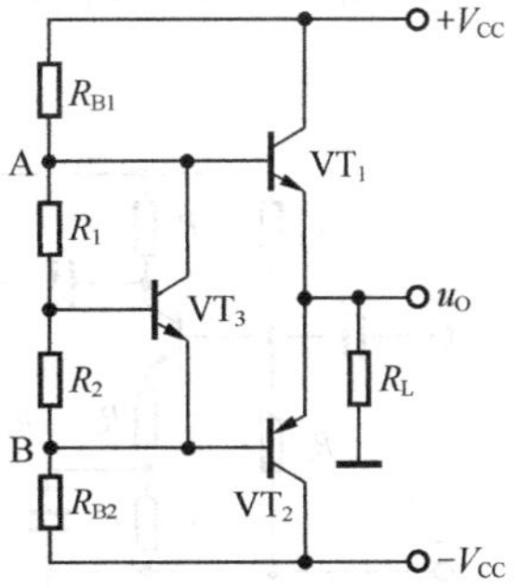

图 7.32　习题 4 电路图

5．恒流源电路在集成运放中的重要作用主要表现在哪几个方面？分别是什么？

6．放大电路中常见的负反馈组态有哪些？如果要求提高放大电路的带负载能力，增大其输入电阻、减小其输出电阻，应采用什么类型的负反馈？

7．放大电路引入直流负反馈和交流负反馈后，分别对电路产生哪些影响？

8．判断图 7.33 所示各电路的反馈类型，估算各电路在深度负反馈条件下的电压放大倍数。

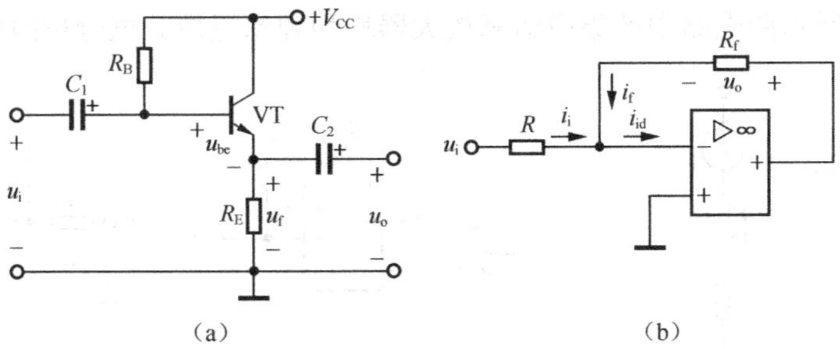

图 7.33　习题 8 电路图

9．简述理想运放的主要性能指标及“虚短”“虚断”两个重要概念。

10．为消除交越失真，通常要给功放管加上适当的正向偏置电压，使基极存在的微小的正向偏流，让功放管处于微导通状态，从而消除交越失真。那么，这一正向偏置电压是否越大越好呢？为什么？

11．图 7.34 所示电路的反馈类型，试回答：

① 是直流反馈还是交流反馈？

② 是电压反馈还是电流反馈？

③ 是串联反馈还是并联反馈？

12．图 7.35 所示电路中，已知 VT_1 和 VT_2 管的饱和管压降$|U_{CES}|$=3 V，V_{CC}=15 V，R_L=8 Ω。求：

① 电路中 VD_1 和 VD_2 管的作用；

② 静态时，晶体管发射极电位 V_{EQ} 为多大？

③ 最大输出功率 P_{OM}=？

④ 当输入为正弦波时，若 R_1 虚焊，即开路，则输出电压的波形；

⑤ 若 VD_1 虚焊，则 VT_1 管如何？

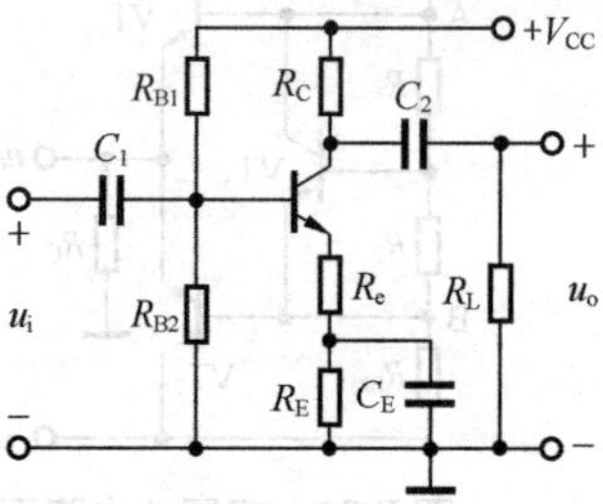

图 7.34　习题 11 电路图

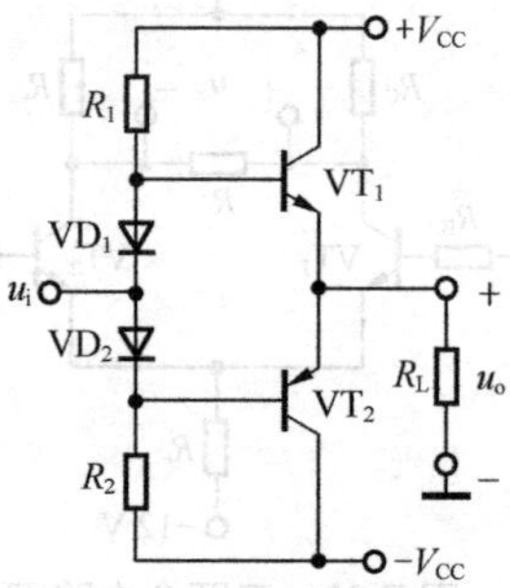

图 7.35　习题 12 电路图

13．电路如图 7.36 所示，设运算放大器为理想运放。问：

① 为将输入电压转换成与之成稳定关系的电流信号，应在电路中引入何种组态的交流负反馈？

② 画出电路图。

③ 若输入电压为 0～10V，与输入电压对应的输出电流为 0～5 mA，R_2=10 kΩ，那么 R_1 应取多大？

14．图 7.37 所示两电路中的集成运算放大器均为理想运放。试分析两电路的反馈类型。

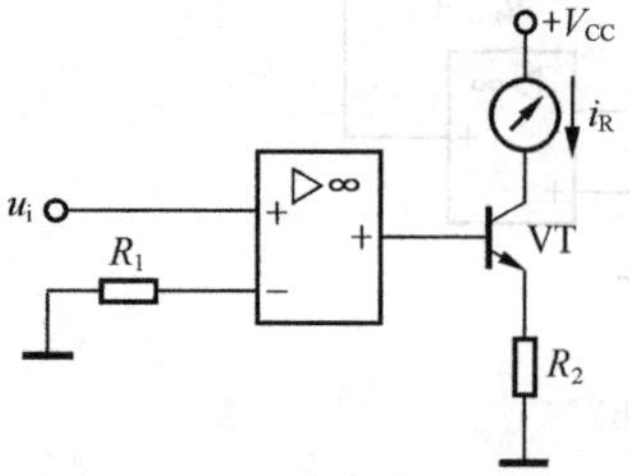

图 7.36　习题 13 电路图

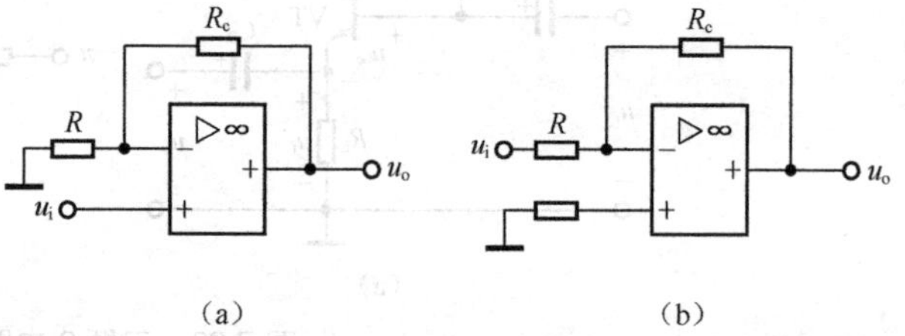

图 7.37　习题 14 电路图

第 8 章 集成运算放大器的应用

学习集成电路，不但要了解集成电路的组成及工作原理，还要熟悉集成运算放大器的应用，熟悉应用的过程中掌握对集成电路的识、读图以及基本分析方法，重点掌握集成运放的性能指标参数和在线各管脚电压，因为这是在具体应用中判断集成电路好坏及故障的依据。有一种说法：如果能把运放搞懂了，那么你的模拟电子也就入门了。这充分说明了集成运算放大器在模拟电路中所占有的重要地位。

8.1 集成运放的运算应用电路

反相比例运算电路

当集成运放通过外接电路引入负反馈时，集成运放成闭环状态并且工作于线性区。运放工作在线性区可构成模拟信号运算放大电路、正弦波振荡电路和有源滤波电路等。

8.1.1 反相比例运算电路

图 8.1 所示反相比例运算电路中，R_1 是输入电阻，R_F 是反馈电阻，R_P 是平衡电阻，输入信号 u_i 由反相端输入。

观察图 8.1 所示集成运算放大器电路，由“虚断”的概念可得：R_P 上无电流而各点等电位，因此 $V_+=0$；又由“虚短”的概念可得：$V_-=V_+=$“地”电位 0。

这里，反相比例运算电路的同相输入端 V_+ 和反相输入端 V_- 并未真正接“地”，却具有“地”的电位，此现象称为“虚地”。

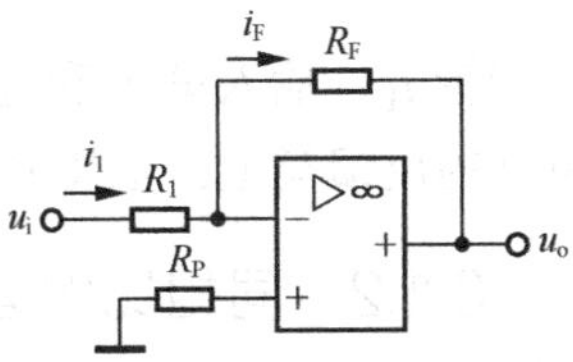

图 8.1 反相比例运算电路

因 V_-“虚地”，所以：$i_1=\dfrac{u_i}{R_1}$，$i_F=-\dfrac{u_o}{R_F}$

根据理想运放的“虚断”概念：$i_-=0$，可得：$i_1=i_F$，即：$\dfrac{u_i}{R_1}=-\dfrac{u_o}{R_F}$。由此式可推出反相比例运算电路输出与输入之间的关系为：

$$u_o=-\frac{R_F}{R_1}u_i \tag{8-1}$$

式（8-1）中负号说明输出电压 u_o 与输入电压 u_i 反相。由于即反相比例运算电路的闭环电压放大倍数 A_{uf} 数值上等于输出与输入的比值，所以：

$$A_{uf}=\frac{u_o}{u_i}=-\frac{R_F}{R_1} \tag{8-2}$$

显然$|A_{uf}|$就是反相比例运算电路的比例系数。为保证运放电路具有一定的精度和稳定性，要求反相输入端等效电阻 R_N 与同相输入端等效电阻 R_P 数值相等，此电路若满足上述条件，显然需 $R_P=R_1//R_F$。

对此反相比例运算电路而言，输出电压 u_o 与输入电压 u_i 之间的比例关系是由反馈电阻 R_F 和输入电阻 R_1 决定的，与集成运放本身的参数无关。当选择外接电阻元件的数值合适，且外接电阻的阻值精度越高时，运放的精度和稳定性也越好。

如果反相比例运算电路中取值 $R_1=R_F$ 时，$A_{uf}=-1$，$u_o=-u_i$，表明输出电压与输入电压大小相等，极性相反，此时运放作一次变号运算，具有此特征的反相比例运算电路称为反相器，如图 8.2 所示。

例 8.1 图 8.3 所示电路为应用集成运放组成的电阻测量原理电路，试写出被测电阻 R_x 与电压表电压 U_O 的关系，并判断其反馈类型。

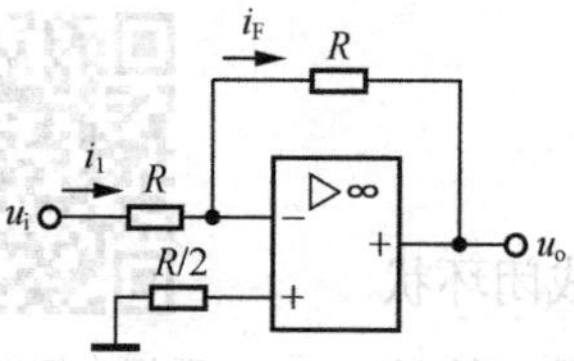

图 8.2 反相器运算电路

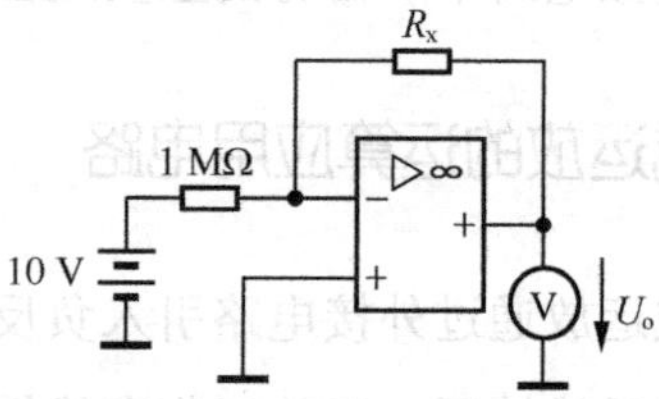

图 8.3 例 8.1 电路图

解：从电路图结构来看，该电路是一个反相比例运算电路，运用式（8-1）可得被测电阻 R_x 与电压表电压 U_o 的关系为：

$$U_o=-\frac{R_x}{10^6}\times 10=-10^{-5}R_x$$

因反相比例运算电路的反馈量 $I_F=\dfrac{U_o}{R_F}$，取自于输出电压，因此是电压反馈；在输入端，反馈量 I_F、输入量 I_1 和运放净输入量 I_- 三者以电流求和形式出现，判断为并联反馈，所以此电路的反馈类型：电压并联负反馈。

8.1.2 同相比例运算电路

典型同相比例运算电路如图 8.4 所示。

由“虚断”$i_+=0$，R_2 上各点等电位，同相端电位 $V_+=u_i$。若电路没有反馈通道，由“虚短”概念可得 $V_-=V_+=u_i$。相当于在运放的两输入端加入了一对共模信号，电路无输出。

同相比例运算电路

当电路中存在反馈通道 R_F 时，因“虚断”$i_-=0$，R_F 和 R_1 构成串联后对 u_o 分压，使反相输入端电位发生变化，即：

$$V_- = u_1 = u_o \frac{R_1}{R_1 + R_F}$$

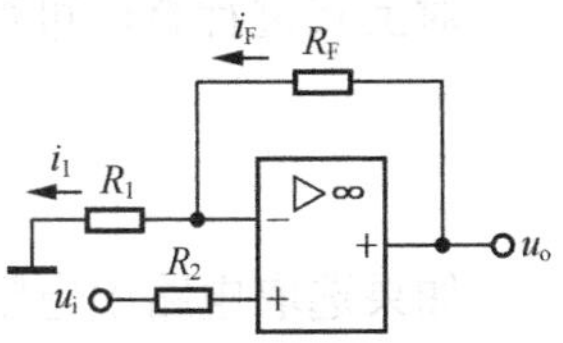

图 8.4　同相比例运算电路

反馈量为 R_1 上电压 u_1，从输出端看，取自于输出电压 u_o，所以电路为电压反馈。由于反馈量 V_-的变化，改变了运放电路的净输入电压 $u_{id}=V_+-V_-$，并且输入电压 u_i、反馈电压 u_-和运放净输入量 u_{id} 三者在输入端以电压求和形式出现，因此是串联反馈，所以该典型同相比例运算电路的反馈类型为：电压串联负反馈。

依据图 8.4 中各电压、电流的参考方向可得：

$$i_1 = \frac{u_i}{R_1}，\quad i_F = \frac{u_o - u_i}{R_F}$$

由"虚断" $i_-=0$，所以 $i_1=i_F$，将上述两式代入可得：

$$\frac{u_i}{R_1} = \frac{u_o - u_i}{R_F}$$

整理上式可得同相比例运算电路输出电压与输入电压之间的关系式为：

$$u_o = \left(1 + \frac{R_F}{R_1}\right) u_i = A_{uf} u_i \tag{8-3}$$

式（8-3）表明：同相比例运算电路输出电压与输入电压同相，电路的闭环电压放大倍数 A_{uf} 即比例系数，恒大于 1，而且仅由外接电阻的数值决定，与运放本身的参数无关。同相比例运算电路中的电阻 $R_2= R_p$，原则上仍应符合平衡关系：$R_2=R_P=R_N =R_1//R_F$。

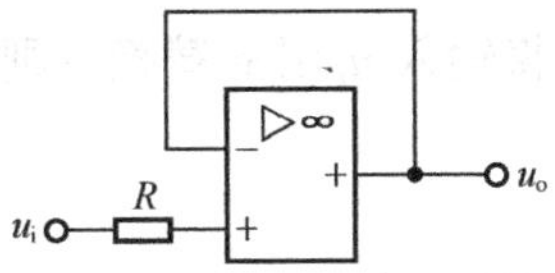

图 8.5　电压跟随器电路

如果同相比例运算电路选择同相端与地端之间的支路电阻 $R_1=\infty$，反馈支路电阻 $R_F=0$ 时，电路如图 8.5 所示。

由图 8.5 可得，由于"虚断" $i_+=0$，R 上各点等电位，因此同相端电位：$V_+=u_i$；根据"虚短"又可得 $V_-=V_+=u_i$；又因为输出与反相端电位之间是一条短接线，所以 $u_o=u_i$。

由于此状态下的同相比例运算电路，其输出总是等于输入，所以称之为电压跟随器。

8.1.3　反相求和运算电路

反相求和运算电路

在反相比例运算电路的基础上，增加一条或几条输入支路，即构成了反相输入的求和运算电路，如图 8.6 所示。

反相输入的电路基本上都存在"虚地"现象，因此有：

$$V_- \approx V_+ = 0$$

由图中各电流、电压的参考方向可得：

$$i_1 = \frac{u_{i1}}{R_1}，\quad i_2 = \frac{u_{i2}}{R_2}，\quad i_F = -\frac{u_o}{R_F}$$

对反相输入端节点列写 KVL 方程可得：

$$\frac{u_{i1}}{R_1} + \frac{u_{i2}}{R_2} = -\frac{u_o}{R_F}$$

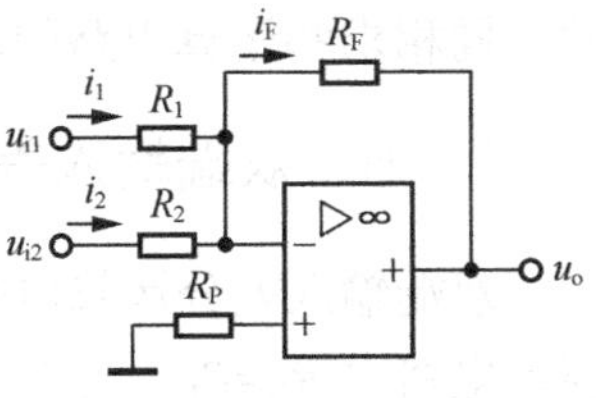

图 8.6　反相求和运算电路

对上式进行整理可得：

$$u_o = -R_F\left(\frac{u_{i1}}{R_1}+\frac{u_{i2}}{R_2}\right)$$

如果选取电路中电阻 $R_1=R_2=R_F$ 时，则

$$u_o = -(u_{i1}+u_{i2}) \tag{8-4}$$

电路实现了输出对输入的反相求和运算。

反相求和运算电路中的平衡电阻 $R_P=R_N=R_1//R_2//R_F$。

8.1.4 同相求和运算电路

在同相比例运算电路的基础上，增加一条输入支路，和一条 R_3 支路，就构成了如图 8.7 所示的同相求和运算电路。

同相求和运算电路

同相电路不存在“虚地”现象。因此首先应求出同相输入端的电压 v_+。

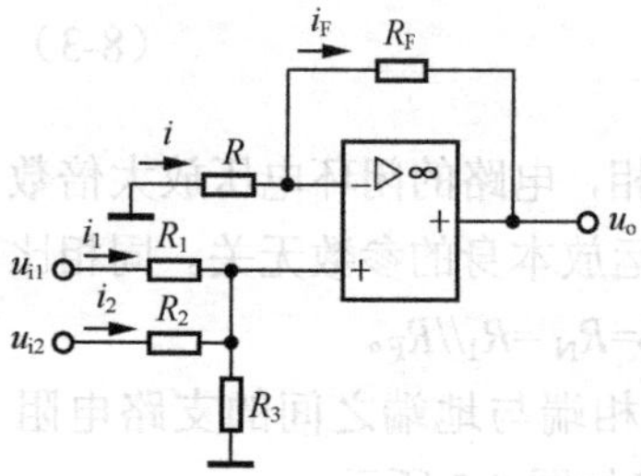

图 8.7　同相求和运算电路

运用弥尔曼定理可列出方程：

$$v_+ = \frac{\dfrac{u_{i1}}{R_1}+\dfrac{u_{i2}}{R_2}}{\dfrac{1}{R_1}+\dfrac{1}{R_2}+\dfrac{1}{R_3}} = \left(\frac{u_{i1}}{R_1}+\frac{u_{i2}}{R_2}\right)R_1//R_2//R_3$$

根据电路平衡条件，$R_N=R_P$，其中 $R_P=R_1//R_2//R_3$，而 $R_N=R//R_F$。

利用同相比例运算电路的结果，将输入 u_i 用 v_+ 替换，则可得：

$$u_o = \left(1+\frac{R_F}{R}\right)v_- = \left(1+\frac{R_F}{R}\right)v_+ = \left(1+\frac{R_F}{R}\right)\left(\frac{u_{i1}}{R_1}+\frac{u_{i2}}{R_2}\right)R_1//R_2//R_3$$

式中：$1+\dfrac{R_F}{R}=\dfrac{R+R_F}{R}$，$R_1//R_2//R_3=R_P=R_N=\dfrac{RR_F}{R+R_F}$ 代入上式，有：

$$u_o = \frac{R+R_F}{R}\frac{RR_F}{R+R_F}\left(\frac{u_{i1}}{R_1}+\frac{u_{i2}}{R_2}\right) = R_F\left(\frac{u_{i1}}{R_1}+\frac{u_{i2}}{R_2}\right)$$

如果取 $R_1=R_2=R_F$ 时，则上式改写为：$u_o = u_{i1}+u_{i2}$　　(8-5)

电路实现了输出对输入的求和运算。

同相求和运算电路的调节不如反相比例运算电路方便，而且其共模输入信号比较大，因此，同相求和运算电路的应用并不是很广泛。

8.1.5 双端输入差分运算电路

双端输入差分运算电路如图 8.8 所示。为保证电路的平衡性，要求电路中 $R_N=R_P$，其中 $R_N=R_1//R_F$，$R_P= R_2//R_3$。

令电路中电阻 $R_2=R_3$，可得同相端电位：

双端输入差分运算电路

$$v_+ = u_{i2}\frac{R_3}{R_2+R_3} = \frac{u_{i2}}{2}$$

根据“虚短”，则：$v_- = v_+ = \frac{u_{i2}}{2}$，根据电路中各电流的参考方向可得：$i_1 = \frac{u_{i1} - u_{i2}/2}{R_1}$，$i_F = \frac{u_{i2}/2 - u_o}{R_F}$，且 $i_1 = i_F$，因此有：$\frac{u_{i1} - u_{i2}/2}{R_1} = \frac{u_{i2}/2 - u_o}{R_F}$

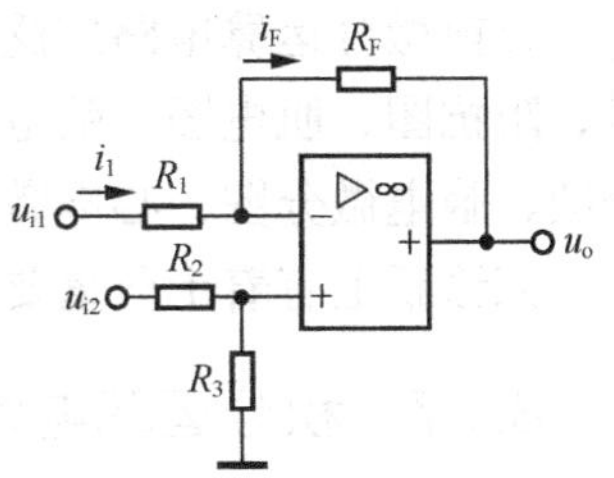

图 8.8 双端输入差分运算电路

对上式整理可得：

$$u_o = \frac{u_{i2}}{2} - \frac{u_{i1}R_F}{R_1} + \frac{u_{i2}R_F}{2R_1} \tag{8-6}$$

如果令电路中电阻 $R_1 = R_F = R_2 = R_3$，则上式可改写为：

$$u_o = u_{i2} - u_{i1} \tag{8-7}$$

电路实现了输出对输入的差分减法运算。

8.1.6 微分运算电路

把反相比例运算电路中电阻 R_1 用电容 C 代替，即构成微分运算电路，如图 8.9 所示。

微分运算电路

当微分运算电路的输入信号频率较高时，电容 C 的容抗减小，电路电压增益增大，因此微分运算电路对输入信号中的高频干扰非常敏感。

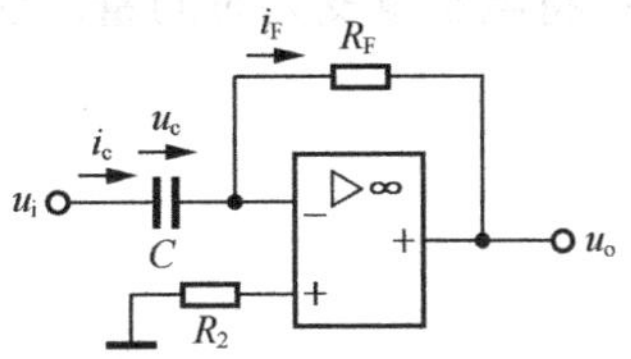

图 8.9 微分运算电路

微分运算电路属于反相输入电路，因此存在“虚地”现象。由电路图可看出电路中的输入电压 u_i 在数值上等于电容的极间电压 u_c，根据“虚断”又可得 $i_c = i_F$，即：

$$i_c = C\frac{du_c}{dt} = C\frac{du_i}{dt}，\quad u_o = -i_F R_F = -i_c R_F$$

可得：

$$u_o = -R_F C\frac{du_i}{dt} \tag{8-8}$$

实现了微分电路的输出电压正比于输入电压对时间的微分。

注意：电路中的比例常数 R_FC 是 RC 微分电路的时间常数，用 $\tau = R_FC$ 表示，时间常数决定了微分电路中电容充、放电的快慢程度。

微分运算电路最初的作用就是将一个方波信号变为一个尖脉冲电压，如图 8.10 所示。因此微分运算电路的输出是作为电路的触发信号或是作为记时标记，对电路的要求也不高，一般要求前沿要陡、幅度要大、冲要尖等。

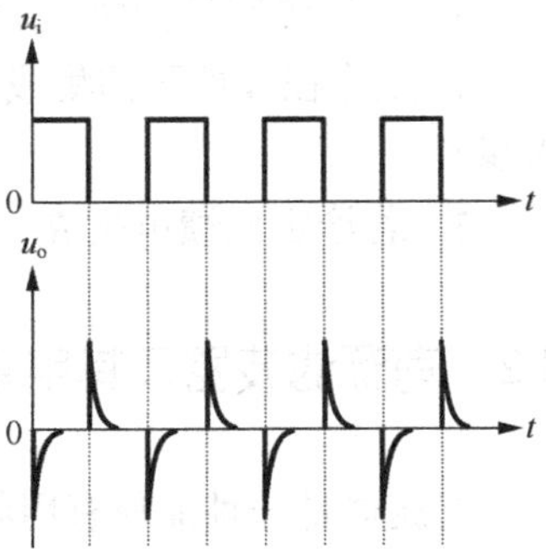

图 8.10 微分电路的波形变换

目前微分运算电路广泛应用于处理一些模拟信号。如医用电子仪器中，已测出生物电信号、阻抗图、肌电图、脑电图、心电图等，就可用微分电路求出相应的阻抗微分图、肌电微分图、脑电微分图、心电微分图等，这些生物电流的微分图，可反映出生物电的变化速率，在临床诊断上有着十分重要的意义。

8.1.7 积分运算电路

只要把微分运算电路中的 R_F 和 C 的位置互换，就构成了最简单的积分电路，如图 8.11 所示。注意积分运算电路作为反相输入电路，同样存在“虚地”现象。

积分运算电路

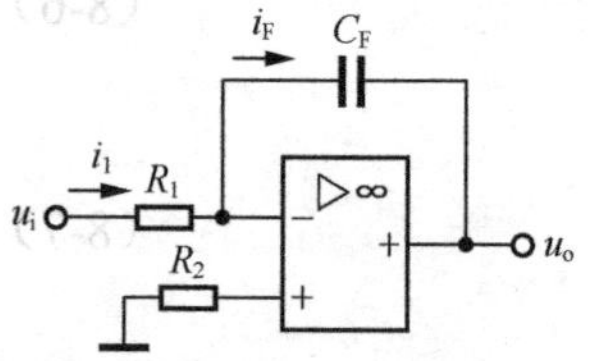

图 8.11 积分运算电路

显然，积分电路中有：$u_o = -\frac{1}{C_F}\int i_F dt$

根据“虚断”和“虚短”又可知：

$i_F = i_1 = \frac{u_i}{R_1}$，代入上式可得：

$$u_o = -\frac{1}{R_1C_F}\int u_i dt \tag{8-9}$$

可见，电路实现了输出电压 u_o 正比于输入电压 u_i 对时间的积分，其比例常数取决于积分时间常数 $\tau=R_1C_F$，式中的负号表示输出电压与输入电压反相。

积分运算电路广泛应用于工业领域或其他领域，主要作用有波形变换：可以把一个输入的方波转换成一个输出的等腰三角波或斜波；移相：将输入的正弦电压变换为输出的余弦电压；滤波：对低频信号增益大、对高频信号增益小，当信号频率趋于无穷大时增益为零；积分运算电路还可消除放大电路失调电压；在电子线路中用于延迟；将电压量变为时间量；应用于 A/D 转换电路中以及反馈控制中的积分补偿等场合。

思 考 题

1. 集成运放构成的基本线性应用电路有哪些？这些基本电路中，集成运放均工作在何种状态下？

2. “虚地”现象只存在于线性应用运放的哪种运算电路中？

3. 举例说明理想集成运放两条重要结论在运放电路分析中的作用。

4. 工作在线性区的集成运放，为什么要引入深度负反馈？反馈电路为什么要接到反相输入端？

5. 若给定反馈电阻 R_F=10 kΩ，试设计一个 u_o=−10u_i 的电路。

8.2 有源滤波器及其电路分析

滤波器是一种能使有用频率信号通过而同时抑制无用频率信号的电子装置，根据其组成部件的不同可分为无源滤波器和有源滤波器。

8.2.1 滤波器的相关概念

有源滤波电路

在无线电通信、电子测量、信号检测和自动控制系统等领域常采用滤波器进行信号的处理。当传输信号为非正弦波时，可看作是一系列正弦谐波的叠加，滤波器可从传输信号中选出某一波段的有用频率成分使其顺利通过，而将无用或干扰信号波段的频率成分衰减后予以滤除，从而实现对传输信号的“滤波选频”处理。滤波电路不仅应用于信号的处理，而且在数据传输和抗干扰方面也获得了广泛地应用。

1. 无源滤波器

利用电阻、电感和电容等无源器件构成的滤波电路称为无源滤波器。无源滤波电路的结构简单，易于设计，但它的通带放大倍数及其截止频率都随负载而变化，因而不适用于信号处理这种对通带内放大倍数及截止频率精度均要求较高的场合。无源滤波器由于存在电感，所以体积较大，且实用中无源滤波器存在电路增益小、带负载能力差等一些实际问题。所以无源滤波器通常用在较大功率的电路中，比如直流电源整流后的滤波，或者大电流负载时的 L、C 滤波电路。

2. 有源滤波器

采用有源器件集成运放和电阻 R、电容 C 组成的滤波电路称为有源滤波器。有源滤波器中的集成运放开环增益大、输入阻抗高、输出阻抗低，所以有源滤波器的带负载能力较强且兼有电压放大作用，加之电路中没有电感和大电容元件，因此体积小、重量轻。有源滤波电路中含有集成运放，所以必须在合适的直流电源供电的情况下才能使用，有源滤波器不适用于高电压大电流的场合，但有源滤波器的滤波特性一般不受负载影响，因此可用于信号处理这种要求高的场合。

有源滤波器也有不足之处，主要是集成运放频率带宽不够理想，使得有源滤波器只能在有限的频带内工作，通常只能使用于几千赫兹以下的频率范围。在频率较高的场合，可采用无源滤波器或固态滤波器。

无源滤波器一般不存在噪声问题，而有源滤波器由于使用了运放，噪声性能较为突显，信噪比很差的有源滤波器实际当中也很常见。为了减少噪声的影响，使用有源滤波器时应注意滤波器中的电阻应尽量小一些，电容则要尽量大一些，另外反馈量尽可能大一些，以减小增益，还有就是运算放大器的开环频率特性要比有源滤波器的通频带宽些。

8.2.2 常用有源滤波器的分类

按其通带内工作频率不同，有源滤波器可分为以下几类。

① 低通滤波器（LPF）：只允许低频信号通过，将高频信号衰减和滤除。

② 高通滤波器（HPF）：只允许高频信号通过，将低频信号衰减和滤除。

③ 带通滤波器（BPF）：只允许通带范围内的信号通过，将通带以外的信号衰减和滤除。

④ 带阻滤波器（BEF）：阻止某一频率范围内的信号通过，而允许此阻带以外的其它信号通过。

根据滤波器的特点可知，它的电压放大倍数的幅频特性可以准确地描述该电路属于低通、高通、带通还是带阻滤波器，所以若能定性分析出通带（允许通过的频率范围）和阻带（衰减和滤除的频率范围）在哪一个频段，就可以确定滤波器的类型。

8.2.3 有源低通滤波器（LPF）

有源低通滤波器电路如图 8.12 所示。电路中同相输入端的电位：

$$\dot{V}_+=\frac{\dfrac{1}{\mathrm{j}\omega C}}{R+\dfrac{1}{\mathrm{j}\omega C}}\dot{U}_\mathrm{i}=\frac{\dot{U}_\mathrm{i}}{1+\mathrm{j}\omega CR}$$

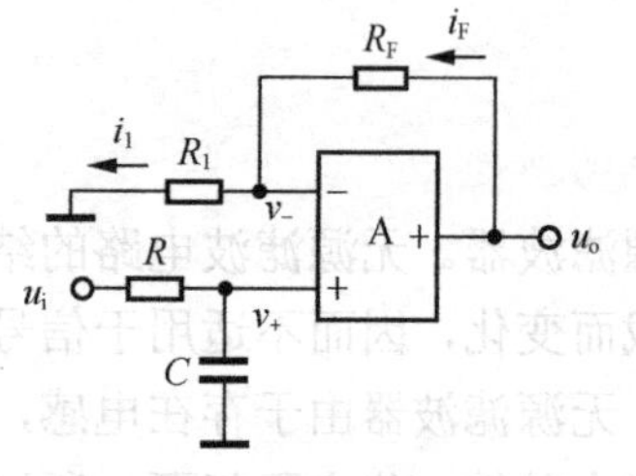

图 8.12 有源低通滤波器

根据“虚短”有：

$$\dot{V}_-=\dot{V}_+=\frac{\dfrac{1}{\mathrm{j}\omega C}}{R+\dfrac{1}{\mathrm{j}\omega C}}\dot{U}_\mathrm{i}=\frac{\dot{U}_\mathrm{i}}{1+\mathrm{j}\omega CR}$$

R_1 中通过的电流：$\dot{I}_1=\dfrac{\dot{V}_-}{R_1}=\dfrac{\dot{U}_\mathrm{i}R_1}{1+\mathrm{j}\omega CR}$

R_F 中通过的电流：$\dot{I}_\mathrm{F}=\dfrac{\dot{U}_\mathrm{o}-\dot{V}_-}{R_\mathrm{F}}=\dfrac{\dot{U}_\mathrm{o}-\dfrac{\dot{U}_\mathrm{i}}{1+\mathrm{j}\omega CR}}{R_\mathrm{F}}$

根据“虚断”，$\dot{I}_-=0$，因此：$\dot{I}_1=\dot{I}_\mathrm{F}$，把上述两式代入可得：$\dfrac{\dot{U}_\mathrm{i}R_1}{1+\mathrm{j}\omega CR}=\dfrac{\dot{U}_\mathrm{o}-\dfrac{\dot{U}_\mathrm{i}}{1+\mathrm{j}\omega CR}}{R_\mathrm{F}}$

对上述关系式整理可得：$\dot{U}_\mathrm{o}=\left(1+\dfrac{R_\mathrm{F}}{R_1}\right)\dfrac{\dot{U}_\mathrm{i}}{1+\mathrm{j}\omega CR}$

由上式又可得出电路的传输函数为：

$$\dot{A}=\frac{\dot{U}_\mathrm{o}}{\dot{U}_\mathrm{i}}=\left(1+\frac{R_\mathrm{F}}{R_1}\right)\frac{1}{1+\mathrm{j}\omega CR}=\frac{A_\mathrm{up}}{1+\mathrm{j}\dfrac{\omega}{\omega_0}} \tag{8-10}$$

式（8-10）中的 $\omega_0=\dfrac{1}{RC}$ 是有源低通滤波器通带的截止角频率，式中的 A_up 为有源低通滤波器在通频带范围内的通带电压放大倍数，当电路角频率为 ω_0 时，通带电压放大倍数：$A_\mathrm{up}=1+\dfrac{R_\mathrm{F}}{R_1}$。

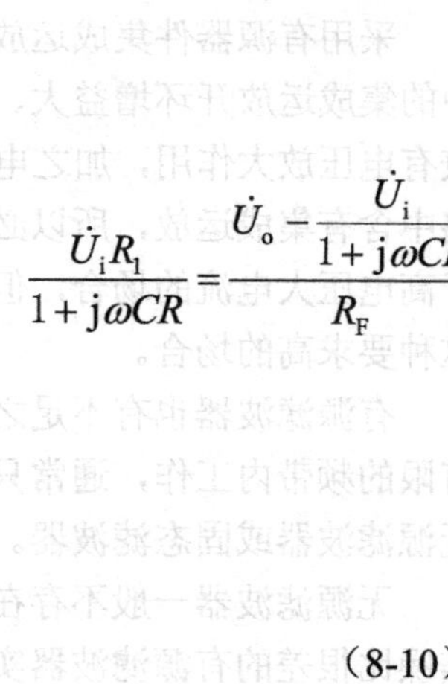

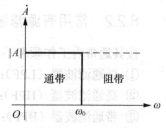

图 8.13 低通幅频特性

性能良好的低通滤波器通带内的幅频特性曲线比较平坦，阻带内的电压放大倍数基本为零。其幅频特性如图 8.13 所示。

对于图 8.12 所示的有源低通滤波器，可以通过改变电阻 R_F 和 R_1 的阻值来调节通带内的电压放大倍数。

8.2.4　有源高通滤波器（HPF）

与有源低通滤波器相反，有源高通滤波器用来通过高频信号，衰减或抑制低频信号。有源高通滤波器如图 8.14 所示，电路的传输信号经 RC 支路从运放的反相端输入，因此电路存在“虚地”现象，根据线性运算放大器的“虚短”概念，可得：

$$v_- = v_+ = 0$$

R_1 中通过的电流：$\dot{I}_1 = \dfrac{\dot{U}_i}{R_1 - j\dfrac{1}{\omega c}}$

R_F 中通过的电流：$\dot{I}_F = \dfrac{-\dot{U}_o}{R_F}$

根据“虚断”，$\dot{I}_- = 0$，因此：$\dot{I}_1 = \dot{I}_F$，把上述两式代入可得有源高通滤波器的传输函数：

$$\dot{A} = \frac{\dot{U}_o}{\dot{U}_i} = -\frac{R_F / R_1}{1 - j\dfrac{\omega_0}{\omega}} = -\frac{1}{1 - j\dfrac{\omega_0}{\omega}} A_{up} \tag{8-11}$$

式（8-11）中的通带截止角频率为 $\omega_0 = \dfrac{1}{RC}$，通带内的电压放大倍数 $A_{up} = -\dfrac{R_F}{R_1}$，$\omega$ 为外加输入信号的角频率。由图 8.15 所示有源高通滤波器的幅频特性可知，当输入信号的频率 f 等于通带截止频率 f_0 时，高通滤波器的特征频率 f_0 为：

$$f_0 = f_L = \frac{1}{2\pi RC} \tag{8-12}$$

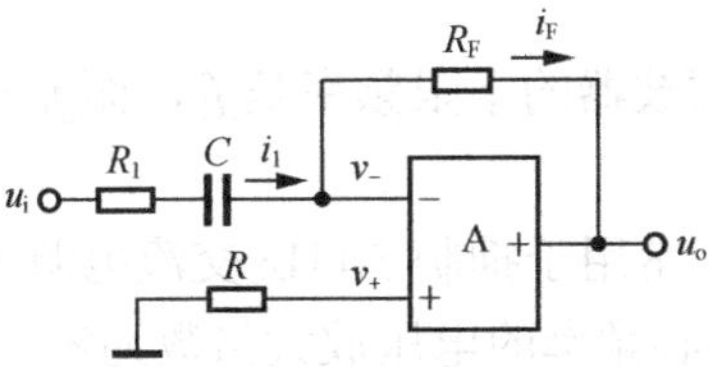

图 8.14　有源高通滤波器

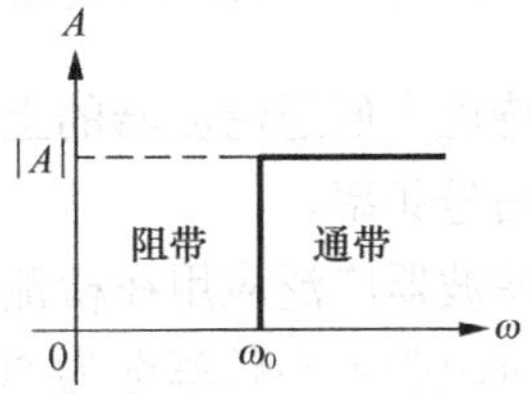

图 8.15　高通幅频特性

8.2.5　带通滤波器（BPF）和带阻滤波器（BEF）

将低通滤波电路和高通滤波电路进行不同组合，即可获得带通滤波器和带阻滤波器，它们的电路图分别如图 8.16 和图 8.17 所示。

1．有源带通滤波器

使某频率段内的有用信号通过，而高于或低于此频段的信号将被衰减和抑制的滤波电路称为带通滤波器。带通滤波器是由 R_2C_1 构成的低通环节和由 R_4C_2 构成的高通环节组合而成。

其中高通滤波环节的下限截止频率设置，应小于低通滤波环节的上限截止频率，使得两个滤波环节同时各覆盖一段频率，只有中间一段信号频率可以通过，其幅频特性如图 8.18 所示。

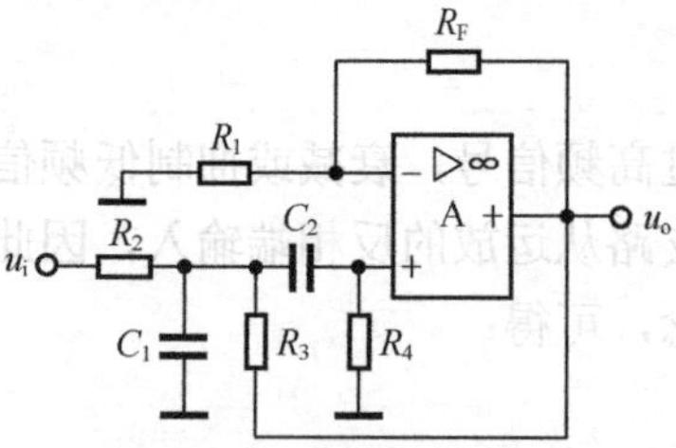

图 8.16　有源带通滤波器

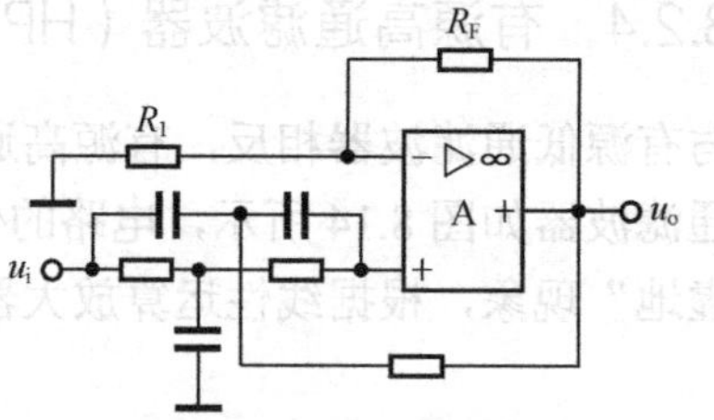

图 8.17　有源带阻滤波器

有源带通滤波器通带内的选择性较好，通常用于音响电路的音色分频通道中，配合不同音质的扬声器，以提高音质。

2. 有源带阻滤波器

有源带阻滤波器阻止某一段频率内的信号通过，从而达到抑制干扰的目的。

有源带阻滤波器对干扰信号频率以外的频率允许通过，因此又称之为陷波器。带阻滤波器是由低通和高通滤波电路并联组成，两个滤波电路对某一频段均不覆盖，形成带阻频段，其幅频特性如图 8.19 所示。

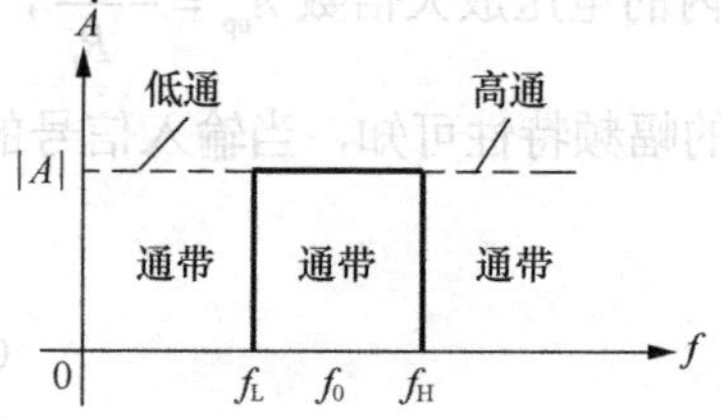

图 8.18　带通幅频特性

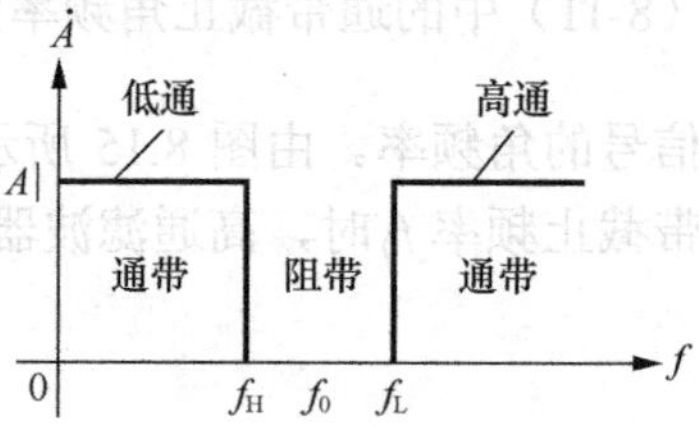

图 8.19　带通幅频特性

幅频特性中低通滤波器的上限频率为 f_H，高通滤波器的下限频率是 f_L，而 f_0 则是需要抑制的干扰信号频率。

带阻滤波器广泛应用在检测仪表和电子系统中，常用于抑制 50 Hz 交流电源引起的干扰信号，这时阻带中心频率选为 50 Hz，使对应于该中心频率的电压放大倍数为零。

归纳：有源滤波电路主要用于小信号处理，按其幅频特性可分为低通、高通、带通和带阻滤波器 4 种电路。应用时应根据有用信号、无用信号和干扰信号等所占频段来选择合适的滤波器种类。有源滤波电路中的集成运放工作在线性应用状态，因此一般均引入电压负反馈，故分析方法与运放的运算电路基本相同，所不同的是实用中有源滤波器通常用传递函数表示滤波电路的输出与输入的函数关系。

8.2.6　集成运算放大器的线性应用举例

1. 测振仪

测振仪用于测量物体振动时的位移、速度和加速度。测振仪的组成框图如图 8.20 所示。

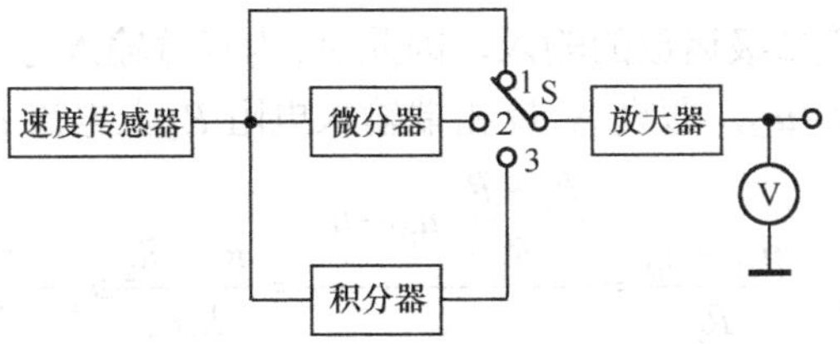

图 8.20 测振仪组成框图

设物体振动的位移为 x，振动的速度为 v，加速度为 α。则：

$$v=\frac{dx}{dt};\quad \alpha=\frac{dv}{dt}=\frac{d^2x}{dt^2};\quad x=\int v dt$$

图中速度传感器产生的信号与速度成正比，开关在位置“1”时，运算放大器可直接对速度传感器传送过来的信号进行放大测量，测量出振动的速度；开关在位置“2”时，速度传感器传送的信号经微分器进行微分运算，之后送入运放再进行放大测量，可测量加速度 α；开关在位置“3”时，速度传感器送来的信号经积分器进行积分运算再一次放大，又可测量出位移 x。在放大器的输出端，可接测量仪表或示波器对所测量信号进行观察和记录。

2. 光电转换电路

光电传感器有光电二极管、光敏电阻、光电三极管和光电池等，它们都是电流型器件。

光电二极管在有光照时产生光生载流子，由光生载流子形成的电流将光信号转换成电信号，经放大后即可进行检测与控制。由光电传感器和集成运放构成的光电转换电路如图 8.21 所示。

光电二极管工作在反向状态。无光照时，其反向电流一般小于 0.1μA，常称为暗电流。光电二极管的反向电阻很大，高达几个兆欧。有光照时，在光激发下，反向电流随光照强度而增大，称为光电流，这时的反向电阻可降至几十欧以下。图示电路中，有光照时产生的光电流为 i_F，其路径由 $u_o \to R_F \to VD \to -U$，这时集成运放的输出电压为 $u_o=i_FR_F$。

3. 线性应用电路例题

例 8.2 写出图 8.22 所示两级运算电路的输入、输出关系，并说明该电路运算功能。

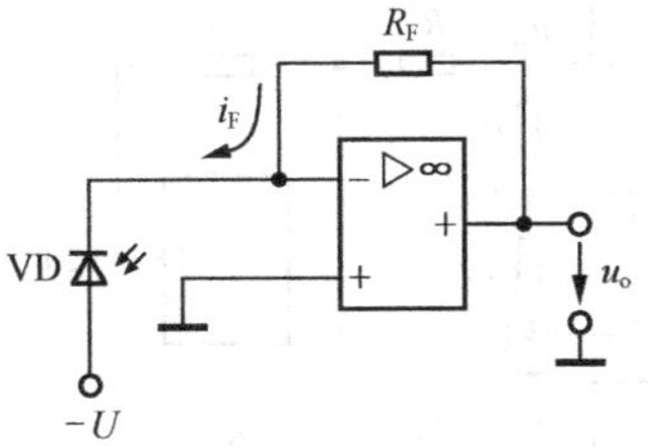

图 8.21 光电转换电路

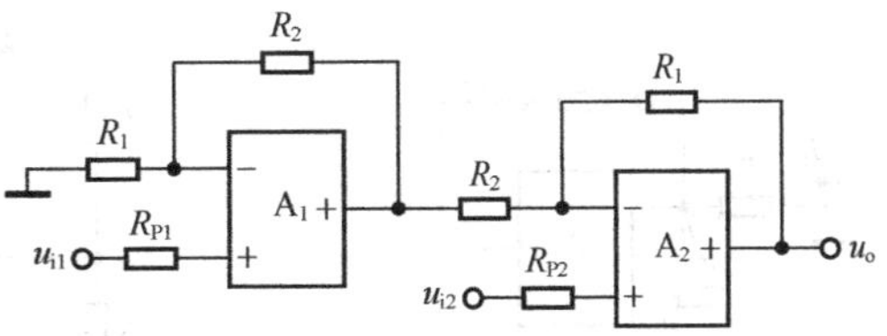

图 8.22 例 8.2 电路

解：观察图 8.22 电路，其中 A_1 为同相比例运算电路，有：

$$u_{o1}=\left(1+\frac{R_2}{R_1}\right)u_{i1}$$

显然 u_{o1} 和 u_{i2} 作为第二级运放的输入，因此 A_2 为双端输入方式。根据“虚短”可得 A_2 的两个输入端电位：$v_-=v_+=u_{i2}$，假设 A_2 反相端输入电阻 R_2 上电流 i_2 参考方向由左向右，则：

$$i_2=\frac{u_{o1}-u_{i2}}{R_2}=\frac{\frac{R_1+R_2}{R_1}u_{i1}-u_{i2}}{R_2}=\frac{R_1+R_2}{R_1R_2}u_{i1}-\frac{u_{i2}}{R_2}$$

假设 A_2 反馈通道电阻 R_1 上电流 i_F 参考方向也由左向右，则：$i_F=\frac{u_{i2}-u_o}{R_1}$

对 A2 反相输入端结点列 KCL 可得 $i_2=i_F$，即：$\frac{R_1+R_2}{R_1R_2}u_{i1}-\frac{u_{i2}}{R_2}=\frac{u_{i2}-u_o}{R_1}$

对上式进行整理可得：

$$u_o=\frac{R_1+R_2}{R_2}(u_{i2}-u_{i1})$$

从上式所表示的电路输出、输入关系来看，此电路实现了输出对输入的比例差分运算。

例 8.3 工程应用中，为抗干扰、提高测量精度和满足特定要求等，通常需要进行电压信号和电流信号之间的转换。图 8.23 所示运算电路为电压–电流转换器，试分析电路输出电流 i_o 与输入电压 u_S 之间的函数关系。

解：观察电路图可知，该电路是一个同相输入电路。

根据“虚断”和“虚短”的概念可得

$$v=v_+=u_s \quad i_o=i_1=\frac{u_s}{R_1}$$

所以 $i_o=\frac{u_s}{R_1}$。结果表明该电压–电流转换器的输出电流只与输入电压成正比，与负载无关。通过该运放电路，可将输入电压转换成恒流输出。

例 8.4 工程上应用的仪用放大器主要特点是可将两个输入端电压信号产生的差值小信号进行放大，且具有较强的共模抑制比。利用仪用放大器的上述特点，实用中常把它作为测量温度的仪器，使用时在两个输入端接入一个电阻温度变换器 R 和 R'组成测量桥路，其中 R'是温度敏感电阻器件。其原理电路如图 8.24 所示。试对电路进行分析。

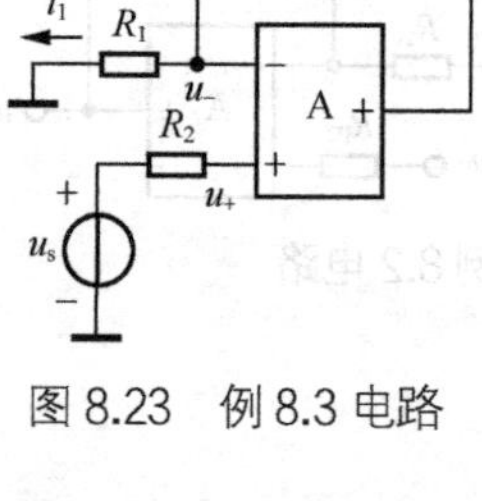

图 8.23 例 8.3 电路

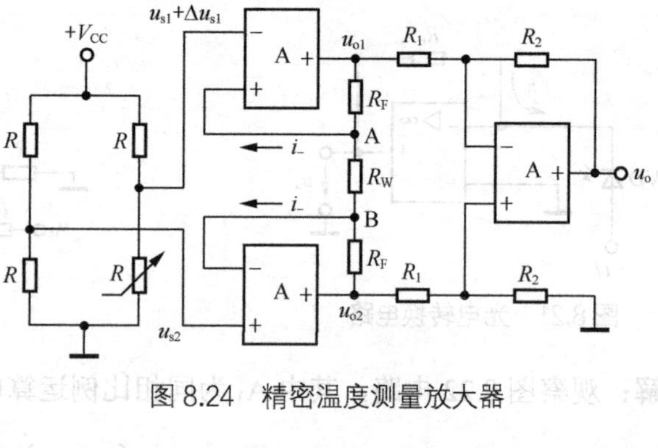

图 8.24 精密温度测量放大器

分析：观察电路图可知，电路的两个输入信号均由运放的同相输入端输入，因此具有极高的输入电阻；又因为集成运放的输出级采用了差分电路，显然电路具有较强的共模抗干扰能力。

根据“虚短”的概念可得 $u_+=u_-$，由“虚断”结论可得 $i_-=0$，因此，A 点电位 $u_A=u_{i1}$；

u_{o1} 和 u_{o2} 之间的 3 个电阻 R_F、R_W、R_F 可看作是串联，串联各电阻中的电流相等，因此有：

$$\frac{u_{o2}-u_{o1}}{2R_F+R_W}=\frac{u_B-u_A}{R_W}=\frac{u_{i2}-u_{i1}}{R_W} \tag{8-13}$$

整理式（8-13）可得：

$$u_{o2}-u_{o1}=\frac{2R_F+R_W}{R_W}(u_{i2}-u_{i1})$$

因为最后一级运放是差分输入放大器，所以有：

$$u_o=\frac{R_2}{R_1}(u_{o2}-u_{o1})=\frac{R_2}{R_1}\frac{2R_F+R_W}{R_W}(u_{i2}-u_{i1}) \tag{8-14}$$

当电路中测量电桥平衡时，有 $u_{s1}=u_{s2}$，相当于共模信号，输出 $u_o=0$，表明测量放大器对共模信号具有较高的共模抑制抗干扰能力；当环境温度发生变化时，测量桥臂的温度敏感器件 R' 感受到温度变化的影响，就会产生与 $\Delta R'$ 相应的微小信号变化量 Δu_{s1}，这相当于在两个运放的输入端出现了一个差模信号，放大器就会对该差模信号进行有效地放大，从而测量出温度的变化。

本例中的仪用放大器在微弱信号检测中得到了广泛的应用。此种结构的仪用放大电路已经由美国 ADI 公司制成集成仪用放大器，有 AD520 系列和 AD620 系列，输入电阻可高达 1 GΩ，共模抑制比可达 120 dB，R_W 由几个电阻组成，各有引线接到引脚上，通过外部不同的接线就可以方便地改变闭环电压放大倍数。

思 考 题

1．何谓滤波器？什么是无源滤波器？什么是有源滤波器？

2．说说高通滤波器和低通滤波器各自的特点。

3．若要使某段频率内的有用信号通过，而高于或低于此频段的信号将被衰减和抑制，应采用什么滤波器？这种滤波电路由什么来组成？

4．如果要抑制 50 Hz 干扰信号，不能让其通过，应采用什么滤波器？

8.3 集成运算放大器的非线性应用

运算放大器的线性应用电路都是通过外接反馈网络使集成运放处于深度负反馈状态，而运算放大器的非线性应用电路则通常工作在正反馈状态或开环状态。

集成运放应用在非线性区的特点

8.3.1 集成运放应用在非线性区的特点

（1）集成运放应用在非线性电路时，处于开环或正反馈状态下。非线性应用中的运放本身不带负反馈，这一点与运放的线性应用有着明显的不同。

（2）运放在非线性应用状态下，同相输入端和反相输入端上的信号电压大小不等，因此“虚短”的概念不再成立。当同相输入端信号电压 V_+大于反相输入端信号电压 V_-时，输出端电压 U_O 等于$+U_{OM}$，当同相输入端信号电压 V_+小于反相输入端信号电压 V_-时，输出端电压 U_O 等于$-U_{OM}$。

（3）非线性应用下的运放虽然同相输入端和反相输入端信号电压不等，但由于其输入电阻很大，所以输入端的信号电流仍可视为零值。因此，非线性应用下的运放仍然具有“虚断”的特点。

（4）非线性区的运放，输出电阻仍可以认为是零值。此时运放的输出量与输入量之间为非线性关系，输出端信号电压或为正饱和值，或为负饱和值。

8.3.2 电压比较器

集成运放工作在非线性区可构成各种电压比较器和波形发生器等。其中电压比较器的功能主要是对送到运放输入端的两个信号（模拟输入信号和基准电压信号）进行比较，并在输出端以高低电平的形式给出比较结果。

1．单门限电压比较器

单门限电压比较器

图 8.25（a）所示为简单的单门限电压比较器。把输入信号电压 u_i 接入反相输入端、门限电压（基准电压）U_R 接在同相输入端时，当 $u_i<U_R$ 时，$u_o=+U_{OM}$，当 $u_i>U_R$ 时，$u_o=-U_{OM}$。由图 8.25（b）所示的传输特性可看出，$u_i=U_R$ 是电路的状态转换点，因此，基准电压 U_R 也称作为阈值（门限值）电压，单门限电压比较器的输入 u_i 达到门限值 U_R 时，输出电压 u_o 的状态立刻产生跃变（实际情况如图中虚线所示）。

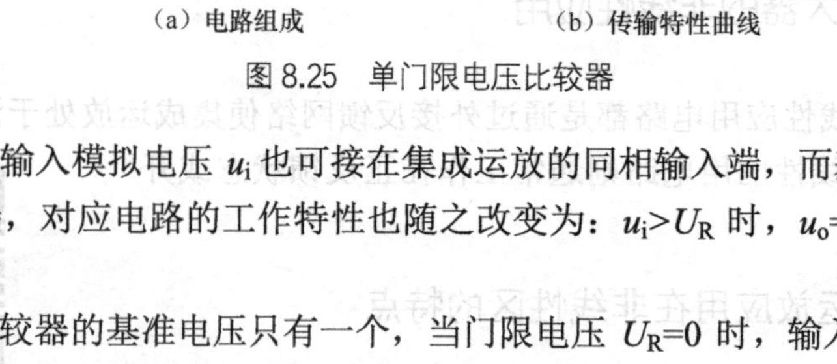

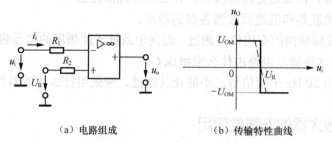

（a）电路组成　　（b）传输特性曲线

图 8.25　单门限电压比较器

实际应用中，输入模拟电压 u_i 也可接在集成运放的同相输入端，而基准电压 U_R 作用于运放的反相输入端，对应电路的工作特性也随之改变为：$u_i>U_R$ 时，$u_o=+U_{OM}$，$u_i<U_R$ 时，$u_o=-U_{OM}$。

单门限电压比较器的基准电压只有一个，当门限电压 $U_R=0$ 时，输入电压每经过零值一次，输出电压就要产生一次跃变。把这种门限值为零的单门限电压比较器，人们称为过零电压比较器，简单过零电压比较器的电路图与传输特性如图 8.26 所示。

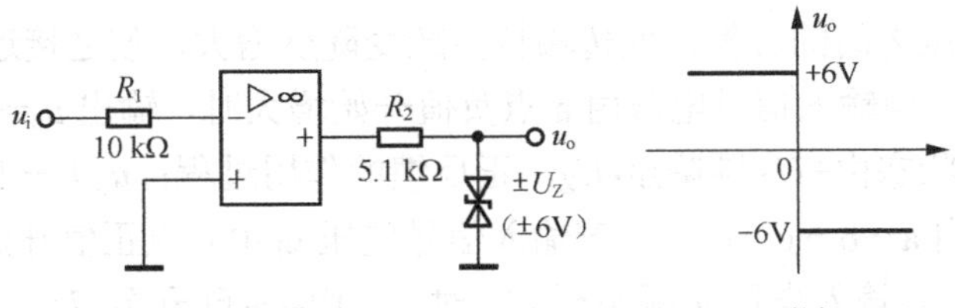

（a）　　　　　　　　　　　（b）

图 8.26　过零比较器电路图及传输特性

图 8.26（a）中输出端到“地”端之间连接的是双向稳压二极管，其稳压值 U_Z=±6 V，一方面它是过零电压比较器输出状态的数值，另一方面它对电路的输出还起着保护作用。过零电压比较器和其他形式的单门限电压比较器主要应用于波形变换、波形整形和整形检测等电路。

单门限比较器优点是电路简单、灵敏度高，缺点是抗干扰能力较差，当输入信号上出现叠加干扰信号时，输出也随干扰信号在基准信号附近来回翻转。为提高其抗干扰能力，通常采用滞回比较器。

2．滞回电压比较器

双门限电压比较器

滞回电压比较器是一种能判断出两种控制状态的开关电路，广泛应用于自动控制系统的电路中。滞回电压比较器的电路组成如图 8.27（a）所示。显然，在单门限电压比较器的基础上，引入一个正反馈通道，由正反馈通道可将输出电压的一部分回送到运放的同相输入端，作为滞回电压比较器的门限电平，即图 8.27（a）中的 U_B。当输入 u_i 从小往大变化时，门限电平为 U_{B1}；当输入 u_i 从大往小变化时，门限电平为 U_{B2}。其电压传输特性如图 8.27（b）所示。

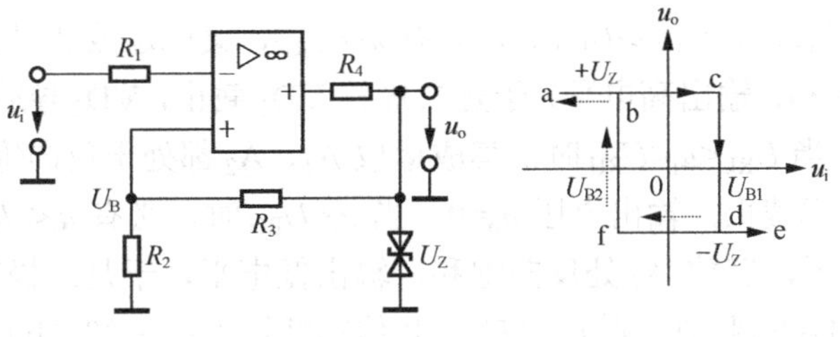

（a）电路组成　　　　　　　（b）电压传输特性

图 8.27　滞回电压比较器

开环状态下的电压比较器，最大的缺点是抗干扰能力较差。由于集成运放的开环电压增益 A_{uo} 极大，只要输入电压 u_i 在转换点附近有微小的波动时，输出电压 u_o 就会在 $\pm U_Z$(或 $\pm U_{OM}$)之间上下跃变；如果有干扰信号进入开环状态下的电压比较器，极易造成比较器产生误翻转，有效解决上述问题的办法就是引入适当的正反馈。

滞回电压比较器采用了正反馈网络，如图 8.27（a）所示。电路输出电压 u_o 经正反馈通道中的电阻 R_3 把输出回送至运放的同相输入端，由于“虚断”，R_2 和 R_3 构成串联形式，对输出量 $\pm U_Z$ 分压得到 $\pm U_B$，作为电压比较器的基准电压。正反馈网络中的 R_2 和 R_3 可加速集成运放在高、低输出电压之间的转换，使传输特性跃变陡度增大，使之接近垂直的理想状态。

观察图 8.27（b），当输入信号电压由 a 点负值开始增大时，输出 u_o=+U_Z，直到输入电压 u_i=U_{B1} 时，电路输出状态由+U_Z 陡降至-U_Z，正反馈的作用过程：$u_o\downarrow\rightarrow U_B\downarrow\rightarrow(u_i-U_B)\downarrow\rightarrow u_o\downarrow$，电压传输特性由 a→b→c→d→e；若输入信号电压 u_i 由 e 点正值开始逐渐减小时，输出信号电压 u_o 等于-U_Z，当输入电压 u_i 减小至 U_{B2} 时，u_o 由-U_Z 陡升至+U_Z，正反馈的作用过程：$u_o\downarrow\rightarrow U_B\downarrow\rightarrow(u_i-U_B)\downarrow\rightarrow u_o\downarrow$，电压传输特性由 e→f→b→a。

上述双门限电压比较器在电压传输过程中具有滞回特性，因此称为滞回电压比较器。与单门限电压比较器相比，由于滞回电压比较器加入了正反馈网络，使输入从大往小变化和从小往大变化时存在回差电压，从而大大增强了电路的抗干扰能力，但电路较为复杂。

3. 窗口比较器

窗口电压比较器

单门限电压比较器和滞回电压比较器在输入电压单方向变化时，输出电压仅发生一次跳变，因此无法比较在某一特定范围内的电压。窗口比较器则具有这项功能。

窗口比较器的电路如图 8.28 所示。

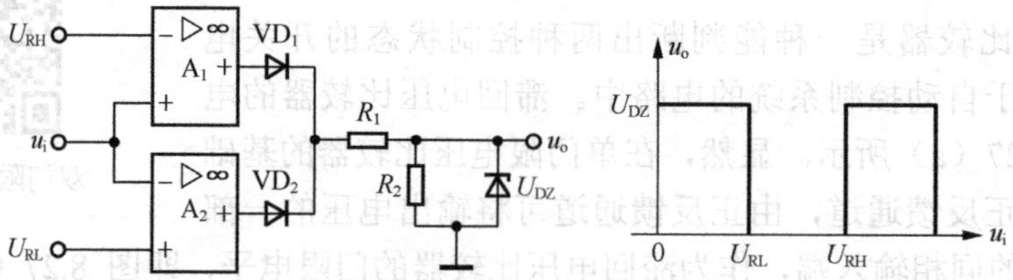

（a）电路图　　（b）传输特性

图 8.28　窗口比较器电路

由图 8.28（a）可看出，当 u_i>U_{RH} 时，必有 u_i>U_{RH}，集成运放 A_1 处正向饱和，输出低电平，运放 A_2 处正向饱和，输出高电平，于是二极管 VD_1 截止，VD_2 导通，输出受稳压管 VD_Z 的限制，则 u_o=+U_Z。当 U_{RL}<u_i<U_{RH} 时，集成运放 A_1、A_2 都处于反向饱和，输出低电平，于是二极管 VD_1、VD_2 都截止，输出电压 u_o=0。当 u_i<U_{RH} 时，必有 u_i<U_{RL}，集成运放 A_1 处于反向饱和，输出高电平，运放 A_2 处反向饱和，输出低电平，于是二极管 VD_1 导通，VD_2 截止，输出受稳压管 VD_Z 的限制，则 u_o=+U_Z。其传输特性如图 8.28（b）所示。

4. 集成电压比较器

集成电压比较器

集成电压比较器按电压比较器的个数可分为：单电压比较器、双电压比较器和四电压比较器。集成电压比较器可将模拟信号转换成二值信号，因此能用于 A/D 接口电路。与集成运放相比较，集成电压比较器开环增益低，失调电压大，共模抑制比小。但具有响应速度快、传输时间短，一般不需要外加限幅电路的特点，可直接驱动 TTL、CMOS 和 ECL 等电路。

表 8-1 给出了几个常用集成电压比较器的参数。

表 8-1 几个常用电压比较器的参数

型号	工作电源/V	正电源电流 /mA	负电源电流 /mA	响应时间 /ns	输出方式	类型
AD790	±5 或±15	10	5	45	TTL/CMOS	通用
LM119	±5 或±15	8	3	80	OC，发射极浮动	通用
MC1414	+16 和−6	18	14	40	TTL，带选通	通用
MXA900	+5 或±5	25	20	15	TTL	高速
TCL374	2～18	0.75		650	漏极开路	低功耗

以通用型集成电压比较器 AD790 说明其基本接法。AD790 是具有 8 个管脚的芯片，管脚 1 外接正电源；管脚 2 为反相输入端；管脚 3 为同相输入端；管脚 4 外接负电源；管脚 5 为锁存控制端，当该端子为低电平时，锁存输出信号；管脚 6 是接地端；管脚 7 为输出端；管脚 8 是逻辑电源端，其取值确定负载所需的高电平。

5. 方波发生器

（1）工作原理和振荡波形

图 8.29 所示为方波信号发生器的电路图及波形图。由图 8.29（a）可看出，方波发生器就是在滞回电压比较器的基础上，在输出和反相端之间增加一条 RC 充放电反馈支路构成的。

方波发生器

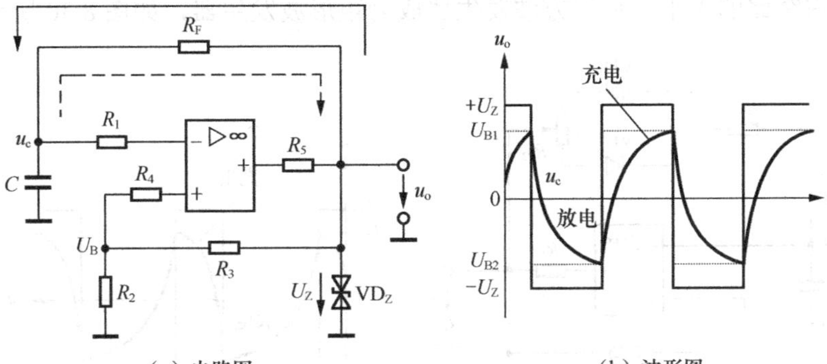

图 8.29 方波信号发生器

方波发生器输出端连接的双向稳压管对输出双向限幅，使 u_o=±U_Z。R_2 和 R_3 组成的正反馈电路为同相输入端提供基准电压 U_B；R_F、R_1 和 C 构成负反馈通道，为运放构成的方波发生器的反相输入端提供电压 u_c。集成运放接成滞回电压比较器，将负反馈通道的 u_c 与门限值 U_B 进行比较，根据比较结果来决定输出电压 u_o 的状态，当 $u_c>U_B$ 时，u_o=-U_Z，当 $u_c<U_B$ 时，u_o=+U_Z。

工作原理：当运放通电瞬间，电路中存在微弱的冲击电流，由冲击电流造成的电干扰，通过正反馈的积累，可使方波发生器的输出电压迅速达到±U_Z。假设方波发生器开始工作时

u_o=+U_Z，此时电容 C 储能为零。输出通过负反馈通道 R_F 向电容 C 充电，充电电流的方向如图中实线箭头所示。随着充电过程的进行，u_c 按指数规律增大；与此同时，通过正反馈通道，在滞回比较器的同相输入端得到了基准电压 U_{B1}：

$$U_B = U_{B1} = +\frac{R_2}{R_2 + R_3}U_Z$$

u_c 从零增大的充电过程中，不断地和基准电压相比较，当充电至数值等于 U_{B1} 时，滞回电压比较器状态发生翻转，u_o=-U_Z。通过正反馈通道，电路的基准电压迅速改变为：

$$U_B = U_{B2} = -\frac{R_2}{R_2 + R_3}U_Z$$

于是滞回电压比较器反相端电位高于同相端基准电压（同时高于输出电压），电容器 C 经 R_F 放电，放电电流的方向如图 8.29（a）中虚线箭头所示，u_c 按指数规律衰减。当 u_c 按指数规律放电结束为零时，u_c 仍高于输出电压和门限电平，因此继续通过 R_F 反向充电，电流方向不变，反向充电到数值等于 U_{B2} 时，方波发生器的输出 u_o 状态再次翻转，跃变为+U_Z，门限电平通过正反馈通道又变为 U_{B1}，电容通过 R_F 又开始反向放电，反向放电的方向和正向充电的电流方向相同。如此周而复始，在方波发生器的输出端得到了连续的、幅值为±U_Z 的方波电压，其波形图如图 8.29（b）中所示。

（2）占空比可调的方波发生器

方波发生器波形中的高电平时间 T_H 与周期 T 之比称之为占空比 q，即

$$q = \frac{T_H}{T} \tag{8-15}$$

显然，典型方波的占空比是 50%。若在方波发生器电路中调节电容的充、放电时间常数，即可改变方波占空比的大小，使得方波发生器成为矩形波发生器，如图 8.30 所示。

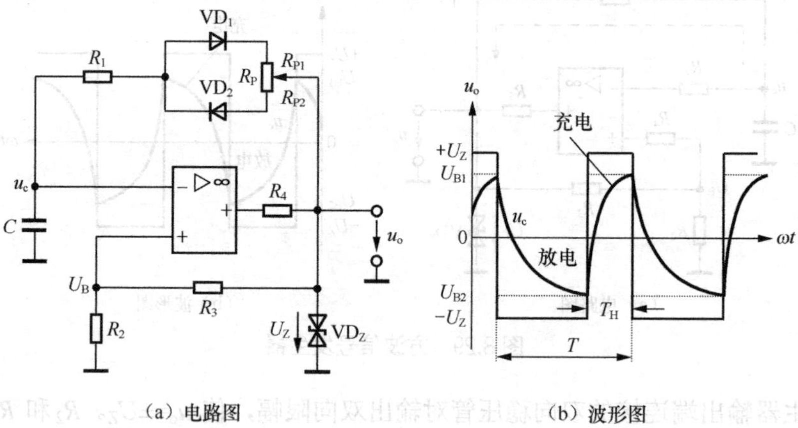

图 8.30　占空比可调的矩形波发生器

对图 8.30（a）电路中的电位器 R_P 进行调节，使得 R_{P1}>R_{P2}，则电容的充、放电时间常数将改变，从反向输入端流向输出的电流时间常数增大，从输出流向电容的电流时间常数减小，占空比减小，其输出波形如图 8.30（b）所示。

调节 R_{P1} 和 R_{P2} 的数值，只能改变占空比的大小，振荡频率不会发生变化。

8.3.3 文氏桥正弦波振荡器

文氏桥正弦波振荡器

文氏桥正弦波振荡器在各种电子设备中均得到广泛的应用。例如，无线发射机中的载波信号源，接收设备中的本地振荡信号源，各种测量仪器如信号发生器、频率计、f_T 测试仪中的核心部分以及自动控制环节，都离不开文氏桥正弦波振荡器。

正弦波振荡器可分为两大类，一类是利用正反馈原理构成的反馈型振荡器，它是目前应用最多的一类振荡器；另一类是负阻振荡器，它是将负阻器件直接接到谐振回路中，利用负阻器件的负电阻效应去抵消回路中的损耗，从而产生等幅的自由振荡，这类振荡器主要工作在微波频段。

1. 文氏桥的自激振荡条件

如果在放大器的输入端不加任何输入信号，其输出端仍有一定的幅值和频率的输出信号，这种现象称为自激振荡。

文氏桥正弦波振荡器属于通过正反馈连接方式实现等幅正弦振荡的电路。对文氏桥正弦波振荡器的性能要求主要有以下三点。

（1）保证振荡器接通电源后能够从无到有建立起具有某一固定频率的正弦波输出。

（2）振荡器在进入稳态后能维持一个等幅连续的振荡。

（3）当外界因素发生变化时，电路的稳定状态不受到破坏。

显然，文氏桥正弦波振荡器首先应满足自激振荡的条件，自激振荡器大多由放大器和正反馈电路组成。

2. 文氏桥的 RC 选频网络

对于一个正弦波振荡器来说，为获得单一频率的正弦波输出，必须要有一个选频网络。文氏桥正弦波振荡器电路中就含有和放大电路合而为一的正反馈选频网络。选频网络通常由 R、C 和 L、C 等电抗性元件组成，文氏桥正弦波振荡器的选频网络是由 R、C 串并联电路组成的，如图 8.31 所示。

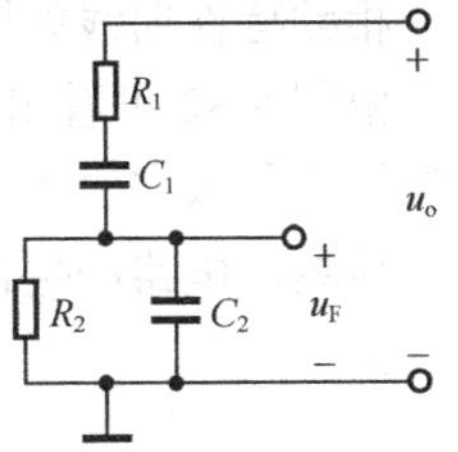

图 8.31 文氏桥 RC 网络

文氏桥的 RC 串并联选频网络跨接在正弦波振荡器输出的两端，其中 R_2、C_2 组成的并联部分接在运算放大器的同相输入端形成正反馈。

实际的振荡电路一般不会外加激励信号，而是依据自激振荡产生振荡波。文氏桥正弦波振荡器也没有外加激励，但是当文氏桥中的运算放大器与直流电源相接通的瞬间，电路中必然会产生冲击电压或者是冲击电流，这一瞬变过程造成放大电路的输出端出现了一个瞬时干扰信号，瞬时干扰信号中所包含的频谱范围很广，其中必然包括振荡频率 f_0。如果设置选频网络的参数合适，当这个瞬时干扰信号经过 RC 选频网络选频后，只有 f_0 这一频率分量满足相位平衡条件，于是 f_0 的频率成分就被选中，并通过正反馈送入放大器将此频率成分的信号放大，建立起增幅振荡，而瞬时干扰信号中除了 f_0 之外的其他频率的分量则因未选中被衰减和抑制掉。

那么，什么是相位平衡条件呢？

如果设置文氏桥正弦波振荡器中的 RC 选频网络的参数为：$R_1=R_2=R$，$C_1=C_2=C$，则选频网络的电路传输系数（反馈系数）为

$$\dot{F}=\frac{\dot{u}_{\mathrm{O}}}{\dot{u}_{\mathrm{F}}}=\frac{R//\frac{1}{\mathrm{j}\omega C}}{R+\frac{1}{\mathrm{j}\omega C}+R//\frac{1}{\mathrm{j}\omega C}}=\frac{1}{3+\mathrm{j}\left(\omega RC-\frac{1}{\omega RC}\right)}$$

当选频网络中选择出的信号角频率为 ω_0，且 $\omega_0=\frac{1}{RC}$ 时，则上式可改写为

$$\dot{F}=\frac{1}{3+\mathrm{j}\left(\frac{\omega}{\omega_0}-\frac{\omega_0}{\omega}\right)} \tag{8-16}$$

式（8-16）所示的函数关系称为 RC 串并联选频网络的幅频特性，幅频特性曲线如图 8.32（a）所示。

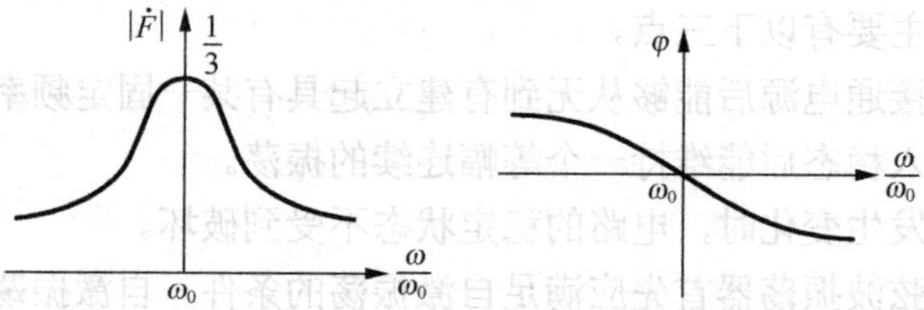

（a）幅频特性　　（b）相频特性

图 8.32　RC 串并联选频网络的幅频特性和相频特性

选频网络的相频特性为：

$$\varphi=-\arctan\frac{\frac{\omega}{\omega_0}-\frac{\omega_0}{\omega}}{3} \tag{8-17}$$

相频特性曲线如图 8.32（b）所示。

由图 8.32 可看出，只有当信号频率 ω 等于选频网络的振荡频率 ω_0 时，选频网络的幅频特性可达到最大值 1/3，此时正反馈量与输出量同相，对应的相移 $\varphi=0$，这就是相位平衡条件。显然，电路产生自激振荡必须同时满足两个条件：

① $$|AF|\geqslant 1，即 |A|\geqslant\frac{1}{|F|}=3 \tag{8-18}$$

② $$\varphi_{\mathrm{o}}=\varphi_{\mathrm{F}}=2n\pi\ （n 为正整数） \tag{8-19}$$

式（8-18）称为选频网络的幅度平衡条件，式（8-19）称为选频网络的相位平衡条件。满足上述两个条件，文氏桥的 RC 串并联选频网络即具有选频作用。

幅度平衡条件中的 A 指集成运算放大器的开环电压增益，其中的 F 则是 RC 选频网络的传输函数。由于存在正反馈环节，因此当正弦波振荡电路正反馈量较强时，振荡过程就会出现增幅，输出正弦波的幅度越来越大；而当正反馈量不足时，振荡过程又会出现减幅，如果

减幅持续进行，必然造成停振。为此，文氏桥正弦波振荡器还必须要有一个稳幅电路。

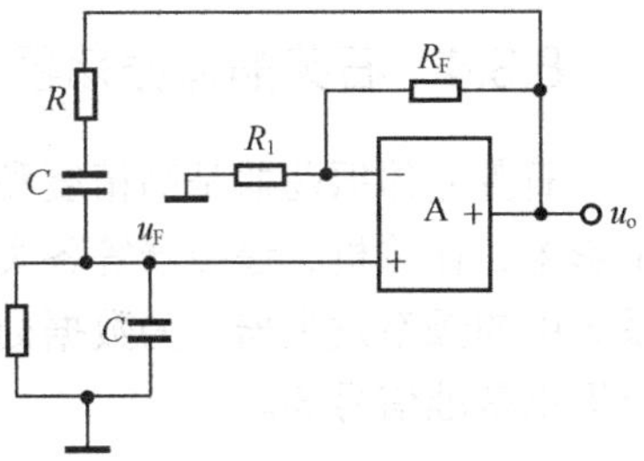

图 8.33 文氏桥正弦波振荡器

3．文氏桥正弦波振荡器的工作原理

文氏桥正弦波振荡器的电路构成如图 8.33 所示。显然，文氏桥除了和放大器合二而为一的 RC 选频网络组成的正反馈通道，还有着起稳幅作用的负反馈通道。

集成运算放大器和电阻 R_F、R_1 组成的同相放大器作为基本放大电路，当 $\omega=\omega_0=1/RC$ 时正反馈通道的反馈系数 F=1/3。如果 $R_F=2R_1$，则同相放大器的放大倍数 A_u=3，可满足自激振荡条件 A_uF=1。同时，文氏桥 RC 选频网络中的 u_f 与 u_o 同相位，即 $\varphi_A=0°$，$\varphi_F=0°$，$\varphi_A+\varphi_F=0°$，满足自激振荡的相位条件。所以该电路可以产生自激振荡，输出 u_o 是频率为 $f_0=\dfrac{\omega_0}{2\pi}=\dfrac{1}{2\pi RC}$ 的正弦波。

上述正弦波振荡器没有外接信号源而自动产生正弦波，那么起始信号是怎么产生的呢？读者可以这样理解：当接通电源时，电路中会产生冲击电压和电流，因此在同相放大器的输出端会产生一个微小的输出电压信号。这个电压信号就是起始信号，是一个非正弦波，但是这个非正弦波中含有频率为 f_0 的正弦分量。如果这时 A_uF=1，即 A_u>3，则这个频率为 f_0 的正弦分量就被选频网络选出来并被放大，周而复始，使之幅度越来越大，而其它频率的分量被衰减，因而 u_o 中只含频率为 f_0 的正弦信号。

4．能自行起振的正弦波发生器

自动稳幅的文氏桥正弦波振荡器

根据上述分析，在正弦波振荡起振时，应使 A_u>3；在起振后希望输出幅度稳定，这时应该使 A_u=3；若输出幅度过大（例如达到饱和），则应使 A_u<3。也就是说，放大器的电压放大倍数应该能根据振幅自动调整，这种功能称为自动起振和稳幅，能自动起振和稳幅的电路有许多种，图 8.34 所示是一种利用二极管自动起振和稳幅的电路。

图中，将反馈电阻 R_F 分为两个电阻 R_{F1} 和 R_{F2}，R_{F1} 并联二极管 VD_1 和 VD_2，将电阻 R_1 换成电位器变成可调电阻。在自激振荡过程中，总有一个二极管处于导电状态，当起振时，u_o 的振幅较小，二极管中的电流也较小，由于二极管是非线性元件，因此对正向电流呈现的电阻 R_D 较大，与 R_{F2} 并联后的电阻较大，放大器的电压放大倍数：

$$A_u=1+\frac{R_{F1}+R_{F2}//R_D}{R_1}>3\text{（若不满足要求调节 }R_1\text{）。}$$

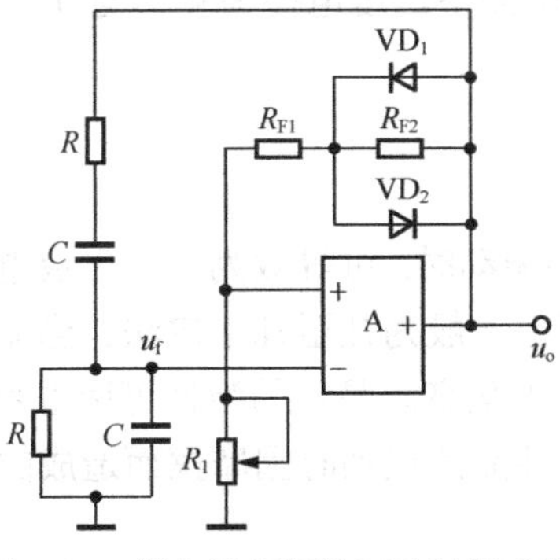

图 8.34 能自行起振的正弦波振荡器

随着 u_o 振幅的增大，二极管中的电流也增大，二极管的正向电阻 R_D 减小，并联电阻 $R_{F2}//R_D$ 减小，因而使放大倍数 A_u 减小，维持 A_u=3，使电路等幅振荡。若振幅过大，则 R_D 更小，使 A_u<3，又可使振幅减小。因此，该电路可以自动起振和自动稳幅。

8.3.4 石英晶体振荡器

石英晶体振荡器

石英晶体振荡器是高精度和高稳定度的振荡器，不仅被应用于彩电、计算机、遥控器等各类振荡电路中，还广泛应用于通信系统中的频率发生器、为数据处理设备产生时钟信号和为特定系统提供基准信号等。

1．石英晶体振荡器的结构

石英晶体振荡器是利用二氧化硅结晶体的压电效应制成的一种谐振器件，其基本结构及产品外形如图 8.35（a）所示。

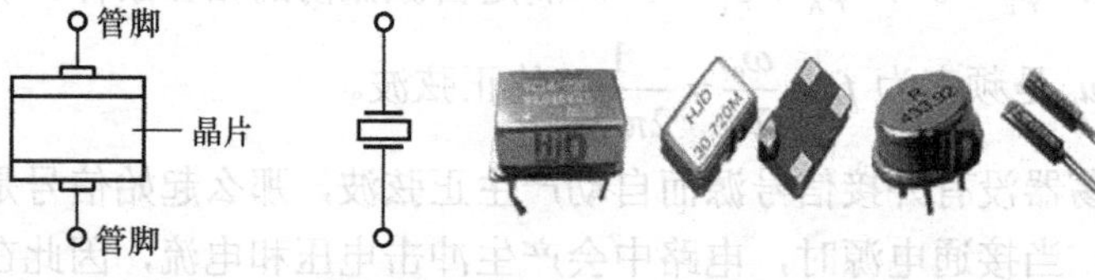

（a）结构示意图　（b）符号　（c）部分产品外形

图 8.35　石英晶体结构图、图符号及产品外形图

将二氧化硅结晶体按按一定方位角切下正方形、矩形或圆形等薄片，简称为晶片，再将晶片的两个对应表面抛光和涂敷银层作为电极，在两个电极上引出管脚加以封装，就构成石英晶体谐振器。石英晶体谐振器简称为石英晶体或晶体、晶振，其产品一般用金属外壳封装，也有用玻璃壳、陶瓷或塑料封装的，图 8.35（c）所示为部分石英晶体振荡器产品外形，图 8.35（b）所示为石英晶体振荡器的图符号。

2．压电效应和压电振荡

若在石英晶体的两个电极上加一电场，晶片就会产生机械变形。反之，若在晶片的两侧施加机械压力，则在晶片相应的方向上将产生电场，这种物理现象称为**压电效应**。

一般情况下，无论是机械振动的振幅，还是交变电场的振幅都非常小。但当外加交变电压的频率为某一特定值时，振幅骤然增大，比其他频率下的振幅大得多，这种现象称为**压电振荡**。这一特定频率就是石英晶体的固有频率，也称压电振荡频率，压电振荡频率与 LC 回路的谐振现象十分相似。

3．石英晶体的等效电路和振荡频率

石英晶体的等效电路如图 8.36（a）所示。当石英晶体不振动时，可等效为一个平板电容 C_0，称为静态电容，其值决定于晶片的几何尺寸和电极面积，一般为几至几十皮法。当晶片产生振动时，机械振动的惯性电感 L 来等效。其值为几至几十毫亨。晶片的弹性可用电容 C 来等效，C 的数值很小，一般只有 0.0002～0.1 pF。晶片的弹性晶片振动时因摩擦而造成的损耗用 R 来等效，它的数值约为 100 Ω。理想情况下 R=0。

由于晶片的等效电感很大，而 C 很小，R 也小，因此回路的品质因数 Q 很大，可达 1000～10000。加上晶片本身的谐振频率基本上只与晶片的切割方式、几何形状、尺寸有关，而且可

以做得精确，因此利用石英谐振器组成的振荡电路可获得很高的频率稳定度。当等效电路中的 L、C、R 支路产生串联谐振时，该支路呈纯电阻性，等效电阻为 R，谐振频率为：

$$f_S = \frac{1}{2\pi\sqrt{LC}}$$

谐振频率下整个网络的阻抗等于 R 和 C_0 的并联值，因 $R<<\omega_0 C_0$，故可近似认为石英晶体也呈纯电阻性，等效电阻为 R。

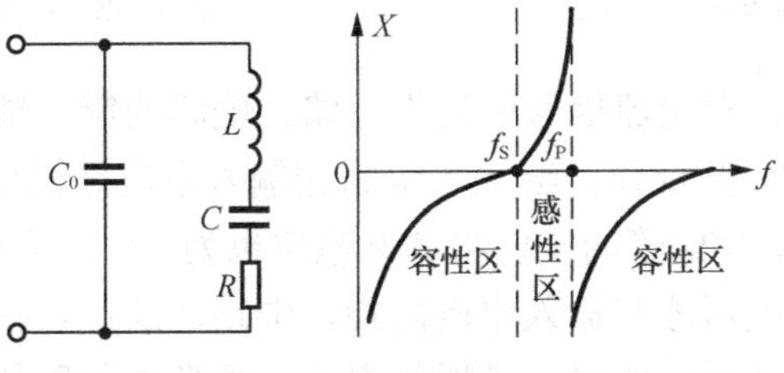

（a）等效电路　　（b）频率特性

图 8.36　石英晶体等效电路与频率特性

当 $f<f_s$ 时，C_0 和 C 电抗较大，起主导作用，石英晶体呈容性。当 $f>f_s$ 时，L、C、R 支路呈感性，将与 C_0 产生并联谐振，石英晶体又呈纯电阻性，谐振频率为：

$$f_P = \frac{1}{2\pi\sqrt{L\dfrac{CC_0}{C+C_0}}} = f_S\sqrt{1+\frac{C}{C_0}}$$

由于 $C<0$，所以 $f_P \approx f_S$。

当 $f>f_P$ 时，电抗主要决定于 C_0，石英晶体又呈容性。因此，石英晶体阻抗的频率特性如图 8.36（b）所示。只有在 $f_S<f<f_P$ 的情况下，石英晶体才呈现感性；并且 C_0 和 C 的容量相差越悬殊，f_S 和 f_P 越接近，石英晶体呈感性的频带越狭窄，如图 8.36（b）所示。根据品质因数的表达式：

$$Q \approx \frac{1}{R}\sqrt{\frac{L}{C}}$$

由于 C 和 R 的数值都很小，L 数值很大，所以 Q 值高达 $10^4 \sim 10^6$。频率稳定度 $\Delta f/f_0$ 可达 $10^{-6} \sim 10^{-8}$，采用稳频措施后可达 $10^{-10} \sim 10^{-11}$。而 LC 振荡器的 Q 值只能达到几百，频率稳定度只能达到 10^{-5}。

4．并联型石英晶体正弦波振荡电路

LC 正弦波振荡电路可以产生高频正弦波，广泛用于广播通信电路中。如果用石英晶体取代 LC 振荡电路中的电感，就得到并联型石英晶体正弦波振荡电路，如图 8.37 所示。

电路的振荡频率等于石英晶体的并联谐振频率。

5．串联型石英晶体振荡电路

图 8.38 所示为串联型石英晶体振荡电路。

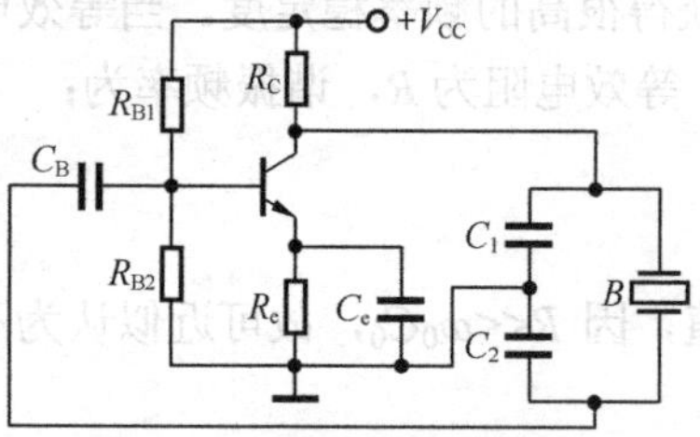

图 8.37　并联型石英晶体振荡电路

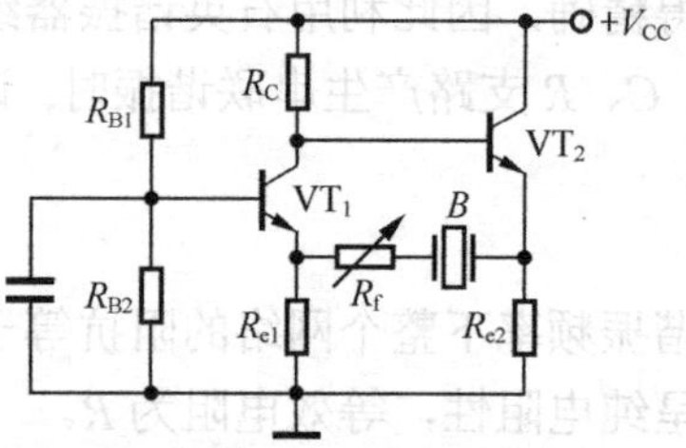

图 8.38　串联型石英晶体振荡电路

电容 C_B 为旁路电容，对交流信号可视为短路。电路的第一级为共基放大电路，第二级为共集电极放大电路。若断开反馈，给放大电路加输入电压是极性上“+”下“−”；则 VT_1 管集电极动态电位为“+”，VT_2 管的发射极动态电位也为“+”。只有在石英晶体呈纯电阻性，即产生串联谐振时，反馈电压才与输入电压同相，电路才满足正弦波振荡的相位平衡条件。所以电路的振荡频率为石英晶体的串联谐振频率 f_S。调整 R_f 的阻值，可使电路满足正弦波振荡的幅值平衡条件。

6．石英晶体振荡器类型特点

石英晶体器的类型特点和技术参数

石英晶体振荡器由品质因数极高的石英晶体谐振器和振荡电路组成。石英晶体的品质、切割取向、晶体振子的结构及电路形式等，共同决定振荡器的性能。国际电工委员会（IEC）将石英晶体振荡器分为 4 类：普通晶体振荡（TCXO），电压控制式晶体振荡器（VCXO），温度补偿式晶体振荡（TCXO），恒温控制式晶体振荡（OCXO）。目前发展中的还有数字补偿式晶体损振荡（DCXO）等。

普通晶体振荡器（SPXO）可产生 10^{-5}～10^{-4} 量级的频率精度，标准频率 1～100 MHz，频率稳定度为±100 ppm。SPXO 没有采用任何温度频率补偿措施，价格低廉，通常用作微处理器的时钟器件。封装尺寸范围从 21 mm×14 mm×6 mm 及 5 mm×3.2 mm×1.5 mm。

电压控制式晶体振荡器（VCXO）的精度是 10^{-6}～10^{-5} 量级，频率范围 1～30 MHz。低容差振荡器的频率稳定度为±50 ppm。通常用于锁相环路。封装尺寸 14 mm×10 mm×3 mm。

温度补偿式晶体振荡器（TCXO）采用温度敏感器件进行温度频率补偿，频率精度达到 10^{-7}～10^{-6} 量级，频率范围 1～60 MHz，频率稳定度为±1～±2.5 ppm，封装尺寸从 30 mm×30 mm×15 mm 至 11.4 mm×9.6 mm×3.9mm。通常用于手持电话、蜂窝电话、双向无线通信设备等。

恒温控制式晶体振荡器（OCXO）将晶体和振荡电路置于恒温箱中，以消除环境温度变化对频率的影响。OCXO 频率精度是 10^{-10}～10^{-8} 量级，对某些特殊应用甚至达到更高。频率稳定度在 4 种类型振荡器中最高。

7．石英晶体振荡器的主要参数

石英晶振的主要参数有标称频率、负载电容、频率精度、频率稳定度等。

不同的石英晶振标称频率不同，标称频率大都标明在晶振外壳上。如常用普通晶振标称频率有：48 kHz、500 kHz、503.5 kHz、1 MHz～40.50 MHz 等。对于特殊要求的晶振频率可达到 1000 MHz 以上，也有的没有标称频率，如 CRB、ZTB、Ja 等系列。

负载电容是指晶振的两条引线连接 IC 块内部及外部所有有效电容之和，可看作晶振片在电路中串接电容。负载频率不同时，振荡器的振荡频率也不相同。标称频率相同的晶振，负载电容不一定相同。因为石英晶体振荡器有两个谐振频率，一个是串联揩振晶振的低负载电容晶振，另一个为并联揩振晶振的高负载电容晶振。所以，标称频率相同的晶振互换时必须要求负载电容一致，不能贸然互换，否则会造成电器工作不正常。

频率精度和频率稳定度：由于普通晶振的性能基本都能达到一般电器的要求，对于高档设备还需要有一定的频率精度和频率稳定度。频率精度从 10^{-4} 量级到 10^{-10} 量级不等。稳定度从±1 至±100 ppm 不等。这要根据具体的设备需要而选择合适的晶振，如通信网络，无线数据传输等系统就需要更高要求的石英晶体振荡器。因此，晶振的参数决定了晶振的品质和性能。

实际应用中，要根据具体要求选择适当的晶振，不同性能的晶振其价格相差很大，要求越高价格越贵。因此，选择时只要满足要求即可。

思 考 题

1. 集成运放的非线性应用主要有哪些特点？“虚断”和“虚短”的概念还适用吗？
2. 画出滞回比较器的电压传输特性，说明其工作原理。
3. 改变占空比的大小，振荡频率会随之发生变化吗？
4. RC 串并联选频网络在什么条件下具有选频作用？
5. 试述自激振荡的条件。
6. 何谓石英晶体的压电效应？什么是压电振荡？

8.4　集成运算放大器的选择、使用和保护

集成运算放大器的选择、使用和保护

8.4.1　集成运算放大器的选择

集成运算放大器是模拟集成电路中应用最广泛的一种器件。在由运放组成的各种系统中，应用要求各不相同，所以对运放的性能要求也不一样。在没有特殊要求的场合，尽量选用通用型集成运放，这样既可降低成本，又容易保证货源。当一个系统中使用多个运放时，尽可能选用多运放集成电路，例如 LM324、LF347 等都是将 4 个运放封装在一起的集成电路。

评价集成运放性能的优劣，应看其综合性能。一般用优值系数 K 来衡量集成运放的优良程度，其定义为：

$$K = \frac{SR}{I_{ib} \cdot V_{OS}}$$

评价集成运放性能的优劣，应看其综合性能。一般用优值系数 K 来衡量集成运放的优良程度，式中，SR 为转换率，单位为 V/s，其值越大，表明运放的交流特性越好；I_{ib} 为运放的输入偏置电流，单位为 nA；V_{OS} 为输入失调电压，单位为 mV。I_{ib} 和 V_{OS} 值越小，表明运放的直流特性越好。所以，对于放大音频、视频等交流信号的电路，选 SR 比较大的运放比较合适；对于处理微弱的直流信号的电路，选用精度比较的高的运放，即失调电流、失调电压

及温飘均比较小的运放比较合适。

实际选择集成运放时，除优值系数要考虑之外，还应考虑其他因素。例如信号源的性质，是电压源还是电流源；负载的性质，集成运放输出电压和电流的是否满足要求；环境条件，集成运放允许工作范围、工作电压范围、功耗与体积等因素是否满足要求等。

例如低噪声运放及其典型应用技术的选择，以 AD797 为例。它是低噪声、场效应管输入（FET）的运算放大器，最大输入电压噪声最大值 50nVpp。

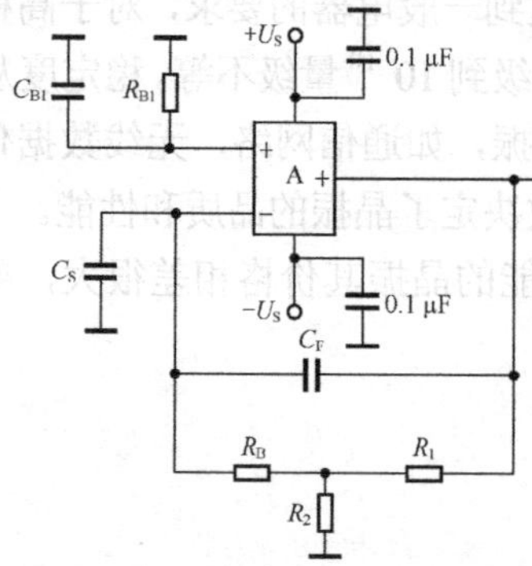

图 8.39　AD797 组成的低噪声电荷放大器

AD797 组成的低噪声电荷放大器如图 8.39 所示。电路放大作用取决于运放输入端电荷的保持因素，要求电容 C_S 上的电荷能被传送到电容 C_F，形成输出电压 $\Delta Q/C_F$。在放大器输出端呈现的电压噪声等于放大器输入电压噪声乘以电路的噪声增益 $(1+(C_S/C_F))$。

该电路中存在 3 个重要的噪声源：运放的电压噪声、电流噪声和电阻 R_B 引起的电流噪声。该电路利用"T"形网络增大 R_B 的有效电阻值，改善了低频截止点，但不能改变低频时起支配作用的电阻 R_B 的噪声；须选择足够大的 R_B 尽可能减小该电阻对整个电路的噪声影响。为了达到最佳特性，电路输入端要对信号源内阻进行平衡（即由电阻 R_{B1} 来调整）；要对信号源电容进行平衡（由电容 C_{B1} 调整）。当 C_{B1} 值大于 300 pF 时，电路噪声能有效减小。

8.4.2　集成运算放大器的使用要点

1. 集成运放的电源供给方式

集成运放有两个电源接线端 $+V_{CC}$ 和 $-V_{EE}$，但有不同的电源供给方式。对于不同的电源供给方式，对输入信号的要求是不同的。

（1）单电源供电方式

单电源供电是将运放的 $-V_{EE}$ 管脚连接到地上。此时为了保证运放内部单元电路具有合适的静态工作点，在运放输入端一定要加入一直流电位，如图 8.40 所示。此时运放的输出是在某一直流电位基础上随输入信号变化。对于图 8.40 中的交流放大器，静态时，运算放大器的输出电压近似为 $V_{CC}/2$，为了隔离掉输出中的直流成分接入电容 C_3。

（2）对称双电源供电方式

运算放大器大多采用双电源供电方式。相对于公共端（地）的正电源端与负电源端分别接于运放的 $+V_{CC}$ 和 $-V_{EE}$ 管脚上。在这种方式下，可把信号源直接接到运放的输入脚上，而输出电压的振幅可达正负对称电源电压。

2. 集成运放的调零问题

由于集成运放的输入失调电压和输入失调电流的影响，当运算放大器组成的线性电路输入信号为零时，输出往往不等于零。为了提高电路的运算精度，要求对失调电压和失调电流造成的误差进行补偿，这就是运算放大器的调零。常用的调零方法有内部调零和外部调零，而对于没有内部调零端子的集成运放，要采用外部调零方法。下面以 μA741 为例，图 8.41 给出了常用调零电路。

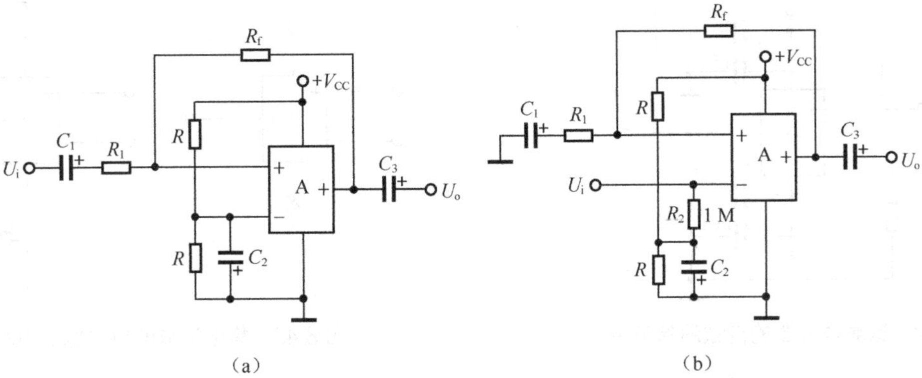

图 8.40　单电源接入方式

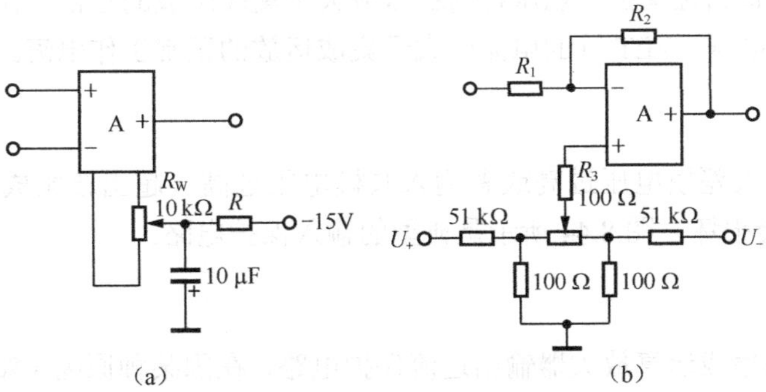

图 8.41　运算放大器的常用调零电路

其中图 8.41（a）所示的是内部调零电路；图 8.41（b）是外部调零电路。

3．集成运放的自激振荡问题

运算放大器是一个高放大倍数的多级放大器，在接成深度负反馈条件下，很容易产生自激振荡。为使放大器能稳定的工作，就需外加一定的频率补偿网络，以消除自激振荡。图 8.42 所示是消除自激振荡的相位补偿电路。

另外，防止通过电源内阻造成低频振荡或高频振荡的措施，是在集成运放的正、负供电电源的输入端对地一定要分别加入一个 10 μF 的电解电容和一个 0.01 μF～0.1 μF 高频滤波电容。

8.4.3　集成运算放大器的保护

集成运放的安全保护有三个方面：电源保护、输入保护和输出保护。

1．电源保护

电源的常见故障是电源极性接反和电压跳变。电源反接保护和电源电压突变保护电路如图 8.43 所示电路。

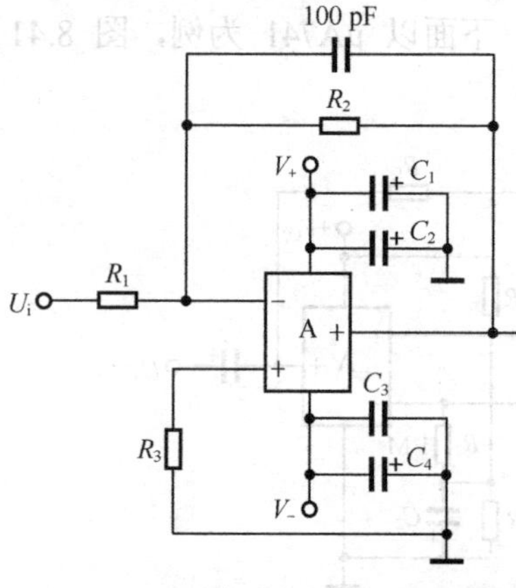

图 8.42　运算放大器的自激消除电路

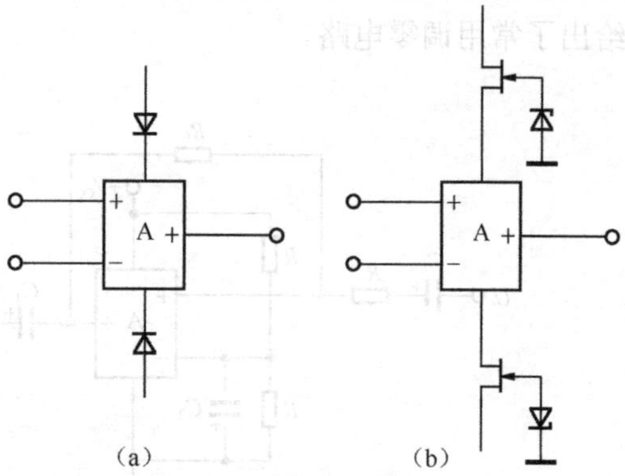

图 8.43　集成运放的电源保护电路

对于性能较差的电源，在电源接通和断开瞬间，往往出现电压过冲。图 8.43（b）中采用 FET 电流源和稳压管钳位保护，稳压管的稳压值大于集成运放的正常工作电压而小于集成运放的最大允许工作电压。FET 管的电流应大于集成运放的正常工作电流。

2．输入保护

集成运放的输入差模电压过高或者输入共模电压过高（超出该集成运放的极限参数范围），集成运放也会损坏。图 8.44 所示是典型的输入保护电路。

3．输出保护

图 8.45 所示为集成运算放大器输出过流保护电路，在因某种原因（如输出短路等）使集成运放输出过流时，保护电路即成恒流源，使集成运放不至因输出电流过大而损坏。

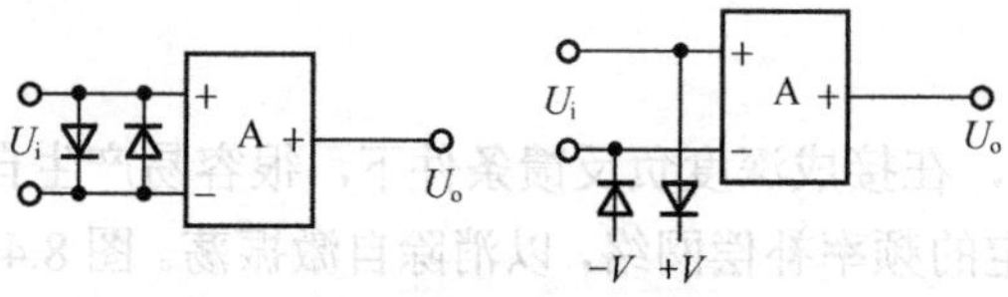

图 8.44　集成运放输入保护电路

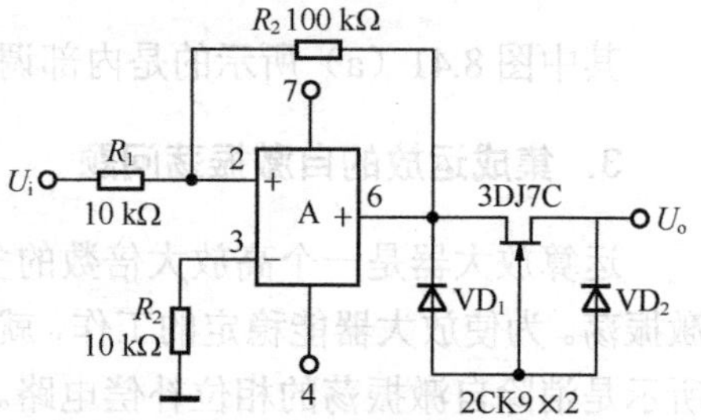

图 8.45　集成运放输出过流保护电路

图 8.45 中场效应管 3DJ7C 接在集成运放输出端，采用近似恒流源接法。当电路工作正常时，场效应管呈现低阻抗，基本不影响电路的输出电压范围。当电路输出端短路时，场效应管呈现高阻抗，使电路输出电流得到了限制。

二极管 VD_1 的作用是在电能输出负电压时，与场效应管一起构成恒流源。VD_2 与 VD_1 相同，是在电路输出正电压时，与场效应管一起构成恒流源。

场效应管应取其饱和漏源电流 I_{DSS} 略大于集成运放输出电流的管子，因为大多数集成运放的输出电流都不超过±10 mA，所以可选用如 3DJ6H、3DJ7G 等管子。I_{DSS} 不能取得过大或过小，如果 I_{DSS} 过大，保护作用则会减弱；I_{DSS} 过小，在集成运放输出电流稍大时恒流源阻抗增大，限制了电路的输出幅度范围。

当电路输出幅度不大、负荷较轻时，可用一阻值为 500 Ω 左右的电阻代替场效应管，也能同样取得理想的效果。

思 考 题

1．实际选用集成运放时，应考虑哪些因素？
2．使用集成运算放大器时，应注意哪些问题？
3．集成运算放大器的安全保护包括哪几个方面？

应用能力培养课题：集成运算放大器的线性应用电路实验

1．实验目的

（1）进一步巩固和理解集成运算放大器线性应用基本运算电路的构成及功能。
（2）加深对线性应用的运算放大器工作特点的理解。
（3）进一步熟悉单运放各引脚功能，掌握其实验电路的连线技能。

2．实验主要仪器设备

（1）模拟电子实验台（或模拟电子实验箱）　　一套
（2）集成运放芯片 μA741　　两只
（3）电阻、导线等其他相关设备

3．实验电路原理图（如图 8.46 所示）

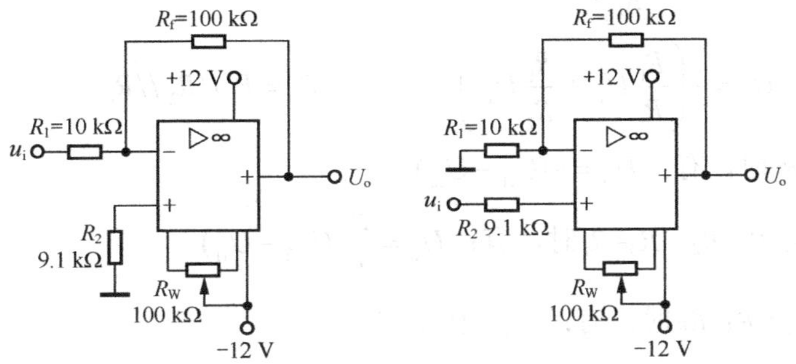

（a）反相比例运算电路　　（b）同相比例运算电路

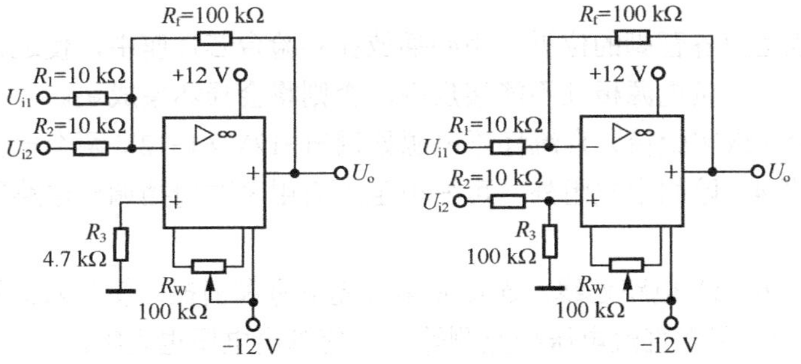

（c）反相加法运算电路　　（d）减法运算电路

图 8.46　运放的线性应用实验电路原理图

4. 实验原理

（1）集成运放管脚排列图的认识

图 8.47 所示集成运放 μA741 除了有同相、反相两个输入端，还有两个±12 V 的电源端，一个输出端，另外还留出外接大电阻调零的两个端口，是多脚元件。

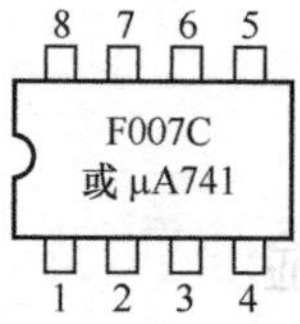

图 8.47

管脚 2 为运放的反相输入端，管脚 3 为同相输入端，这两个输入端对于运放的应用极为重要，实用中和实验时注意绝对不能接错。

管脚 6 为集成运放的输出端，实用中与外接负载相连；实验时接示波器探针。

管脚 1 和管脚 5 是外接调零补偿电位器端，集成运放的电路参数和晶体管特性不可能完全对称，因此，在实际应用当中，若输入信号为零而输出信号不为零时，就需调节管脚 1 和管脚 5 之间电位器 R_W 的数值，调至输入信号为零、输出信号也为零时方可。

管脚 4 为负电源端，接−12 V 电位；管脚 7 为正电源端，接+12 V 电位，这两个管脚都是集成运放的外接直流电源引入端，使用时不能接错。

管脚 8 是空脚，使用时可以悬空处理。

（2）实验中各运算电路在图示参数设置下，相应运用公式如下：

图 8.47（a）：$U_o = -\dfrac{R_f}{R_1}U_i$　　平衡电阻 $R_2 = R_1 // R_f$

图 8.47（b）：$U_o = \left(1 + \dfrac{R_f}{R_1}\right)U_i$　　平衡电阻 $R_2 = R_1 // R_f$

图 8.47（c）：$U_o = -\left(\dfrac{R_f}{R_1}U_{i1} + \dfrac{R_f}{R_2}U_{i2}\right)$　　$R_3 = R_1 // R_2 // R_f$

若有 $R_1=R_2=R_f$ 时，有：$U_o = -(U_{i1} + U_{i2})$

图 8.4（d）当 $R_1=R_2$，$R_3=R_f$ 时，有：$U_o = \dfrac{R_f}{R_1}(U_{i2} - U_{i1})$

若再有 $R_1=R_2=R_3=R_F$ 时，有：$U_o = (U_{i2} - U_{i1})$

5. 实验步骤

（1）认识集成运放各管脚的位置，小心插放在实验台芯片座中，使之插入牢固。切忌管脚位置不能插错，正、负电源极性不能接反等，否则将会损坏集成块。

（2）在实验台（或实验箱）直流稳压电源处调出+12V 和−12V 两个电压接入实验电路的芯片管脚 7 和管脚 4，除固定电阻外，可变电阻用万用表欧姆挡调出电路所需数值，与对应位置相连。

（3）按照图 8.46（a）电路连线。连接完毕首先调零和消振：使输入信号为零，然后调节调零电位器 R_W，用万用表直流电压挡监测输出，使输出电压也为零。

（4）输入 U_i=0.5V 的直流信号或 f=100 Hz，U_i=0.5 V 的正弦交流信号，连接与固定电阻 R_1 的一个引出端，R_1 的另一个引出端与反相端相连。

（5）观测相应电路输出 U_o 的输出及示波器波形，验证输出是否对输入实现了比例运算，记录下来。

（6）分别按照图 8.46（b）、图 8.46（c）和图 8.46（d）各实验电路连接观测，认真分析电路输出和输入之间的关系是否满足各种运算，逐一记录下来。

6．思考题

（1）实验中为何要对电路预先调零？不调零对电路有什么影响？

（2）在比例运算电路中，R_f 和 R_1 的大小对电路输出有何影响？

第 8 章　习题

1．集成运放一般由哪几部分组成？各部分的作用如何？

2．集成运放工作在线性区的必要条件是什么？具有什么特点？

3．集成运放工作在非线性区的必要条件是什么？具有什么特点？

4．典型反相比例运算电路和典型同相比例运算电路的反馈类型有何相同？有何不同？

5．说说带通滤波器和带阻滤波器的不同之处。

6. 正弦波振荡电路的起振条件和稳定振荡条件有何异同？若电路不能满足稳定振荡的条件时，电路会产生什么现象？

7. 在输入电压从足够低逐渐增大到足够高的过程中，单门限电压比较器和滞回电压比较器的输出电压各变化几次？

8. 文氏桥基本放大电路中，当 $\omega=\omega_0=1/RC$ 时，反馈回路的反馈系数 F=？如果 $R_F=2R_1$，则同相放大器的放大倍数 A_u 等于多大才可满足自激振荡条件 $A_uF\geqslant1$？

9．图 8.48 所示电路中，已知 R_1=2 kΩ，R_f=5 kΩ，R_2=2 kΩ，R_3=18 kΩ，U_i=1 V，求输出电压 U_o。

10．图 8.49 所示电路中，已知电阻 $R_1=R_2$　$R_F=5R_1$，输入电压 U_{i1}=5 mV，U_{i2}=10 mV 求输出电压 U_o，并指出 A_1、A_2 放大器的类型。

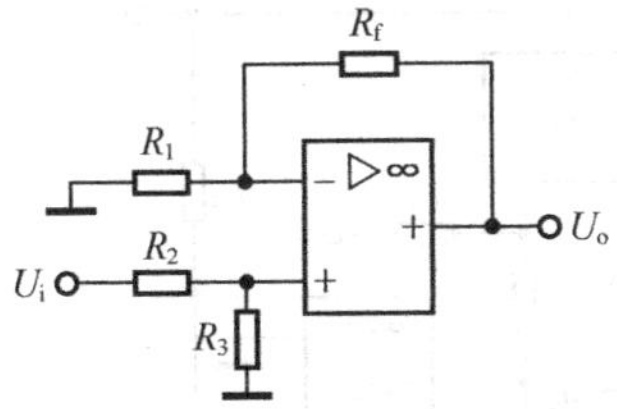

图 8.48　习题 9 电路图

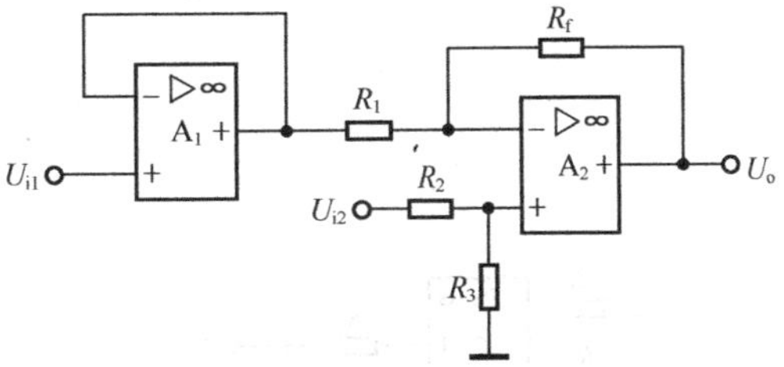

图 8.49　习题 10 电路图

11．图 8.50 为文氏电桥 RC 振荡电路，试求

（1）C_1、C_2，R_1、R_2 在数值上的关系；

（2）R_f、R_3 在数值上的关系；

（3）如何保证集成运放输出正弦波失真最小；

（4）该电路的振荡频率为多少？实用中如何改变频率？

12．图 8.51 所示电路中，已知 $R_F=2R_1$，$u_i=-4V$，试求输出电压 u_o=？

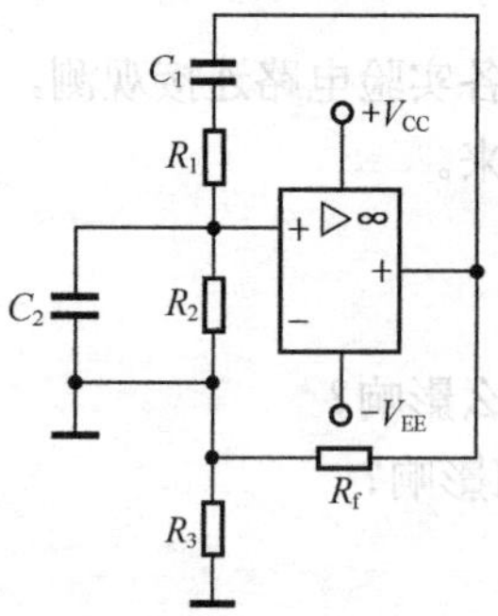

图 8.50　习题 11 电路图

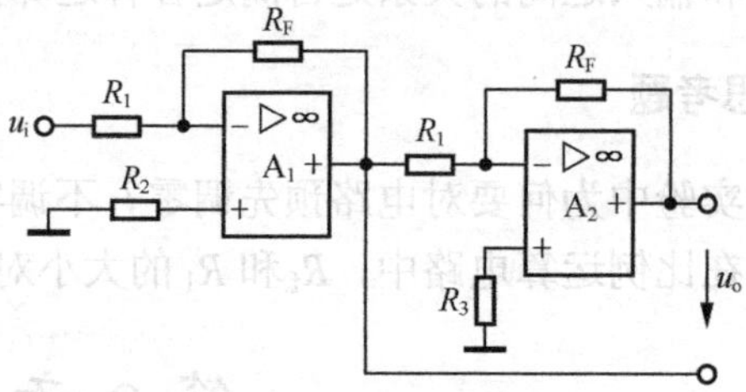

图 8.51　习题 12 电路图

13．集成运放应用电路如图 8.52 所示，当 t=0 时，u_C=0，试写出 u_o 与 u_{i1}、u_{i2} 之间的关系式。

14．电路如图 8.53 所示，用逐级求输出电压的方式，求输出电压 U_o 的表达式。

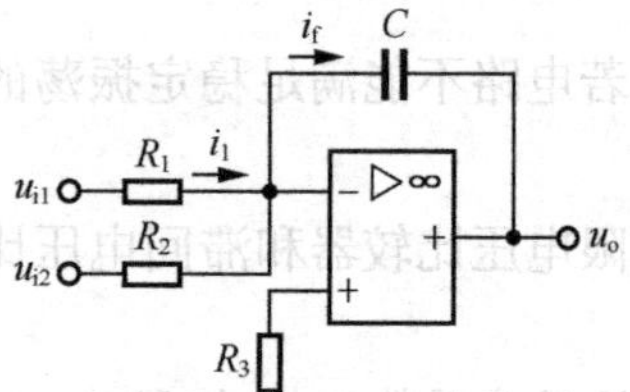

图 8.52　习题 13 电路图

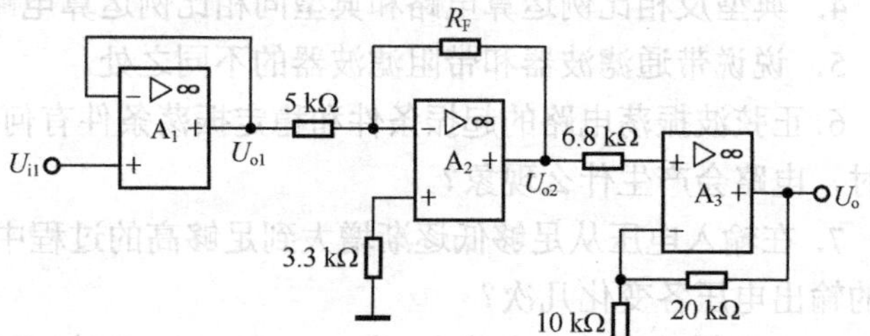

图 8.53　习题 14 电路图

15．电路如图 8.54 所示，已知集成运放输出电压的最大幅值为±15 V，稳压管 U_Z=8 V，若 U_R=4 V，若 $u_i=10\sin\omega t$ V，试画出输出电压的波形。

16．理想运放组成的电路如图 8.55 所示，试求出输出与输入的关系式。若 R_1=5 kΩ，R_2=20 kΩ，R_3=10 kΩ，R_4=50 kΩ，$u_{i1}-u_{i2}$=0.2 V，求出 u_o 的值。

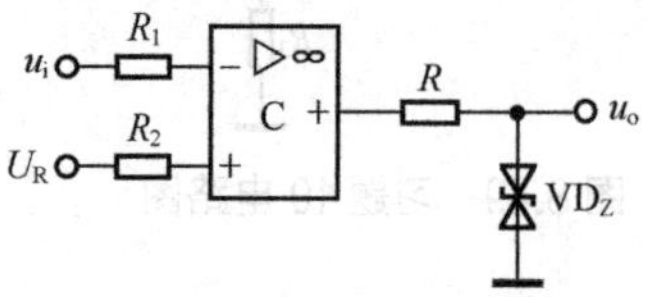

图 8.54　习题 15 电路图

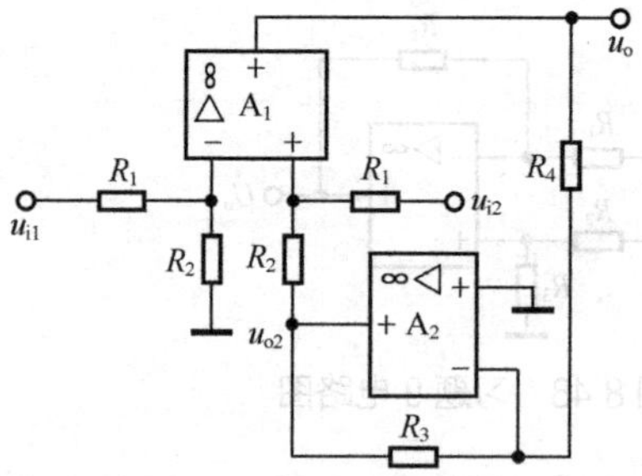

图 8.55　习题 16 电路图

第 9 章 直流稳压电源

在电子电路的仪器设备中，一般都需要直流电源供电。直流电源的来源大致分为三种，即电池（包括干电池、蓄电池和太阳能电池）、直流发电机和利用电网提供的 50Hz 的工频交流电经过整流、滤波和稳压后获得的直流电源。电子技术的应用电路中，除少数小功率便携式系统采用化学电池作为直流电源外，绝大多数都采用上述第 3 种电源形式，这种电源形式称为直流稳压电源。

图 9.1 所示为小功率直流稳压电源的组成框图。

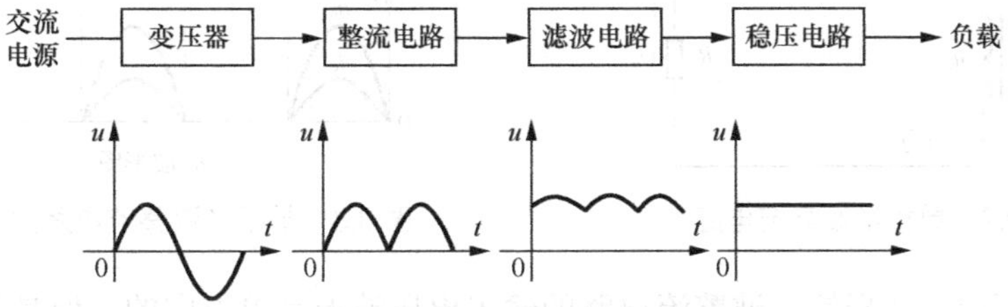

图 9.1　小功率直流稳压电源的组成框图

由直流稳压电源的组成框图及其中的波形图来看，变压器的作用显然是将输入的交流电压变换成幅值合适的电子电路需要的交流电压值，整流电路则是将幅值合适的交流电转换为脉动的直流电，滤波电路的作用是滤除脉动直流电中的高频成分，得到较为平滑的直流电，而稳压电路可稳定输出电压，使之不受电网波动或负载变化的影响。

9.1　小功率整流滤波电路

大功率直流稳压电源的电能一般从三相交流电源获取，小功率的直流电源由于功率比较小，其电能通常从单相交流供电系统获取。

9.1.1　整流电路

小功率整流电路

整流电路的功能是将交流电压变换成直流脉动电压。整流电路的类型有以下几种分法：按电源相线数可分为单相整流和三相整流；按输出波形可分为半波整流和全波整流；按所用器件可分为二极管整流和晶闸管整流；按电路结构可分为桥式整流和倍压整流。我们主要介绍单相二极管半波整流电路和桥式全波整流电路。

1. 单相半波整流电路

单相半波整流电路如图 9.2 所示，由变压器 T、整流二极管 VD 和负载电阻 R_L 组成。

设变压器副边电压 $u_2=\sqrt{2}U_2\sin\omega t$。根据二极管的单向导电性，在 u_2 的正半周，加在图示电路中电压的极性为上正下负，二极管正向偏置而导通。当 u_2 的幅值 U_{2m} 与二极管的正向压降（取 0.7 V）相比较大时，二极管的正向压降可以忽略，此时输出电压的平均值 $u_{o(AV)}=u_2$，负载电流的平均值 $i_{o(AV)}=u_{o(AV)}/R_L$；在 u_2 的负半周时，变压器副边极性转变为上负下正，二极管受反向电压而截止。如果忽略二极管的反向饱和电流，则输出电压 $u_o=0$。单相半波整流电路的输入、输出波形如图 9.3 所示。

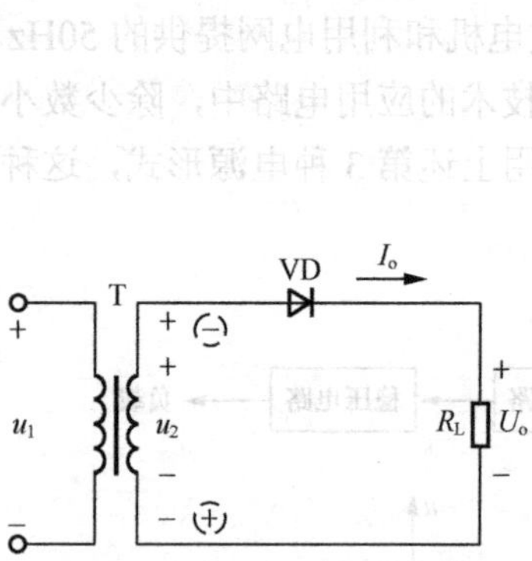

图 9.2　单相半波整流电路

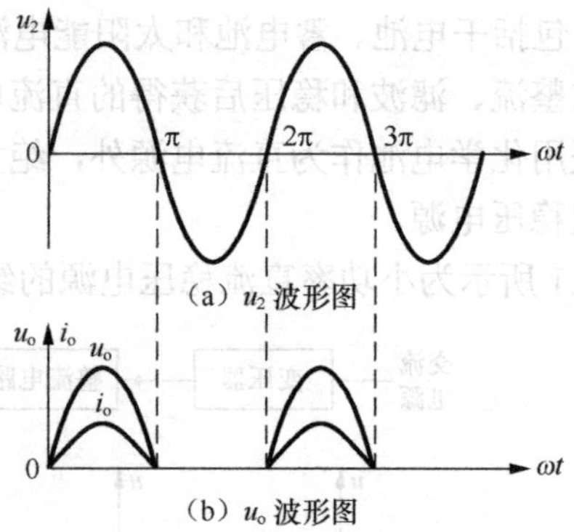

图 9.3　单相半波整流电路波形图

由图 9.3 可知，二极管半波整流电路的输出电压波形是单方向的，但是其大小仍随时间变化，因此称为脉动直流电。

脉动直流电的大小一般用平均值来衡量，单相半波整流电路输出电压的平均值为：

$$U_{O(AV)}=\frac{1}{2\pi}\int_0^{\pi}\sqrt{2}U_2\sin\omega t\mathrm{d}\omega t=\frac{\sqrt{2}}{\pi}U_2\approx 0.45U_2 \tag{9-1}$$

流过二极管的平均电流 I_D 与流过负载的平均电流 I_L 相等，即：

$$I_{L(AV)}=I_{D(AV)}=0.45\frac{U_2}{R_L} \tag{9-2}$$

由波形图可知，二极管在截止时承受的反向峰值电压 U_{RM} 为 u_2 的最大值，即

$$U_{DRM}=\sqrt{2}U_2 \tag{9-3}$$

构建二极管半波整流电路时，主要根据二极管的最大反向峰值电压和流过二极管的平均电流确定和选购二极管。为使用安全考虑，器件的参数选择上需留有一定的余地，因此选择二极管的最大整流电流 I_F 时，至少应等于通过二极管的电流平均值的 3 倍，反向峰值电压应为 u_2 最大反向峰值电压的 2 倍左右。

单相半波整流电路使用元件少，电路结构简单，输出电流适中，由于只有半个周期导电，

使输出电压脉动较大，存在整流效率低，变压器存在单向磁化等问题。因此，单相半波整流电路常用于整流电流较小、对脉动要求不高的电子仪器和家用电器中。

2. 单相桥式整流电路

使用中为了避免单相半波整流电路的缺点，可采用单相桥式整流电路。单相桥式整流电路由 4 个二极管接成电桥形状，故而称为桥式整流电路，图 9.4 所示为桥式整流电路的几种画法。

设图 9.4（a）所示的桥式整流电路中变压器二次侧的电压 $u_2=\sqrt{2}U_2\sin\omega t$，在 u_2 的正半周，变压器二次侧 a 点为正，b 点为负，VD_1 和 VD_3 导通，VD_2 和 VD_4 截止，导电路径为 a→VD_1→R_L→VD_3→b；在 u_2 的负半周，变压器二次侧的 b 点为正，a 点为负，VD_2 和 VD_4 导通，VD_1 和 VD_3 截止，导电路径为 b→VD_2→R_L→VD_4→a。这样，在负载 R_L 上就会得到一个全波整流输出。

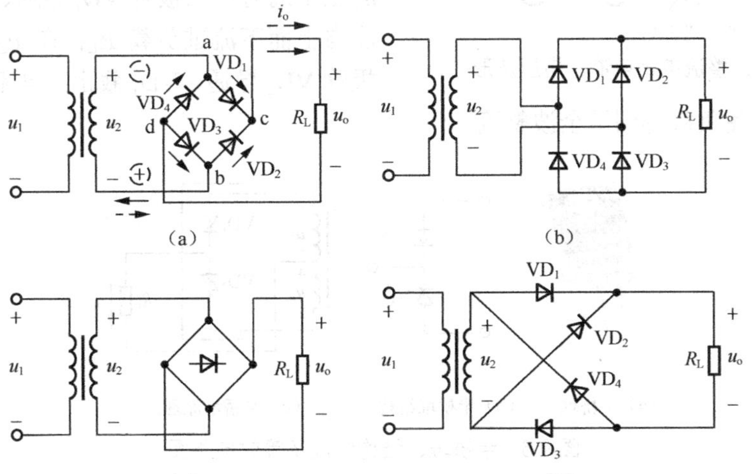

图 9.4 单相桥式整流电路的常见画法

显然，桥式整流电路的输出电压是半波整流电路输出电压的 2 倍，因此，桥式整流电路输出电压的平均值为

$$U_{O(AV)}\approx 0.9U_2 \tag{9-4}$$

桥式整流电路中，由于每只二极管只导通半个周期，故每只二极管上通过的电流的平均值仅为负载电流的一半，即

$$I_{D(AV)}=\frac{I_{L(AV)}}{2}\approx\frac{0.9U_2}{2R_L}=0.45\frac{U_2}{R_L} \tag{9-5}$$

在 u_2 的正半周，VD_1 和 VD_3 导通，将它们看作短路，这样 VD_2 和 VD_4 就并联在 u_2 两端，承受的最大反向峰值电压 U_{DRM} 为

$$U_{DRM}=\sqrt{2}U_2 \tag{9-6}$$

同理，在 u_2 的负半周，VD_2 和 VD_4 导通，将它们看作短路，这样 VD_1 和 VD_3 相当于并联后接在 u_2 两端，承受的最大反向峰值电压 $U_{DRM}=\sqrt{2}U_2$。二极管中通过的电流和它们承受

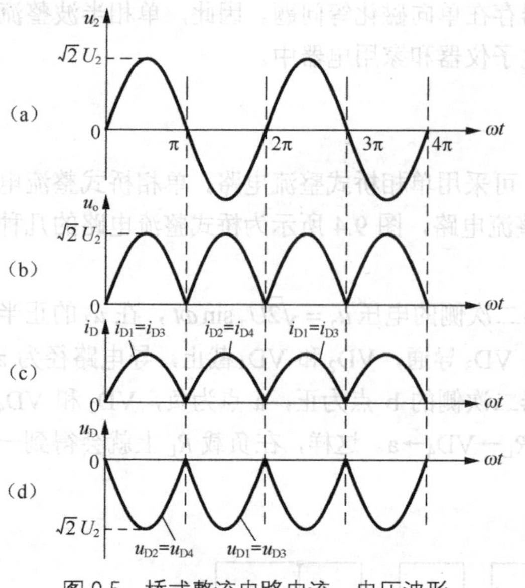

图 9.5　桥式整流电路电流、电压波形

的电压如图 9.5 所示。

桥式整流和半波整流相比，输出电压提高，脉动成分减小，因此得到广泛应用。

集成的整流器件有半桥堆和全桥堆，其中半桥堆及其结构组成、工作原理如图 9.6 所示。图 9.6（a）所示为半桥堆产品外形图，图 9.6（b）所示为半桥堆的结构示意图，显然，一个半桥堆是由两个二极管组成的，对外有三根引线。由图 9.6（c）所示的原理图可看出，两个二极管的阴极中间引线通过负载 R_L 与电源变压器二次侧的中间抽头相连，两个二极管的阳极引线分别接在变压器二次侧的两端。当 u_2 正半周时，二极管 VD_1 导通、VD_2 截止，电流自上而下流过负载 R_L；在 u_2 负半周时，二极管 VD_2 导通、VD_1 截止，电流仍能自上而下流过负载 R_L，使负载得到了全波整流。

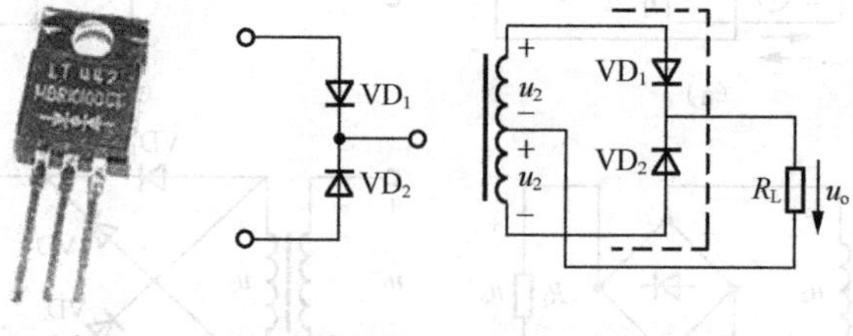

（a）半桥堆　（b）半桥堆结构　（c）半桥堆原理图

图 9.6　半桥堆、结构组成及等效电路图

全桥堆是硅整流桥的管芯按所需方式连接成整流桥后，密封在壳体中，用环氧树脂浇灌密封、塑料密封或金属密封，有些全桥堆的散热器与壳体成为一体，有的全桥堆则另加装散热器。密封后的全桥堆有交流输入端子和直流输出端子共计 4 根外引线，图 9.7（a）所示的产品上两侧的+、−标志，是图 9.7（b）全桥堆结构示意图中与负载相连接的两个引线端，而图 9.7（a）中间 AC 标志的 2 根引线则对应图 9.7（b）结构图中与电源变压器的二次侧 ab 相连的端子，实用中，这 4 根外引线不能接错。全桥堆具有体积小、使用方便、装配简单等优点，缺点是其中的器件若有个别损坏时难以更换。

9.1.2　滤波电路

小功率整流滤波电路

整流电路的输出是脉动的直流电压，含有较大的谐波成分，不适合电子电路使用。为减小整流输出的脉动性，需要采用滤波电路将整流输出中的高频成分滤除，以改善输出直流电压的平滑性。

直流电源常用的滤波电路有电容滤波、电感滤波和 Π 型滤波等多种形式。

1．桥式整流电容滤波电路

在桥式整流电路的输出端与负载之间并联一个较大容量的电解电容，即构成一个桥式整流电容滤波电路，如图 9.8 所示。

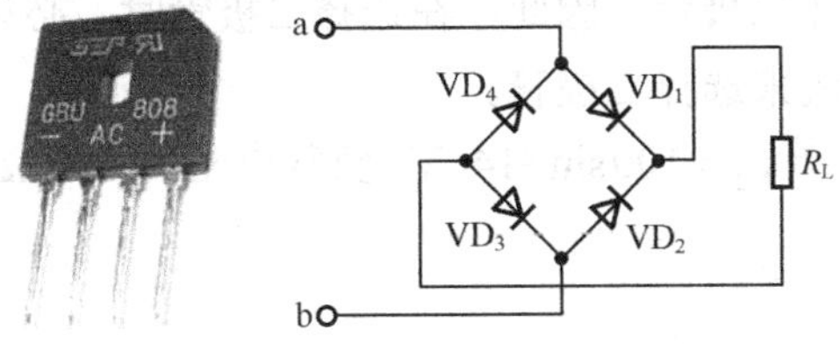

（a）全桥堆　　（b）全桥堆结构组成

图 9.7　全桥堆及其结构组成示意图

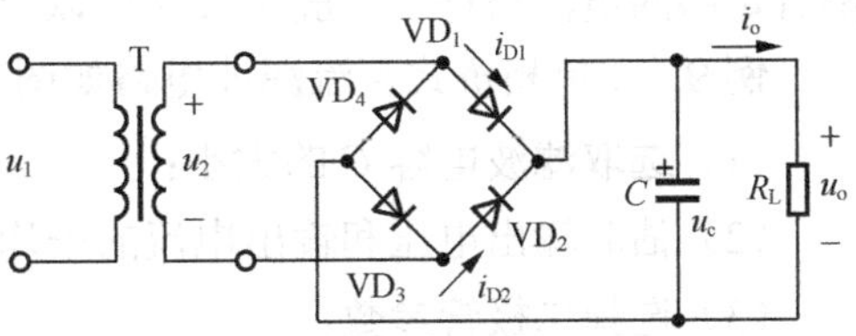

图 9.8　含有电容滤波的桥式整流电路

桥式整流、电容滤波电路适用于滤电流负载电路，其滤波原理可用充放电原理说明。

桥式整流电容滤波电路的输出电压为 u_c，且 u_o=u_c。当电容极间电压小于整流电路输出时，电容被充电，电容的极间电压按指数规律增加，增加的快慢程度由时间常数 $\tau = R_L C$ 决定；u_c 随时间增加，而桥式整流电路的输出脉动整流增至最大开始减小时，则电容电压 u_c 大于脉动全波整流，于是电容开始放电，输出电压按指数规律下降。

桥式整流电容滤波电路的输出电压波形如图 9.9 所示。图 9.9 上面所示波形是变压器输出正弦波 u_2 的波形，图 9.9 中间波形图中，虚线所示的脉动直流电是桥式整流的输出波，实线是滤波电路的输出波形（电容的充放电波形）。显然，经过滤波电路，输出波的平滑性较全波整流好得多。

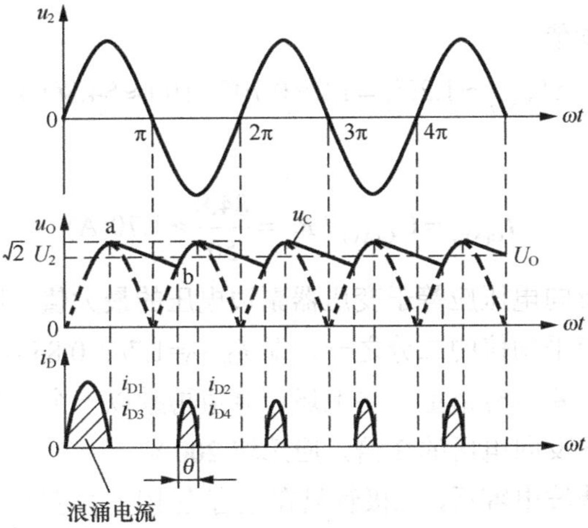

图 9.9　桥式整流电容滤波电路的电压、电流波形

电容滤波电路为使滤波效果良好，一般把时间常数的值取大一些，通常选取 $\tau = R_L C \approx (3 \sim 5)T/2$。式中 T 是变压器二次侧交流电压 u_2 的周期。即

$$C = \frac{(3 \sim 5)T/2}{R_L} \tag{9-7}$$

由输出电压的波形可以看出，经滤波后的输出电压变为较为平直的纹波电压，因此输出电压的平均值得以大幅提高，如果按上式选择滤波电容，则输出电压平均值为：

$$U_{O(AV)}\approx 1.2U_2 \tag{9-8}$$

在含有滤波电容的桥式整流电路中，由于滤波电容 C 充电时的瞬时电流很大，形成了浪涌电流，如图 9.9 下边所示波形。浪涌电流极易损坏二极管，因此，在选择二极管时，必须留有足够的电流裕量。一般可按 3 倍以上的输出电流来选择二极管。

例 9.1 单相桥式整流滤波电路如图 9.10 所示。若 $u_2=100\sin 314t$ V，负载电阻 R_L=50 Ω，

（1）选取滤波电容 C 的大小；

（2）估算输出电压和输出电流的平均值；

（3）选择二极管参数。

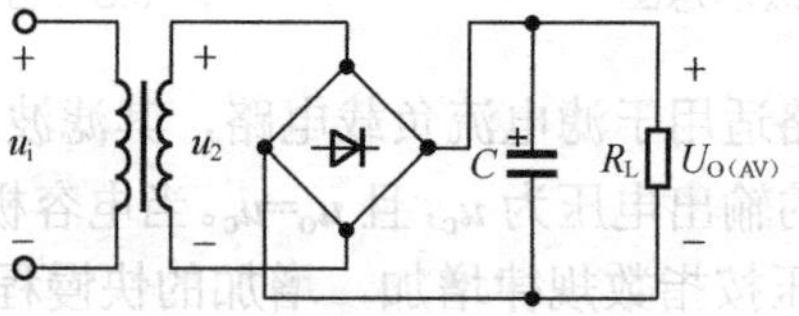

图 9.10 例 9.1 电路图

解：（1）变压器输出电压为工频电压，因此周期 T=0.02 s，应选择滤波电容为：

$$C\geqslant\frac{(3\sim5)0.02}{2R_L}=600\sim1\,000(\mu F)$$

由于滤波电容的数值越大，时间常数越大，滤波效果就越好的缘故，通常选取大值 1000 μF 的电解电容作为电路的滤波电容。

（2）输出电压的平均值

$$U_{O(AV)}\approx1.2U_2=1.2\times0.707\times100\approx84.8(V)$$

输出电流的平均值

$$I_{O(AV)}=U_{O(AV)}/R_L=\frac{84.8}{50}\approx1.70(A)$$

（3）二极管承受的反向电压应等于变压器副边电压的最大值，即等于 100 V。二极管的平均电流应等于输出电流平均值的二分之一，即 $I_{D(AV)}$=1.7/2≈0.85 A。

选择二极管参数时，要留有裕量，将上述计算值再乘以一个安全系数，一般选取二极管的反向峰值电压为二极管反向电压的 2 倍，应选取 200 V。

桥式整流电路加入滤波电容后，二极管只在电容充电时才导通，导通时间不足半个周期，致使平均值加大，且滤波电容越大，二极管的导通时间越短，在很短的时间内流过一个很大的电流，即前面讲到的浪涌电流，为防止二极管由于浪涌电流而损坏，选择二极管的最大整流电流为二极管中通过的平均电流的 3 倍，即选择二极管的平均电流

$$I_F=3I_{D(AV)}=3\times0.85\approx2.55(A)$$

因此，本例应选择 U_{DRM}=200 V，I_F=2.55 A 的整流二极管（例如型号为 2CZ56D 的硅整流二极管）。

2. 桥式整流电感滤波电路

在桥式整流电路与负载之间串接一个电感线圈 L，就构成一个含有电感滤波环节的桥式整流电感滤波电路，如图 9.11 所示。

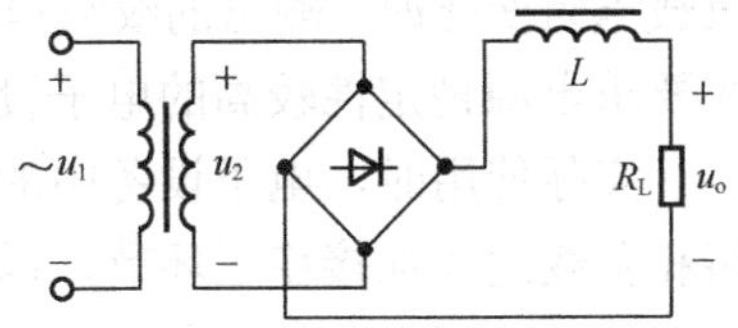

图 9.11　单相桥式整流滤波电路

桥式整流电感滤波电路中，若忽略电感线圈的电阻，根据电感的频率特性可知，频率越高，电感的感抗值越大，对整流电路输出电压中的高频成分压降就越大，而全部直流分量和少量低频成分则降在负载电阻上，从而起到了滤波作用。

当忽略电感线圈的直流电阻时，桥式整流电感滤波电路输出的平均电压约为

$$U_{O(AV)} \approx 0.9U_2 \tag{9-9}$$

电感滤波的特点是峰值电流很小，输出纹波电压比较平滑，但是由于线圈铁心的存在，因此体积大而笨重，所以只适用于低电压、大电流的负载电路，

3. 桥式整流 π 型滤波电路

上述电容滤波器和电感滤波器都属于一阶无源低通滤波器，滤波效果一般。若希望获得更好的滤波效果，则应采用二阶无源低通滤波器，如图 9.12 所示。

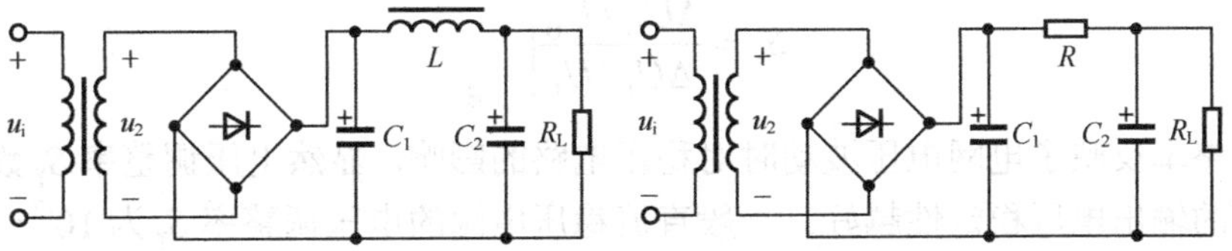

（a）桥式整流 π 型 LC 滤波电路　　（a）桥式整流 π 型 RC 滤波电路

图 9.12　桥式整流 π 型滤波电路

图 9.12（a）所示的是桥式整流 π 型 LC 滤波器的桥式整流滤波电路，由于电容对交流的阻抗很小，电感对交流的阻抗很大，因此，负载上的谐波电压很小；当负载电流比较小时，也可采用如图 9.12（b）所示的桥式整流 π 型 RC 滤波器，但 π 型 RC 滤波电路由于其电阻上消耗功率，所以会增加电源的功率损耗，致使电路效率较低，因此实际应用采用不多。

思 考 题

1. 什么是直流稳压电源，由哪几部分组成？各部分的作用是什么？
2. 整流的作用主要是什么？主要采用什么元件实现？最常用的整流电路是哪一种？
3. 滤波电路的主要作用是什么？滤波电路的重要元件有哪些？

9.2　稳压电路

交流电压经过整流和滤波后，虽然变为直流电压，由于输出仍存在较小的交流分量，使得输出的直流电压并不稳定，而且还会随电网电压的波动、温度的变化而变化，当电路中的

负载电阻变化时，输出的纹波电压也会随之变化。显然，只具有整流、滤波环节的直流电源，在要求电源稳定性较高的电子设备和电子电路中是不适用的。

实际使用时，电子设备中的直流稳压电源和电子电路的供电直流电源，一般要在滤波电路和负载之间加接稳压环节，以达到稳压供电的目的，使电子设备和电子线路能够稳定可靠地工作。稳压电路的任务就是将滤波后的电压进一步稳定，使输出电压基本上不受电网电压波动和负载变化的影响，让电路的输出具有足够高的稳定性。

9.2.1 直流稳压电源的主要性能指标

直流稳压电源的主要性能指标包括特性指标和质量指标。

特性指标主要规定了直流稳压电源的适用范围，反映了直流稳压电源的固有特性。特性指标包括直流稳压电源允许的输入电压、输入电流、输出电压和输出电流及其调节范围，特性指标通常标示在直流稳压电源的铭牌数据上，用户可根据实际需要合理选择。

质量指标反映了直流稳压电源的优劣，包括电压调整率、输出电阻等。

1. 电压调整率 S_γ

电压调整率 S_γ 也称为稳压系数，定义为：负载不变时，输出电压相对变化量和整流滤波电路输入电压的相对变化量之比，即

$$S_\gamma = \left.\frac{\Delta U_O / U_O}{\Delta U_I / U_I}\right|_{R_L=\text{常数}} \tag{9-10}$$

电压调整率反映了电网电压波动时对稳压电路的影响。显然电压调整率 S_γ 数值越小，直流稳压电源的输出电压稳定性越好。一般直流稳压电源的电压调整率 S_γ 为 10^{-2}～10^{-4}。

2. 输出电阻

当输入电压不变时，输出电压变化量与负载电流变化量之比，称为输出电阻，即

$$R_O = \left.\frac{\Delta U_O}{\Delta I_O}\right|_{\Delta U_I=\text{常数}} \tag{9-11}$$

输出电阻的大小反映了当负载变动时，直流稳压电源保持输出电压稳定的能力。显然，R_O 越小，直流稳压电源的稳定性能越好，带负载能力越强。

直流稳压电源的质量优劣主要参考上述两个性能指标。除此之外，质量指标还包括最大波纹电压和温度系数等。

9.2.2 并联型直流稳压电路

稳压电路可分为二极管稳压电路和晶体管稳压电路，其中二极管稳压电路又称为并联型稳压电路，如图 9.13 所示。

小功率并联型直流稳压电路

1. 电路组成

并联型稳压电路中，电阻 R 用来限制稳压二极管 VD_Z 中的电流，对稳压二极管起限流保护作用。

为了保证硅稳压二极管正常工作，稳压二极管必须反向偏置，且反向电流 I_Z 应满足：$I_{Zmin} \leqslant I_Z \leqslant I_{Zmax}$。式中 I_{Zmin} 是使稳压管稳压的最小电流，I_{Zmax} 是使稳压管正常工作的最大极限电流。在元件手册中查到的 I_Z 即为 I_{Zmin}。

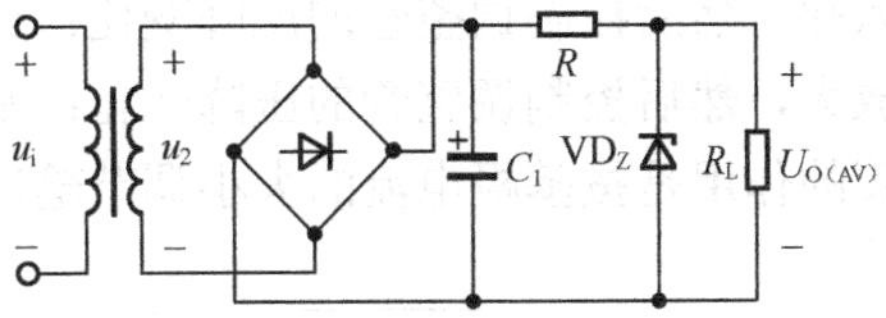

图 9.13 并联型稳压电路

2. 工作原理

设电网电压上升或负载电阻增加造成输出电压增加时，通过稳压管 VD_Z 的电流将急剧增加，造成限流电阻 R 上压降增加，R 上压降的增加又会使输出电压下降，于是调整了输出电压保持基本稳定不变。稳压过程为：$U_I\uparrow$（或 $R_L\uparrow$）$\rightarrow U_O\uparrow\rightarrow I_Z\uparrow\rightarrow U_R\uparrow\rightarrow U_O\downarrow$。

当电网电压下降或负载电阻减小造成输出电压减小时，通过稳压管 VD_Z 的电流将随之减小，致使限流电阻 R 上压降减小，R 上压降的减小又会使输出电压上升，于是调整了输出电压保持基本稳定不变。稳压过程为：$U_I\downarrow$（或 $R_L\downarrow$）$\rightarrow U_O\downarrow\rightarrow I_Z\downarrow\rightarrow U_R\downarrow\rightarrow U_O\uparrow$。

可见，并联型稳压电路能自动稳定输出电压，电路中的稳压二极管和限流电阻起到了决定性作用，利用硅稳压二极管反向击穿电流的变化，稳定了输出电压。

并联型稳压电路具有电路结构简单，使用元件少的优点，但稳压电路的稳压值取决于稳压二极管的稳压值，不能调节，因此这种稳压电路适用于电压固定、负载电流小、负载变动不大的场合。

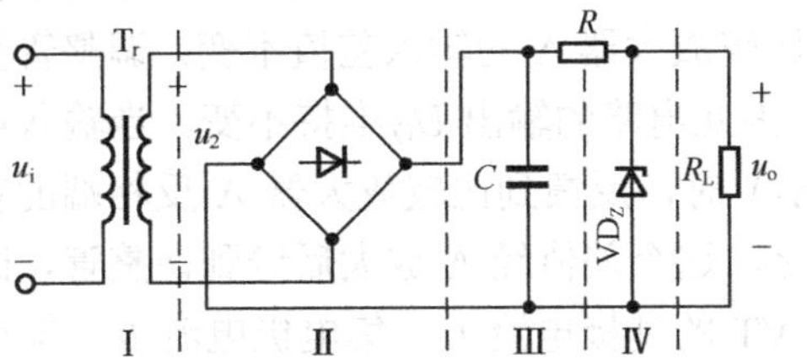

图 9.14 例 9.2 电路图

例 9.2 电路如图 9.14 所示。（1）说明电路中Ⅰ、Ⅱ、Ⅲ、Ⅳ各组成部分的作用；（2）变压器副边电压有效值 U_2=20 V，求解电容两端电压 $U_{C(AV)}$为多少？（3）说明电阻 R 的作用。

解：（1）电路中第Ⅰ部分的作用是将市电变换成适合负载需要的交流电压值；第Ⅱ部分的作用是将交流电通过桥式全波整流为脉动直流电；第Ⅲ部分的作用是滤波，去除脉动直流电中的高频成分，使之成为纹波电压；第Ⅳ部分的作用是使输出的直流电压基本不受电网电压波动和负载变动的影响，获得稳定性较高的输出电压。

（2）电容两端电压平均值 $U_{C(AV)}\approx 1.2U_2=1.2\times 20=24(\text{V})$。

（3）电路中 R 的作用是限制稳压管中的电流不能过大，以保证稳压管的正常工作。

9.2.3 串联型直流稳压电路

串联型直流稳压电路

1. 电路结构组成

晶体管稳压电路根据调整管工作状态的不同，可分为串联型稳压电路和开关型稳压电路两种类型。串联型稳压电路由于调整元件晶体管与负载相串联而得名，晶体管串联型反馈式稳压电路如图 9.15 所示。

由组成框图 9.15（a）可看出，串联型反馈式稳压电路由取样电路、比较放大器、基准电压和调整管几部分组成。其中取样电路的作用是将输出电压的变化取出反馈到比较放大器输入端，然后控制调整管的压降变化；比较放大器的作用是对取样电压与基准电压的差值进行放大，然后控制调整管的压降变化；基准电压的作用是对比较放大器提供基准电压值；调整管的作用是按基极电流的大小调节输出电压。

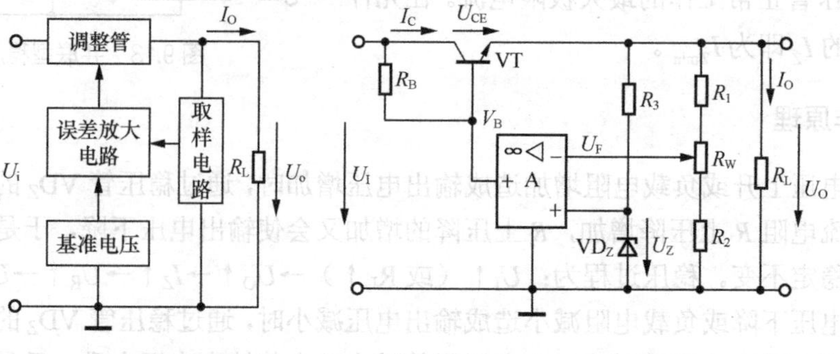

（a）组成框图　　　　（b）原理电路图

图 9.15　串联型反馈式稳压电路

由图 9.15（b）原理电路图可看出，串联型反馈式稳压电路中的调整管 VT（有时采用复合管作为调整管，以获得较大的输出电流）正常工作是在放大区，且发射极与负载电阻相串联，因此取名串联型稳压电路。电路中的 R_3 和稳压管 VD_Z 组成基准电压源，为比较放大器 A 的同相输入端提供基准电压；R_1、R_2 和电位器 R_W 组成取样电路，取样电路把稳压电路的输出电压 U_O 的部分 U_F 回送到比较放大器 A 的反相输入端形成负反馈；比较放大器 A 对取样电压 U_F 与基准电压 U_Z 进行比较，若输出不变时，比较放大器 A 的输入差值不变，调整管基极电位 V_B 不变，则调整管的输出电压 U_{CE} 也不变，因此电路的输出 U_O 维持不变。当输入电压 U_I 变化或负载 R_L 变化而使输出 U_O 增大（或减小）时，反馈到比较放大器 A 反相端的输出采样 U_F 就会使比较放大器 A 的输入差值发生变化，这个差值经 A 放大后送到调整管，改变了调整管 VT 的基极电位，基极电位的改变使得 VT 的基极电流 I_B、集电极电流 I_C、输出电压 U_{CE} 相应改变，从而使输出电压的稳定得到自动调整。需要注意的是：为保证调整管 VT 工作在放大区，输入电压 U_I 一定要比输出电压 U_O 至少高 2～3 V。

2. 工作原理

当输入电压 U_I 增大或负载电阻 R_L 减小时，必将引起输出电压 U_O 的增加，这时取样电压 U_F 随之增大，基准电压 U_Z 和取样电压 U_F 的差值减小，经比较放大器 A 比较放大后，使调整管的基极电位 V_B 减小，基极电流 I_B 随之减小，控制集电极电流 I_C 减小，致使管压降 U_{CE} 增大，输出电压 $U_O=U_I-U_{CE}$ 减小，U_O 的上升趋势得到抑制，起到了当输入电压 U_I 增大或负载电阻 R_L 减小时对输出电压 U_O 的稳定作用。

同理，当输入电压 U_i 减小或负载电阻 R_L 增大时，必将引起输出电压 U_O 的减小，这时取样电压 U_F 随之减小，基准电压 U_Z 和取样电压 U_F 的差值增大，经比较放大器 A 比较放大后，使调整管的基极电位 V_B 增大，基极电流 I_B 随之增大，控制集电极电流 I_C 增大，致使管压降 U_{CE} 减小，输出电压 $U_O=U_I-U_{CE}$ 增大，U_O 的下降趋势得到抑制，起到了当输入电压 U_I 减小或负载电阻 R_L 增大时对输出电压 U_O 的稳定作用。

串联型反馈式稳压电路输出电压的调整范围：由“虚短”可知 $U_F=U_Z$，有：

$$U_F = \frac{R_2'}{R_1 + R_2 + R_W} U_O = U_Z \tag{9-12}$$

整理上式可得：

$$U_O = \frac{R_1 + R_2 + R_W}{R_2'} U_Z \tag{9-13}$$

上式中的 R_2'是指电位器箭头以下部分与 R_2 的串联组合。式（9-13）说明：串联型反馈式稳压电路通过调节电位器 R_W 的可调端，即可改变输出电压的大小。该电路由于运放 A 调节方便，电压放大倍数很高，输出电阻较低，低噪声、低纹波、负载调整率良好、高稳定度、高准确度，因此稳压特性十分优良，实际应用非常广泛。

但是串联型反馈式稳压电路也存在不足之处，即该稳压电路调压范围有限，效率较低。

例 9.3 如图 9.16 所示的串联型直流稳压电路中，稳压管型号为 2CW14，其稳压值 U_Z=7 V，输入电压 U_I=20 V，采样电阻 R_1=3 kΩ，R_2=3 kΩ，R_W=2 kΩ，R_L=0.2 kΩ，试估算输出电压的调节范围以及输出电压最小时调整管所承受的功耗。

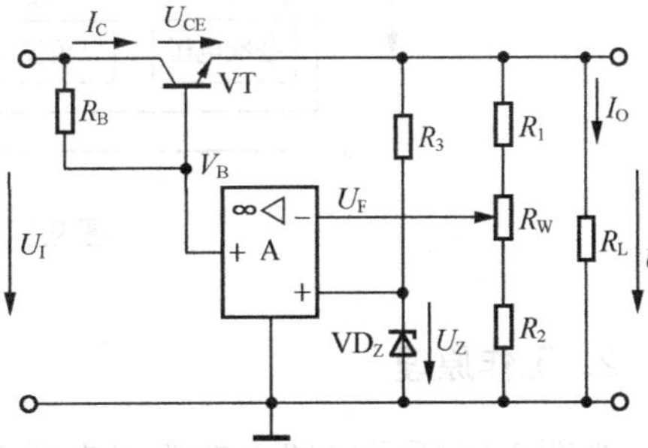

图 9.16 例 9.3 电路图

解：根据式（9-13）可得：

$$U_{Omin} = \frac{R_1 + R_2 + R_W}{R_2 + R_W} U_Z = \frac{3+2+3}{2+3} \times 7 = 11.2(\text{V})$$

$$U_{Omax} = \frac{R_1 + R_2 + R_W}{R_2} U_Z = \frac{3+2+3}{3} \times 7 \approx 18.7(\text{V})$$

该串联型直流稳压电路输出电压的调节范围为 11.2～18.7 V。

当输出电压最小时，调整管 CE 之间的压降：$U_{CE}=U_I-U_{Omin}=21-11.2=9.8(\text{V})$

通过调整管的电流近似为：$I_C \approx \frac{U_{Omin}}{R_L} = \frac{11.2}{0.2} = 56(\text{mA})$

因此，此时调整管所承受的管耗为：

$$\Delta P_C=U_{CE}\times I_C=9.8\times 0.056\approx 0.55(\text{W})$$

9.2.4 开关型直流稳压电路

开关型直流稳压电路

1．电路组成

开关型直流稳压电路的原理图如图 9.17 所示。

开关型直流稳压电源的调整管 VT 工作在开关状态，所以简称为开关型直流稳压电源。开关型直流稳压电源依靠调节调整管 VT 的导通时间实现对电路输出的稳压效果。开关型直流稳压电路中调整管的管耗很低，因此电路效率较高，一般可达 80%~90%，且不受输入电压大小的影响，稳压范围较宽。这些突出优点，使得开关型直流稳压电路广泛应用于计算机、电视机中作为其直流供电电源。

开关型直流稳压电路的输入电压 U_I 取自于整流电路的输出，图 9.17 中不再画出整流环节。开关型直流稳压电路由调整开关管、取样电路、LC 滤波电路、续流二极管以及控制电路组成。其中开关管的作用是用来调整输出电压；取样电路的作用是用来将输出电压的变化取出送到开关调整管的控制电路；LC 滤波电路的作用是用来平滑输出电压；续流二极管的作用是当开关调整管截止时，提供滤波电感 L 中自感电动势的释放通路，维持负载 R_L 中有电流通过；控制电路包括基准电压源、误差放大器 A、比较放大器 C 和三角函数发生器，用来产生方波电压，使调整管工作在开关状态，同时取样电压送入误差放大器 A 中进行比较放大，改变控制电路输出方波电压的占空比，使调整管的开通与关断时间按输出电压的变化进行调节。

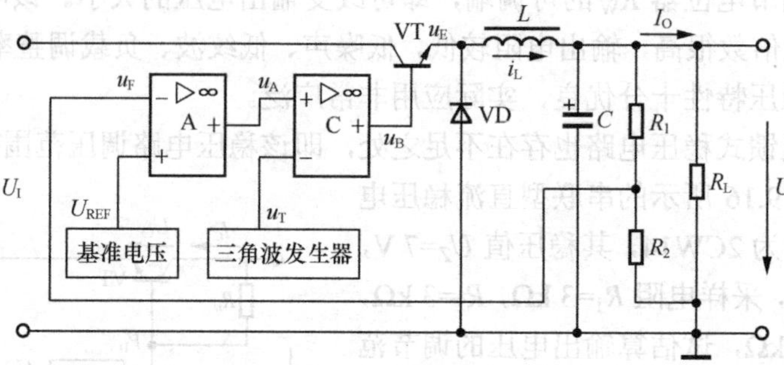

图 9.17　开关型直流稳压电路

2. 工作原理

当图 9.17 所示电路中的输出电压 U_O 由于输入电压的变化或者是负载的变化而出现不稳定时，通过 R_1 和 R_2 组成的取样电路，可把输出变化量的部分回送到误差放大器 A 的反相输入端作为反馈量 U_F，U_F 和基准电压 U_{REF} 形成的差值电压由 A 进行放大。A 的输出量为 u_A，作为电压比较器的门限电平，而电压比较器的反相端连接的三角函数发生器产生一个三角波，三角波从小到大或从大到小变化的过程中均与门限电平 u_A 相比较，达到门限电平时，比较器的输出就由正饱和值（或负饱和值）发生一次翻转。当比较器的输出 u_B 为正饱和值时，开关调整管饱和导通，u_E 为高电平，此时续流二极管反偏处截止状态，电感器中的电流 i_L 在 u_E 作用下由零开始增大，其中的高次谐波被 LC 构成低通滤波器滤除，剩余少量低频成分和直流量形成 I_O 向负载供电；当比较器的输出 u_B 为负饱和值时，开关调整管截止，u_E 为低电平，由于电感电流 i_L 不能发生跃变，只能连续变化，因此 i_L 开始减小，向电路释放磁场能。只要 L 和 C 值选择合适，i_L 中的少量低频成分和直流量形成的 I_O 可保证持续向负载供电。此过程中，二极管 VD 正偏处导通状态，对负载输出电流起续流保护作用。

电路工作过程中，控制环节中误差放大器的输出 u_A 送到单门限电压比较器 C 的同相输入端。三角波发生器产生一个固定频率的电压 u_T，电压比较器的输出 u_B 控制开关调整管 VT 的导通和截止（u_T 和 u_A 决定了调整管的开关频率）。u_A、u_T、u_B、i_L 和 I_O 的波形如图 9.18 所示。

由于调整管的输出电压出 u_E 仍是一个脉冲波，因此需采用 LC 低通滤波器进行滤波以获得平滑的输出，再加入负反馈环节控制输出电压的相对稳定，所以开关型直流稳压电路是一种可以利用电压负反馈调节输出电压稳定的电路。

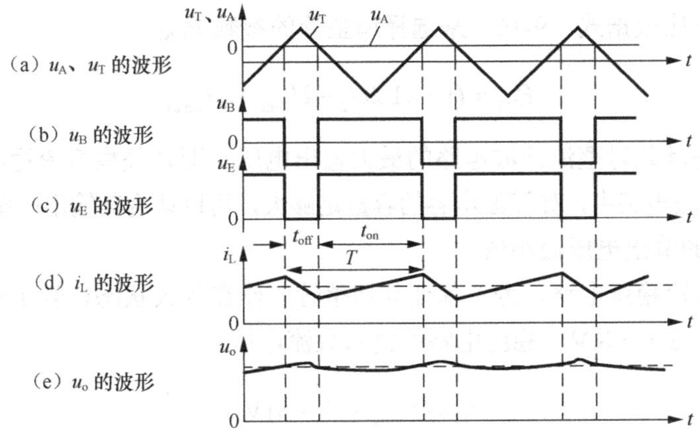

图 9.18 开关型稳压电路的电压、电流波形

9.2.5 调整管的选择

调整管的选择原则

调整管是串联型和并联型直流稳压电路的重要组成部分，担负着“调整”输出电压的重任。调整管不仅需要根据外界条件的变化随时调整本身的管压降，以保持输出电压的稳定，而且还要提供负载所要求的全部电流，因此调整管的功耗比较大，通常采用大功率三极管作为调整管。为了保证调整管的安全，在选择调整管的型号时，应对用作调整管的三极管主要参数进行初步的估算。

1. 集电极最大允许电流 I_{CM}

流过调整管集电极的电流除了负载电流外，还有采样电阻中通过的电流，因此，选择调整管时，应使其集电极最大允许电流为：

$$I_{CM} \geqslant I_{Lmax}+I_R \tag{9-14}$$

式中 I_{Lmax} 是负载中通过的最大电流，I_R 是采样电阻中通过的电流。

2. 集电极和发射极之间的最大允许反向击穿电压 $U_{(BR)CEO}$

稳压电路正常工作时，调整管上的电压降约为几伏，当负载出现短路时，则整流滤波电路的输出电压将全部加在调整管两端。在电容滤波电路中，输出电压的最大值可能接近于变压器副边电压的峰值，即 $u_{imax} \approx \sqrt{2}U_2$，考虑到电网上近±10%的电压波动，调整管有可能承受最大反向电压：

$$U_{(BR)CEO} \geqslant u_{imax}=1.1\times\sqrt{2}U_2 \tag{9-15}$$

式中 u_{imax} 是空载时整流滤波电路的最大输出电压，也是开关型直流稳压电路的输入电压最大值。

3. 集电极最大允许耗散功率 P_{CM}

当电网电压达到最大值，输出电压达到最小值，同时负载电流也达到最大值时，调整管

的功耗最大，所以应根据式（9-16）来选择调整管的参数 P_{CM}

$$P_{CM} \approx (1.1 \times 1.2U_2 - U_{Omin}) \times I_{Emax} \quad (9\text{-}16)$$

式中 $1.1 \times 1.2U_2$ 是满载时整流滤波电路的最大输出电压，即开关型直流稳压电源的输入电压最大值（在电容滤波电路中，如滤波电容的容量足够大，可以认为其输出电压近似等于 $1.2U_2$），U_{Omin} 是稳压电路的输出电压最小值。

对于串联型直流稳压电路，为了保证其调整管工作在放大状态，管子两端的电压降不宜过大，通常使 U_{CE}=3 V～8 V，稳压电路的输入直流电压为

$$U_I = U_{Omax} + (3 \sim 8)\text{V}。 \quad (9\text{-}17)$$

9.2.6 稳压电路的过流保护

稳压电路的保护

使用稳压电路时，如果输出端过载甚至发生短路时，通过调整管的电流将急剧增大，如果电路中没有适当的保护措施，就会造成调整管的损坏，因此必须采取过载保护或短路保护措施，才能保证稳压电路安全可靠地工作。

保护电路的作用是保护调整管在电流增大时不被烧毁。其基本方法是，当输出电流超过某一数值时，使调整管处于反向偏置状态，即截止状态，则过载电流或短路电流将自动切断。

1．限流保护电路

保护电路的形式很多，如采用二极管作为限流元件的保护电路，如图 9.19 所示。

电路中，二极管 VD 和电阻 R_O 组成二极管保护环节。正常工作时，二极管 VD 处于反向截止状态。当负载电流增大且达到一定数值时，电阻 R_O 上的压降随之增大，增大到一定程度时，使二极管导通（二极管的管压降 U_D=U_{be1}+R_OI_{E1}）。二极管导通后管压降 U_D 一定，因此 R_O 上的压降增大将迫使 U_{be1} 减小，从而使 I_{B1} 减小，I_{E1} 减小并限制在一定数值，达到保护调整管的目的。显然，二极管限流保护时，其 U_D 数值越大，限流保护作用越好。

限流型保护电路也有使用三极管作为保护元件的。限流保护的目的就是能够在稳压器输出电流超过额定值时，使调整管的发射极电流能够限制在某一数值上，从而起到保护调整管的目的。

2．三极管截流保护电路

图 9.20 所示是三极管截流保护电路。电路中的三极管保护环节由 VT_2 和分压电阻 R_4、R_5 组成。电路正常工作时，通过 R_4 与 R_5 的分压作用，使得 VT_2 的基极电位比它自身的发射极电位高，VT_2 的发射结因承受反向电压而处于截止状态（相当于开路），即电路输出正常时，保护环节对稳压电路没有影响。

当稳压电路输出发生短路故障时，输出电压 u_o=0，此时 VT_2 的发射极相当于接地，则

VT_2 处于饱和导通状态（相当于短路），迫使调整管 VT_1 的基极和发射极近于短路而处于截止状态，从而切断短路电流，达到保护稳压电路的目的。

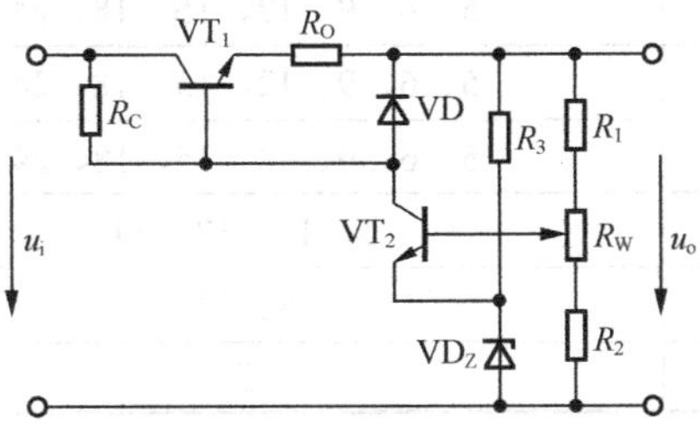

图 9.19 二极管保护电路

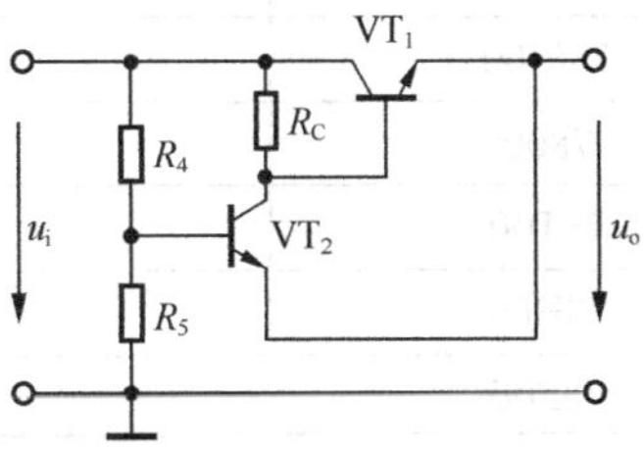

图 9.20 三极管保护电路

显然，上述三极管保护电路能够在电路出现短路时使调整管发射极电流迅速减小或切断，因此属于截流型过流保护电路。

思 考 题

1．稳压电路的主要作用是什么？稳压电路的主要性能指标是哪两个？
2．试述串联型稳压电路的特点。串联型稳压电路通常运用于哪些场合？
3．试述并联型稳压电路的特点。并联型稳压电路通常应用于哪种场合？
4．试述开关型稳压电路的主要特点。开关型稳压电源的输出电压是平滑波吗？
5．在选择调整管的型号时，应主要考虑调整管的哪些主要参数？
6．二极管和三极管的限流保护与截流保护有何不同？

9.3 集成稳压器

固定三端集成稳压电路

集成电路的发展带来了集成稳压器的产生，把调整管、采样电路、基准稳压源、比较放大器、比较器以及保护电路等全部集成在一个硅片上，即构成集成稳压器。

9.3.1 固定输出的三端集成稳压器

三端固定集成稳压器包含 CW7800 和 CW7900 两大系列，CW7800 系列是三端固定正输出稳压器，CW7900 系列是三端固定负输出稳压器。它们的最大特点是稳压性能良好，外围元件简单，安装调试方便，价格低廉，现已成为集成稳压器的主流产品。CW7800 系列按输出电压分为 5 V、6 V、9 V、12 V、15 V、18 V、24 V 等品种；最大输出电流有 0.1 A（L）、0.5 A（M）、1.5 A（空缺）、3 A（T）和 5 A（H）5 个挡。具体型号及电流大小见表 9-1。

例如型号为 7805 的三端集成稳压器，表示输出电压为 5 V，输出电流可达 1.5 A。注意所标注的输出电流是要求稳压器在加入足够大的散热器条件下得到的。同理，CW7900 系列的三端稳压器也有−5～−24 V 7 种输出电压，输出电流有 0.1 A（L）、0.5 A（M）、1.5 A（空缺）3 种规格，具体型号见表 9-2。

表 9-1　　CW7800 系列稳压器规格

型号	输出电流/A	输出电压/V
78L00	0.1	5、6、9、12、15、18、24
78M00	0.5	5、6、9、12、15、18、24
7800	1.5	5、6、9、12、15、18、24
78T00	3	5、12、18、24
78H00	5	5、12
78P00	10	5

表 9-2　　CW7900 系列稳压器规格

型号	输出电流/A	输出电压/V
79L00	0.1	−5、−6、−9、−12、−15、−18、−24
79M00	0.5	−5、−6、−9、−12、−15、−18、−24
7900	1.5	−5、−6、−9、−12、−15、−18、−24

CW7800 系列的输出端对公共端的电压为正。根据集成稳压器本身功耗的大小，其封装形式分为 TO-220 塑料封装和 TO-3 金属壳封装，二者的最大功耗分别为 10 W 和 20 W（加散热器）。管脚排列如图 5.19 所示。U_I为输入端，U_O为输出端，GND 是公共端（地）。三者的电位分布如下：$U_I > U_O > U_{GND}$（0 V）。输出电压至少要比输入电压高 2 V，为可靠起见，一般应选 4～6 V。最高输入电压为 35 V。

CW7900 系列属于负电压输出，输出端对公共端呈负电压。CW7900 与 CW7800 的外形相同，但管脚排列顺序不同，塑料封装和金属封装的固定三端集成稳压器产品外形及其引脚排列如图 9.21 所示。

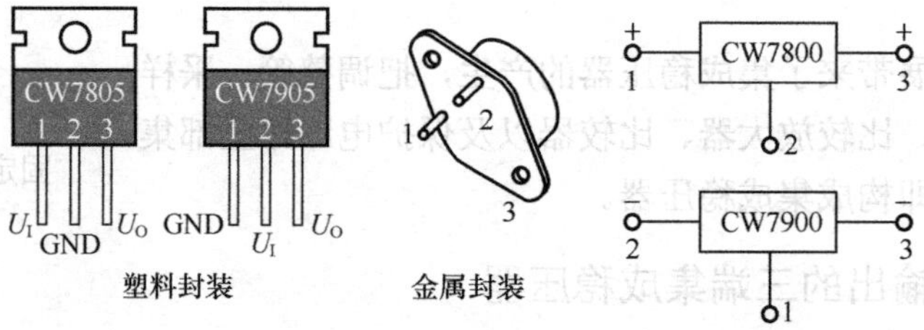

图 9.21　三端固定输出集成稳压器产品外形及引脚排列

CW7900 的电位分布为：$U_{GND}(0V)>U_O>U_I$。另外在使用 CW7800 与 CW7900 时要注意：采用 TO-3 封装的 CW7800 系列集成电路，其金属外壳为地端；而同样封装的 CW7900 系列的稳压器，金属外壳是负电压输入端。因此，在由二者构成多路稳压电源时，若将 CW7800 的外壳接印刷电路板的公共地，CW7900 的外壳及散热器就必须与印刷电路板的公共地绝缘，否则会造成电源短路。三端固定输出集成稳压器具有过热、过流和过压保护功能。

三端固定输出集成稳压器的基本应用电路如图 9.22 所示。

由于输出电压决定于集成稳压器，所以输出电压为 12 V，最大输出电流为 1.5 A。为使电路正常工作，要求输入电压 U_I 比输出电压 U_O 至少大 2.5～3 V。在靠近三端集成稳压器输入、输出端处，一般要接入 C_1=0.33 μF 和 C_2=0.1 μF 的电容，其目的就是使稳压器在整个输入电压和输出电流变化的范围内，提高稳压器的工作稳定性和改善瞬变响应。为了获得最佳的效果，电容器应选用频率特性好的陶瓷电容或胆电容为宜。另外，为了进一步减小输出电压的纹波，一般在集成稳压器的输出端并入一个一百微法到几百微法的电解电容。

电路中 VD 是续流保护二极管，用来防止在输入端短路时输出电容 C_3 所存储电荷通过稳压器放电而损坏器件。稳压器正常工作时，该续流二极管处于截止状态，当输入端突然短路时，二极管为输出电容器 C_3 提供泄放通路。

基本应用电路中的 3 个电容均为滤波电容，其值在具体应用时可根据负载电阻的大小用下式选取：

$$R_{\mathrm{L}}C \geqslant (3\sim5)T/2 \tag{9-18}$$

利用三端固定输出的集成稳压器来提高输出电压的电路如图 9.23 所示。

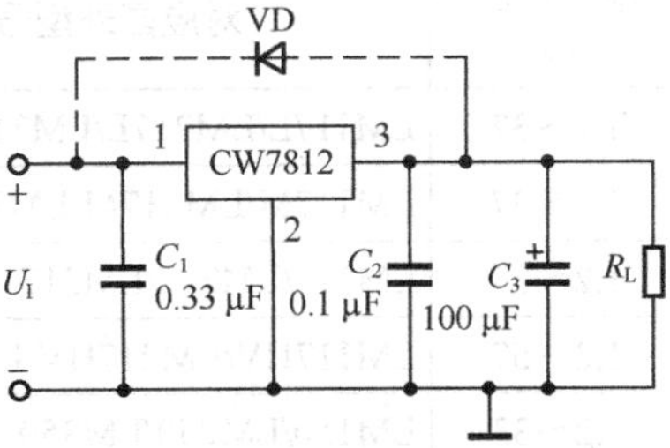

图 9.22　三端固定输出集成稳压器的基本应用电路

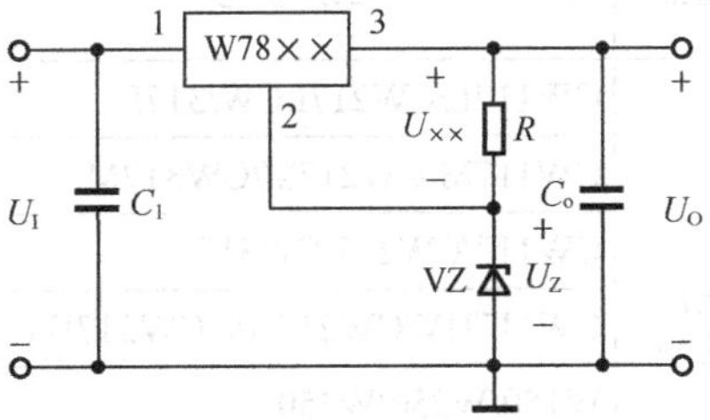

图 9.23　提高输出电压的应用电路之一

实际需要的直流稳压电源，如果超过集成稳压器的输出电压数值时，可外接一些元器件来提高输出电压。电路能使输出电压高于固定电压，图中的 $U_{××}$是 CW78 系列稳压器的固定输出电压值，显然 $U_O=U_{XX}+U_Z$。

也可以采用图 9.24 所示的电路提高输出电压。这种电路中的电阻 R_1 和 R_2 为外接电阻，R_1 两端的电压为三端集成稳压器的额定输出电压 U_{XX}，R_1 上流过的电流为 $I_{R1}=U_{XX}/R_1$，三端集成稳压器的静态电流为 I_Q，等于两个电阻上的电流之和。

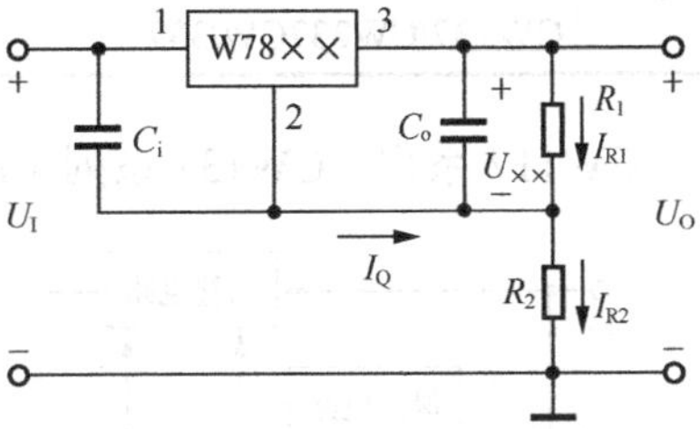

图 9.24　提高输出电压的应用电路之二

稳压电路的输出电压在忽略集成稳压器静态电流的情况下，则有

$$U_{O(AV)} \approx \left(1+\frac{R_2}{R_1}\right)U_{XX} \tag{9-19}$$

可见，提高两个外接电阻的比值，即可提高输出电压的数值。只是这种电路存在输入电压变化时，静态电流随之变化的缺点，造成电路精度的下降。

9.3.2　可调输出三端集成稳压器

可调集成三端稳压电路

三端可调输出集成稳压器是在三端固定输出集成稳压器的基础上发展起来的，集成芯片的输入电流几乎全部流到输出端，流到公共端的电流非常小，因此可以用少量的外部元件方便地组成精密可调的稳压电路，应用更为灵活。

三端固定输出集成稳压器主要用于固定输出标准电压值的稳压电源中。虽然通过外接电路元件，也可构成多种形式的可调稳压电源，但稳压性能指标有所降低。集成三端可调稳压器的出现，可以弥补三端固定集成稳压器的不足。它不仅保留了固定输出稳压器的优点，而且在性能指标上有很大的提高。它分为 CW317 的正电压输出和 CW337 的负电压输出两大系列，每个系列又有 100 mA、0.5 A、1.5 A、3 A 等品种，应用十分方便。就 CW317 系列与 CW7800 系列产品相比，在同样的使用条件下，静态工作电流 I_Q 从几十毫安下降到 50 μA，电压调整率 S_γ 由 0.1%/V 达到 0.02%/V，电流调整率 S_I 从 0.8%提高到 0.1%。三端可调集成稳压器的产品分类见表 9-3。

表 9-3　　三端可调集成稳压器规格

特点	国产型号	最大输出电流/A	输出电压/V	对应国外型号
正压输出	CW117L/CW217LCW/317L	0.1	1.2～37	LM117L/LM217L/LM317L
	CW117M/CW217M/CW317M	0.5	1.2～37	LM117M/LM217M/LM317M
	CW117/CW217/CW317	1.5	1.2～37	LM117/LM217/LM317
	CW117HV/CW217HV/CW317HV	1.5	1.2～57	LM117HV/LM217HV/LM317HV
	W150/W250/W350	3	1.2～33	LM150/LM250/LM350
	W138/W2138/W338	5	1.2～32	LM138/LM238/LM338
	W196/W296/W396	10	1.25～15	LM196/LM296/LM396
负压输出	CW137L/CW237L/CW337L	0.1	−1.2～−37	LM137L/LM2137L/LM337L
	CW137MCW/237M/CW337M	0.5	−1.2～−37	LM137M/LM237M/LM337M
	CW137/CW237CW/337	1.5	−1.2～−37	LM137/LM237/LM337

CW117 系列、CW137 系列集成稳压器的产品外形及引脚排列如图 9.25 所示。

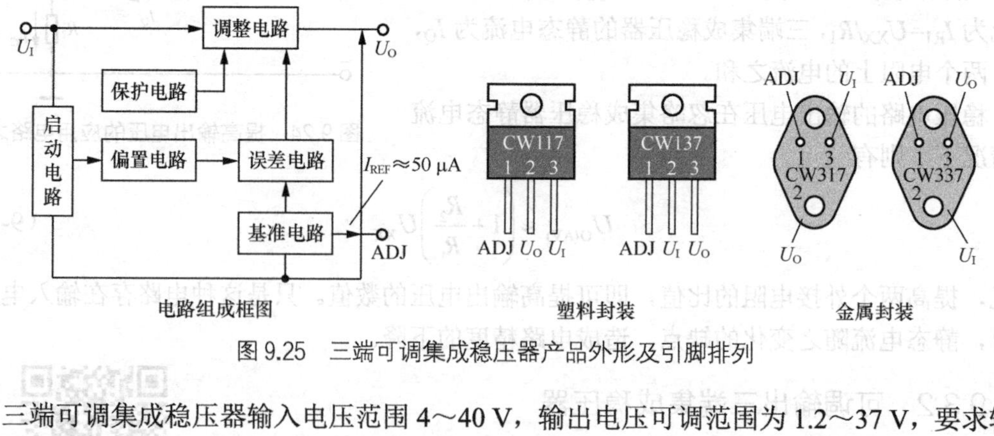

图 9.25　三端可调集成稳压器产品外形及引脚排列

三端可调集成稳压器输入电压范围 4～40 V，输出电压可调范围为 1.2～37 V，要求输入电压比输出电压至少高 3 V。例如型号为 CW317 的三端可调集成稳压器，若输入电压为 40 V，则输出电压为 1.2～37 V 连续可调，最大输出电流 1.5 A；又如 CW337L，若输入电压为−18 V，则输出电压为−1.2～−37 V 连续可调，最大输出电流 0.1 A。

CW317、CW337系列三端可调稳压器使用非常方便，只要在输出端上外接两个电阻，即可获得所要求的输出电压值。图9.26所示为三端可调集成稳压器的典型应用电路。

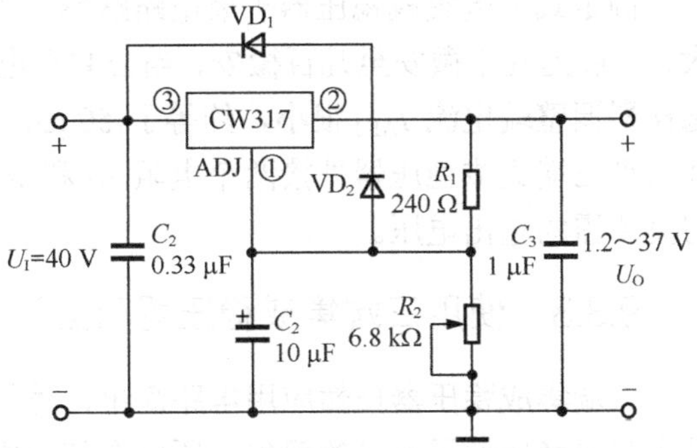

图9.26 可调集成稳压器的典型应用电路

由CW317系列正电压输出的标准电路中，C_1为输入滤波电容，可起到抵消电路的电感效应和滤除输入线上干扰脉冲的作用，通常取0.33 μF；C_2是为了减小R_2两端纹波电压而设置的，一般取10 μF；C_3是为了防止输出端负载呈感性时可能出现的阻尼振荡，取值1 μF。图示电路中的VD_1和VD_2是保护二极管，可选用整流二极管2CZ52。

图示电路的输出电压可由下式来定：

$$U_{O(AV)}=1.25\times\left(1+\frac{R_2}{R_1}\right)+50\times10^6\times R_2\approx1.25\times\left(1+\frac{R_2}{R_1}\right)\text{V} \tag{9-20}$$

式中等号右边第二项是CW317的调整端流出的电流在电阻R_2上产生的压降。由于电流非常小（仅为50 μA），故第二项可忽略不计。式中电阻R_1不能选得过大，一般选择R_1=100～120 Ω，当R_2=0时，相当于调整端引脚1接地，则输出电压最小约为1.2 V；电位器R_2处于最大值时，输出电压约为37 V，即可调电位器调节R_2选取不同值时，可得到不同的输出电压。

例9.4 电路如图9.27所示，图9.27（a）中I_W=2 mA，图9.27（b）中I_{ADJ}很小可忽略不计，CW117可提供的基准电压U_{REP}=1.25 V。试分别求出各电电路输出电压U_O的值。

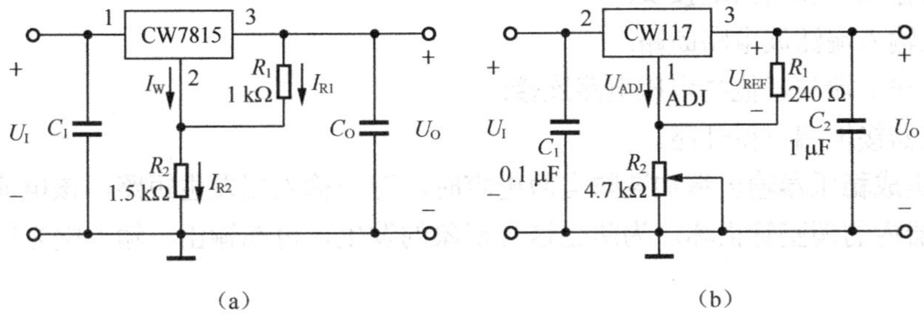

图9.27 例9.4电路图

解： 图9.27（a）为固定式三端稳压器电压扩展电路，其输出端3与公共端2之间的电压即为电路提供的基准电压。电路输出电压即电容C_O两端的电压，数值上等于R_1和R_2上的电压之和，改变R_2的大小，可以调节输出电压的大小。图9.27（a）输出电压为：

$$U_{O(AV)}=U_{R1}+U_{R2}=U_{R1}+(I_{R1}+I_W)R_2=15+\left(\frac{15}{1}+2\right)\times1.5=40.5(\text{V})$$

图9.27（b）为可调三端集成稳压器的应用电路，集成稳压器的输出端3与调整端1之间的电压始终等于基准电压U_{REP}。图9.27（b）输出电压为：

$$U_{O(AV)}=U_{R1}+U_{R2}=U_{REF}+\frac{U_{REF}}{R_1}R_2=1.25+\frac{1.25}{0.24}\times4.7\approx25.73(\text{V})$$

固定式三端集成稳压器扩展电路跃然可以扩展输出电压，但主要缺点是公共端电流 I_W 较大，一般为几十微安至几百微安，当公共端电流 I_W 变化时将影响输出电压；可调的三端集成稳压器调整端电流 I_{ADJ} 很小，约等于 50 μA，其大小不受供电电压的影响，非常稳定，只需在可调三端集成稳压器外接两个电阻 R_1 和 R_2，当输入电压在 2～40 V 范围内变化时，就可得到所需的输出电压。

9.3.3 使用三端集成稳压器时应注意的事项

三端集成稳压器虽然应用电路简单，外围元件很少，但若使用不当，同样会出现稳压器被击穿或稳压效果不良的现象，所以在使用中必须注意以下几个问题。

（1）要防止产生自激振荡

三端集成稳压器内部电路放大级数多，开环增益高，工作于闭环深度负反馈状态。虽然市电经整流后由容量很大的电容进行滤波，但铝电解电容器的寄生电感和电阻都较大，频率特性差，仅适用于 50～200 Hz 的电路。稳压电路的自激振荡频率都很高，因此只用大容量电容难以对自激信号起到良好的旁路作用，需要用频率特性良好的电容与之并联才行，若不采取适当补偿移相措施，则在分布电容、电感的作用下，电路可能产生高频寄生振荡，从而影响稳压器的工常工作。图 5.26 电路中的 C_1 及 C_2 就是为防止自激振荡而必须加的防振电容。

（2）要防止稳压器损坏

虽然三端稳压器内部电路有过流、过热及调整管安全工作区等保护功能，但在使用中应注意以下几个问题以防稳压器损坏。

① 防止输入端对地短路；

② 防止输入端和输出端接反；

③ 防止输入端滤波电路断路；

④ 防止输出端与其他高电压电路连接；

⑤ 稳压器接地端不得开路。

（3）当集成稳压器输出端加装防自激电容时，万一输入端发生短路，该电流的放电电流将会使稳压器内的调整管损坏。为防止这种现象的发生，可在输出、输入端之间接一续流保护二极管。

（4）在使用可调式稳压器时，为减小输出电压纹波，应在稳压器调整端与地之间接入一个 10 μF 的电容器。

（5）为了提高稳压性能，应注意电路的连接布局。一般稳压电路不要离滤波电路太远，另外，输入线、输出线和地线应分开布设，采用较粗的导线且要焊牢。

（6）三端集成稳压器是一个功率器件，它的最大功耗取决于内部调整管的最大结温。因此，要保证集成稳压器能够在额定输出电流下正常工作，还必须为集成稳压器采取适当的散热措施。稳压器的散热能力越强，它所承受的功率也就越大。

（7）选用三端集成稳压器时，首先要考虑的是输出电压是否要求调整。若不要求调整输出电压，则可选用输出固定电压的稳压器；若要调整输出电压，则应选用可调式稳压器。稳压器还要进行参数的选择，其中最重要的参数就是需要输出的最大电流值，这样大致可确定出集成稳压器的型号，最后再审查所选稳压器的其他参数能否满足使用要求。

思 考 题

1．固定输出的三端集成稳压器内部采用串联型稳压电路结构还是并联型稳压电路结构？具有哪些保护？

2．固定输出的三端集成稳压器为使调整管工作在放大区，输入电压比输出电压至少应高多少伏？为可靠起见，一般应选多少伏？

3．可调三端集成稳压器为使电路可靠工作，输入电压比输出电压至少应高多少伏？

4．在使用可调三端集成稳压器时，为减小输出电压纹波，应在稳压器调整端与地之间接入一个多少微法的电容？

5．三端集成稳压器是一个功率器件，它的最大功耗取决于什么？

应用能力培养课程：整流、滤波和稳压电路的实验

1．实验目的

（1）掌握单相半波整流电路的工作原理。

（2）熟悉常用整流、滤波电路的特点。

（3）了解稳压的工作原理。

（4）进一步熟悉示波器的使用方法。

2．实验原理

电子设备一般都需要直流电源供电，且大多数采用把交流电（市电）转变为直流电的直流稳压电源。直流稳压电源由电源变压器、整流、滤波和稳压四部分组成，原理框图如图 9.28 所示。

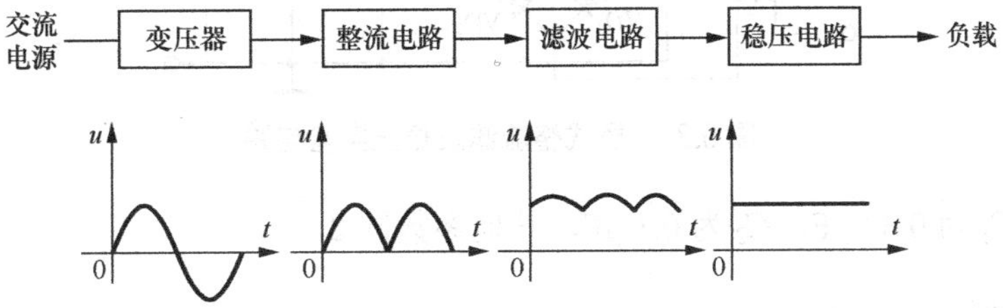

图 9.28 直流稳压电源框图

电网供给的交流电压 220 V 经电源变压器降压后，得到符合电路需要的交流电压，然后由整流电路变换成方向不变、大小随时间变化的脉动电压，再用滤波器滤去其交流分量，就可得到比较平直的直流电压。但这样的直流输出电压，会随交流电网电压的波动或负载的变动而变化。因此，需要稳压电路，以保证输出直流电压更加稳定。

常用的直流电源中根据其工作原理的不同，可分为直流稳压电源和开关电源。直流稳压电源具有输出精度高、纹波小等优点；而开关电源具有体积小、效率高等优点。

（1）半波整流电路

半波整流滤波实验电路如图 9.29 所示。

图中 VD 是整流二极管，选用 IN4001，变压器输出电压为 15 V，电容 C 为 1000 μF，负载电阻为 470 Ω。

利用二极管的单向导电性，把交流电变换为直流电，可得到没有滤波情况下负载上的输出电压应为

$$U_{O(AV)}=0.45U_2$$

（2）桥式整流滤波电路

桥式整流滤波实验电路如图 9.30 所示。

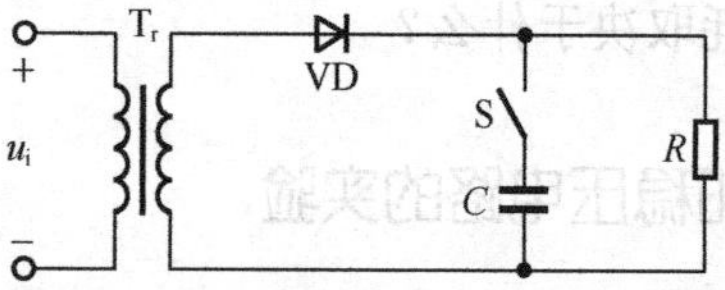

图 9.29　半波整流滤波实验电路

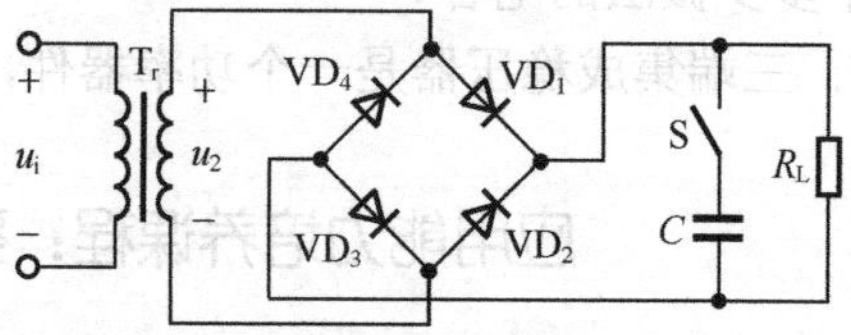

图 9.30　桥式整流滤波实验电路

用 4 只 IN4001 二极管接成桥式电路，设置电容滤波电路为以下情况。

① 未闭合开关 S，无滤波情况下，$U_{O(AV)}=0.9U_2$；

② 闭合开关 S，有滤波情况下，$U_{O(AV)}=1.2U_2$。

（3）桥式整流滤波稳压电路

在桥式整流滤波实验电路的基础上加入固定三端集成稳压器 7809 稳压块，就构成了桥式整流滤波稳压实验电路，如图 9.31 所示。

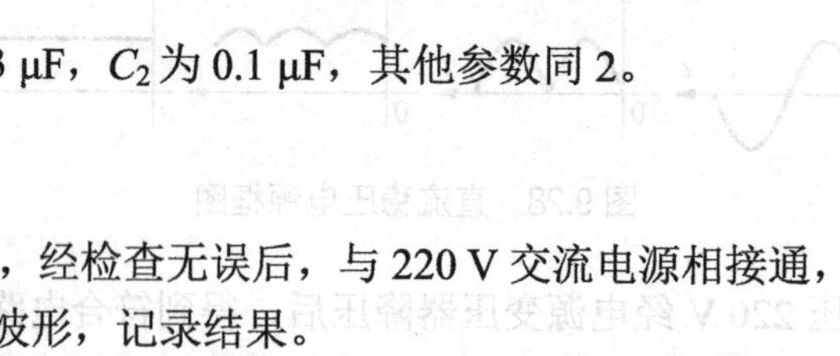

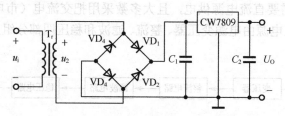

图 9.31　桥式整流滤波稳压实验电路

电路中的 C_1 为 0.33 μF，C_2 为 0.1 μF，其他参数同 2。

3．实验步骤

（1）按图 9.29 接线，经检查无误后，与 220 V 交流电源相接通，电路中 S 断开，用示波器观测输入、输出电压波形，记录结果。

（2）闭合开关 S，用示波器观测输入、输出电压波形，记录结果，并与开关断开的情况相比较。

（3）改变滤波电容的大小，再进行上述步骤。

（4）按图 9.30 接线，经检查无误后，与 220 V 交流电源相接通，电路中 S 断开，用示波器观测输入、输出电压波形，记录结果。

（5）闭合开关 S，用示波器观测输入、输出电压波形，记录结果，并与开关断开的情况相比较。

（6）按图 9.31 接线，经检查无误后，主要用示波器观测稳压后的输出电压，并与稳压前的输出电压波形相比较，记录结果。

4．实验前的预习及实验要求

（1）实验前应认真阅读本实验全部内容。

（2）复习整流、滤波及稳压电路的工作原理。

（3）掌握运用示波器观察实验电压波形的方法。

（4）独立设计实验数据表格。

（5）认真完成实验报告。

5．实验报告

（1）实验目的

（2）实验所用主要设备

（3）实验原理及实验接线图

（4）实验步骤

（5）实验数据表格（包括观测到的波形，并对三种实验电路的输出电压波形进行比较）

（6）回答思考题

（7）实验心得及对实验的意见和建议

6．实验思考题

（1）如何选用整流二极管？二极管的参数应如何计算？

（2）选用滤波电容时，应注意哪些方面？

（3）在第三种电路中，当负载发生变化时，负载的端电压是否也随之变化？流过负载的电流呢？

第 9 章　习题

1．带放大环节的晶体管串联型稳压电路由哪几部分组成？其中稳压二极管的稳压值大小对输出电压有何影响？

2．图 9.32 所示单相全波桥式整流电路，若出现下列几种情况时，会有什么现象？

（1）二极管 VD_1 未接通；

（2）二极管 VD_1 短路；

（3）二极管 VD_1 极性接反；

（4）二极管 VD_1、VD_2 极性均接反；

（5）二极管 VD_1 未接通，VD_2 短路。

3．分别说明下列各种情况直流稳压电源要采取什么措施？

（1）电网电压波动大；

（2）环境温度变化大；

（3）负载电流大；

（4）稳压精度要求较高。

4．单相桥式整流电路如图 9.32 所示，已知变压器副边电压有效值 U_2=60 V，负载 R_L=2 kΩ，二极管正向压降忽略不计，试求：（1）输出电压平均值 $U_{O(AV)}$；（2）二极管中的电流 $I_{D(AV)}$ 和最高反向工作电压 U_{RAM}。

5．在图 9.33 所示的桥式整流、电容滤波电路中，U_2=20 V，R_L=40 Ω，C=1000 μF，试问：

（1）正常情况下 $U_{O(AV)}$=?

（2）如果有一个二极管开路，$U_{O(AV)}$=?

（3）如果测得 $U_{O(AV)}$为下列数值，可能出现了什么故障？

① $U_{O(AV)}$=18 V　② $U_{O(AV)}$=28 V　③ $U_{O(AV)}$=9 V

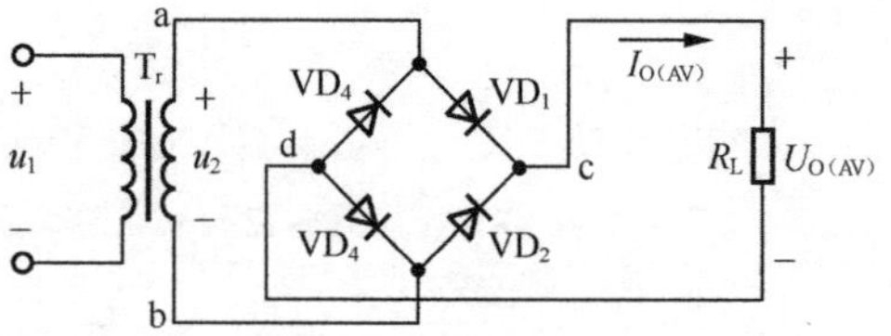

图 9.32　习题 2 电路图

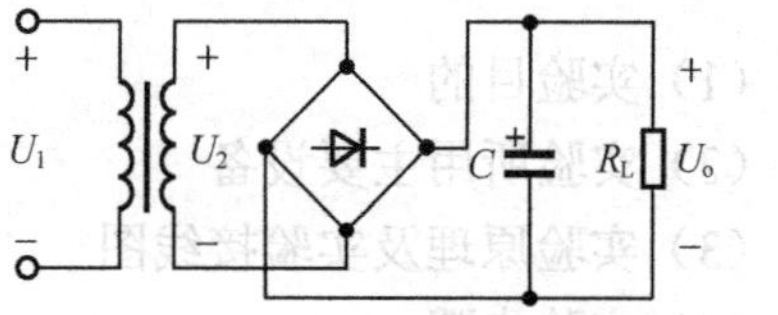

图 9.33　习题 5 电路图

6．在图 9.33 所示的桥式整流、电容滤波电路中，已知工频交流电源电压的有效值为 220 V，R_L=50 Ω，要求输出直流电压为 12 V，试求每只二极管的电流 I_D 和最大反向电压 U_{RAM}；选择滤波电容 C 的容量和耐压值。

7．在图 9.33 所示的桥式整流、电容滤波电路中，设负载电阻 R_L=1.2 kΩ，要求输出直流电压 $U_{O(AV)}$=30 V。试选择整流二极管和滤波电容，已知交流电源频率为工频 50 Hz。

8．图 9.34 所示单相整流滤波电路中，变压器二次线圈中带有抽头，二次电压有效值为 U_2，试回答：

① 负载电阻 R_L 上电压 $U_{O(AV)}$和滤波电容 C 的极性如何？

② 分别画出无滤波电容和有滤波电容两种情况下输出电压 $U_{O(AV)}$的波形，并说明输出电压平均值 $U_{O(AV)}$与变压器二次电压有效值 U_2 的数值关系。

③ 无滤波电容的情况下，二极管上承受的最高反向电压为多大？

④ 如果二极管 VD_2 脱焊、极性接反、短路，电路分别会出现什么现象？

9．图 9.35 所示电路为一三端集成稳压器组成的直流稳压电路，试说明各元器件的作用，并指出电路在正常工作时的输出电压值。

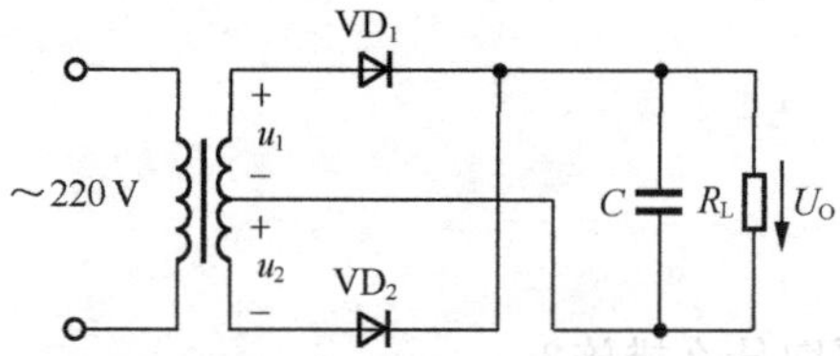

图 9.34　习题 8 电路图

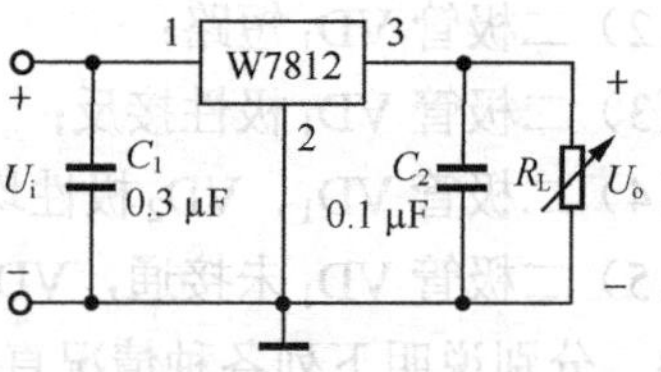

图 9.35　习题 9 电路图

10. 某直流稳压电源如图 9.36 所示。此电路所选元器件及参数均合适，但接线存在错误。已知 W7812 的 1 端为输入端，3 端为输出端，2 端为公共端。试找出图中的错误并改正，使之能正常工作。

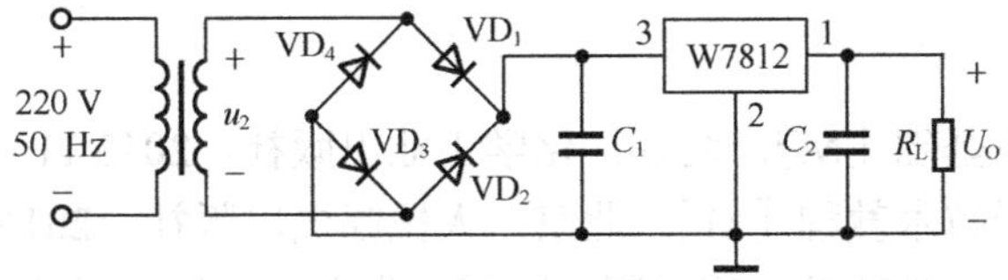

图 9.36　习题 10 电路图

参 考 文 献

［1］曾令琴．电路分析基础［M］．北京：化学工业出版社，2013.11.

［2］曾令琴．模拟电子技术教程［M］．北京：人民邮电出版社，2016.7.

［3］周树南．电路与电子学基础（第二版）［M］．北京：科学出版社，2010.8.